“十三五”普通高等教育本科部委级规划教材

纺织科学与工程一流学科建设教材

# 产业用纤维制品学

## （第2版）

晏　雄　邓炳耀　主　编

丁新波　刘其霞　副主编

U0241825

中国纺织出版社

# 内 容 提 要

本书是高等纺织院校纺织科学与工程专业的主要专业教材之一，内容分为上篇和下篇。上篇介绍产业用纤维制品的基础知识，包括产业用纤维制品的定义、分类、特点，产业用纤维制品的设计、加工及检测等；下篇主要介绍产业用纤维制品近年来在各行各业的推广应用等。

本书可供高等纺织院校相关专业的师生阅读，也可供纺织科技人员、工程技术人员以及从事产业用纤维制品的开发、应用人员参考。

## 图书在版编目（CIP）数据

产业用纤维制品学/晏雄，邓炳耀主编. —2版. —北京：中国纺织出版社，2019.3（2025.1重印）

"十三五"普通高等教育本科部委级规划教材. 纺织科学与工程一流学科建设教材

ISBN 978-7-5180-5874-7

Ⅰ.①产… Ⅱ.①晏… ②邓… Ⅲ.①纺织纤维—材料科学—高等学校—教材 Ⅳ.①TS102

中国版本图书馆CIP数据核字（2019）第004830号

责任编辑：符 芬 责任校对：王花妮 责任印制：何 建

中国纺织出版社出版发行
地址：北京市朝阳区百子湾东里A407号楼 邮政编码：100124
销售电话：010—67004422 传真：010—87155801
http：//www.c-textilep.com
E-mail：faxing@c-textilep.com
中国纺织出版社天猫旗舰店
官方微博http://weibo.com/2119887771
北京虎彩文化传播有限公司印刷 各地新华书店经销
2025年1月第8次印刷
开本：787×1092 1/16 印张：21.75
字数：436千字 定价：88.00元

凡购本书，如有缺页、倒页、脱页，由本社图书营销中心调换本书是在普通高等教育"十一五"国家级规划教材（本科）基础上修订而成，是纺织科学与工程一流学科建设教材，在编写、出版过程中，得到了教育部、纺织工程专业教学指导委员会、中国纺织出版社以及相关纺织院校的专家、教授的大力支持。原书出版已有近十年，我国产业用纤维制品研究、开发、应用有了不小的变化与进步，相关的教材内容也需要不断补充与完善。鉴于此种情况，原编写团队决定利用再版的机会，对原教材进行修改、补充、完善，以满足高校纺织科学与工程专业学生学习这方面内容和社会上相关企业生产、开发产业用纤维制品的需要。

为了完成教材的修订工作，我们引入了新鲜"血液"，他们都是各高校近年开展产业用纤维制品相关的教学、科研、产品开发工作的教师，他们各自所承担的章节内容，都是其在这个领域的教学、科研的心得体会。他们的加入，为我们完成教材的修改、补充、完善奠定了良好的基础。

本教材对初学者或者正在从事或准备从事产业用纤维制品开发、应用的技术人员将会有很大的启发和帮助。

本书第一章、第四章、第五章、第十四章、第十五章、第十六章由江南大学邓炳耀、刘庆生和李大伟编写；第二章、第七章由武汉科技学院李建强编写；第三章由苏州大学王国和编写；第六章、第八章、第十章由浙江理工大学丁新波编写；第九章由西南大学张同华编写、第十一章由中原工学院郑天勇编写；第十二章、第十三章由南通大学刘其霞编写；第十七章由东华大学庄兴民、张坤、晏雄编写。全书由晏雄、邓炳耀统稿。

本书部分原作者由于退休、转岗等方面原因，这次没有再参加教材的重新编写。在此，我们对老编委们过去付出的艰辛劳动表示衷心的感谢！

本书包含从其他学科著作和文献中引用的资料，除充分尊重原作者知识产权，附参考文献外，对其他借鉴资料的作者也一并致谢！

本书以纺织学科系统为中心，以产业用纤维制品为主要内容，结合各种必要的其他学科内容编写而成。涉及的知识面很广，难免有遗漏和不成熟的地方；因作者水平有限，错误亦在所难免。热忱欢迎专家、读者批评指正，以便将来再版时进行修改。

编者

2018 年 9 月

　　本书为普通高等教育"十一五"国家级规划教材，在编写、出版过程中，得到了教育部、纺织工程专业教学指导委员会、中国纺织出版社以及相关纺织院校的专家、教授的大力支持。

　　我国产业用纤维制品研究、开发、应用起步较晚，国内系统介绍产业用纤维制品的资料不多，参考书籍更少。鉴于这种情况，我们动员了全国纺织院校近年来从事产业用纤维制品的研究、开发、应用、教学方面的专家、教授来共同编写本书。他们各自所承担的章节部分，都是他们在这个领域教学、科研的心得体会，对初学者或者正在从事或准备从事产业用纤维制品开发、应用的技术人员将会有很大的启发和帮助。

　　本书第一章、第五章、第十四章由江南大学邓炳耀编写；第二章、第七章由武汉科技学院李建强编写；第三章由苏州大学王国和编写；第四章由安徽芜湖机电学院侯大寅编写；第六章、第九章、第十三章由天津工业大学王瑞、傅宏俊编写；第八章由大连工业大学李淳编写；第十章、第十二章由四川大学傅师申编写；第十一章由中原工学院郑天勇编写；第十五章由东华大学晏雄编写。全书由晏雄统稿。

　　本书有从其他学科著作和文献中引用的资料，除充分尊重原作者知识产权，附参考文献外，对其他借鉴资料的作者也一并致谢！

　　本书以纺织学科系统为中心，以产业用纤维制品为主要内容，结合各种必要的其他学科内容编著而成。涉及的知识面很广，难免有遗漏和不成熟的地方；因作者水平有限，错误亦在所难免。热烈欢迎专家、读者批评指正，以便将来再版时进行修改。

编者

2009 年 7 月

# Contents
目　录

*1*

# 第一章　产业用纤维制品概论

纺织品在很早以前就成为产业用途中不可缺少的部分之一，如医用服装、纱布、绷带等医疗用品；工业传送带、篷盖布、工作服等工业用品；汽车及航空用内装饰材料等。然而，早期的纺织品绝大多数还是用作服装用材料，而用于产业用途的纺织品因受到纤维原料和技术的限制，几乎都是将天然纤维的衣用织物直接用作产业用材料，因此在功能上受到了很大限制。随着科学技术的不断发展和世界范围内工业化程度的不断提高，各行各业对产业资材的需求及其品种、性能的要求也越来越高。20世纪50年代以来，化学纤维的高速发展，促进了纺织品性能和功能的大大提高，使之在服装、家纺（装饰）和产业领域得到全面的扩展。尤其对于功能要求较高的产业用领域，由于各种合成纤维和高性能、高功能纤维的开发及其工业化生产的实现，使其纺织品呈现出更加广阔的发展前景。目前，产业用纤维制品（即产业用纺织品）在当今世界六大高技术领域（信息技术、新材料技术、新能源技术、生物技术、空间技术和海洋开发技术）中已占有一席之地；它作为一种新型材料，不仅代表一个国家的工业化水平，还影响和引导着纺织工业的发展方向；它的推广应用已创造出了良好的经济效益和社会效益。近年来，随着我国纺织产业结构的进一步调整和军民融合战略的实施，产业用纤维制品已经并将继续发挥更加重要的作用。

## 第一节　产业用纤维制品的发展历史

尽管产业用纤维制品的历史与传统的服装、家纺一样历史悠久，但与传统纺织品相比，产业用纤维制品至今仍被看作是一个较为"年轻"的行业。现代产业用纤维制品的历史大概始于从欧亚大陆穿越大洋驶向美洲大陆的帆船使用的帆布。后来，大麻帆布用来制作旅行车的车篷，保护在野外旅行的家人及财产。早期的汽车采用布做车篷来遮光挡雨，用布做座垫使得乘坐舒适。早期使用织物制作的飞行器重量轻、结实耐用。最早的飞机机翼是用织物制作的。

20世纪上半叶出现的化学纤维使得产业用纺织品市场发生了根本性的变化。第一种真正的化学纤维——锦纶（尼龙），于1939年问世。在20世纪50年代和60年代，具有超高强度的高性能纤维的研制成功扩大了产业用纤维制品的应用范围。化学纤维不仅在许多领域里代替了天然纤维，并且为产业用纤维制品开辟了许多崭新的应用领域。合成纤维与其他材料复合制成的产品可同时获得良好的强度、弹性、均匀性、耐化学性、耐火性和耐磨性。新型的加工技术也提高了产业用纤维制品的性能和使用寿命。借助于使用新的化学制剂，设计人员可以很轻松地设计出适合于各种特殊用途的产品。

由于社会的进步和人类生活日益增长的需要，产业用纤维制品经受了各种挑战，并取得了辉煌的成就。产业用纤维制品已经悄然进入人们生活的各个角落。产业用纤维制品在各行各业正发挥着越来越重要的作用。

# 第二节　产业用纤维制品的定义、分类与特点

## 一、定义

产业用纤维制品通常指区别于一般服装用、家用纺织品，经专门设计的、具有工程结构特点和特定应用领域的纺织品，广泛应用于工业、农牧渔业、土木工程、建筑、交通运输、医疗卫生、环境保护、新能源、航空航天、国防军工等领域。

可见，产业用纤维制品与传统的服装和装饰用纺织品不同，它通常由非纺织行业的专业人员用于各种性能要求高或耐用的场合。因此，产业用纤维制品或产业用纺织品也称为"技术纺织品""高性能纺织品""高技术纺织品""工程纺织品""工业用纺织品"和"特种纺织品"等。

## 二、分类

产业用纤维制品虽然与服装用、家用纺织品（装饰用纺织品）并称为纺织业三大支柱，但往往具有高技术、高性能、高附加值和多功能的特点，它至少可用于以下三方面：一是作为其他产品的一个组成部分，可直接对其产品的强度、使用性能以及其他特性产生影响。例如，轮胎中加入帘子布。二是作为加工其他产品过程中使用的一个器材或辅助件。例如，造纸过程中造纸机使用的纺织品。三是单独使用来执行或体现一种或几种功能。例如，篷盖布、拉张结构用涂层织物、土工布。对产业用纤维制品进行分类并不是一件容易的事情，有着种种不同的分类方法，一般可按以下几种方法分类。

按使用的原料可分为天然纤维和化学纤维两大类，例如，由玻璃纤维制成的产业用纤维制品。

按加工方法或生产技术可分为机织、针织、编织、非织造和复合加工等，例如，非织造土工材料。

按产业用纺织品的主要产品品种分类，例如，帆布、过滤材料等。

按最终用途分类，例如，医疗用纤维制品、造纸用纤维制品、土工材料等。

每种分类方法都各有其特点、长处和短处。目前，根据国内外产业用纤维制品的使用现状，以产业用纤维制品的最终用途进行分类比较普遍。

### （一）中国产业用纺织品的十六大类

（1）农业用纺织品。

（2）土工用纺织品。

（3）交通工具用纺织品。

（4）篷帆用纺织品。

（5）工业用毡毯类纺织品。

（6）线带绳类纺织品。

（7）过滤与分离用纺织品。

（8）建筑用纺织品。

（9）包装用纺织品。

（10）安全与防护用纺织品。

（11）文体与休闲用纺织品。

（12）医疗与卫生用纺织品。

（13）结构增强用纺织品。

（14）合成革用纺织品。

（15）隔离与绝缘用纺织品。

（16）其他产业用纺织品。

**（二）欧美国家产业用纺织品的十二大类**

（1）农用纺织品。如临时农用建筑物、稳固土壤用纺织品、防冰雹和土壤霜冻网状织物等。

（2）建筑结构用纺织品。如混凝土和塑料制品用增强纤维、水泥以及混凝土用增强纺织品等。

（3）纺织结构复合材料。如纺织材料增强轻质建筑材料、纺织材料增强构件、模压制品以及型材、纺织材料增强汽车和机器部件等。

（4）过滤用纺织品。如气体或液体清洁和分离用纺织品、工业热气（或气体）过滤用纺织品、香烟过滤嘴用纺织品、污水过滤用纺织品等。

（5）土工织物。如土木工程以及修路用纺织品，堤岸和海岸加固用纺织品，水利工程用纺织品，防止冲蚀用织物，废池塘和湿地的加固、稳固土壤用增强材料，垃圾掩埋和废物处理工业用材料等。

（6）医疗纺织品。如杀菌纤维纺织品、卫生用纺织品、手术缝合线、人造皮肤、医疗设备用纺织品等。

（7）军事国防用纺织品。如纺织材料盔甲、降落伞、个人防护用品、空间和电子产品材料、防弹服等。

（8）安全防护用纺织品。如防离子和非离子辐射用织物、防护工作服、宇航服等。

（9）造纸用纺织品。如造纸成形织物、压榨毛毯等。

（10）运动以及娱乐用纺织品。如网球拍、高尔夫球杆、运动鞋用织物、运动服、运动充气建筑物等。

（11）交通运输用纺织品。如交通工具用内饰材料、安全带、充气安全袋、轮胎帘子线、椅套材料、密封圈以及刹车衬带等。

（12）其他产业用纺织品。如导电纺织品、抗静电纺织品、金属喷涂制品、表面处理制品、光导纤维、吸油毡、智能纺织品等。

## 三、特点

产业用纤维制品作为一种新型纺织材料，其门类之多，范围之广，几乎渗透了所有的产业领域。并且，在每一大类中，都包括很多品种，体现了产业用纤维制品特有的功能和特点。主要特点如下。

### （一）高科技

产业用纤维制品具有高技术含量的特点。近年来，国际纺织业在材料、工艺等方面的技术进步，往往是在产业用纤维制品领域内首先取得突破，然后再扩展到民用领域。同时，产业用纤维制品也为国民经济的发展创造了条件，例如，建筑用织物的应用和发展，在各国引发了建筑业的革命。产业用纤维制品往往还应用于高科技领域，因此，对产业用纤维制品本身也提出了更高的要求。产业用纤维制品既能展示和应用由科技进步带来的高新技术，又能促进各行各业的技术进步，它具有跨学科与高技术的特点。比如，滤料用于发电、钢铁、水泥等除尘，电池隔膜。再比如，由碳纤维复合材料制成的飞机蒙皮，可大大减轻飞机的自重，从而增加其载重量。人造血管使病人起死回生。在混凝土中加入芳纶用于上海东方明珠电视塔，可使塔身重量减轻，结构稳定。可以说，产业用纤维制品与当今高科技领域息息相关。因此，产业用纤维制品将成为我国乃至世界纺织工业发展甚至其他产业发展新的动力源。

### （二）高附加值

产业用纤维制品具有高附加值的特点。用芳纶制作的轻质防弹头盔不到 300g，在国际市场上售价超过 2000 美元。统计资料表明，美国产业用纺织品的纤维耗用量只占纺织总耗用量的 21% ~ 23%，而产值和利润却占纺织业的一半以上。目前，在服用、家纺、产业用三大类的结构比例中，美国的产业用纺织品为 43%，日本高达 50%。

### （三）高市场容量

产业用纤维制品具有高市场容量的特点。传统的纺织品往往需要做成服装体现其价值。而产业用纤维制品在应用中可能是一个商品，更可能只是商品的一个部件，促使纺织产品渗透于国民经济的各个领域。因此，产业用纺织品在生产规模、更新换代速度和应用的广度深度方面，都极具潜力。可以说，各行各业的发展都为产业用纤维制品提供了广阔的发展前景。

# 第三节　产业用纤维制品与传统纺织品的区别

产业用纤维制品是生产资料，与服用、家纺不同；目前，它在制造商和最终用户（通常为非纺织行业）之间依然存在一个行业界线，各行业间往往不直接进行交流。比如，早期的土工织物领域的状况即是一个典型的例证：主要的土工织物测试方法和标准均由土木工程师来制定，通常没有纺织工程师的参与；其他产业用纺织品的状况也基本如此。由此造成产业用纤维制品制造商通常不能及时地直接从用户那里得到反馈信息；但随着学科的科技进步和各学科交叉，越来越需要各行业间的深度融合。因此，跨界合作将成为必然。

总之，产业用纤维制品是一种特殊纺织品，它与传统纺织品的区别在于以下几个方面。

## 一、使用原料不同

由于使用场合和性能要求不同，产业用纤维制品所用的纤维材料与传统纺织品不同。通常产业用纤维制品所用的纤维、纱线以及化学品的性能较好。除早期使用服装用或装饰用纺织品所用的原料外，现在大量使用一些特殊的高性能原料，如碳纤维、芳纶等。产业用纤维制品所用纤维材料的强度极高，抵抗各种外部环境影响的能力较强，这必然使产业用纤维制品具有较高的强度和优异的性能。与产业用纤维制品相比，传统服装纺织品对物理性能要求较低，而对外观以及穿着舒适性要求较高。产业用纤维制品注重功能，而美观（如漂亮、颜色等）并不是很重要；对于传统纺织品（如服装、家庭装饰用纺织品），美观和颜色方面的要求要比功能性重要。

## 二、性能要求不同

产业用纤维制品使用在耐用和条件苛刻的场合，因此，对产业用纤维制品的性能要求很高。服装在穿着过程中出现问题顶多是使当事者感到不便或难堪，然而产业用纤维制品如果在使用过程中出现问题，将会导致灾难性的后果。例如，发生车祸时汽车的充气安全袋如出现问题或在太空行走中宇航员的宇航服出现问题，其后果不堪设想。同时，产业用纤维制品功能特殊，不管是机织产品、针织产品，还是非织造产品，绝大部分都要经过涂层、层压或复合处理，只有这样才能更好地发挥最终产品应用特性，弥补中间产品的各种缺陷。这些缺陷通常是：不防水、不阻燃、不拒油、不防霉、不耐腐蚀、不抗辐射、不保温隔热、不够厚、缺乏整体性、稳定性差或缺乏多种功能等。

## 三、外观形态不同

产业用纤维制品外观形态多种多样，可以纤维形态投入使用，如通信用的光纤、过滤用的中空纤维；可以线、绳结构直接使用，如缝纫线、麻绳等；可以片状形态投入使用，如蒸呢布、帆布等；可以三维形态投入使用，如土工模袋布、消防水龙带等。而服用、装饰用纺织品一般以片状形态，即由纱线编织而成的面料为消费者所使用。

## 四、应用领域和使用对象不同

产业用纤维制品通常用于非纺织行业，在绝大多数情况下，产业用纤维制品的购买者不是直接使用者，即产业用纤维制品的使用对象往往不是个体用户。传统纺织品主要用于服装和家庭装饰，传统纺织品（例如服装）的购买和使用的对象是消费者。

## 五、使用设备不完全相同

由于产业用纤维制品所用的材料的模量往往比较大，其加工难度通常比柔软材料大。

此外，由于性能方面的要求，某些产业用纤维制品需要具有较高的紧密度，通常比传统服装纺织品厚重，因此，加工传统纺织品的设备往往不能用于产业用纤维制品的生产。例如，造纸过程中使用的单丝成形织物在普通织机上进行织造是不可能的，这是由于高密度粗重的经纱和纬纱以及在织造过程中产生的巨大织造张力使得普通织机不能适应其织造。造纸机所需织物的宽度取决于造纸机的宽度，因此生产造纸机用织物必须使用特制的重型织机。

## 六、测试方法不同

产业用纤维制品的测试具有一定的难度。产业用纤维制品一旦在实际场合使用往往很难进行更换或改变。例如，用于加固和稳定道路的土工织物，如果不将道路完全拆掉则不可能进行更换；另外，不可能先修一段"试验道路"来测试土工织物，因为这样要等好多年才能得到试验结果。用于堤坝中的土工织物一旦出现问题，其后果不堪设想。

对于传统纺织品来说，其"性能"或"质量"除了取决于物理性能之外，还取决于其他一些因素，如消费者的欣赏水平和品位。因此，传统纺织品的质量评定带有很大的主观性。对于产业用纤维制品而言，根据其用途从测试的结果即可认定其性能的好坏，得到客观的评定。

许多时候在实验室里不可能完全模拟产业用纤维制品现场实际使用情况，此外，实测方法或是很难实现或是即使实现也不可靠。结果从事产业用纤维制品应用设计的工程技术人员往往不得不依靠从实验室得到的试验结果，这就要求试验结果必须具备足够的精度和可靠性。传统纺织品的试验方法通常不适于产业用纤维制品，因此，产业用纤维制品必须建立专门的试验方法和手段。通过计算机辅助设计系统模拟现场使用情况以及建立模型来确定某一特定用途产业用纤维制品的最佳结构和性能，已成为越来越普遍使用的手段。

## 七、使用寿命不同

通常产业用纤维制品的寿命要比传统纺织品长得多。与传统纺织品不同，流行趋势对产业用纺织品的寿命没有任何影响。譬如楼房、公路、体育场以及飞机场等大型建筑中使用的产业用纤维制品，应具有很长的使用寿命，一般要持续许多年。

尽管希望产业用纤维制品具有较长的使用寿命，但有时也不尽如人意，有些产业用纤维制品的使用寿命有可能比传统纺织品还短。另外，在某些场合，产业用纤维制品的使用寿命希望得到控制或限制，例如，在手术过程中置入人体内部或外部的某些纺织品，希望它在完成使命之后（如人体器官或组织愈合到具有足够的强度，一般为几周或几个月）即开始降解，降解后的物质通过体液排出体外。

## 八、价格不同

由于产业用纤维制品具有许多优异性能，因此，它的价格比传统纺织品高。然而从整体上来看，就其具有较长的使用寿命和其他一些优点以及它在国家基本建设和国民经济中的巨大作用而言，价格因素显得并不重要。实际上，如果设计和使用得当，产业用纤维制品完全可以替代更贵重的材料，因此可以大大降低成本。

## 第四节　我国产业用纤维制品的现状

随着科学技术的发展、人们生活水平的提高以及观念的转变，纺织品的概念和应用领域不断深化和拓展延伸，由最初主要为满足生存需要的普通着装的服用功能，到后来为美化居室环境的装饰功能，再到目前为满足不同行业需求而具备的各种特殊功能，使纺织品的应用已经覆盖到服装用、家用和产业用三大领域，其中产业用纺织品（即产业用纤维制品）是跨行业多学科交叉研究、开发和应用的成果。市场对产业用纺织品的需求，也极大地丰富了传统纺织品的概念和内涵。我国在纺织结构调整中，十分重视产业用纺织品的发展，门类比较齐全。大体经历了三个发展阶段：20 世纪 70 年代为起步阶段；80 年代为打基础阶段；90 年代为快速增长阶段，以后又进入新的发展时期。我国纺织工业"十一五""十二五""十三五"发展纲要中，都明确提出以科技创新为主的产业用纺织品将作为纺织工业的发展重点，这无疑为纺织工业的发展提供了巨大的原动力。

产业用纺织品在很多产业部门和基础设施建设中得到广泛应用。加速发展产业用纺织品，不仅符合纺织工业产业结构调整的需要，促进纺织工业形成新的经济增长点，而且将推动很多相关产业的发展，提高相关产业的技术水平和工程产品质量，这种趋势已为近 20 年来的国际经验所证明。据国外资料统计，1995 年世界该类纺织品的总量已达 932 万 t，占当年世界全部纤维总量的 17.6%，其销售额已达 500 亿美元，2005 年达到 720 多亿美元。到目前为止，虽然我国产业用纺织品年增长率都处于较高水平，占纺织工业纤维总量的比重已达 23.5%；而欧洲、美国、日本等发达国家和地区，这一比例已达 41%，有的已超过 50%。

我国的产业用纤维制品起步较晚，从 20 世纪 90 年代开始，我国产业用纺织品市场迅速发展，据不完全统计，1988 年我国产业用纺织品的用量为 53 万 t，1993 年为 86 万 t，1997 年为 132 万 t，1998 年为 155.5 万 t，2000 年达到 173.8 万 t，2001 年达到 190 万 t，2005 年，竟达到了 366 万 t，年增长率保持了两位数的增长。2006 年产业用纺织品需求量可能达到 481.8 万 t。2007 年纺织工业纤维加工总量为 3530 万 t，产业用纺织品占纺织工业纤维加工总量的比例为 15.4%。产业用纤维制品的产量为 538 万 t，比 2006 年的 481.8 万 t 增长了 56.2 万 t，增长率为 11.7%。"十二五"时期以来，我国产业用纺织品行业的生产保持了高速增长，纤维加工总量由 2011 年的 910 万 t 增长到 2017 年的 1508.3 万 t，年均增长 8.9%，成为全球较大的产业用纺织品生产国、贸易国和消费国。我国产业用纺织品的快速增长，主要是得益于我国的高铁、高速公路和水利等基础设施建设，逐步趋严的环境保护政策，人民生活水平提高和医疗卫生水平的改善。这是可喜的。

但是，应该看到我国的产业用纺织品便宜、档次较低，大量高档次和特种后整理的材料需要进口，然后分切包装，在境内销售。另外，一部分在境内的国外独资企业尤其是电子行业沿用国外产品，难以从国内找到同类产品替代。这说明与国际先进水平相比，我国仍存在着较大差距。这几年，虽然我国发展产业用纺织品的步伐开始加快，但要发展到三大领域（服装用、装饰用和产业用）比重均衡且在技术水平、产品品种和功能性上接近国际水平的程度，还有较大的发展空间。

我国近20年来产业用纺织品的增长，除了机织、经编产品有一些增长外，主要源于非织造材料的快速增长。非织造材料是产业用纺织品的重要组成部分，它的结构和特性更适合于开发产业用纺织品。目前在发达国家，非织造材料在产业用纺织品中所占比重已达到50%～60%，这一比例权重还在继续增长。即使在世界整体水平中，其比重也已占到30%以上，我国非织造材料起步较晚，虽从1965年开始出现了工业化生产，但真正获得快速发展还是在20世纪80年代以后。中国非织造布的发展初期，产品主要是集中在服装领域和装饰领域，其比重占非织造材料总量的90%以上，产品主要为热熔棉、针刺棉、服装衬和针刺地毯等，而产业用途的产品占比很小。80年代中期至90年代中期，我国经济的快速增长促进了市场的不断拓展，同时非织造布的热轧、热风、纺粘、熔喷和水刺等工艺也逐步发展起来，使我国的非织造布工艺结构发生了较大变化，非织造材料中产业用途的比重增长显著，到目前，产业用途的非织造材料占非织造材料的总量已接近60%。但产品档次与发达国家差距依然较大，高端产品依赖进口。因此，发展并调整产业用非织造材料结构、提升产品性能是必然的选择，也是调整我国纺织产品结构的必然，具有巨大的可挖潜力，将在人们生活和社会经济发展中起着越来越重要的作用，也将成为纺织工业新的经济增长点。

---

## 思考题

1．产业用纤维制品（产业用纺织品）的定义是什么？

2．从产业用纺织品的定义出发如何理解产业用纺织品的特征？

3．产业用纺织品按最终用途如何分类？

4．我国的产业用纺织品十六大类是什么？举例说明某类产品的作用。

5．欧美国家的产业用纺织品十二大类是什么？为什么与我国的产业用纺织品分类有差异？

6．产业用纺织品与传统纺织品的主要区别是什么？

7．产业用纺织品的特点是什么？

8．产业用纺织品对纺织产业结构调整有什么作用？

9．为什么说产业用纺织品是全球竞相发展的重点？

10．大力发展产业用纺织品对推动军民融合战略有什么意义？

11．试阐述产业用纤维制品的发展对某产业（领域）发展的促进作用。

12．试阐述其他产业（领域）的发展对纺织纤维制品发展的推进作用。

# 参考文献

［1］徐朴. 中国产业用纺织品和非织造布工业（上）［J］. 非织造布，2004（5）：10-12.

［2］S. 阿达纳编（美国）. 威灵顿产业用纺织品手册［M］. 徐朴，等，译. 北京：中国纺织出版社，2000.

［3］葛怡，张维. 我国产业用纺织品行业的现状与发展方向探讨（一）［J］. 产业用纺织品，2002（10）：1-4.

［4］葛怡，张维. 我国产业用纺织品行业的现状与发展方向探讨（二）［J］. 产业用纺织品，2002（12）：5-8.

［5］裘榆发. 我国产业用纺织品发展现状［J］. 纺织导报，2006（5）：32-35.

［6］朱民儒. 中国产业用纺织品和非织造布的进展［J］. 产业用纺织品，2005（12）：1-8.

［7］季国标，朱宁. 中国产业用纺织品的发展趋势［J］. 西安工程科技学院学报，2003，17（2）：95-99.

［8］曹勇智，西康生，谭娴. 我国产业用纺织品的现状和发展建议［J］. 济南纺织化纤科技，2007（4）：4-6.

［9］沈志明. 非织造布在产业领域的发展前景广阔［J］. 非织造布，2003，11（2）：3-8.

［10］任晓峰. 谈技术纺织品的现状和发展［J］. 上海纺织科技，2001，29（5）：55-56.

［11］张传雄，季建兵，白晓. 中国产业用纺织品年度运行分析报告［J］. 纺织科学研究，2018（05）.

［12］HORROCKS, A. R.; ANAND, S. C. Handbook of technical textiles［M］. Woodhead Publishing Limited, New York, 2000.

［13］HEARLE, J. W. S. High-performance fibers［M］. Woodhead Publishing Limited, New York, 2000.

# 第二章　产业用纤维材料

产业用纤维制品的品种繁多。产业用纤维制品所使用的纤维原料，从最初使用天然纤维发展到现代主要使用各种化学纤维。化学纤维制造业的发展推动了产业用纤维制品的发展；产业用纤维制品的发展反过来又在一定程度上促进了化学纤维制造业的发展。产业用纤维原料已从普通纤维向高技术纤维、高性能纤维、功能纤维甚至智能纤维扩展，为开发功能强、寿命长、性能好的产业用纤维制品奠定了基础。

## 第一节　产业用传统纤维特性与应用

传统纺织纤维，可分为天然纤维和化学纤维，除了广泛应用于服装领域外，在家用、产业用领域同样有广泛的应用。现在对传统纺织纤维在产业用领域的应用作简单介绍。

### 一、天然纤维

**1. 棉纤维**　棉纤维制品曾经广泛地应用于产业用纤维制品中。随着化学纤维的发展，棉纤维的重要性日益下降。使用棉纤维制造产业用纤维制品的技术成熟、经验丰富、加工成本较低，而且棉纤维制品具有很好的安全性、生物适应性、亲水性、吸湿性和耐碱性等独特性能，因此，棉纤维在产业领域依然有重要的应用。如棉纤维及其制品可用于过滤材料、医用卫生材料、絮垫、填充料、涂层基布、揩布、帆布以及特种棉织物等领域。

**2. 麻纤维**　麻纤维是从各种麻类植物中取得的纤维的统称，包括韧皮纤维和叶纤维，大多应用于产业用纤维制品领域。韧皮纤维有苎麻、亚麻、汉麻、黄麻、洋麻、剑麻、蕉麻等，它们主要由纤维素构成，还含有不同数量的木质素。这类纤维质地柔软，适宜纺织加工，商业上称为"软质纤维"。苎麻、亚麻、大麻还可应用于服装、家用领域。叶纤维有剑麻和蕉麻等，是从单子叶植物的叶上获得的。这类纤维比较粗硬，商业上称为"硬质纤维"，基本应用于产业用纤维制品领域。

（1）苎麻纤维。苎麻是麻纤维中品质最好的原料之一，单纤维长度长。苎麻制品分为麻线、麻带和加捻麻绳三大类，一般用作国防、工业、农业用布。如降落伞带、背带、子弹带、炮衣、特种填充料、高强度缝纫线、特种编织及捆扎线等；还可用于过滤布、卷烟带等；也应用于抛轮布、书籍布、服装鞋帽衬、涂层织物基布。

（2）亚麻纤维。亚麻（胡麻）单纤维细、长度较短，大量应用于产业用纤维制品领域，多用作帆布类产品。主要产品有亚麻水龙带、亚麻工业用布、亚麻包装布。亚麻还可用于制作地毯的基布、幕布、画布、过滤布、贴墙布、殡仪用布等。

（3）汉麻。也称为大麻。其茎皮纤维长而坚韧，可用以制成麻线、绳索织物等，也可以编织渔网。世界上只有中国、加拿大、德国等少数国家进行大麻纤维开发利用。

（4）黄麻、洋麻纤维。黄麻、洋麻虽然是不同的麻类，但其纤维特性极为相似，单纤维都较短，都是靠残胶使其粘连成束纤维进行纺纱，制品主要是麻线、麻袋等，也有土工布、地毯纱、麻纸复合水泥袋、增强塑料的加固材料贴墙布等应用。

（5）剑麻。剑麻的单纤维极短，靠残胶将单纤维粘连成纤维束，供纺织使用。由于剑麻纤维耐海水腐蚀，故适用于舰艇、渔船、航海的绳缆、网绳及钢丝绳的芯纱等；也可织造防水帆布、铺地织物、地毯和麻袋等。

（6）蕉麻。蕉麻是芭蕉科麻蕉属取其叶鞘得到的纤维，以束纤维进行利用。它的力学性质与剑麻相似，但单纤维和纤维束较剑麻长，断裂强力较剑麻高。蕉麻的耐海水腐蚀性、用途等均与剑麻相似。其经典产品有"白棕绳"。

**3. 毛纤维**　通常所说的毛纤维是指从绵羊身上取得的绵羊毛。羊毛具有许多优良特性，如独特的缩绒性等。因此，羊毛制品可广泛使用于产业用纤维制品。羊毛可以织制有特殊要求的工业呢绒、呢毡、衬垫材料，还可用于织制壁毯、地毯等制品。特种动物毛在产业用领域也有应用，如牦牛绳、毡等。

**4. 蚕丝**　蚕丝的种类很多。在产业用纤维制品领域，蚕丝一般用于制作特殊制品，如过滤织物、筛网制品、艺术领域的辅助材料等。

## 二、化学纤维

**1. 黏胶纤维**　黏胶纤维是再生纤维素纤维的主要品种，也是最早进行工业化生产的化学纤维，由于其吸湿性较好等，可用于各类纺织品，如医用卫生制品、服装衬里材料。特别是强力黏胶纤维作为骨架材料，广泛用于轮胎帘子布、传送带、绳索和各种工业织物（如帆布和涂层织物的底布）等。

**2. 聚酯纤维**　聚酯纤维在我国商品名为涤纶，为合成纤维的第一大品种。具有强度高、弹性回复性好、模量高、刚度大等特点，在常温下有很好的使用性能，耐热性与稳定性也较好。涤纶的短纤维除可纯纺外，还可与棉、麻、毛、丝和其他化学纤维进行混纺，制品用途相当广泛；其长丝也广泛地用于轮胎帘子布、工业绳索、传送带、过滤织物、绝缘材料、船帆、帐篷；涤纶是良好的填充材料和隔热材料；涤纶还可用于制作地毯、造纸用纺织品、缝纫线等。

**3. 聚酰胺纤维**　聚酰胺（尼龙）纤维在我国的商品名为锦纶。聚酰胺纤维以长丝为主，少量的短纤维主要用于和棉、毛或其他化纤混纺。聚酰胺纤维耐疲劳性居常见化纤之首，是合成纤维中工业化生产最早的品种，主要用于制造轮胎帘子布、绳索、渔网等；国防工业中用于织制降落伞等；还可织制地毯等。

**4. 聚丙烯腈纤维**　聚丙烯腈纤维是指丙烯腈占85%以上的共聚纤维。聚丙烯腈纤维在我国的商品名为腈纶。聚丙烯腈分子中含有氰基，耐日光性特别好，因此腈纶适合制作户外用品，特别适合制作帐篷等制品；因其具有优良的化学稳定性，也适合于制作一些有特殊要求的过滤织物；腈纶具有优良的弹性，有"合成羊毛"的美誉，适于制作毛毯、人造毛皮、絮制品。聚丙烯腈长丝可用作基体材料制造碳纤维原料。

**5. 聚丙烯纤维**　聚丙烯纤维，我国称为丙纶，以其价格便宜、性能优越而成为合成纤维中的后起之秀，在产业用纤维制品领域有极广泛的应用。丙纶大量用作医用卫生材料，例如敷料、包扎带、病员服、医院床单、手术衣等；丙纶制品还有吸油毡、土工布、编织袋、油毡、建筑增强材料、过滤织物、袋布等。

**6. 聚乙烯醇缩甲醛纤维**　聚乙烯醇缩甲醛纤维的商品名是维纶。由于其特性近似于棉纤维，所以有"合成棉花"之称。维纶可作为棉花的替代品；也可以制作绳索、水龙带、渔网、帆布、帐篷等；还可用于过滤材料、服装鞋帽衬里、医用卫生材料、土工布等领域。

# 第二节　产业用高性能纤维特性与应用

高性能纤维指高强、高模、耐高温和耐化学作用的纤维，是高承载能力和高耐久性的功能纤维。高性能纤维目前还没有共同的定义，一般是指强度大于 17.6cN/dtex，模量在 440cN/dtex 以上的纤维。本节对一些应用较广泛的高性能纤维进行介绍。

## 一、高性能纤维的分类及特点

### （一）分类

高性能纤维可分为有机纤维、无机纤维和金属纤维三大类。其分类见表 2-1。

表 2-1　高性能纤维的种类

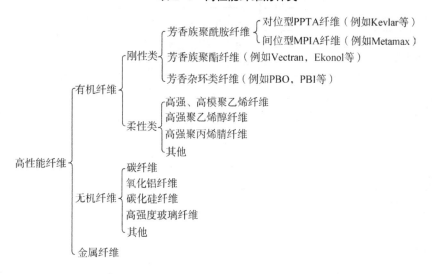

### （二）性能

高性能纤维具有普通纤维所没有的特殊性能，其特性如下。

（1）高性能纤维具有极高的力学性能，即高强度、高弹性模量。

（2）高性能纤维具有耐高温性，在高温下尺寸稳定性较好，热收缩率很低，因此在耐热、防护方面有广泛的用途。

（3）高性能纤维密度低，有利于制品的轻量化。

（4）高性能纤维加工简便，容易成型。

（5）高性能纤维耐腐蚀好。

高性能纤维具有不耐太空环境中温度的急剧变化、真空下耐辐射性较差、耐超低温性较差等特点。部分高性能纤维的基本性能见表2-2。

表2-2　部分高性能纤维的基本性能

| 纤维种类 | 商品名 | 强度伸长 | | 模量（GPa） | 密度（g/cm³） | 熔点（℃） |
| --- | --- | --- | --- | --- | --- | --- |
| | | GPa | % | | | |
| 对位芳香族聚酰胺纤维 | Kevlar | 2.8 | 2.4 | 132 | 1.44 | 560（d） |
| 间位芳香族聚酰胺纤维 | Metamax | 0.5 ~ 0.8 | 35 ~ 50 | 6.7 ~ 9.8 | 1.38 | 430（d） |
| 芳香族聚酯纤维 | Ekonol | 4.1 | 3.1 | 134 | 1.40 | 380 |
| | Vectran | 2.8 | 3.7 | 69 | 1.40 | 270 |
| 芳香杂环类纤维 | PBZT | 4.2 | 1.4 | 250 | 1.58 | 600（d） |
| | PBO | 5.5 | 2.5 | 280 | 1.59 | 650（d） |
| | PBI | 0.38 | 25 ~ 30 | 5.7 | 1.43 | 450（d） |
| 高强聚乙烯纤维 | Dyneema | 3.4 | 2.0 | 160 | 0.98 | 140 |
| | Spectra | 3.5 | 2.5 | 156 | 0.97 | 140 |
| 高强聚乙烯醇纤维 | Kuraion7901# | 2.1 | 4.9 | 46 | 1.32 | 245（d） |
| 高强聚丙烯腈纤维 | — | 2.4 | 7.8 | 28 | 1.18 | 230（d） |
| 碳纤维 | Pyrofil | 1.9 ~ 3.5 | 0.4 ~ 1.2 | 300 ~ 500 | 1.80 | — |
| | Torayca | 3 ~ 7 | 1.5 ~ 2.4 | 200 ~ 300 | 1.80 | — |
| 氧化铝纤维 | — | 1.5 ~ 2.9 | 1.5 | 250 | 4.0 | — |
| 玻璃纤维 | Gevetex | 2 ~ 3.5 | 2.0 ~ 3.5 | 70 ~ 90 | 2.5 | 825 |
| 钢纤维 | | 2.8 | — | 200 | 7.8 | 1600 |
| 钛合金纤维 | | — | 1.2 | 106 | 4.5 | — |
| 铝合金纤维 | | — | 0.6 | 71 | 2.7 | — |

注　（d）为分解点。

## 二、芳香族聚酰胺纤维

芳纶全称"芳香族聚酰胺纤维"，指85%以上的酰胺键直接连在苯环上的长链合成聚酰胺纤维，连接酰胺键的为芳香环或芳香环的衍生物，具有阻燃、耐高温、高强度、高模量、绝缘等突出性能。1960年由美国杜邦公司研制出的一种新型化学纤维——Nomex（HT-1）（即芳纶1313）在1967年上市；1972年，日本帝人公司实现了间位芳纶的商业化，商品名为Conex，其结构与美国杜邦的Nomex基本相同。1972年，杜邦公司又推出Kevlar

纤维，即芳纶 1414。此后，世界各发达国家竞相研制生产芳香族聚酰胺纤维，2016 年全球芳纶总产能接近 13 万 t，其中对位芳纶产能约 8.2 万 t，间位芳纶产能约 4.8 万 t，主要分布于北美、欧洲和亚洲地区。

（一）性能

表 2-3 为间位芳香族聚酰胺纤维的一般物理性能。

表 2-3　间位芳香族聚酰胺纤维的一般物理性能

| 物性 | 单位 | Nomex | Conex |
|---|---|---|---|
| 密度 | g/cm$^3$ | 1.38 | 1.38 |
| 单丝线密度 | tex | 0.22 | 0.22 |
| 断裂强度 | cN/tex | 35.3 | 47.6 ~ 61.7 |
| 断裂伸长率 | % | 31 | 37 |
| 拉伸弹性模量 | cN/tex | 617.4 | 661.5 |
| 回潮率 | % | 约 5 | 约 5 |
| 300℃热收缩率 | % | 3.5 | 3.7 |
| 热分解温度 | ℃ | — | 400 ~ 430 |
| 250℃强度保持率 | % | — | 60 |
| 干热暴露强度保持率（250℃×1000h） | % | — | 约 60 |
| 湿热暴露强度保持率（120℃×1000h） | % | — | 约 60 |
| LOI | % | — | 30 ~ 32 |

表 2-4 为对位芳香族聚酰胺纤维的一般物理性能。

表 2-4　对位芳香族聚酰胺纤维的一般物理性能

| 纤维种类 | 密度（g/cm$^3$） | 断裂强度（cN/tex） | 断裂伸长率（%） | 弹性模量（cN/tex） | 回潮率（%） |
|---|---|---|---|---|---|
| Kevlar29 | 1.43 | 202.9 | 3.6 | 4851 | 7.0 |
| Kevlar49 | 1.45 | 195.8 | 2.4 | 7479 | 4.5 |
| Kevlar119 | 1.44 | 211.7 | 4.4 | 3793 | 7.0 |
| Kevlar129 | 1.44 | 233.7 | 3.3 | 6703 | 6.5 |
| Kevlar149 | 1.47 | 158.8 | 1.5 | 9790 | 1.5 |

（二）应用

芳纶已广泛应用于国防军工、航天航空、轨道交通、安全防护、环境保护和电子信息等新兴产业领域，市场前景广阔。

芳纶 1313 性能优良，其产品主要用于航空飞行服、宇宙航行服、原子能工业的防护服以及绝缘服、消防服等。它也用于制作防火帘、防燃手套、高温下化工过滤布和气体滤袋、高温运输带、机电高温绝缘材料以及民航飞机中的装饰织物等。此外，它还可以用于室内织物、产业材料、蜂窝状结构材料中。

芳纶1414主要用于高速行驶或重载汽车和飞机的轮胎帘子线。由于其强度高，密度小，因此用它制成的轮胎重量大大减轻，轮胎层薄，热量容易散发，轮胎的使用寿命延长。此外，它还可用作皮带、软胶管；绳索、绳缆；防护、防弹材料；摩擦材料；复合材料的增强材料。

### 三、芳香族杂环类纤维

芳纶作为高强度、高模量纤维在产业用纤维制品上开发了多种用途，同时也促进了高性能纤维的发展。芳纶虽然有高的断裂比强度和比模量，但其单位面积的力学性能比钢丝差，耐热性也还不够高。因此从20世纪60年代开始，美国空军材料试验室考虑从分子结构上引入杂环基团，限制分子的伸张自由度，增加主链上的共价键结合能，就可能大幅度提高纤维的模量、强度和耐热性。20世纪80年代初，他们和塞拉尼斯纤维公司合作成功得到了聚苯并咪唑（PBI）纤维。以后，又成功开发了一系列的杂环聚合物。

**1. 聚对亚苯基苯并双噁唑（PBO）纤维**

（1）结构性能。PBO纤维的结构式为：

PBO纤维的性能见表2-5。

表2-5　PBO纤维的性能

| 性能 | | PBO—AS | PBO—HM |
|---|---|---|---|
| 单丝线密度（tex） | | 0.17 | 0.17 |
| 密度（g/cm³） | | 1.54 | 1.56 |
| 强度 | N/tex | 3.7 | 3.7 |
| | GPa | 5.8 | 5.8 |
| 模量 | N/tex | 114.4 | 176. |
| | GPa | 180 | 280 |
| 伸长率（%） | | 3.5 | 2.5 |
| 回潮率（%） | | 2.0 | 0.6 |
| 热分解温度（℃） | | 650 | 650 |
| LOI（%） | | 68 | 68 |
| 介电常数（100kHz） | | — | 3 |
| 介电损耗角正切（tanδ） | | — | 0.001 |

（2）应用。PBO纤维主要用于耐热的产业用纺织品和纤维增强材料这两个领域。在耐

热难燃材料中，PBO 纤维可用作衬垫，或用于铝型材、铝合金及玻璃制品等的成形过程。PBO 纤维是优秀的消防服材料。在纤维复合材料方面，它可以替代碳纤维，用于新型交通工具、航空航天、深海海洋开发等。其具体用途见表 2-6。

**表 2-6　PBO 纤维的用途**

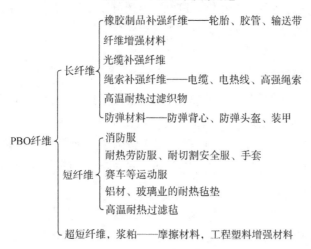

**2. 聚亚苯基苯并二咪唑（PBI）纤维**　PBI 纤维最先由美国空军材料实验室与塞拉尼斯公司研制，是一种具有工业用价值的优良耐高温纤维材料。模拟耐热试验表明，用它制作的飞行服提供了优良的耐高温性能和化学稳定性，并且有非常舒适的服用性能。

（1）结构性能。PBI 纤维的结构式为：

$$\left[ \begin{array}{c} \end{array} \right]_n$$

PBI 纤维的物理性能见表 2-7。

**表 2-7　PBI 纤维的物理性能**

| 性　能 | PBI 纤维 | PBI 纤维（400 ~ 500℃氮气环境中拉伸后） |
|---|---|---|
| 强度（N/tex） | 3.70 | 2.29 ~ 2.73 |
| 伸长率（%） | 30 | 25 ~ 30 |
| 模量（N/tex） | 79.2 | 39.6 |
| 密度（g/cm³） | 1.39 | 1.43 |
| 回潮率（%） | 13.0 | 15.0 |
| LOI（%） | 41 | 41 |
| 烟雾散发性 | 微 | 微 |
| 收缩性（700℃，2s） | 50 | 6 |

（2）应用。由于PBI纤维的最大特点是耐高温性，因此，从其诞生起，就应用于特殊的纤维制品，如宇航服、飞行服等防护服装。此外，还用于太空飞船中的密封垫、救生衣，可以防止身体被烧伤。PBI纤维还是一种极好的石棉替代纤维，可应用于金属铸造工序、玻璃行业等隔热防护材料制品，如手套、工作服、输送带等。用PBI纤维制成的制品，其使用寿命比石棉制品长100倍。PBI纤维还可用于过滤材料制品。由于PBI纤维在高温下还具有石墨化的倾向，也可用于制造石墨纤维。

## 四、高强高模聚乙烯纤维

20世纪70年代以来，强度超过22.6cN/dtex的这类超高强纤维的研制进展突飞猛进。在线性聚合物中，首先获得成功的是刚性链高强高模纤维，例如，聚对苯二甲酰对苯二胺纤维。此后的20多年，各国科学家从理论和实践两个方面进行了大量的研究工作，终于促使超高强聚乙烯纤维、超高强聚乙烯醇纤维、超高强聚丙烯腈纤维等相继诞生，并开始工业化生产。

### 1. 性能

（1）高强高模聚乙烯纤维的密度为$0.97g/cm^3$。

（2）具有良好的力学性能。其强度在27.2 ~ 43.5cN/dtex（2.2 ~ 3.5GPa），它的断裂伸长率为3% ~ 6%。具有很高的勾结和结节强度，较好的柔曲性能，良好的耐疲劳性和耐摩擦性。因此，其适用于现行的纺织加工工艺，如加捻、机织、针织等。

（3）相对于其他纤维，其耐光性较好。

（4）具有优良的耐化学腐蚀性。

（5）可短时间内在接近熔点的条件下使用，如在130℃条件下保持3h，其强度和模量均为未经处理纤维的80%，这种情况已经可基本满足加工复合材料时工艺温度的需要。

（6）高强高模聚乙烯纤维与普通聚乙烯纤维一样，几乎不吸湿，具有良好的耐水性能和耐湿性能。

（7）高强高模聚乙烯纤维介电常数较低，导电性差，具有良好的电绝缘性能。

### 2. 应用

（1）绳索类。由于高强高模聚乙烯纤维强度高、模量高、密度小、耐腐蚀性好，因此特别适用于海洋航行绳索。绳索的断裂长度达336km，是芳纶的2倍。无论是降落伞用绳或海底层矿产开发用绳，均以高强高模聚乙烯纤维为首选。

（2）防弹材料。由于高强高模聚乙烯纤维具有优良的吸收冲击的特点，纤维的可加工性好及特别小的密度，可做防弹或防切割服装。

（3）复合材料的增强材料。优良的力学性能赋予它成为增强材料的可能性，只需设法进一步改进与各种树脂的黏结性能即可。其作为复合材料的应用领域十分广泛，如军用及民用头盔，比赛用帆船、赛艇等。

### 五、聚四氟乙烯纤维

1945 年，杜邦公司开始了聚四氟乙烯的工业化生产。1950 年，杜邦公司大规模生产聚四氟乙烯，并为其取了商品名"Teflon"。1954 年，杜邦公司制成了"Teflon"纤维，我国对聚四氟乙烯纤维俗称为"氟纶"。

**1. 性能** 氟纶是由长链的聚合物所组成，具有如下特性。

（1）高的抗拉强度。其拉伸强度为 1.4cN/dtex，断裂伸长率为 19%。湿态与干态相同。氟纶的耐脆性和耐弯曲磨损性在合成纤维中是最好的。

（2）特殊的抗化学性能。氟纶的最大优点是耐化学腐蚀，除熔融的碱金属外，氟纶几乎不会被任何化学试剂腐蚀。在浓硫酸、浓硝酸、浓盐酸甚至王水中煮沸，其重量和性能也都没有任何变化，它几乎不溶于任何有机溶剂。氟纶不吸潮、不会燃烧，对氧和紫外线稳定，耐气候性特别好。因此，氟纶获得了"塑料王"的美称。

（3）氟纶在高达约 260℃温度下连续使用时，性能是稳定的，且能够在短时间内耐 290℃的温度。由于它独特的分子结构，它不会在高温下熔融。从 290℃以上开始升华，每小时的失重率达 0.0002%，在 327℃时达到凝胶状，即所谓的"熔点"为 327℃。分解温度在 415℃以上。氟纶在低温下延展性下降，但仍能使用。确定的最低使用温度为 –268℃。氟纶的导热系数低，热膨胀系数较大。氟纶的极限氧指数 LOI 值为 90% ～ 95%，在高氧浓度下也难燃。

（4）氟纶具有很好的抗紫外线性能。氟纶在户外放置 15 年也不会出现老化现象。氟纶直接在日光和自然气候条件下连续暴晒 3 年，其断裂强度只降低 2%。

（5）氟纶的滑动摩擦系数是已知纤维中最低的，其滑动摩擦系数只有锦纶的 1/6。氟纶测出的摩擦系数为 0.008 ～ 0.05，在负荷或温度增加时，动摩擦系数有降低趋势。氟纶的低摩擦系数使其具有免保养、无黏性和易滑动的特性。

**2. 应用** 氟纶主要应用于产业用纤维制品领域。由于它的摩擦系数极小，对热的耐受性和高化学稳定性，特别是纤维的高抗拉强度，使其有许多特殊的用途。

（1）轴衬和其他工程元件是氟纶连续长丝和织物应用的主要范围。食品加工中用漂白的氟纶制造的传送带具有卫生、平整的表面，可消除湿式或多油式加工造成的污染，确保制品的卫生性。

（2）氟纶已经长期被用来制造高性能缝纫线。此类缝纫线用于热气体过滤制品的缝纫和其他要求高的收缩强度、耐热和耐化学腐蚀的制品缝纫。

（3）被广泛作为高温烟气除尘滤料、化学废液过滤等。

（4）复印机等办公用具，如清洁衬垫、刷、罗拉、润滑毡等皆使用线密度较小的氟纶。

（5）氟纶可用在航空航天和其他有特殊要求的电缆线上，作为包覆扁平、可弯曲电缆的编结绳；亦可用于宇航服等；在建筑业上，氟纶还用在桥梁上的免保养膨胀接头以及其他建筑用元件中。

## 六、碳纤维

碳纤维是指纤维的化学组成中碳元素占总质量 90% 以上的纤维。

**1. 分类** 碳纤维按习惯大致有以下三种分类方法。

（1）按原料分类。主要有纤维素基碳纤维、聚丙烯腈基碳纤维和沥青基碳纤维。20世纪 70 年代以来，主要使用聚丙烯腈纤维和石油沥青为原料生产腈纶基和沥青基碳纤维，其中聚丙烯腈（PAN）基纤维占 85%，其余的是沥青基纤维。

（2）按制造条件和方法分类。其分类见表 2-8。

**表 2-8 碳纤维按制造条件和方法分类**

碳纤维 ┤ 碳纤维（炭化温度在 800~1600℃ 时得到的碳纤维）
石墨纤维（炭化温度在 2000~3000℃ 时得到的碳纤维）
活性碳纤维
气相生长碳纤维

（3）按力学性能分类。其分类见表 2-9。

**表 2-9 碳纤维按力学性能分类**

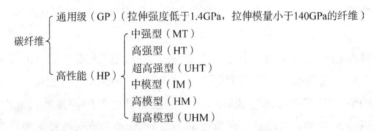

碳纤维 ┤ 通用级（GP）（拉伸强度低于 1.4GPa，拉伸模量小于 140GPa 的纤维）
高性能（HP）┤ 中强型（MT）
高强型（HT）
超高强型（UHT）
中模型（IM）
高模型（HM）
超高模型（UHM）

（4）商业型号。日本东丽公司的碳纤维，其商业型号具有代表性。碳纤维以一组字母数字构成的型号代表不同类型的产品。例如，T700SC-12000-50C 含义见表 2-10。

**表 2-10 T700SC-12000-50C 基本含义**

| 字母数字 | 含义 | 具体意义 |
| --- | --- | --- |
| T700 | 纤维类型 | 拉伸强度为 4.95GPa |
| C | 捻状 | 无捻纤维 |
| 12000 | 丝束 | 每一束碳纤维中包含 12000 根单丝 |
| 5 | 上浆剂类型 | 环氧、酚醛、聚酯、乙烯基酯 |
| 0 | 表面处理 | 表面氧化处理 |
| C | 上浆剂量 | C |

东丽碳纤维分为两个系列 T 和 M，T 系列表示的是拉伸强度，M 系列表示的是模量；最早，东丽公司生产出来的碳纤维都是加捻的，因为一些领域的应用，东丽也开始生产无捻和解捻纤维；东丽公司丝束通常为 1000 ~ 48000 根 / 束；上浆剂也承担着纤维和树脂

结合的作用，起初用作复合材料的树脂大多为环氧树脂，所以东丽公司的上浆剂也多为环氧树脂。随着使用领域的要求变化，现在有不同的上浆剂类型的碳纤维可以选择；东丽公司为了改善纤维和树脂的结合性能，对碳纤维表面进行了处理，处理方法是氧化；东丽公司为了改善纤维和树脂的结合性能，提供不同碳纤维表面上浆剂的量，由字母（A～E）进行区分。

**2. 性能**

（1）碳纤维具有的优良特性。

①在纤维轴方向显示高抗拉强度和高弹性模量：高强度的碳纤维的抗拉强度可达到3～4GPa。

②比重轻：碳纤维的比强度和比弹性模量特别高，所以对于那些要求全面减轻自重的物体，如宇航用品、交通用品、体育比赛用品就有更重要的意义。

③纤维线密度：碳纤维线密度可为0.05tex。

④耐腐蚀：碳纤维耐腐蚀，除了浓度大于75%的硝酸和硫酸外，盐酸、硝酸、硫酸和一些有机溶剂腐蚀不了碳纤维。在王水中，碳纤维性能不变。

⑤既能耐低温，又能耐超高温：在−180℃的低温下，许多材料都变得很脆，而石墨纤维布在这么低的温度下却依旧很柔软。在3000～4000℃的高温下，绝大多数的耐火材料都会立即熔化，但是在没有氧气的情况下，碳纤维在这样的高温下还是保持原样。碳纤维的耐高温性能远远超过了一般材料。碳纤维的升华温度高达3650℃。

⑥能耐温度急变，热膨胀系数小。

⑦常温下导热性能良好，高温下导热性能低。

⑧突出的导电性能：碳纤维由于是纤细的纤维结构，所以碳纤维制成的碳线、碳布具有一定的柔软性，可以做成柔软的"电阻丝"，用在一些特殊的环境中，它们的电阻值可以通过在制造过程中控制炭化温度来调节，所以电阻值能调得很高，使需要的电流相当微小，有利于接线的设计，同时，这种柔软的电阻丝在运行中不会变脆，不会产生局部过热，是一种电阻加热最有前途的新材料。

⑨优良的吸附性能：用多孔的原料纤维制得的碳纤维或用普通碳纤维在蒸汽气流中加热到800℃处理后得到的碳纤维，也称为活性碳纤维，具有比其他材料优异的吸附性能。

⑩其他性能：碳纤维还具有耐辐射、能反射中子等特性。

（2）碳纤维的缺点。

①碳纤维虽能承受大的轴向拉力，但是怕受压和剪切，很脆。

②抗氧化性差：碳纤维抗氧化性差，在高温下容易生成二氧化碳。

③破坏前无预报：一般材料在断裂前都要产生较大的变形，如钢铁在拉断之前要产生20%的伸长变形，人们可以根据其产生的伸长、弯曲等变形的大小来预先判断它是否受力过大，从而及时地采取措施来防止构件发生意外的断裂和破坏。碳纤维由于弹性模量高，受力后产生的变形很小，所以即使当它被拉断时，也只产生0.5%的伸长变形，因此碳纤维在断裂之前，没有任何明显的征兆，人们不能在事故发生之前采取预防措施。

**3. 应用**

（1）碳丝。由于碳纤维的长丝和丝束的力学性能极其优异，因此其主要用于塑料（环氧树脂、聚酰亚胺、酚醛树脂等）和碳丝的增强；此外，碳纤维增强轻金属（铝、镁）用于航空航天领域。其制品主要用于飞机、火箭等承受高负荷的部件，高压容器，体育用品（如网球、冰球、高尔夫球拍、滑雪板、赛车、赛船、帆船等）。

（2）碳纤维毡和碳素短纤维。主要用于绝热材料（如电阻炉和感应电炉）。这种绝热材料在500℃以上可以隔绝空气和其他氧化剂的干扰。碳纤维毡的密度为 0.05 ~ 0.2g/cm³，在20℃时的导热系数为（$6\times10^{-5}$）~（$3\times10^{-4}$）W/（m·K），其绝热层的绝热性好。碳纤维毡和碳素短纤维还可用作填充塔的填料、侵蚀性气体和液体的过滤材料、催化剂的载体、燃料电池和蓄电池的电极。

（3）碳纤维织物。可用于辐射加热的大体积真空炉中轻质、高负荷的电导体，其最高使用温度可达3000℃左右。此外，它可用于超音速飞机制动盘的加强垫层，其生产方法是用合成树脂浸渍碳纤维织物，再压成片状，然后加热到1000℃左右，使浸渍剂炭化。这种制动盘具有耐高温和耐高速摩擦的性能，有较高的导热性、热容量以及热稳定性，可保证其在极大的负荷下也能具有良好的制动性能。

（4）活性碳纤维。主要用于吸附废气、净化环境，回收溶剂及有机化合物，净化水，化学防护，高效电容和各种电极材料。

目前，碳纤维的消费量中，约有1/3用于航空工业和航天工业，1/3用于体育用品，1/3用于其他工业。碳纤维在飞机制造工业方面需求量很大。碳纤维增强塑料结构正在被大力推广采用。碳纤维在机械制造、运输、建筑等领域也极具潜力。

## 七、玻璃纤维

玻璃是由二氧化硅和各种金属氧化物组成的。它是用硅酸盐类物质人工熔融纺丝形成的无机长丝纤维，通常是透明的脆性体。

**1. 分类** 玻璃纤维的品种很多，可按其用途、形态、纤维成分中的含碱量、纤维直径、无机物成分进行分类。

（1）按用途分类。玻璃纤维按用途分类见表2-11。

表2-11　玻璃纤维分类

（2）按纤维的形态和长度分类。玻璃纤维按纤维的形态和长度分类见表2-12。

表 2-12　玻璃纤维按纤维的形态和长度分类

| 类别名称 | 用途与说明 |
| --- | --- |
| 连续纤维（纺织纤维） | 连续纤维是指无限长的玻璃纤维，主要用漏板法拉制而成。它经过纺织加工后可以制成玻璃丝、玻璃带、玻璃布、玻璃绳、玻璃无捻粗纱及其制品 |
| 定长纤维 | 玻璃纤维长度有限，一般为 300～500mm，有时也可较长。它多用来制成毛纱或毡片使用 |
| 玻璃棉 | 也是一种定长纤维，湿纤维长度较短，一般＜150mm 或更短。在形态上组织蓬松，类似絮棉，故又称为短棉。主要用作保温、吸声等用途。玻璃棉直径＜1μm 或 3μm 者，称为超细棉 |

（3）按纤维成分中的含碱量分类。玻璃纤维按纤维成分中的含碱量分类（$R_2O$ 表示金属氧化物，主要指 $Na_2O$、$K_2O$）见表2-13。

表 2-13　玻璃纤维按纤维成分中的含碱量分类

| 类别名称 | 用途与说明 |
| --- | --- |
| 无碱纤维 | $R_2O$ 含量小于 0.5 或 0.7，是一种铝硼硅酸盐。化学稳定性、电绝缘性、强度都很好。主要用于电绝缘材料、玻璃钢增强材料、轮胎帘子线，以及对耐酸有特殊要求的场合 |
| 低碱纤维 | $R_2O$ 含量小于 2，是一种含碱量稍高的铝硼硅酸盐。化学稳定性、电绝缘性、强度都比无碱纤维略差。主要用于电绝缘材料、玻璃钢增强材料、轮胎帘子线以及对耐酸有特殊要求的场合 |
| 中碱纤维 | $R_2O$ 含量在 12 左右。化学稳定性较好。因含碱量较高，故不能作绝缘材料。一般用作乳胶布基材、酸性过滤布、窗纱基材等。也可用于对电绝缘性能和强度要求不甚严格的玻璃钢增强材料 |
| 高碱纤维 | $R_2O$ 含量 ≥ 15。凡采用锌玻璃平板或瓶子为原料拉制而成的玻璃纤维均属此类。不能用于对耐酸有特殊要求的场合。可用于蓄电池隔片、管道包扎布和毡片等防火防潮材料 |

（4）按纤维的直径分类。玻璃纤维按纤维的直径分类见表2-14。有时也把直径＜4μm 的玻璃纤维称为超细纤维。

表 2-14　按玻璃纤维的直径分类

玻璃纤维
- 初级纤维：单丝直径大于20μm
- 中级纤维：单丝直径为10~20μm
- 高级纤维：单丝直径为3~10μm

（5）按含无机物成分不同分类。玻璃纤维按含无机物成分不同分类见表2-15。

表2-15　玻璃纤维按含无机物成分不同分类

| 类别名称 | 用途与说明 |
|---|---|
| 碱纤维（钠钙纤维） | 含碱量在10%以上。耐酸性好，热膨胀系数低，但耐水性差，用于制作保温、隔热件及耐酸用的玻璃纤维增强材料 |
| 无碱纤维 | 含碱量在1%以下。电绝缘优良，用作电绝缘件、抗震零件等 |
| 钠钙—硼硅玻璃纤维 | 有优异的耐化学性。广泛用作耐腐蚀材料 |
| 硼—硅玻璃纤维 | 低密度、低介电常数玻璃纤维。适用于电绝缘件 |
| 铝镁硅玻璃纤维 | 高强度玻璃纤维。适用于制作高强度件、火箭发射机壳体、人造卫星外壳等 |
| 含氧化铍玻璃纤维 | 高弹性模量玻璃纤维 |
| 高硅氧纤维 | 含 $SiO_2$ 在95%以上，耐热达1100℃。用作耐高温、防火材料 |
| 粗玻璃纤维 | 大多用作塑料、橡胶和水泥的增强材料 |

**2. 性能**　玻璃纤维具有如下性能。

（1）不燃、不腐、耐热、吸湿小。

（2）强度高、伸长小、抗拉强度和冲击强度高。

（3）绝热性和化学稳定性好。

（4）电绝缘性好。

常见的各种玻璃纤维的性能见表2-16。

表2-16　玻璃纤维的性能

| 种类 | 相对密度 | 抗拉强度（MPa） | 抗拉模量（GPa） | 热膨胀系数（$10^{-6}$/K） | 介电常数 | 液态温度（℃） |
|---|---|---|---|---|---|---|
| E-玻璃纤维 | 2.58 | 3450 | 72.5 | 5.0 | 6.3 | 1065 |
| A-玻璃纤维 | 2.50 | 3040 | 69.0 | 8.6 | 6.9 | 996 |
| GCR-玻璃纤维 | 2.62 | 3625 | 72.5 | 5.0 | 6.5 | 1204 |
| S-玻璃纤维 | 2.48 | 4590 | 86.0 | 5.6 | 5.1 | 1454 |

注　介电常数在20℃和1MHz条件下测得。

**3. 应用**

（1）纺织玻璃纤维的应用。玻璃纤维可用于装饰织物，主要是使用光滑的加捻线、花色加捻线和变形丝，通过热整理和化学整理，产生永久性卷曲。玻璃纤维用于装饰品（如窗纱）；玻璃纤维交织物制作的贴墙布，防滑且具有很高的抗张强度，特别适合用于石膏墙体、缩孔混凝土结构表面的装潢；玻璃纤维用作针刺地毯、簇绒地毯以及蜂窝衬垫底面、光滑泡沫背面的增强材料；玻璃纤维织物还可适用于沥青油毛毡、玻璃纤维交织物屋顶毡，特别适合在极其平坦的或有水覆盖的屋顶上应用；玻璃长丝织物适用于垫层和特殊的路面加固；防高温服和防火服可以用玻璃纤维布或加进一些玻璃纤维布；玻璃纤维制成的高功率砂轮和切割圆盘，通过玻璃纤维布的增强作用；玻璃纤维制成的织物过滤器在除尘领域显示了其重要性；玻璃纤维布制作的袋式过滤器可用在熔炉、化铁炉、转炉、发电厂的除尘设备及水泥的除尘设备中；玻璃纤维被广泛用于纤维增强复合材料，玻璃纤维短切毡被广泛用于汽车领域和隔膜等。

（2）绝缘玻璃纤维的应用。松散的绝缘玻璃纤维可用作填充绝缘或作绝缘层使用，在建筑上用于保温、防火、隔音等，可用作住宅、交通工具、冷藏库的绝热材料，管道保温防露用材料，交通工具吸声材料，内壁、天花板及铁皮屋顶；在建筑业中还可以用作外部装饰材料及玻璃纤维增强水泥；可做固定在金属或管道上的纤维覆盖层，用于管道和容器的隔热和绝缘；还可用作防腐蚀用的玻璃钢耐腐蚀泵、防火的玻璃钢果皮箱。

## 八、陶瓷纤维

陶瓷纤维是一种纤维状轻质耐火材料。普通陶瓷纤维又可称硅酸铝纤维，因其主要成分之一是氧化铝，而氧化铝又是瓷器的主要成分，所以被叫作陶瓷纤维。而添加氧化锆或氧化铬，可以使陶瓷纤维的使用温度进一步提高。氧化铝和硅酸铝纤维于20世纪40年代由美国BW公司中央研究所首先研制成功，70年代末开始用于民用工业。氧化铝和硅酸铝纤维由于其独特的热特性，被认为是最佳的石棉替代品之一而被广泛应用。

**1. 分类**　氧化铝和硅酸铝纤维的主要成分为 $Al_2O_3$ 和 $SiO_2$。一般根据 $Al_2O_3$ 的含量，可分为硅酸铝纤维和氧化铝纤维两大类，其中硅酸铝纤维又分为低温型、标准型和高温型。硅酸铝纤维是将原料熔融后用吹喷法或甩丝法而制取的散状短纤维；而氧化铝纤维是将原料制成熔液后经纺丝而成的连续长丝纤维，详见表2-17。

表2-17　氧化铝和硅酸铝纤维分类

| 名称 | | $Al_2O_3$（%） | $SiO_2$（%） | 制取方法 | 结构 | 类别 |
|---|---|---|---|---|---|---|
| 硅酸铝纤维 | 低温型 | 40 | 60 | 熔融吹喷法或甩丝法 | 玻璃态纤维 | 散状短纤维 |
| | 标准型 | 50 | 50 | | | |
| | 高温型 | 60 | 40 | | | |
| 氧化铝纤维 | | 95 | 5 | 熔液纺丝 | 结晶态纤维 | 连续长丝 |

**2. 性能**　氧化铝和硅酸铝纤维具有耐高温、抗热震、低热容、保温性能优良和化学稳定性好的优点，具体介绍如下。

（1）纺织性能。纤维的可纺性见表2-18。

表2-18　氧化铝和硅酸铝纤维的纺织性能

| 项目 | 硅酸铝纤维 | 氧化铝纤维 |
|---|---|---|
| 纤维直径（μm） | 2～5 | 10～12 |
| 纤维长度（mm） | 35～250 | 连续长丝 |
| 抗拉强度（MPa） | 600～800 | 1700～2080 |
| 弹性模量（GPa） | 70～80 | 130～190 |
| 密度（g/m³） | 2.5～3.0 | |

（2）耐热性。由于纤维的主要成分为 $Al_2O_3$ 和 $SiO_2$，所以能耐比较高的温度。一般低温型硅酸铝纤维的使用温度为 1000℃左右；标准硅酸铝纤维的使用温度为 1260℃左右；高温型硅酸铝纤维的使用温度为 1400℃左右；氧化铝纤维的使用温度高达 1600℃左右。

（3）导热性。纤维的导热性是所有耐火材料中最低的。500℃时硅酸铝纤维的导热系数为 0.07 ~ 0.12W/（m·K），1000℃时氧化铝纤维的导热系数为 0.23W/（m·K）。

（4）耐热冲击性。在骤冷骤热的环境中，纤维制品能抵御弯折、扭曲和机械震动。

（5）化学稳定性。由于此类纤维中碱类含量极少，所以几乎不受冷水、热水的影响，耐酸性也比较好。只是易受氢氟酸、磷酸和强碱的侵蚀。

（6）电特性。由于纤维含碱量低、吸湿性差，因此具有优良的电绝缘性，但绝缘电阻随着温度的升高而降低。在高温状态下，介电系数高，介电损失小。

**3. 应用** 由于此类纤维具有上述优良的特性，已广泛应用于冶金、化工、建材、船舶、航空航天、汽车等行业的耐火、隔热、防火、摩擦制动、密封、高温过滤和劳动保护等领域。目前，这类纤维的产品包括毡、纸和编织物。

在硅酸铝纤维中加入15% ~ 20%的有机纤维混合纺成连续纱线，制成绳或编织物，或直接利用氧化铝长丝制成编织物，可用于各种工业窑炉及管道接头的隔热、密封，高温环境下工作的电缆的包覆材料及工业窑炉开口部分的防热幕帘，高温环境下工作人员的防护服装等。

## 九、玄武岩纤维

玄武岩纤维，是玄武岩石料在 1450 ~ 1500℃熔融后，通过铂铑合金拉丝漏板高速拉制而成的连续纤维，强度与高强度 S 玻璃纤维相当。纯天然玄武岩纤维的颜色一般为褐色，有些似金色。玄武岩连续纤维不仅强度高，而且还具有电绝缘、耐腐蚀、耐高温等多种优异性能。此外，玄武岩纤维的生产工艺决定了产生的废弃物少，对环境污染小，且产品废弃后可直接在环境中降解，无任何危害，因而是一种名副其实的绿色、环保材料。

我国已把玄武岩纤维列为重点发展的四大纤维（碳纤维、芳纶、超高分子量聚乙烯纤维、玄武岩纤维）之一，实现了工业化生产。玄武岩连续纤维已在纤维增强复合材料、摩擦材料、造船材料、隔热材料、汽车行业、高温过滤织物以及防护领域等多个方面得到了广泛的应用。玄武岩纤维布具有高强度、永久阻燃性，短期耐温在 1000℃以上，可长期在 760℃温度环境下使用，是顶替石棉、玻璃纤维布的理想材料；玄武岩纤维布由于断裂强度高、耐温高、具有永久阻燃性，是 Nomex、Kevlar、PBO 纤维、碳纤维等高性能纤维和先进纤维的低价替代品。

## 十、金属纤维

金属纤维生产涉及冶金、化学、机械和加工等众多学科领域，目前这一技术在世界上只被几个公司所掌握，并用于生产耐腐蚀、耐热金属纤维，但技术复杂，价格昂贵。

**1. 分类** 金属纤维按制作的方法可分拉拔、切削和熔抽三类。其中使用最多的是集束拉伸法、振动切削法和悬滴熔融纺丝法。

**2. 性能** 金属纤维强度高、弹性模量高，并具有良好的导电性、导热性、耐磨性、柔韧性、耐热性、耐腐蚀性等。例如，铍的比重很小，所以铍纤维的比强度很高，是复合材料理想的增强材料，几乎可以和碳纤维相比，可使基体的强度大大提高；钢铁纤维可以被磁化产生高梯度磁场；镍及不锈钢纤维在氧化性气氛中的热稳定性好；钛纤维耐化学腐蚀性好；钨钼纤维的强度极高；在增强铝合金中有竞争能力。在金属纤维中，不锈钢纤维应用最广，这是因为它几乎具有金属纤维的各种优良性能。不锈钢纤维已经用于纺织品、多孔纤维冶金制品及纤维增强复合材料等许多方面。

**3. 应用** 随着金属纤维生产方法的不断创新和完善，其应用范围日益扩大。它不仅用于化工、机械、冶金、纺织等一般工业部门和日常生活中，而且在航空航天、原子能、电子及军工部门的高技术领域也有着重要用途。金属纤维的应用形式大体分为纺织品、多孔材料及增强复合材料三类。

（1）纺织品。如不锈钢纤维的纺织品，主要应用于抗静电和导电领域。

（2）多孔材料。金属纤维多孔材料在航空、航海、化工、能源、电子工业及环境保护等许多领域广泛应用。现代科技的发展对多孔材料提出了更高的要求，如耐高温、耐腐蚀、高弹性模量、重量轻、效率高等。金属纤维多孔材料主要应用在如过滤器、金属毡、燃气涡轮的摩擦密封材料、润滑与密封材料、吸声材料、节能热管材料等产品中。金属纤维多孔材料还可用作隔热垫、发汗材料、阻焰器、减震器等。将金属纤维做成低密度（5%）的丝网，可用于火箭引擎的喷管隔热等。

（3）增强复合材料。主要应用在如下方面。

①金属纤维增强耐火材料。

②金属纤维增强陶瓷工具。

③金属纤维增强混凝土。

④纤维增强金属基复合材料。

⑤其他金属纤维增强复合材料。主要分为三种：一是金属纤维塑料复合材料，用不锈钢、铝、铜合金短纤维添加到塑料中制成的复合材料有许多用途，如屏蔽电磁干扰和射频干扰用的机壳、塑料室，可减小电子仪器的噪声和误动作，还可制成导电塑料、导热塑料及发热体。二是金属纤维增强橡胶，利用金属的高强度、高回弹性及尺寸稳定性好的特性，可用它制作轮胎帘子线及无伸缩牙轮皮带；利用金属的耐磨性和抗剪断能力，可把金属纤维黏在飞机轮胎的表面来延长轮胎的使用寿命。三是铁纤维树脂复合刹车材料，利用铁的高导热性、耐磨性及不产生污染物的特点，可制作汽车的高效长寿命制动零部件。

# 第三节 产业用功能纤维特性与应用

功能纤维的出现到现在只有 30～40 年的时间，由于其与人们的生活密切相关而被广泛应用。如工业生产中常需要耐热阻燃的工作服、抗静电服以及导电服装，单一功能的纤维制品已经不能满足此要求。功能性材料是指那些具有可用于工业和技术中的有关物理和化学功能（如光、电、磁、声、热等特性）的材料，包括电功能材料、磁功能材料、光功能材料、超导材料、智能材料、储氢材料、生物医学材料、组织工程材料、纳米药物载体、功能膜、功能陶瓷、功能纤维。而纤维的功能，是指纤维受到外部作用时，使这些作用发生质的转变或量的变化，使纤维具有导电、传递、储存、光电及生物相容性等方面的性能。前节中的许多高性能纤维常常还表现为特定的功能，因此，往往也是功能纤维。本节介绍一些常用的功能纤维，包括具有自适应特点的智能纤维（自发光纤维、蓄热调温纤维）。

## 一、功能纤维的分类

从不同角度出发，功能纤维有不同的分类方法。一般可按材料的组成、性能、用途进行分类。

**1. 按功能纤维的组成分类**　可分为金属纤维、无机纤维、高分子纤维和复合材料。

（1）金属纤维是最早和最多被人类使用的材料。由于金属纤维具有易加工性、导电性以及较高的工程材料性能，使其应用领域极为广泛，如交通工具、电子、防护、增强等。

（2）无机纤维包括玻璃纤维、陶瓷纤维和矿物纤维等。具有质硬、强度高、耐高温、化学稳定性好、电绝缘性好等特点，广泛用于制备耐高温产品、化工催化剂载体、介电材料、功能膜材料、防腐材料、空气净化材料等。

（3）高分子纤维由于其相对分子量大、材料质轻、韧性好、可加工性强而应用领域极广。如合成纤维开始应用于航空航天（高强度耐高温材料）、电子、光学（质轻导电和发光材料）、环保、能源（絮凝剂、高吸附储氢材料）、医疗（医疗器械、缓释药）等领域。可以说，高分子纤维应用无处不在。

（4）复合材料是将两种或两种以上性能不同的材料组合成一个整体，从而表现出某些优于其中任何一种材料性能的材料。

**2. 按功能纤维的性能分类**

（1）物理性。电学性能，如导电性、抗静电性、高绝缘性、光电性、热电性以及信息记忆性等，相应的有抗静电纤维、导电纤维等；热学性，如耐高温性、绝热性、防火阻燃性、热敏性、蓄热性以及耐低温性等，相应的有阻燃纤维、保温纤维、调温纤维等；光学性，如导光性、光折射性、光干涉性、光致变色性、耐光性、光吸收性以及偏光性等，相应的有防紫外线纤维、变色纤维、自发光和光导纤维等；物理形态，如异型截面形状纤维、表面微细加工（细孔、凹凸性）纤维等。

（2）化学性。光化学，如光降解性、光交联性等；化学反应，如消臭功能、催化活性功能等。

（3）物质分离性。分离性，如中空分离性、微孔分离性、反渗透性等；吸附交换，如离子交换性、高吸水性、选择吸附性等。

（4）生物适应性。医疗保健，如抗菌性、芳香性、生物适应性等，相应的有抗菌防臭纤维等；生物性，如人工透析性、生物吸收性、生物相容性等。

**3. 按功能纤维的用途分类** 分为耐高温材料、抗低温材料、超导材料、半导体材料、磁性材料、生物医用材料、智能材料、储氢材料、组织工程材料、药物载体等。

## 二、常用的功能纤维

**1. 抗静电纤维和导电纤维** 纤维材料抗静电技术的发展经历了三个阶段：一是用表面活性剂对纤维进行亲水化处理，提高纤维的吸湿性，从而降低纺织品的电阻率、加快电荷逸散；二是对成纤高聚物进行共混、共聚、接枝改性，从而引入亲水性极性基因，或在纤维内部添加抗静电剂，制取抗静电纤维；三是导电纤维的研发，包括金属纤维、碳纤维、导电聚合物等导电物质均一型导电纤维的研究，合成纤维外层涂覆炭黑等导电成分的导电物质包覆型导电纤维的研究，炭黑或金属化合物与成纤高聚物复合纺丝得到的导电物质复合型导电纤维的研究。导电纤维的电阻率一般低于 $10^7\Omega \cdot cm$，有的能低至 $10^{-5} \sim 10^{-4}\Omega \cdot cm$。导电纤维的应用，使纺织品抗静电效果显著、耐久而不受环境湿度的影响，它可应用于防静电工作服等特种功能性纺织品及各种产业用纺织品中。

抗静电纤维和导电纤维由于其电学功能，广泛地应用于纺织品、通用工程、耐热材料、交通工具、运动器材、航空航天等方面。如轮船电磁波的吸收罩、导电工作服、发热覆盖材料、电磁波屏蔽罩、导电过滤材料等。混有各种导电纤维（按不同用途，导电纤维含量为 0.5% ~ 5%）的制品，可制成各种防静电工作服、手套、帽子、毛巾、窗帘、地毯、缝纫线等，广泛应用于油田、石油运输加工、煤矿、炸药工业、电子工业、感光材料工业等领域。

**2. 防紫外线纤维** 近年来，由于臭氧层遭到破坏，使短波紫外线有可能到达地面，影响人们的身体健康，对人类的生活以及生命造成各种危害。为此，人们开发了防紫外线穿透的材料。除腈纶外，大多数合成纤维的防紫外线能力较差，在成纤高聚物中添加少量防紫外线添加剂，可纺丝制成防紫外线纤维。防紫外线添加剂有两种：一是无机防紫外线添加剂，能使紫外线散射而消除的无机物质有二氧化钛、氧化锌、滑石粉、陶土、碳酸钙等，这些无机物具有较高的折射率，能使紫外线发生散射，从而防止紫外线入侵皮肤，其中二氧化钛、氧化锌的紫外线透射率较低，为大多数防紫外线纤维所选用；二是有机防紫外线添加剂，凡能吸收波长为 270 ~ 400nm 紫外线的有机化合物，称为紫外线吸收剂，此类有机化合物的共同点是在结构上都含有—CN基，在形成稳定氢键、氢键整合环等过程中能吸收能量，并转变成热能散失，所以传导到高聚物中的能量很少，从而起到了防紫外线的作用。

用防紫外线纤维制成的服装，特别适合夏天野外作业时间长的人员，如军人、交警、地质人员、建筑工人等。

**3. 阻燃纤维** 由纤维制品引起的火灾已成为社会重大灾害之一。火灾事故调查表明，由室内装饰品及纺织品引起的火灾占首位，为此，世界各国都制定了有关织物阻燃的法律法规并公布实施。在冶金、林业、化工、石油、消防等部门从业人员应使用阻燃防护服，装饰领域也需要阻燃纤维。纤维阻燃可以从提高纤维材料的热稳定性，改变纤维的热分解产物，阻隔和稀释氧气，吸收或降低燃烧热等方面着手来达到阻燃目的。

阻燃黏胶纤维大多采用磷系阻燃剂，通过共混法制得，所得的阻燃黏胶纤维的极限氧指数一般可达到 27% ~ 30%。腈纶的阻燃改性一般采用共聚法，共聚单体常以氯乙烯基为单体，含量一般为 33% ~ 36%，极限氧指数一般在 26% ~ 28%；含量达到40% ~ 60% 为腈氯纶，其极限氧指数可达 28% 以上。适于制作高级裘皮服装、地毯、毛毯、长毛绒、空气过滤布等。阻燃聚酯纤维可用共聚、共混及皮芯型复合纺丝等方法制得，后两种方法制得的纤维具有永久的阻燃性，但成本较高，所以以共聚法为多，所用的阻燃剂主要是磷系反应型阻燃剂和溴系反应型阻燃剂。这些阻燃聚酯纤维的物理性质与普通聚酯纤维基本相同，但极限氧指数约为 27%，可用于家具布、帷幕、地毯、汽车装饰布、儿童睡衣、睡袋、工作服和床上用品等。丙纶阻燃改性一般采用共混法，即将常规聚丙烯树脂与含阻燃剂的阻燃母粒充分混合再纺丝，极限氧指数可达 26% ~ 28%，主要用于室内装饰织物，也可用于工业方面。

**4. 光导纤维**　光导纤维简称光纤，是一种能够传导光波和各种光信号的纤维。当今时代，人们在经济活动和科学研究中有大量的信息及数据需要加工和处理，而光纤正是传输信息的最理想的工具。光导纤维是将各种信号转变成光信号进行传递的载体，是当今信息通信中最具发展前景的材料，其传输信息量大、抗电磁干扰、保密性强、质量轻。

光纤除了可以用于通信外，还可以用于医疗、信息处理、传能传像、遥测遥控、照明等许多方面。例如，可将光导纤维内窥镜导入心脏，测量心脏中的血压、温度等。在能量和信息传输方面，光导纤维也得到了广泛的应用。

**5. 自发光纤维**　自发光纤维即蓄光式自发光纤维，简称发光纤维。以涤纶、丙纶或锦纶的聚合物与发光剂一起制成。它能吸光—蓄能—发光，在吸收自然共混光 30min 后，可持续发光 8 ~ 12h。发光剂为磷中加锶等成分，或是在硫化锌中加铜和一些专利材料，或是硒土系列化学品。自发光纤维广泛用于服饰及装饰领域中，可制作服装面料、剧院地毯、飞机内织物、捕鱼行业中的带、绳索以及救生器材等。

**6. 变色纤维**　变色纤维是一种具有特殊组成或结构，在受到光、热、水分或辐射等外界刺激后，具有可逆性自动改变颜色的纤维。根据所用高聚物种类，可以直接共混于聚合物中纺丝，也可将微胶囊与低熔点的聚合物共混作为芯部，以成纤高聚物为鞘部复合纺丝。变色纤维主要用于娱乐服装，登山、滑雪、游泳、滑冰等安全服，救生、军用隐身产品，装饰品以及防伪制品等。例如，光敏变色纤维，是指某些物质在一定波长光的照射下会发生变色，而在另一种波长的光或热的作用下又会发生可逆变化回到原来颜色的现象。具有光敏变色特性的物质通常是一些具有异构体的有机物，这些化学物质因光的作用发生与两种化合物相对应的键合方式或电子状态的变化，可逆地出现吸收光谱不同的状态，即可逆地显色、褪色或变色。

**7. 形状记忆纤维**　形状记忆纤维是热成形时（第一次成形）能记忆外界赋予的形状（初始形状），冷却时可任意形变，并在更低温度下将此形变固定下来（第二次成形），当再次加热时能可逆地回复原始形状。根据外部环境变化，促使形状记忆纤维完成上述循环的因素有光能、电能和声能等物理因素以及酸碱度、螯合反应和相变反应等。迄今为止，研究和应用最普遍的形状记忆纤维是镍钛合金纤维。如在英国防护服装和纺织品机构研制的防烫伤服装中，镍钛合金纤维首先被加工成宝塔式螺旋弹簧状，进一步加工成平面状，然后固定在服装的面料内，当服装表面接触高温时，形状记忆合金纤维的形变被触发，纤维迅速由平面状变化为宝塔状，在两层织物之间形成很大的空腔，使皮肤远离高温而保护人体。

**8. 蓄热调温纤维**　蓄热调温纤维中即含有一定的相变物质，故也称相变纤维或空调纤维。纤维中的相转变材料在一定温度范围内能从液态转变为固态或由固态转变为液态，在此相转变过程中，其温度与周围环境或物质的温度保持恒定，能起到缓冲温度变化的作用。相变能量、激发点温度、力学和相变性能的稳定，是这类纤维实用的关键。常用的相转变材料是石蜡烃类、带结晶水的无机盐、聚乙二醇以及无机/有机复合物等。相变纤维的制作方法是将相转变材料加进中空纤维中，或制成微胶囊，混入纺丝液中纺丝，或直接涂覆于织物上。所以这种纤维在 10～40℃时具有一定吸、放热量的能力。用蓄热调温纤维加工成的纺织品（服装），除具有常规纺织品的静态保温作用外，还具有因相变物质的吸放热引起的动态保温作用。

用蓄热调温纤维制成的纺织品用途很广，可以制作空调鞋、空调服、空调手套，也可制成床上用品、毯子、窗帘、汽车内装饰、帐篷等。目前，世界上一些体育运动用品公司已将蓄热调温纤维或泡沫用于其新产品开发。

---

## 思考题

1. 举例分析常规纤维在产业用纤维制品领域的现状与发展趋势。
2. 试述高性能纤维与功能纤维的含义及区别。
3. 合成纤维发展与产量不一的主要原因是什么？
4. 何谓硬质纤维，有何应用？
5. 碳纤维有哪些类别？属于高性能纤维还是功能纤维？其应用领域有哪些？
6. 试述玻璃纤维的组成、特性和应用领域。
7. 试从结构、性能及应用角度介绍光导纤维。
8. 试分析高温过滤材料所用的纤维。
9. 试分析抗静电纤维和导电纤维的异同。
10. 你认为产业用纤维未来应如何发展？
11. 试分析纤维学科的关联学科。
12. 试分析纤维性能与纤维集合体结构是怎样影响纤维制品性能的？

# 参考文献

［1］王曙中，王庆瑞，刘兆峰. 高科技纤维概论［M］. 上海：中国纺织大学出版社，1999.

［2］许鹤鸣. 碳纤维［M］. 北京：科学出版社，1979.

［3］中国大百科全书《纺织》编辑委员会. 中国大百科全书：纺织卷［M］. 北京：中国大百科全书出版社，1984.

［4］李玲. 功能材料与纳米技术［M］. 北京：化学工业出版社，2002.

［5］HEARLE J W S. 高性能纤维［M］. 马渝莊，译. 北京：中国纺织出版社，2004.

［6］国家玻璃纤维产品质量监督检验中心，全国玻璃纤维标准化技术委员会，中国标准出版社. 玻璃纤维 碳纤维标准汇编（第二版）［M］. 北京：中国标准出版社，2014.

［7］唐见茂. 高性能纤维及复合材料［M］. 北京：化学工业出版社，2013.

［8］朱平. 功能纤维及功能纺织品［M］. 北京：中国纺织出版社，2006.

［9］姜怀. 功能纺织品开发与应用［M］. 北京：化学工业出版社，2013.

# 第三章 产业用纤维制品设计

产业用纤维制品广泛应用于工业、农牧渔业、基本建设、交通运输、医疗卫生、文娱体育、军工及尖端科学领域，通常是专门设计的、具有工程结构特点、拥有某些功能或性能的纺织品。随着科学技术的迅速发展，近年来，国内外各行各业对产业用纺织品的需求不断增长，新产品层出不穷，推动了产业用纺织品的发展。

产业用纤维制品门类多、范围广，产业用纤维制品的设计从原料、工艺、结构、规格、用途、性能及功能等方面不断更新，并可形成与各类产业部门配套使用所需的特殊功能，成为最具有活力和潜力的技术范畴。

## 第一节 产业用纤维制品设计概述

纺织品的设计有许多种方法，尽管在服用、装饰用与产业用三大类制品中有各自的设计体系和特点，但相互可借鉴。从产业用纤维制品角度来看，其设计可以根据产品的结构、性能或功能、制造方法或生产技术、最终用途及原料、品种类型等方面进行产品的设计，如目前最常用并流行的一类设计方法就是功能设计法，也可通过产品的结构设计法来实现产品的用途、性能要求。

### 一、产业用纤维制品的功能设计法

随着高科技产业的发展及人们生活水平的提高，对纺织品的功能提出更高的要求。如用于航空航天、电子信息产业方面的纺织品要求具有防辐射、防静电、防污、阻燃、三防等功能；衣着服用织物要求具有防紫外线辐射、远红外保暖保健、抗菌防臭、卫生保健、高吸湿舒适性等功能，因此，伴随着科学技术的不断进步而产生和发展，由功能设计法设计而得的产业用纤维制品具有一项或多项高于普通纺织品的性能指标，并突破原有的属性和传统功能，使其应用范围更广泛，也能更好地满足人们的需要。

其产品的制造主要有两种方式：一种是利用化学纤维制造中的接枝、共聚等技术，制成各种功能性纤维，再制成纺织品后具有相应的功能；另一种是在纺织品后加工过程中利用功能性助剂进行深加工，使纺织品具有某些功能或性能。其中，功能性纤维或助剂是功能性纺织品具有某些功能或性能的关键，其应用极为广泛，如保健性纤维（远红外、抗菌、抗紫外线等）、仿生性纤维（蛋白质、甲壳质等生物质类）、高功能纤维（碳纤维、高收缩、香味等）、异形纤维、智能纤维等。

产品根据功能可分为以下几类。

（1）舒适性。如柔软、亲水、吸汗、透气透湿、吸湿散热、调温、蓄热保温等。

（2）防护性。如高强高模、高弹、防火、隔热、阻燃、耐高温、绝缘、导电、防辐射、防腐蚀、防毒、防水透湿、防风拒水、防油、吸油等。

（3）卫生保健性。如保健、抗菌、防臭、除尘、防污、防霉、防病毒、药物、芳香、磁疗、远红外、防过敏等。

（4）环保性。如微生物可降解、可食用、可再生、可循环利用等。

（5）光色效应。如夜光、闪光、光敏、热敏等。

产业用纤维制品的功能设计法就是根据某一项或几项功能要求，从纤维原料的选择到织物结构、规格、加工技术及后整理加工助剂应用等方面进行设计，使产品具有特定的功能。

## 二、产业用纤维制品的结构设计法

产业用纤维制品的结构设计法是结合产品的性能、用途、加工技术及原料等方面从织物结构与产品规格的角度进行设计，使产品具有特定的性能或功能，并能满足某一用途的需要。

从产业用纤维制品的加工方法来看，纺织品的结构有机织、针织、非织造和复合四大形成方法，针对不同的纤维制品可选择不同的形成方法与生产企业来实现。例如，电热毯产品的设计，从机织物角度出发，采用带提花龙头或多臂龙头的织机，运用双层袋织和双层接结组织按照一定图形配置，经纬纱线交织成双层机织物，再经拉绒整理（在双层袋织组织处穿入电阻丝）即可形成电热毯所需的织物；但从非织造织物角度出发，运用纤维原料，采用机械成网针刺加固方法，形成针刺非织造布，然后由两层针刺非织造布叠合，经过花式针刺形成非织造织物，再经拉绒整理（在末针刺的叠合处穿入电阻丝）亦可形成电热毯所需的织物。而对于非织造过滤材料，结合其过滤性能要求与效率因素等，可从纤维原料角度进行织物的设计，如选用不同纤度（旦/f，也常表示为 D/f，下同）的纤维，通过混合比例的设计，形成纤度梯度结构的多层叠合非织造过滤材料。

从机织物的组织结构来看，织物基本组织有平纹、斜纹、缎纹三类；从组织的构成来看，有三原组织、变化组织、联合组织、重组织、双层组织、绒组织、纱罗组织等类，不同用途与性能的纤维制品需选择相应的组织结构来实现，如过滤材料中筛绢或筛网类织物以选用全绞纱、半绞纱或平纹等组织结构为宜。

从机织物的织物结构理论来看，织物中经纬线交织时因经纬线的弯曲状态不同而处于不同的织物结构相，不同用途与性能的纤维制品要求产品具有相应的织物结构，如造纸用滤网，为了使水能够迅速透过，其织物组织结构采用双面纬二重组织，且纬线采用综丝类原料，纬线几乎处于伸直状态，接近极限结构相状态，以达到最大的孔隙率。

大多数产业用纤维制品还常采用复合技术，包括涂层、层压等技术，满足产品的多功能需要。

由于产业用纤维制品种类、品种很多，因此，本章以汽车安全带织物、过滤用筛绢织物、防（静电、微波、紫外线）辐射织物为例，在介绍各类产品结构特征、性能指标要求的基础上论述其织物设计的基本内容，同时基于织物强力设计法、织物结构设计法、功能纤维应用等理论，讨论安全带、筛绢、防辐射等类产业用纤维制品设计的基本方法。

# 第二节　产业用纤维制品设计实例

## 一、汽车安全带织物的设计

### （一）安全带织物的性能要求

**1. 安全带**　安全带是广泛使用的重要安全防护工具之一，广泛应用于交通运输、航空、航海、军事、体育等领域，以及建筑、电力、电信、煤炭、铁路、机械等行业高空作业场合，具有良好的前景和市场。高空作业用安全带织物的功能是使高处作业人员能灵便地连接在有足够牢度的主体物件上，以防止坠落导致伤亡事故的发生。

汽车安全带作为汽车被动安全性的一种措施，在国外推广应用较早，目前已被数十个国家用法律的形式强制使用，我国交通部规定，1994 年 7 月 1 日后所有汽车的驾驶座和小车前座必须佩戴安全带。汽车安全带虽不能防止交通事故，但能大大减轻发生事故后人员的伤亡程度。有关统计资料表明，使用安全带后车辆事故引发的死亡率降低了 23%，严重致伤率降低了 26% 以上。安全带的质量好坏，及佩戴正确与否，直接关系使用者的生命安全。

汽车安全带安装在车辆内部，当车辆紧急制动或撞车时，能限制佩戴者的身体移动，以达到防止或减轻佩戴者受到的伤害；当汽车发生碰撞、倾翻事故时能约束乘员，防止其被甩出车外，避免或减轻乘员与方向盘、仪表板、挡风玻璃等车内物体相撞（即二次碰撞），从而起到保护乘员的作用。随着国内公路交通和汽车工业的发展，安全带作为汽车内配套纺织品之一，正起到越来越重要的作用，因此，具有非常广阔的市场潜力。

**2. 汽车安全带织物技术要求**　根据国家标准 GB 14166—2013《机动车乘员用安全带、约束系统、儿童约束系统》和 ISOFIX《儿童约束系统》等相关资料，汽车安全带织物技术要求见表 3-1。随着经济的发展和人民生活水平的提高，汽车内装饰朝着豪华和舒适的方向发展。汽车安全带作为安全用品同时又是车内装饰纺织品，必须在外观造型方面具备典雅大方、舒适自由的特点，因此，在使用时还要求具有以下性能要求。

（1）织物手感柔软，触感舒适。

（2）织物色泽鲜明，光泽协调，特别是表现其表面效果的反光带必须清晰饱满，以增加其豪华感。

（3）织物既要坚固耐磨，又要轻巧。

（4）织物具有阻燃、耐光、耐温等特性。

（5）织物要求高强、低伸。

汽车安全带总的技术要求为：安全性、舒适性、美观性及豪华感。

**3. 高空作业用安全带织物的技术要求**　根据国家标准 GB 6095—2009《安全带》等相关资料，高空作业用安全带织物的简要规格与性能指标见表 3-2。

表 3-1　汽车安全带织物技术要求

| 项目 | | 标准 |
|---|---|---|
| 表面质量 | | 平整无断丝 |
| 抗拉强度 | 织带（N） | 14700 |
| | 连续带（N） | 22260 |
| | 腰带（N） | 26700 |
| 伸长率（%） | | < 30 |
| 耐低温强度保持率（%） | | > 75 |
| 耐湿强度保持率（%） | | > 75 |
| 耐磨强度保持率（%） | | > 75 |
| 耐高温强度保持率（%） | | > 75 |
| 耐光强度保持率（%） | | > 75 |
| 摩擦色牢度（级） | 干磨 | > 3 |
| | 湿磨 | > 3 |
| 宽度（mm）（在9800N下） | | > 46 |
| 吸能性 | 单位功（J/m） | > 784 |
| | 功量比（%） | > 55 |
| 汗渍色牢度（级） | 变色 | > 3 |
| | 沾色 | > 4 |

表 3-2　高空作业用安全带织物强度与尺寸规格

| 类别 | | 腰带 | 背带 | 护腰带 | 胸带 |
|---|---|---|---|---|---|
| 强度（N） | | 14700 | 9800 | 9800 | 7840 |
| 电工安全带<br>长×宽×厚（mm） | Ⅰ型 | 1250×40×4 | | 510×55×4 | |
| | Ⅱ型 | 1250×40×3 | | 600×77×4 | |
| 电信工安全带<br>长×宽×厚（mm） | | 1250×40×4 | | 510×55×4 | |
| 悬挂作业安全带<br>长×宽×厚（mm） | Ⅰ型 | 1350×40×4 | 1250×30×3 | | 280×30×2.5 |
| | Ⅱ型 | 1350×40×4 | 1200×30×3 | | 280×30×2.5 |
| | Ⅲ型 | 1350×40×3 | 1160×30×2.5 | | 280×30×2.5 |
| | Ⅳ型 | 1350×40×3 | 1160×30×2.5 | | 240×30×2.5 |
| 架子工安全带<br>长×宽×厚（mm） | | 1250×40×4 | 1260×30×2.5 | | |
| 铁路调车员安全带<br>长×宽×厚（mm） | | 1250×40×4 | | | |
| 消防安全带<br>长×宽×厚（mm） | | 1070×78×4 | | | |

**（二）汽车安全带的设计**

**1. 安全带织物的设计要点**

（1）原料选用。根据汽车安全带的使用性能要求，应选用抗拉强度高、伸长率适中、塑性变形小的纤维作原料。涤纶等聚酯纤维具有较高的强度、一定的延伸性、良好的耐磨性和回弹性，是比较合适的汽车安全带用原料。单纤维粗细一般选用 5.5 ~ 22.2dtex（5 ~ 20 旦）、原料强力大于 $7.056 \times 10^{-2}$N/dtex（8g/ 旦）、线密度为 1111 ~ 2222dtex（1000 ~ 2000 旦）、抗拉强度达 1000N/mm$^2$ 以上的高强涤纶聚酯纤维织制成薄型汽车安全带。

从原料组合角度考虑，也可采用具有不同伸长特性或收缩性的混合纱线，或两者相结合的办法来提高纱线的耐冲击性和回弹性，从而改善安全带的使用性能。

例如：安全带以涤纶为原料，经向必须采用高强涤纶长丝，以保证足够的安全带强力，而纬线在织物中主要起固定经线的作用，可选用高强涤纶长丝或普通涤纶长丝。汽车安全带的经线一般采用 1111dtex/192f（1000 旦 /192f）或 1667dtex/288f（1500 旦 /288f）的高强涤纶长丝，而纬线因为织造时双纬织造，一般采用 555.6dtex/96f×2（500 旦 /96f×2）或 833.3dtex/144f×2（750 旦 /144f×2）的高强或普通涤纶长丝。

（2）组织结构。为了达到外观平整、坚牢的要求，安全带可选用平纹、斜纹、缎纹等组织结构。但从织物几何结构来说，为了达到安全带的强力性能指标，安全带处于经向高紧密的第九极限结构相，平纹组织很难达到此结构相的要求，且易导致织带手感过硬和回弹性的下降；缎纹组织产品外观美观、手感柔软，但耐磨性能低；实际应用中较多选用 $\frac{2}{2}$ 斜纹类组织。图 3-1 所示为安全带常用的斜纹、斜纹变化组织，经线在织物正反两面与织带的表面平行，有利于提高强力，织物表面光滑、重量轻、纤细、柔软，使用方便而舒适。

（3）织物宽度、厚度。国家标准 GB 14166—2013 等规定，织带与佩戴者身体接触部

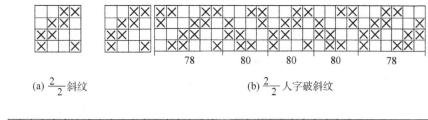

(a) $\frac{2}{2}$ 斜纹　　　　　　　　　(b) $\frac{2}{2}$ 人字破斜纹

(c) $\frac{2}{2}$ 山形斜纹

图 3-1　安全带常用组织

分的宽度不得少于46mm，由于该宽度是安全带经受一定的拉伸作用力下测得的，实际设计时，安全带的成品宽度应稍大些，一般取（47.5±0.5）mm，织造宽度（51±0.5）mm，但不宜太宽，否则在高速织带机上因门幅限制而不利于生产。经线采用1111dtex/192f（1000旦/192f）高强涤纶长丝时，安全带织物的厚度为1.30～1.35mm。

（4）经纬密度。采用1111dtex/192f（1000旦/192f）高强涤纶长丝制织的汽车安全带，常用的经密范围为758～825根/10cm，总经线数为360根或396根，设计时一般为800根/10cm左右；纬密范围为77～85根/10cm，设计时一般为80～90根/10cm。

**2. 安全带织物强力设计法**　国家标准GB 14166—2013等规定，安全带的抗拉强度不低于22260N（连续带），其强度主要由经线保证。参照GB/T 15551～15552—2016等相关资料，带织物的强力计算式如下：

$$Q = P \cdot \text{Tt} \cdot m \cdot a \cdot k \tag{3-1}$$

式中：$Q$——抗拉（断裂）强力，N；

　　　$P$——丝线断裂强度，N/dtex；

　　　Tt——线密度，dtex；

　　　$m$——丝线根数；

　　　$k$——织物强力系数，$k=0.9$；

　　　$a$——织物加工中丝线强力损失系数，$a=0.8$。

对经线规格为1111dtex（1000旦）的高强涤纶长丝，一般强度为$P=(7.056～7.497)×10^{-2}$N/dtex（8～8.5g/旦），根据上式可以计算出安全带的总经线数取值范围：

$$m_{max} = \frac{Q}{P \cdot \text{Tt} \cdot a \cdot k} = \frac{22260}{7.056 \times 10^{-2} \times 1111 \times 0.8 \times 0.9} = 394 （根）$$

$$m_{min} = \frac{Q}{P \cdot \text{Tt} \cdot a \cdot k} = \frac{22260}{7.497 \times 10^{-2} \times 1111 \times 0.8 \times 0.9} = 371 （根）$$

安全带产品常用的经线根数为360根左右，按照强力要求设计应为371～394根，这就需要不断开发高强涤纶长丝，提高其断裂强力，研究生产工艺，减少加工过程中因摩擦、高温定型等产生的强力损失，否则因安全带属于高紧密织物，设计时需增加经线根数（相应增加经密或带宽），也就相应提高了生产的难度。

**3. 安全带织物结构设计法**　已有的汽车安全带属于经向高紧密结构织物，处于极限结构相——第九结构相。对原料为1111dtex/192f（1000旦/192f）的高强涤纶长丝的安全带，经理论计算$E_j$高达298.7%，$E_w$为33.5%，经线被高度压扁，纬线呈伸直状态，经线达到最大弯曲。

从安全带的使用角度考虑，要求具有适当的伸长，当安全带承受冲击力时，一方面丝线自身形成一定的伸长；另一方面经线因受力后使纬线压扁变形，导致经线逐渐向伸直状态变化，使安全带的伸长增加；若再考虑后整理过程中的牵伸定形使纬线压扁，当乘客佩戴安全带时，安全带织物处于松弛状态也产生压扁状态的回复，织带长度收缩，也导致受力时伸长的增加。因此，为保证安全带的伸长性能符合标准，从织物结构角度应尽量减少由于其压扁程度的变化而导致的伸长的增加。织物设计时应尽量使织物纬向接近于紧密结构状态，控制其纬向压扁变形。根据织物几何结构理论计算，纬密的极限值约为10.5根/cm，相应设计时在保证生产顺利进行的情况下选择尽量大的纬密，如9根/cm、10根/cm，以减少织物结构变形对伸长率的影响，亦可减少后整理过程中因牵伸定形而对织带造成损伤。

**4. 汽车安全带织物的加工工艺** 安全带织物较多采用无梭高速织带机织制，工艺上要求严格控制经丝张力。其生产工艺流程为：

原料检验→整经→织造→清洗→染色→牵伸定形→检验→包装

合成纤维（合纤）原料在染色过程中有一定的收缩，织物具有一定的伸长性能，成品安全带对伸长性能有严格的要求。织带既要牢固（强力大），又要有一定的伸长，且伸长部分不能恢复。国家标准 GB 14166—2013 中规定，在拉伸负荷为 11080N 时，伸长率 ≤ 30%，因此，在后整理中必须对织带进行牵伸定形。实际生产时，一般控制在 160℃ 左右牵伸定形，伸长为 7% ~ 8%，以消除织带的部分伸长。除此以外，织带还要求具有较好的耐磨、耐高低温、耐湿、耐光等性能，使用方便舒适。

**（三）汽车安全带设计实例**

根据上述设计，兼顾织物常用规格、强度、伸长等多方面，汽车安全带简要规格见表3-3，织物照片如图3-2所示。

**表3-3 汽车安全带简要规格**

| 织物名称 | 汽车安全带 |
| --- | --- |
| 成品规格 | 织造规格 |
| 带宽：48.0mm<br>经密：825根/10cm<br>纬密：85根10/cm<br>组织：$\frac{2}{2}$—山形斜纹 | 钢筘幅：51mm<br>筘齿穿入数：12根/齿<br>总经根数：396根<br>综片数：12片分区穿法（或山行穿法）<br>织造纬密：96根/10cm<br>经线组合：1111dtex/192f（1000旦/192f）高强涤纶长丝<br>纬线组合：555.5dtex/96f（500旦/96f）×2高强涤纶长丝 |

图3-2 汽车安全带织物照片

## 二、筛绢织物的设计

**（一）筛绢织物**

**1. 筛绢简介** 筛绢又称筛网，在现代工业中用作筛选、过滤与分离，以桑蚕丝、合成纤维或金属丝为原料，采用平纹、方平、全绞纱或半绞纱等组织，织造成表面具有均匀而稳定的孔眼的织物。

筛绢用途极广，主要用作气体、液体、颗粒、粉末的筛滤，如面粉等各种食品加工、纺织品印花感光制版、合成纤维喷丝滤网、电子工业印刷线路板、录音录像磁粉筛滤、飞机轮船汽车拖拉机用筛油网，以及选煤、造纸、制药、染料、造漆、金刚砂的筛选等。

**2. 筛绢的种类**　筛绢根据原料主要有蚕丝筛绢、合纤（锦纶、涤纶）筛绢、金属筛绢等种类。

（1）蚕丝筛绢。以桑蚕丝为原料，常用生丝股线结构织成不同组织结构的织物。蚕丝无毒无味，使用安全、卫生，广泛应用于制粉、印花、化工、医药、电信、渔业、国防、科技等方面，由于蚕丝筛绢在使用中摩擦系数小且不带静电，故又可用来筛滤炸药粉末等易爆炸物品。

（2）合纤筛绢。由锦纶、涤纶的单丝、复丝或综丝织成的织物，广泛应用于印花、血防、医药、化工、科研等方面。因锦纶强度高、弹性好、较柔韧，锦纶筛绢在表面粗糙的材料上印刷时效果较好，并且锦纶耐碱性好，常用于碱性油墨或浆料的印刷。而涤纶分子结构稳定，有较好的定位性和尺寸稳定性，涤纶筛绢在应用于高质量的产品和多色印刷时效果较好，并且涤纶耐酸性好，常用于酸性油墨或浆料的印刷。锦纶或涤纶综丝的直径范围一般在 0.10 ~ 0.55mm，其筛绢多用于选矿、过滤纸浆、传送带等。合纤丝强度大、耐磨性能好、耐碱酸且又不易被虫蛀或发生霉变，因此，合纤筛绢产品的用途很广，密度稀的产品常用于粉末煤、蔗糖等的过滤，密度大的产品则多用于标牌印刷、液体气体过滤等。最初合纤筛绢原料多为锦纶，但由于锦纶的弹性伸长大且受热时易伸长变形，影响筛绢的持续使用，近年来较多采用高强高模的涤纶筛绢。

（3）金属筛绢。采用金属丝如黄铜丝、磷铜丝或不锈钢丝为原料织造而成的织物。金属丝常用的直径范围在 0.02 ~ 0.40mm。金属筛绢孔眼清晰正确、稳定，网面平整，有耐高温、耐磨等特性，且不锈钢丝耐腐蚀，常用于筛选粉末和滤油等场合。

**3. 筛绢的组织结构**　筛绢织物常用的组织结构有全绞纱、半绞纱、平纹、方平等组织，其结构图与对应型号见表3-4。

表3-4　筛绢织物结构与型号

| 组织名称 | 全绞纱 | 半绞纱 | 平纹 | 方平 |
|---|---|---|---|---|
| 结构图 | | 或 | | |
| 型号 | Q | B | P | F |

**4. 筛绢的表示法**　筛绢织物以符号表示，由原料、组织及规格三部分组成。

原料代号由纤维表示，如蚕丝—C，锦纶—J，涤纶—D。

规格是指筛网目数，以织物经向或纬向单位长度内目数来表示（也有以每个目的宽度来表示）。筛绢织物上的筛孔眼俗称"目"，每个目的经纬向宽度一般总是相等的，如每厘米长度内有20个目，记做20目/cm，习惯上称为20目。一般79目/cm以上的筛绢称为高目筛绢。

例如，CQ30 表示蚕丝筛绢、全绞纱组织、规格为 30 目；若筛绢为交织品种，如 JCQ20 表示以锦纶为经线、蚕丝为纬线，全绞纱组织，规格为 20 目。

**5. 筛绢的加工工艺**　蚕丝属于蛋白质纤维，易被虫蛀菌霉，需进行紫外线光照杀菌处理，其工艺流程为：

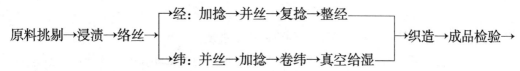

热烘→紫外线光照杀菌→成品包装

合纤单丝为筒装形式不加捻可直接牵经，全绞纱筛绢的纬丝需并丝、捻丝后织造，平纹及方平筛绢可以筒装形式不加捻直接织造，后整理时定型工艺要求很高，通常在布夹式热风拉幅定型机上进行，温度为 160℃。合纤筛绢的加工工艺流程一般为：

原料挑剔→〔经：整经〕〔纬：（并丝、捻丝、定型）→摇纤〕→织造→检验→定型→成品包装

**（二）筛绢织物的设计要点**

**1. 原料选用**　蚕丝筛绢常用的桑蚕丝规格如 11.1dtex（9/11 旦）、15.5dtex（13/15 旦）、23.3dtex（20/22 旦）、32.2dtex（28/30 旦）、46.7dtex（40/44 旦）等，要求条分均匀、色泽一致、洁净度高。

合纤筛绢常用的原料规格如 16.7dtex/1f（15 旦）、22.2dtex/1f（20 旦）、33.3dtex/1f（30 旦）锦纶或涤纶单丝，在纺丝过程中可以人为地提高细度和细度均匀度。因此，合纤筛绢可制织高规格高密度的产品，并保证筛孔的大小、分布更加均匀一致。

**2. 组织结构**　筛绢织物的组织结构中，全绞纱组织结构稳定，能保持筛孔大小一致，分布均匀，但由于其经丝发生扭绞，因而织物经纬丝密度受到限制；平纹组织可以增大经纬密度，但其结构不稳定，低目筛绢使用时经纬丝线易受外力发生位移，使筛孔被破坏，高目筛绢织造加工难度非常大；半绞纱组织结构稳定性与密度介于全绞纱和平纹之间；方平组织则多用于制织筛孔密度高而筛孔小的织物；为了制织更高密度的筛绢，还可以采用斜纹组织如 $\frac{1}{3}$ 斜纹，金属筛绢、涤纶筛绢还常采用席型组织等结构。

蚕丝筛绢常用的有 Q、B、P 三种型号；合纤筛绢常用的有 Q、P、F 三种型号。

**3. 经纬密度**　筛绢织物的密度由筛绢的规格及选用的原料、组织结构、性能要求等指标决定。

从筛绢规格的角度，织物的经纬密度取决于目数的大小与组织结构的选择，且要求经纬向孔眼一致。

从选用原料与性能要求的角度，织物的经纬密度与丝线直径、织物厚度、开孔率等因素有关。经纬原料的直径（丝径）与筛网厚度有关，而筛网厚度直接影响印刷时油墨或浆

料在基布上沉淀的多少，一般筛网的厚度为经纬丝直径之和的90%～95%，因此，根据厚度要求可选择丝线的直径。从使用性能角度考虑，经纬原料的直径 $d$（mm）与密度 $P$（根/mm）决定了筛绢织物的开孔率 $\alpha$（单位面积内筛绢的孔隙面积），而开孔率 $\alpha$ 代表了筛绢上油墨或浆料通过筛绢的比例——油墨透过量，如 $\alpha=30\%$，表示在印制过程中只有30%的油墨或浆料通过而70%残留在筛绢的网面上，三者关系如式（3-2）所示：

$$\alpha=(1-P \cdot d)^2 \tag{3-2}$$

因此，根据开孔率的要求可设计相应的织物密度。

例如，设计某筛绢织物，采用平纹组织，选用直径 $d=0.05$mm 的涤纶，要求开孔率 $\alpha=25\%$，根据上式计算可得 $P=10$ 根/mm，即规格为100目的高目涤纶筛绢（DP100）。

**（三）筛绢织物的设计实例**

筛绢织物设计中最常用的方法是根据规格要求进行织物的设计。不同种类的筛绢有相应的常用目数，如蚕丝筛绢一般为4～62目，合纤长丝一般为19～104目，合纤综丝一般为20～100目，金属筛绢一般为2～40目。以蚕丝筛绢为例，常用的有Q、B、P三种型号，若要设计36目的筛绢，根据组织结构可设计相应的织物规格见表3-5，织物照片如图3-3所示。

**表3-5　蚕丝筛绢36目织物简要规格表**

| 蚕丝筛绢 | CQ36 | CB36-1 | CB36-2 | CP36 |
|---|---|---|---|---|
| 组织结构 | | | | |
| 经密（根/10cm） | 720 | 540 | 480 | 360 |
| 纬密（根/10cm） | 360 | 360 | 360 | 360 |
| 经丝原料 | 46.7dtex（2/20/22旦）生桑蚕丝 | | | |
| 纬丝原料 | 46.7dtex（2/20/22旦）生桑蚕丝 | | | |

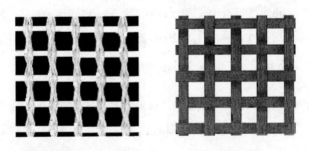

图3-3　蚕丝筛绢CQ36和DP36织物照片

## 三、防辐射织物的设计

**（一）电磁波辐射与屏蔽**

**1. 电磁波辐射**　电磁波辐射几乎遍布世界的各个角落。随着科学技术的发展，从大自然中的阳光照射现象、现代通信中使用的无线电波、医学上使用的 x、γ 射线到人们日常生活中的能源等各个方面，电磁波辐射的利用给人类带来了翻天覆地的变化，但同时对人类造成的危害也日益受到重视，并已成为一大污染，对人类的生存和发展构成了极大的威胁，因此，防电磁波辐射纺织品已成为国内外纺织行业新兴的研究与开发领域。

电磁波辐射的种类很多，从物理学角度根据波长和频率可以分为低频电（如有线电流）、无线电波（如长波、中波、短波、超短波、微波）、光波（如红外线、可见光、紫外线）、宇宙射线（如 x、α、β、γ 及中子等射线）等类。

**2. 电磁波屏蔽**　电磁波在传递过程中一部分被物体表面反射，一部分被物体吸收，其余部分透过物体。当反射率和吸收率增大时，透过率就减少，对电磁波辐射的防护性就好。因此，防电磁波辐射的途径：一是增加对电磁波的反射，二是提高对电磁波的吸收。通过物体的表面反射、内部吸收及传输过程中的损耗、隔离等方法避免电磁波对人体产生危害。对于不同种类的电磁波，按其危害的着重点，采用相应的屏蔽原理或方法。

日常生活中人们使用最广泛的低频电为 50Hz 的电流，因电流的存在而产生磁场，导致某些物体带有静电，对人体产生危害，严重时积聚的高压静电可导致电击或爆炸，因此，在织物中采用导电性纤维间隔排列，赋予织物抗静电性能。

无线电波特别是微波对人体的危害，正越来越受到人们的重视。根据无线电波的电学性质，采用低电阻的导体材料如各种金属及其薄膜、导电性纤维织物，通过导体表面的反射、导体内部的吸收来阻止其辐射。

光波中紫外线的辐射，根据其光学性质，采用具有反射或吸收功能的屏蔽剂来达到防护的目的。常用的屏蔽剂是无机系列的、能反射或散射紫外线的物质。金属氧化物或陶瓷（如锌、钛、铅、锑、锆的氧化物等）的超细粉末，与纤维或织物结合后，可以增加织物表面对紫外线的反射和散射，防止紫外线透过织物，并具有反射可见光、红外光及耐热、抗菌除臭等效果。目前常用的有氧化锌、二氧化钛等，为保证屏蔽效果，其粉末颗粒直径 $d \geq \lambda/2$（$\lambda$ 为波长），但颗粒直径过大会影响纺丝的质量和织物的手感（如氧化锌粉末的粒径一般为 $0.005 \sim 0.015\,\mu m$）。有机系列的屏蔽剂（如水杨酸系、二苯甲酮系和苯并三唑系等）吸收紫外线能量后转变为活性异构体，并将能量转化为光和热的形式释放出来，同时恢复到原有的分子结构，但因有机屏蔽剂对人体皮肤的影响及屏蔽耐久性较差，较少使用。

宇宙射线中的 x 射线、γ 射线具有较强的穿透能力。当射线通过物质时，其射线能量因与物质的相互作用而被减弱，因此，采用大密度的材料具有较好的屏蔽效果，常用的有铅、铁、混凝土、高分子塑料、橡胶、有机玻璃等，可根据射线的特性用这些材料做成各种形状的屏蔽物，以有效地防止射线的传递及对人体的伤害。防 x、γ 射线辐射织物或制品是在塑料或橡胶中加入 x、γ 射线屏蔽物，制成防 x、γ 射线材料，但要制成防辐射纤维相当困难。传统的采用铅纤维制作的铅背心、铅围裙等，因笨重导致使用不便。较新型的防 x 射线纺织品，是在聚氨酯泡沫塑料中加入防 x 射线改性剂合成为柔性聚氨酯泡沫塑料，再通过火焰与织物层压形成复合织物，产品具有重量轻、弹性好、透气、保暖等优点，对 x 射线的屏蔽率达 90% 以上；或者在纤维中加入硫酸钡等无机物，使其具有防辐射功能，如在黏胶纤维中加入硫酸钡纺制出防辐射纤维，用硫化钠溶液对聚丙烯腈纤维进行接枝共聚，制成织物后再用醋酸铅溶液处理，可明显减弱 x 射线的辐射。

宇宙射线中的中子辐射作为潜在的外照射危害，具有很强的穿透力，由于不带电，在空气和其他物质中可以传播非常远的距离，能阻挡 x 和 γ 射线的材料（如铅板等），对中子辐射的屏蔽效应却比较差。中子辐射对物质的作用有两种形式：一是快中子的散射和减速，二是慢中子被吸收后放出核粒子或 γ 射线，因此，中子的屏蔽实际上是使快中子减速和将慢中子吸收。常用的中子屏蔽有两种方式：一是用重元素或比较重的元素材料（如铅或铁）来减速快中子，并吸收次级 γ 射线；二是用含硼材料（如硼砂、硼酸水溶液）吸收慢中子，并使其少产生 γ 射线（如硼酸水溶液常被用于核反应堆旁慢中子的吸收）。防中子辐射纺织品一般是将硼、锂及其化合物分散在高分子材料（如聚乙烯、聚酯、聚酰胺）中纺制出防中子辐射纤维后形成的织物，如日本将锂和硼的化合物粉末与聚乙烯树脂共聚后，采用熔融皮芯复合纺丝工艺研制出防中子辐射纤维，重量为 430g/m$^2$ 的机织物的热中子屏蔽率可达 40%，用于医院放疗室内医生与病人的防护。国内采用硼化合物、重金属化合物与聚丙烯等共混后熔纺制成皮芯型防中子、防 x 射线纤维，可加工成针织物、机织物和非织造布，用在原子能反应堆周围，可使中子辐射防护屏蔽率达到 44% 以上。防中子辐射纺织品在高能辐射下仍能保持较好的机械性能和电气性能，并同时具有良好的耐高温和抗燃性能，具有较高的防中子辐射效能，并广泛应用于各个领域（如核反应堆等场合）。

**3. 防电磁波辐射的测试及标准** 防电磁波辐射的测试指标常用的有屏蔽率（或透过率）和屏蔽效果两种。

屏蔽率：
$$A = \frac{P_0 - P}{P_0} \times 100\% \tag{3-3}$$

透过率：
$$B = \frac{P}{P_0} \times 100\% \tag{3-4}$$

屏蔽效果：
$$SE = -10 \log \frac{P}{P_0} \tag{3-5}$$

式中：$P_0$——屏蔽前所测辐射强度；

$P$——屏蔽后所测辐射强度。

我国针对通信、广播的发射，卫生部对电磁波允许辐射强度制定的 GB 9175—1988《环境电磁波卫生标准》见表 3-6。一级标准为安全区，指在该环境电磁波强度下长期居住、生活、工作的一切人群（包括婴儿、孕妇和老弱病残者），均不会受到任何有害影响的区域；二级标准为中间区，指在该环境电磁波强度下长期居住、生活、工作的一切人群（包括婴儿、孕妇和老弱病残者），能引起潜在性不良反应的区域；超过二级标准的地区，对人体可能带来有害影响，禁止建造居民住宅及人群活动的一切公共设施，如机关、工厂、商店和影剧院等。

表 3-6 环境电磁波允许辐射强度标准

| 电磁波种类 | 容许场强 | |
| --- | --- | --- |
| | 一级（安全区） | 二级（中间区） |
| 长、中、短波的电场强度（波长 3km ~ 10m） | E < 10V/m | E < 25V/m |
| 超短波的电场强度（波长 10 ~ 1m） | E < 5V/m | E < 12V/m |
| 微波的辐射强度（波长 1m ~ 1mm） | P < 10μw/cm² | P < 40μw/cm² |
| 混合电磁波 | 按主要波段场强，若各波段场强分散，则按场强加权确定 | |

**4. 防电磁波辐射织物** 防电磁波辐射织物用于特定的使用场所并起保护人身安全的作用，要求具有服用性（如一定的强度、弹性、牢度、舒适性）、使用方便（如使用特种纤维或特种整理后，重量不宜过重）、安全性（如对特定射线有屏蔽效果、对皮肤无伤害等）等性能。由于电磁波辐射的自身特性，目前还没有一种适合防各种电磁波辐射的纤维或织物。随着科学技术的发展，防辐射织物的开发正从单一功能向多功能防护发展。

防电磁波辐射功能纺织品按应用的原材料及加工方式可分为两类：一是采用具有电磁屏蔽功能的纤维织制织物；二是给织物施加具有电磁波屏蔽性的功能整理。

使用功能纤维的屏蔽织物，纤维可以采用纯粹由无机金属材料制成的纤维，如不锈钢纤维；也可以是由导电纤维（芯）与合成纤维（皮）复合的皮芯结构纤维，或者是镀金属纤维如镀铜、镀铝、镀银、镀锌的聚酯纤维、腈纶及含金属离子等导电粒子的共混纺丝纤维如涤纶、锦纶等。用这些纤维制成的屏蔽织物除了防电磁辐射性能外，通常还具有质轻、柔韧性好等优点，其中用不锈钢纤维制成的屏蔽织物是较理想的电磁波防护面料。而采用金属纤维与普通纤维按一定比例混纺，经特殊工艺使之充分混合均匀，制成金属纤维混纺纱织物，具有较好的电磁波屏蔽性能，而且服用性能、耐久性能良好。

防辐射后整理的屏蔽织物，多使用金属银、镍、铜等喷涂的方法，加工后得到的屏蔽织物受外界环境的影响较大，不耐洗涤，手感僵硬；带有金属网夹层的屏蔽织物较笨重，服用性能较差。但具有加工方便、应用广的特点。

**（二）防辐射织物的设计实例**

**1. 防静电辐射织物的设计** 防静电辐射织物的设计方法，一般是在织物的经线（或纬线）方向按一定间隔排列一根导电性纤维。常用的导电性纤维如金属纤维、碳纤维、金属电镀纤维、含金属离子等导电粒子的涤纶、锦纶或丙纶等，间隔大小根据导电性纤维的导电能力进行设计，一般为 5 ~ 20mm，设计用于电子行业的合纤抗静电工作服面料简要规格见表 3-7。织物效果图如图 3-4 所示。

**2. 防微波辐射织物的设计** 防微波辐射织物的设计一般有两种方法：一是在普通织物表面镀一层金属薄膜；二是采用金属纤维、碳纤维、金属电镀纤维等导电性纤维，分别在经纬两个方向均匀分布设计成网格状的织物。采用金属纤维设计的防微波辐射织物简要规格见表 3-8。该织物结构紧密，对厘米波、毫米波等高频电磁波具有较好的屏蔽性能，屏蔽率达 98% 以上，可广泛应用于广播、电视发射台、移动电话基站等场所。

表 3-7　抗静电工作服面料的简要规格

| 织物名称 | 抗静电工作服面料 |
|---|---|
| 成品规格 | 织造规格 |
| 成品门幅：150cm<br>经密：720 根/10cm<br>纬密：360 根/10cm<br>组织：平纹 | 经线组合：甲：111.1dtex/48f 涤纶长丝<br>乙：83.3dtex 或 111.1dtex 碳黑复合型导电丝<br>甲：乙=35：1<br>纬线组合：111.1dtex/48f 涤纶低弹丝 |

图 3-4　抗静电工作服面料照片

表 3-8　金属纤维防微波辐射织物简要规格

| 织物名称 | 金属纤维防微波辐射织物 |
|---|---|
| 成品规格 | 织造规格 |
| 成品门幅：150cm<br>经　密：360 根/10cm<br>纬　密：260 根/10cm<br>组　织：平纹 | 经线组合：166.7dtex（150 旦）涤纶长丝与 80～150dtex 金属微丝复合<br><br>纬线组合：166.7dtex（150 旦）涤纶长丝与 80～150dtex 金属微丝复合 |

**3. 防紫外线辐射织物的设计**　目前，国内外开发的防紫外线辐射织物主要有两类：一是在纤维加工过程中，加入紫外线屏蔽剂，如把具有不同功能的二氧化钛陶瓷微粉分散在成纤的 PET 熔体中，采用共混熔融纺丝，或者在生产切片时混入陶瓷微粉，采用共混复合纺丝，加工成防紫外线纤维或织物后屏蔽效果较好；二是采用表面涂层法，把紫外线屏蔽剂均匀分散在黏合剂中（同时添加一定量的无机抗氧化剂），经浸渍或涂层处理，在纤维或织物表面形成屏蔽薄膜。采用纺丝方法形成的防紫外线纺织品具有较好的屏蔽功能、使用寿命、外观手感及隔热、抗菌、除臭等效果，开发的防紫外线涤纶与棉或黏胶混纺织物、防紫外线涤纶长丝织物等，对紫外线、红外线及可见光的屏蔽率达93%以上，可广泛应用于服用面料、室内装饰用窗帘及遮阳伞、遮阳帽等领域。

采用抗紫外线涤纶低弹丝设计的防紫外线辐射织物简要规格见表 3-9。纤维在熔融法纺丝时加入以氧化锌陶瓷材料为主制成的混合型紫外线屏蔽剂，屏蔽剂颗粒细小，具有良好的分散、吸收和反射紫外线作用，屏蔽效果好，对织物外观和手感影响小，同时具有一

表 3-9　防紫外线辐射织物简要规格

| 织物名称 | 防紫外线辐射织物 |
|---|---|
| 成品规格 | 织造规格 |
| 成品门幅：150cm<br>经密：710 根/10cm<br>纬密：330 根/10cm<br>组织：绉组织<br>重量：200g/m² | 经线组合：166.7dtex（150 旦）抗紫外线涤纶低弹丝 10T/S<br>纬线组合：166.7dtex（150 旦）抗紫外线涤纶低弹丝 10T/2S2Z |

定的隔热、抗菌、除臭效果，能提高产品的附加功能。若考虑到降低成本，纬线可采用相应的普通涤纶低弹丝。从织物密度角度考虑，密度越大，则织物的透光性越差，抗紫外线性能越好，但过大会使织物的手感变硬，吸湿、透气、悬垂等服用舒适性会受到较大的影响，且不利于后整理。

## 思考题

1．结合产业用纤维制品的分类，总结其对应的产品设计方法。

2．以机织物结构理论为基础，探讨其结构与规格在产业用纤维制品设计中的应用。

3．简述人们日常生活中不同领域存在的各种辐射及其防护途径与方法。

4．结合我国高强纤维的研究与开发，探讨其在防弹、防刺等防护类产业用纺织品中的应用。

5．结合我国抗菌纤维、抗菌功能整理助剂的研究发展现状，综合分析其在医用纺织品中的应用途径与方法。

6．结合三维结构、锥形结构（2.5维），综合分析其在功能制品中的设计与应用。

7．结合环境中的空气成分（如PM2.5），探讨过滤用高性能纤维及其制品（非织造材料）的设计与应用。

8．阐述产业用纤维制品设计与服用纤维制品设计的异同。

9．接到一个产业用纤维制品的设计任务，你会怎样考虑？

## 参考文献

［1］王国和. 产业用织物——汽车安全带的研究与开发［J］. 丝绸，1997（1）.

［2］卜佳仙. 非涂层全成形型安全气囊织物的设计［J］. 东华大学学报，1998（5）.

［3］侯大寅. 产业用织物——汽车充气安全气囊织物的研究与开发［J］. 丝绸，1998（8）.

［4］秦贞俊. 纺织产业用布在汽车用安全气囊方面的发展［J］. 江苏纺织，2007（3）.

［5］王怀玲，任伟. 安全带在汽车行驶中的保护作用浅析［J］. 农业装备与车辆工程，2008（10）.

［6］阚春林. 汽车安全带［J］. 现代制造技术与设备，2008（4）.

［7］周成. 变电站构架钢梁安全带悬挂装置的设想［J］. 湖北电力，2008，32（3）.

［8］陆昌明. 汽车被动安全技术探讨［J］. 实用汽车技术，2008（2）.

［9］红梅. 新一代汽车安全带技术［J］. 军民两用技术与产品，2008（2）.

［10］郭绍利. 安全带市场现状与国家标准的适用性［J］. 中国个体防护装备，2006（6）.

［11］王秉，张钧. 汽车安全带的力学原理［J］. 技术物理教学，2006，14（3）.

［12］郭绍利. 安全带国家标准存在问题及修订建议［J］. 中国个体防护装备，2006（4）.

［13］赵梅珍. 筛网规格参数设计［J］. 江苏丝绸，2008（5）.

［14］王国和，丁怀进. 过滤材料及筛网类纺织品［J］. 江苏丝绸，2001（1）.

［15］李寿星. 筛网的目与筛孔直径［J］. 湖北农学院学报，1999，19（1）.

［16］王明葵. 功能性织物及其应用［J］. 中国化纤，2008（9）.

［17］王建明，赵云娜，曹婧. 导电防辐射织物的研制［J］. 毛纺科技，2008（2）.

［18］王乐军，丁兆涛. 防辐射织物与服装的开发［J］. 产业用纺织品，2002，20（10）.

［19］刘越，马骁光. 防电磁波辐射功能纺织品的开发［J］. 印染，2001，27（8）.

［20］刘国华，王文祖. 电磁辐射防护织物的开发［J］. 产业用纺织品，2003，21（6）.

［21］胡心怡，王厉冰，赵堂英. 纺织品防电磁辐射技术［J］. 化纤与纺织技术，2007（4）.

［22］贾华明，齐鲁. 防辐射纤维及其织物的研究进展［J］. 合成纤维工业，2005，28（5）.

［23］商思善. 电磁波屏蔽织物的产生与发展［J］. 现代纺织技术，2002，10（4）.

［24］赵玉峰. 抗静电、防紫外辐射、电磁屏蔽、保健多功能织物的研究［J］. 纺织科学研究，2001，12（2）.

［25］王洪燕，潘福奎，张守斌. 电磁辐射与防电磁辐射纺织品［J］. 纺织科技进展，2008（3）.

［26］刘玉华，王文祖. 电磁辐射与防电磁辐射的纤维及服装［J］. 北京纺织，2000，21（6）.

［27］贾桂芹，王进美. 纳米防电磁波织物的开发［J］. 毛纺科技，2004（12）.

［28］王国和. 产业用防电磁波辐射纺织品及其开发［J］. 江苏丝绸，2004（1）.

［29］周建芳，顾平，土国和. 防电磁辐射织物的现状及开发趋势［J］. 现代丝绸科学与技术，2010（03）.

［30］戴琳，唐坚，王国和. 基于手机辐射的电磁屏蔽面料防护性能分析［J］. 现代丝绸科学与技术，2017，32（03）.

［31］王洪燕，潘福奎，张守斌. 电磁辐射与防电磁辐射纺织品［J］. 纺织科技进展，2008（3）.

［32］贾桂芹，王进美. 纳米防电磁波织物的开发［J］. 毛纺科技，2004（12）.

［33］周建芳，顾平，王国和. 防电磁辐射织物的现状及开发趋势［J］. 现代丝绸科学与技术，2010（3）.

［34］戴琳，唐坚，王国和. 基于手机辐射的电磁屏蔽面料防护性能分析［J］. 现代丝绸科学与技术，2017，32（3）.

# 第四章　产业用纤维制品加工技术

产业用纤维制品主要有线、绳、带及其织物，由于其不同于服用和家纺对纤维制品的要求，所以其加工方法和技术也存在着不同。

## 第一节　线、绳、带及其加工技术

### 一、纱线的分类及加工技术

**1. 纺丝技术**　化学纤维的发展，特别是合成纤维的高速发展，不仅给普通纺织用品提供了新的原料、新的产品，而且给产业用纤维制品的应用和发展提供了更广阔的前景。然而，传统纤维已越来越难以满足产业界对纺织品的新要求。纺丝技术的发展，正好满足了这方面新的需要；并且，今后还会生产更新的产品来满足产业界的各种需要。

纺丝是通过热、溶媒等的作用，使得流动的材料原液从细孔中喷出（挤出），再经过牵伸、固化后加工成纤维状的工艺过程。前者称为熔体纺丝，后者称为溶液纺丝。溶液纺丝根据纺丝溶液固化的机理不同，又分为干法纺丝和湿法纺丝。

（1）熔体纺丝。切片在螺杆挤出机中熔融后或由连续聚合制成的熔体，送至纺丝箱体中的各纺丝部位，再经纺丝泵定量压送至纺丝组件，过滤后从喷丝板的毛细孔中压出而成为细流，并在纺丝甬道中冷却成型（图4-1）。初生纤维被卷绕成一定形状的卷装（对于

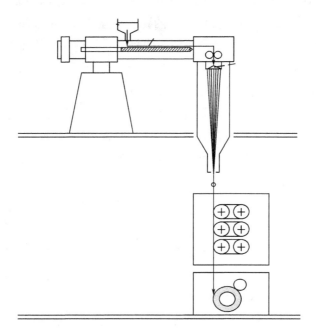

图4-1　熔融纺丝示意图

长丝）或均匀落入盛丝桶中（对于短纤维）。

（2）湿法纺丝。纺丝溶液经混合、过滤和脱泡等纺前准备后送至纺丝机，通过纺丝泵计量，经烛形滤器、鹅颈管进入喷丝头（帽），从喷丝头毛细孔中挤出的溶液细流中的溶剂向凝固浴扩散，浴中的凝固剂向细流内部扩散。于是聚合物在凝固浴中析出而形成初生纤维。

（3）干法纺丝。从喷丝头毛细孔中挤出的纺丝溶液不进入凝固浴，而进入纺丝甬道。通过甬道中热空气的作用，使溶液细流中的溶剂快速挥发，并被热空气气流带走。溶液细流在逐渐脱去溶剂的同时发生浓缩和固化，并在卷绕张力的作用下伸长变细而成为初生纤维。

（4）化学纤维新型成型加工方法。

①干湿法纺丝：干湿法纺丝是将干法与湿法结合起来的一种溶液纺丝方法，也称干喷湿纺。干湿法纺丝时，纺丝原液从喷丝头压出后，先经过一段气体层（一般为空气层），然后进入凝固浴。干湿法纺丝与湿法纺丝的区别在于凝固浴温度可比湿法纺丝低得多，纺丝速度可比湿法纺丝高 5 ~ 10 倍。可以采用较大直径的喷丝孔和黏度较大的纺丝原液，生产率比湿法纺丝高。

干湿法纺丝与干法纺丝的区别在于，前者除了可增大喷丝头拉伸提高纺丝速度外，还能有效地调节纤维的结构，而干法纺丝过程几乎不可能调节纤维的结构。

②冻胶纺丝：冻胶纺丝也称凝胶纺丝，是一种通过冻胶态中间物质制得高强度纤维的新型纺丝方法。冻胶纺丝需要解决的关键问题是减少宏观和微观的缺陷，使结晶结构接近理想的纤维，使分子链几乎完全沿纤维轴取向。一方面，要以超高分子量的聚合物为原料，以减少链末端造成的缺陷；另一方面，要采用半稀溶液，以增加纺丝原液的流动性、可纺性和初生纤维的最大拉伸比。冻胶纺丝的凝固浴温度低、浓度高，挤出细流在其中发生热交换而被迅速"冻结"，发生结晶，同时双扩散受到抑制，从而得到含大量溶剂的力学性能较稳定的冻胶体。

冻胶纺丝与普通干湿法纺丝的区别，主要不在于纺丝工艺，而在于挤出细流在凝固浴中的状态不同。由于冻胶纺丝工艺通过加强解缠和采用低浓度的纺丝原液及冷凝固浴，可以使初生纤维中传递拉伸应力的缠结点降至最少，从而可以进行超倍拉伸。冻胶体经超倍拉伸后大分子高度取向，并促进应力诱导结晶，从而成为高强高模纤维。

③液晶纺丝：液晶纺丝是一种以液晶为原料进行纺丝的技术。一些物质的结晶结构受热熔融或被溶剂溶解之后，表观上虽然失去了固态物质的刚性，变成了具有流动性的液态物质，但结构上仍然保存着一维或二维有序排列，从而在物理性质上呈现出各向异性，形成一种兼有部分晶体和液体的性质的过渡状态，这种中间状态称为液晶态，处在这种状态的物质称为液晶。液晶有溶致性液晶和热致性液晶，可分别进行溶液纺丝和熔体纺丝，其具有低剪切速率作用下高取向、冷却过程中高结晶的特点，可制得高强高模纤维。

④静电纺丝：静电纺丝是一种以静电场为拉伸外场的纺丝技术，包括熔融静电纺丝和溶液静电纺丝，是制得超细纤维的有效方法。

⑤固态挤出纺丝：固态挤出纺丝工艺的原料通常采用超高分子量聚合物，这种聚合物有低水平的内在链缠结。在加工以前，聚合物粉末不暴露于熔融温度，因为这种暴露可以引起不利的链缠结增加。与冻胶纺丝工艺不同，固态挤出不需溶剂、加工助剂或配料。固态挤出工艺由三个基本操作单元组成：粉末压缩和压实、辊碾、超倍拉伸。

（5）后加工。纺丝后得到的初生纤维其结构还不完善，力学性能较差，如伸长大、强度低、尺寸稳定性差，还不能直接用于纺织加工，必须经过一系列的后加工。后加工主要的工序是拉伸和热定型。拉伸是为了进一步增加纤维的取向和结晶，以增强其强力和降低其断裂伸长率，热定型的主要目的是消除纤维中的内应力，增强其稳定性。

（6）高强大直径单丝。高强大直径单丝是合成纤维中一个极具特色的品种，直径为0.08 ~ 5mm，主要采用低速连续一步法即卧式纺丝工艺（MHS，图4-2）进行加工，也是近年来在新材料中使用最广、高性能品种投放市场最多的一种加工方式。MHS纺丝工艺的特点主要是：聚合物熔融均一和压力稳定，水浴骤冷、纺丝速度（10 ~ 50m/min）低、纺牵一步法及多级拉伸。

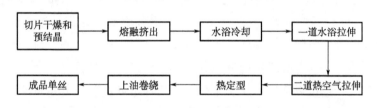

图4-2　低速连续一步法即卧式纺丝工艺（MHS）路线

（7）差别化纤维。

①异形截面纤维：异形截面纤维是指经一定的几何形状（非圆形）的喷丝孔纺制的具有特殊横截面形状的化学纤维，也称"异形纤维"（图4-3）。图4-4表示了具有代表性的喷嘴的形状和配置及其用于纺丝时得到的纤维的断面。由于纤维断面的异形化，纤维的摩擦因数和弯曲特性也改变了，从而带来了织物风格的改善。另外，由于形状的复杂化和中空化，纤维的蓬松性和保温性也得到改善。

②复合纤维和超细纤维：复合纤维由两种聚合物或同一种相对分子质量不同、组成不

图4-3　异形纤维的横截面的SEM图

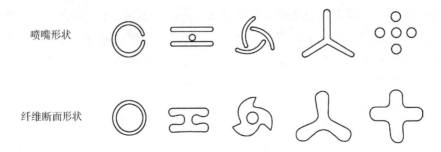

喷嘴形状

纤维断面形状

图4-4  异形断面纤维用喷嘴和纤维断面形状

同的聚合物以一定的规则分布于同一根纤维之中而成。复合纤维又称共轭纤维、组合纤维、异质纤维及多组分纤维。复合纤维的两种组分互不混溶，在喷丝组件中，两者通过各自的流道，在喷丝孔入口处汇合，一并挤出，迅速固化成形，因此纤维中两种组分有清晰的界面。

复合纺丝设备具有两个螺杆挤出机，在生产时灵活性更大，只需改变喷丝组件形式，就可巧妙地将两种聚合物纺制成皮芯、并列、海岛和剥离型超细纤维，也可纺制异形复合、中空复合及各种混纤丝等新品种。还可以在一种组分中掺入添加剂，而对纺丝性能不会造成过多的影响。并列型纤维中两种组分仅有一个界面，并各有一个外部边界。两种组分的含量可以相同，也可以不同。皮芯型纤维中两种组分仅有一个界面，其中一个组分有外部边界。两种组分质心重合称为同心皮芯复合纤维，质心个互台的称为偏心皮芯复合纤维。海岛型纤维又称基质原纤型纤维，它是由一种聚合物以极细的形式（原纤）包埋在另一聚片物（基质）之中形成的，又因分散相原纤在纤维截面中呈岛屿状，而连续相基质如海的状态，因此又称为海岛纤维。剥离型超细纤维是将两种不相容的聚合物，一般以锦、涤两种组分为原料，通过一个特殊的喷丝组件，使A、B两种组分在纤维中有规则地交替分布。海岛型和剥离型复合纤维通过开纤后可制得超细纤维。图4-5为并列型和皮芯型纤维制造用喷丝板的示意图，图4-6为海岛型复合纤维制造用喷丝板的示意图。复合纤维的功能和用途见表4-1。

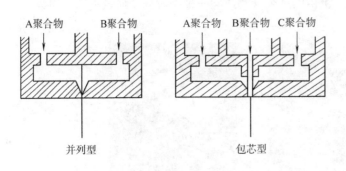

图4-5  复合纤维纺丝用喷丝板示意图

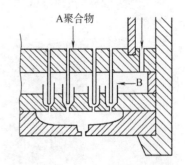

图4-6  多岛型复合纤维纺丝用喷丝板示意图

**表4-1 复合纤维在产业方面的用途**

复合纤维

- 毛毡、毡毯
- 人造毛皮、纸、非织造布、过滤器（超细纤维）
- 印刷用筛网
- 导电性、制电性等工业材料
- 光传导性、光通信、电子、计算机、医学、产业设备
- 吸水性工业材料
- 其他

**2. 纱线的种类** 线线的种类非常多，其分类的方法也多种多样。其中主要的分类方法有：按纤维种类分，有纯纺纱和混纺纱；按用途分，有机织用纱、针织用纱、特种工业用纱等；按纺纱的工艺分有粗梳纱和精梳纱等；按外形和结构分，有单纱与股线、单丝与复丝、膨体纱与变形丝等；按纺纱方法分，有环锭纱、自由端纱、自捻纱、喷气纺纱、摩擦纺纱等。

**3. 并纱、并捻技术** 并纱和并捻纱的趋势是大卷装化和低噪声化。并丝是将几根单丝并到一起并卷取。并丝后加捻，虽然多了一道工序，但它能改善单丝张力不匀，使张力趋于一致，能减小纱线的结头。并丝后加捻的并捻机，如缝纫线、绳、索一般经初捻再复捻加工，卷装时由自动计数器记数，满管时发出电信号，使其停台、自动换管。

纺丝出来的纱线，直接使用的非常多，但也常有通过再加捻后使用的。对于经纱用长丝，即使是原丝也常加捻，这是因为织制时由于摩擦而易产生毛羽的缘故，通过加捻，可减少其毛羽。长丝捻度增加，丝的强力增加不多，而且达到一定值后，其强力还会下降，所以，一般仅加少许捻度即可。

加捻方式有干式和湿式两种。湿式方法是将纱线通过水，并在带水的状态下加捻，这样加捻容易，毛羽易贴伏，且捻度稳定，捻丝的表面也平滑有光泽，并且强力较高。

## 二、绳索的分类及其加工技术

**1. 绳索的分类** 绳索是由若干根绳纱（或绳股）捻合或编织而成、直径大于4mm的有芯或无芯的制品。

绳索按其结构分为捻绳、编绳两大类。捻绳分为单捻绳、复捻绳、复合捻绳；编绳分为8股、12股、16股、24股、32股几种。图4-7为不同结构的绳的示意图。

**2. 绳索的结构参数**

（1）绳索的粗细。绳索的粗细有直径、周长和综合线密度三种表示方法。绳索的直径是绳索最主要、最直观的技术指标之一，通常有两种表示方法：实际直径和两股对径。实际直径以绳索的外切圆直径表示，实际上这只是理论直径，检测中是难以用卡尺测量的，通常可通过测量其周长求得。具体办法为：用一纸条紧紧缠绕绳索一周，用针状物在纸条上戳一小孔，展开纸条，量两小孔间距离，得出绳索的周长，再换算为直径即可。两股对径以绳索中两股间的最大距离表示，实际生产中，3股绳索均以两股对径表示绳的实际直

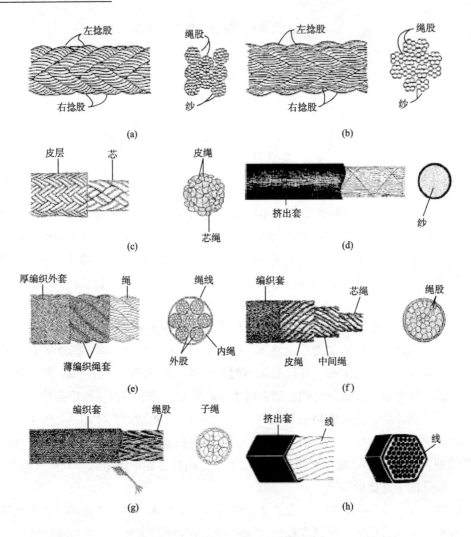

图 4-7　不同结构绳的示意图

径，亦即生产直径。具体检测方法详见有关国家标准。4 股、6 股、8 股绳索的直径，即以相对两股高点的距离表示。实际上，纸条法测得的直径也就是两股对径。实际直径、两股对径的单位为毫米。绳索外缘的长度为周长，国外表示绳索的粗度用绳索的周长，单位：英寸，如 $\frac{1}{2}''$、$\frac{3}{4}''$、$1''$、$2''$、$2\frac{1}{2}''$ 等。综合线密度指绳索单位长度的重量，用特克斯（tex）或克 / 米（g/m）表示。

（2）绳索捻度。捻度是绳索的重要质量指标，其影响着绳索最低破断强力指标的高低。捻向，分 "S" 捻和 "Z" 捻两种。一般情况下采用 "Z" 捻向（亦俗称正捻），有时为配套使用，也有采用 "S" 捻向的（即俗称的反捻）。由于不同地区、不同的用户，在绳索捻向的表示方法上差异很大，为避免差异，建议以 "S" 捻和 "Z" 捻表示绳索的捻向。编织绳不考虑捻向。捻度是用 1m 内的一个股的捻回数表示。也可用捻距、捻回角表示。捻距指在捻股或合绳时，钢丝围绕股芯旋转一周（360°）的起始点间的直线距离，可沿绳索轴线 1m 长度内点标计数，一个捻距可视为一个捻（3 股绳含 3 个股的距离）。绳索的捻回角度是指绳索的轴线与绳股中轴线的夹角。

（3）捻系数。捻系数是绳索捻距与直径的比值，用公式 *L/D* 表示。根据国家标准规定，公称直径 4 ~ 14mm 的 3 股聚乙烯绳的捻度系数不大于 4；公称直径 16 ~ 52mm 的 3 股聚乙烯绳的捻度系数不大于 3.5，特殊要求例外。

（4）花节。编织绳的紧密度是用花节长度来衡量的，这与合股捻绳的捻距相当，花节长度是在生产旋转锭子完整地旋转一圈的编织长度，用 mm 表示。花节数是指编织绳索在 1m 长度内的花节数。一般编制绳索花节长度为绳索公称直径的 2.8 ~ 3.7 倍。

**3. 绳子结构的形成过程**　绳子形成的基本步骤为短纤维纱线、单丝或复丝—绳纱—绳股—绳。绳纱是组成绳股的基本单位，其是以短纤维纱线、单丝或复丝为初始原料，通过一步或两步加捻而得。图 4-8 为初始原料通过一步加捻得到的纱线。图 4-9 为一步加捻后得到的纱线合股加捻后制得的绳纱。图 4-10 为绳纱的结构分解。目前制绳纱的工序大致有两种形式：一种是采用单丝利用捻线机制绳纱，即将若干根单丝加捻合并为一根绳纱；另一种是采用盘头束丝利用大钢

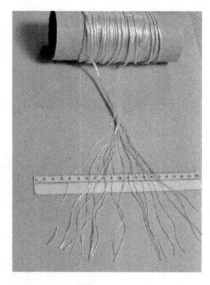

图 4-8　初始原料经一步加捻后得到的纱线

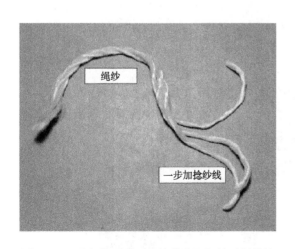

图 4-9　一步加捻后得到的纱线合股加捻后制得的绳纱

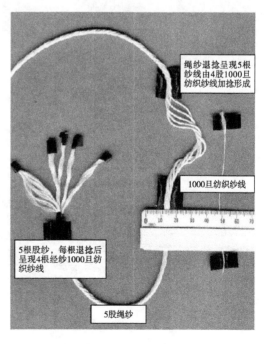

绳纱退捻呈现5根纱线由4股1000旦纺织纱线加捻形成

1000旦纺织纱线

5根股纱，每根退捻后呈现4根经纱1000旦纺织纱线

5股绳纱

图 4-10　绳纱的结构分解

领机直接加捻制绳纱。单丝制成的绳纱其抱合力好于束丝制成的绳纱，故前者的强力大于后者，但是为提高生产效率，减少分丝的工作量，生产企业大多采用束丝制绳纱的方法。

绳股由绳纱制得，图 4-11 为绳股的结构分解。制股是根据绳索的总结构要求，将若干根绳纱加捻合并为一股。其制造方式也可分为两种，一种是将若干根绳纱集束加捻为一股；另一种是将若干组盘头丝束作为内层，外层用加捻的绳纱包覆，加捻为一股。同样，第一种方法制得的绳股外观密致，很少有背股现象，抱合效果好，绳股强力较高，制成的合股绳耐磨。进口制绳机的工艺设计则全采用绳纱制股，其目的亦在于此。而后一种绳股，外观较松软，易产生背股，其强力则相对较低，耐磨性能亦相对较差，但制成的绳手感较软。

绳由绳股通过加捻和编织而得，图 4-12 为三股捻绳的结构分解。

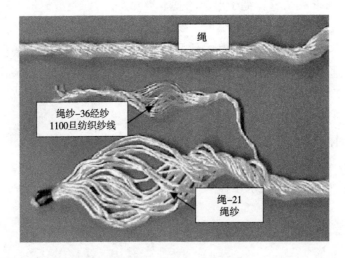

图 4-11　绳股的结构分解

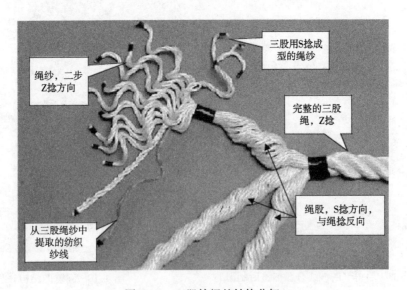

图 4-12　三股捻绳的结构分解

绳索用途很多，主要有船舶用（如将大型船舶停留在岸边或浮标等处所用的绳索）、登山用、渔业用等。

### 三、带的分类及其加工技术

带类织物作为服用、产业用及其辅助用材料的用途非常多。在产业用领域，有汽车用安全带、绝缘胶带、包扎用带、色带（计算机用、打字机用）、锭绳、小包用带、降落伞用带、传送带等。

带类织物根据用途、特性等的不同，其构造、材料及二次加工也不一样。

**1. 材料**　所用纤维有天然纤维和人造纤维，但主要使用人造丝、棉、锦纶、涤纶、芳纶等。棉用在需要适当的强力和耐磨等领域，如拉链带、小包带等；人造丝用在并不特别需要耐久性和染色性好的场合，如装饰带、绝缘带、粘接带等；锦纶用在需要耐久性和染色性好的场合，如计算机色带等；涤纶用在尺寸和形态需要稳定的方面，如裙腰衬带、标签布片等。

**2. 构造**　有狭幅机织物、狭幅编织物、裁剪布条织物三大类。另外，除了机织物、编织物外，还有非织造裁剪条带。裁剪织物一般都经过树脂或涂层处理，以防止布边的滑移。

**3. 制造法**

（1）狭窄织机。通常有 5 ~ 20 个梭子同时织造多条带子，转速可高达 2500r/min；也有采用剑杆织机（如瑞士 MULER 商标织机）在线同时织多条（在线热融分切）商标、旗标、会标等。

（2）裁剪加工。将阔幅织物裁成条带时，一般采用连续卷取装置，并用上、下对接的滚刀，按所需的宽度来裁剪条带。另外，合成纤维也可采用加热融断方法，可防止布边的滑移。

（3）二次加工。条带根据用途有多种后处理加工工序。如装饰条带需进行染色加工；标签带、色带、胶带等需进行树脂加工和涂层加工等。

带类织物所用场合不同对其性能要求也不一样。比如计算机所用色带，除了需要适应高速印字的耐久性外，还需使所印的字清晰，印字时能长时间稳定，不污染纸张等。又如传送带，其主要作用为传送物体和传送动力，因此，对它的机械性能要求很高，如强力、伸长、耐弯曲疲劳性、耐冲击性等方面都应有很高的要求。

# 第二节　织物及其加工技术

产业用纤维制品不仅有线型结构、平面结构，而且还有三维立体结构等多种形式。其加工方法有机织、针织、编织和非织造等多种技术。

### 一、机织产业用织物及其加工技术

产业用纺织品的机织物有平面二向织物、平面三向织物及三维立体织物。

平面二向织物的形成原理与服用及装饰用纺织品相同，仅所用原料特殊时，其纺织工艺和设备有所变化，而三向织物及三维立体织物都是产业用纺织品所特有的。

**1. 机织平面二向织物**　作为产业用的机织物，其织造技术与衣着用机织物相比，有时需要有特殊的装置或者技术来满足其不同的要求。如织物的尺寸、质量、形态不同，经纱或纬纱有特殊要求，织物的性能特征要求不一样等。下面就几种典型的平面二向织物的织造方法及设备进行简单的介绍。

（1）厚重类织物的织造。像帆布与防水用布那样的厚重类织物，即单位面积的质量大的织物，一般采用重磅织机织造。厚重类织物的特征是使用的原纱粗、纬密大。因此，在织造时有时需采用复数织轴的送经装置，以及两次打纬机构的打纬以便打紧纬纱。

（2）袋类织物的织造。一般它可由圆型织机织造，但密度很高、幅宽较窄的织物，还是多用普通织机织造。但应注意的是：作为表、里两层的连接处，布边应连接良好，不应滑边，而且组织应连续；袋类织物所用的纬纱断面有时是扁平状的，容易使纱在织物内产生扭曲。

（3）玻璃纤维织物的织造。玻璃纤维织物作为产业用材料，近年来其产量迅速增加，如在难燃、电绝缘、过滤以及强化塑料中的增强纤维等。这种织物用的主要是玻璃长丝，由于其捻度低，使得单丝的集束性不好，耐磨性也差，所以在准备时需对长丝实施上浆。上浆一般采用罗拉上浆的方式，即将丝一根根地与罗拉接触、上浆，然后干燥、卷取。在织造时采用有梭织机，综丝和钢筘需采用不锈钢或镀铬的材料，为了缓冲经纱张力，采用摆动式经纱张力装置及大直径卷布罗拉，罗拉表面用橡胶包覆，边撑也用橡胶罗拉。为了防止纬缩等，还需采用纬纱张力装置、梭子内侧面贴附兔毛等。

（4）碳纤维等高强低伸纤维的织造。主要在送经系统上需要作比较大的革新，关键是增加经纱张力补偿。

（5）金属丝织物的织造。金属丝织成的织物作为工业用品，用量很大，如各种过滤材料（筛网）、传动带、工业用吊篮等。金属丝的织制与普通纤维的织制几乎一样，但需以下特殊机件和织制技术。

①金属丝纤维的种类和准备工序：作为织造用金属材料，有钢材、铝、铜、黄铜等，作为特殊用途的材料有铂金。另外，用石棉和金属纤维并捻后可作为增强材料使用。使用最多的是钢材，其直径大多为 8.2mm 以下，最细的为 0.025mm。在准备工序中，首先要实施退火工序，因不需上浆，整经轴可直接作为织轴使用。

②织制工序：一般根据织物单位面积质量的不同来选择织机的种类，如筛网、防虫网、精密过滤用的织物，每厘米的网目数可达 98.5 ～ 197 个。这时，经纱细、密度大且对送出和卷取机构精度有一定要求的织物，二次打纬机构也常被采用，送经多采用积极式送经，织机的转速为 45 ～ 75r/min；粗经纱所织的织物，一般用于制纸机和土木建筑。要织网目为 0.4 ～ 3.2 个 /cm 的粗织物，要求织机非常牢固。如有特殊要求，可用 4.9 ～ 7.3m 的超阔幅织机。一般其梭子的质量在 13.3kg 左右，铁制的织机转速为 35r/min。织高网目用的织机，其转速更低。金属丝织物的组织多为平纹。

（6）特殊织机。

①圆型织机：圆型织机虽也是有梭织机，但其机构和织物的形态都有一定的特点，圆型织机生产效率高，多用于制织袋状织物。圆型织机虽有各种形式，但其共同的特点为：一是沿圆周方向排列，形成有一定相位差的几个梭口，对应这几个梭口有几把梭子做环状的积极运动而将纬纱引入，这样，其入纬率较高，纬纱的冲击也小；二是根据经纱的排列，使用几个扇形筘，因此没有通常的打纬运动，它由纬纱压入圆片，将纬纱推向织口，因此，它不能织制纬密大的织物。这类织机主要出现在塑料行业较多。

②织带机：织带机用来织制带状的狭幅织物，可用于各种机械的传动带、搬运用的传送带、各种密封材料等。织带机中虽也有有梭织机，但不少是用由针引纬的高速导纬针式织带机，它的边组织由针织的偏针连成锁状。带的幅宽一般为 6.4 ~ 12.8cm，综框一般用 4 片，转速可达 1440r/min。

③超阔幅织机：超阔幅织机帽宽可达 30m 以上，如用于造纸纺织品生产的超阔幅织机。

### 2. 机织平面三向织物

（1）平面三向织物的结构。平面三向织物是由三组纱线相互之间以 60° 的角度交织而成。三向织物的结构形式早在几百年前就用在篮筐、雪鞋与草帽等生活用品中。20 世纪 70 年代初，美国的 Norris F. Dow 对三向织物结构的原理进行了深入的研究，发明了织造三向织物的织机。1976 年的美国格林维尔纺织机械展览会上，巴伯—考尔门等公司首次展出三向织机，从而引起了纺织界人士的重视。

三向织物是由三个系统的纱线所构成，且这三个系统的纱线互成 60° 的角度交织在一起，从而使它获得了各向同性的独特性能。因此，三向织物不存在两向织物那样的抗剪和抗拉薄弱环节。另外，当三向织物承受冲击作用时，其变形呈现出相当均匀的等同应变。

平面三向织物的结构如图 4-13 所示。

①基础组织的平面三向组织：以 $x$、$y$ 和 $z$ 分别代表水平方向、右斜方向和左斜方向的纱线，如图 4-13（a）所示，相邻两根水平方向纬纱之间的距离 $x$—$x'$，大约为纱线直径的 2 倍，与两根经纱 $y$—$y'$ 和 $z$—$z'$ 之间的距离一样。$x$ 纱线被织在 $y$ 纱线之下和 $z$ 纱线之上；

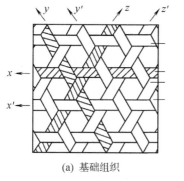

(a) 基础组织　　　　　(b) 双平纹组织　　　　　(c) 基础方平组织

图 4-13　平面三向织物结构图

$y$纱线被织在$z$纱线之下和$x$纱线之上；$z$纱线被织在$x$纱线之下和$y$纱线之上。当纱线直径与纱线间距的比值为0.33时，这种织物的总紧度为0.67。在这种密度和孔眼的情况下，所有纱线在每个交织点上都被适当地紧固，这样，相邻两根纱线之间滑移的可能性被减到最小限度，因而达到织物固有的稳定结构。如果纱线直径与纱线间距的比值小于0.33，就会出现结构不稳定的情形。

②双平纹组织的平面三向组织：如图4-13（b）所示，双平纹组织的平面三向织物是两个平纹三向织物的叠加，其孔眼比基础组织小，因它的交错点多，大大地减少了纱线的可移动性，从而使结构较为稳定。每根$x$纱线与所有$z$纱线一上一下交替配置，每根$x$纱线与所有$y$纱线一上一下交替配置，所有$z$纱线均在$y$纱线之上。这种组织的总紧度$C$可用式（4-1）表示。

$$C=S+Z+W-SW-SZ-ZW+SZW \tag{4-1}$$

式中：$S$、$Z$、$W$分别代表三组纱线的直径与纱线间距之比。

如果$S=Z=W=0.67$，则$C=0.96$，此时，约束了织物的几何结构，使之最为稳定。

如果$S=Z=W<0.67$，则织物显得稀松，结构不太稳定。

③基础方平组织的平面三向组织：图4-13（c）所示基础方平组织的平面三向织物，可视为图4-13（a）中的双经双纬变化形式，其交织规律和总紧度与图4-13（a）完全相同。

（2）平面三向织物的织造原理。图4-14（a）所示为TW2000型平面三向织机。其8个经轴位于织机的顶部，经纱从经轴向下引到织物形成区，织成织物后，将织物从织物形成区下面引出，卷在织机前面的卷取装置上。送经装置由一个包括垂直支架、横梁和十字撑挡的机架所组成。机架上安装了一个大圆形的转盘，上面装着8个经轴、8个伺服电动机及8套送经装置。如图4-14（c）所示，经纱2从经轴1上引出后，绕过活动后梁3，通过张力辊及停经架4，然后通过分纱箱5（呈圆环形）和张力调节环或弹性管6，穿过梳形导纱器7、综片8，在织口9处与纬纱10交织成平面三向织物后，绕过全幅边撑11、导布辊12、卷取糙面辊13、导布辊14、机前全幅边撑15后，卷到卷布辊16上。织制时，将上部的轴回转，使两个系统的纱线保持一定的交叉角，开口运动由钩针状的综框进行，引纬由剑杆式寻纬机构完成，如果改变纱的交叉角度和纬纱的交错状态，就能得到各种各样的变化组织。由于这种装备昂贵，织造效率也不高，未来可能将被经编衬纬技术取代，形成准三向织物。

（3）平面三向织物的应用。平面三向织物在日常生活及产业上具有广阔的用途。例如，用于帘帷、毯子、蚊帐、内衣、游泳衣、鞋面布、家具布、充气气球、飞机用织物、燃料袋、救生圈、降落伞、船帆等。

**3. 三维立体织物**

（1）三维正交机织物。

①三维正交机织物的结构：三维正交机织物的生产使用多经织造法。这种方法早就用于制织双层和多层织物，如管状织物、带类织物和毡类织物，所不同的是上述织物中的纱线均不呈正交状态分布。三维正交机织物是由三个系统的纱线所构成，其中一个为地经，

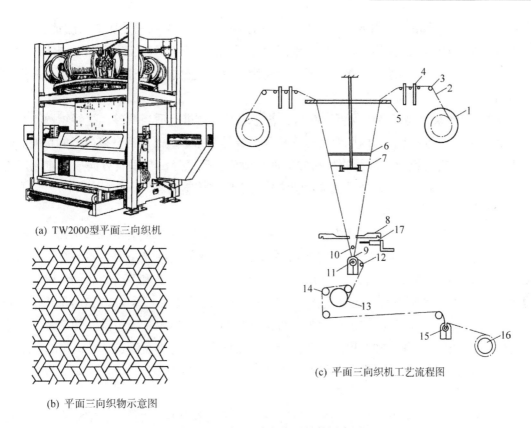

(a) TW2000型平面三向织机

(b) 平面三向织物示意图

(c) 平面三向织机工艺流程图

图 4-14　平面三向织机及织物示意图

一个为缝经，还有一个为纬纱。这三个系统的纱线呈正交状态配置在织物中，其织物的形成如图 4-15 所示。

由图 4-15 可以看出，纬纱的作用是构成水平纬纱层，同时又将水平经纱层（地经）隔开，地经的作用是构成水平经纱层，同时又将水平纬纱层隔开；呈曲折状的纱线为缝经，其作用是将水平方向上相互垂直的经纬纱层缝接在一起。三个系统的纱线呈正交状态且构成了一个整体，由于这种结构能最大限度地发挥纱线固有的特性，且本身又有很好的整体性，因此，适合制作复合材料的增强材料。

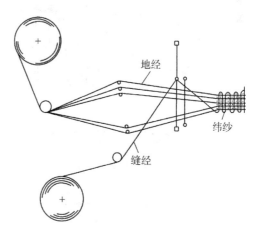

图 4-15　三维正交机织物的形成示意图

②三维正交机织物的织造：首先，提升最上层的所有地经，形成一次梭口，引入一根纬纱；然后，梭口保持不变，只是次上层的地经上升，再引入一根纬纱，依此类推，直至所有地经全部上升，仅留缝经在下，此时，引入最后一根纬纱，集中打一次纬（或每引入一纬打一次，或同时开多个梭口引入多根纬纱），接着提升缝经及除最下层地经之外的所

有地经，形成一次梭口，引入一根纬纱；然后，梭口保持不变，只是次下层的地经下降，再引入一根纬纱；依此类推，直至所有地经全部下降，仅留缝经在上，此时，引入最后一根纬纱，集中打一次纬纱。至此，完成一个组织循环。重复进行上述步骤，即可使织造连续进行。

从图4-15及上述织造过程可以看出，若将地经层数进行适当调整，缝经组数不止一组，而是两组或更多组，这样则可制得横截面各异的制品，从而达到直接成型的目的。若将上述三维正交机织物中缝经的运动方式加以改变，使缝经沿与垂直方向成一定角度排列，并与地经和纬纱交织，则可获得角锁结构的三维立体结构。

（2）三维空心机织物。

①三维空心机织物结构：三维空心机织物在上下两层织物之间有纱线和织物，这些纱线或织物将上下两层织物连成一个整体的同时，还具有某些特殊作用，如支撑、控制高度、形成某些特殊的几何形状等。三维空心机织物主要在土工布和复合材料的增强材料中（如防噪声织物、航空航天、建筑业及家具业等）有广泛的应用。图4-16给出了几种空心机织物的断面图。图4-16（d）所示是一种圆管形结构，图4-16（e）是一蜂窝芯子，这两种结构分别由3层织物和7层织物变化所得，在普通织机上即可织造这种结构的产品。

②三维空心机织物的织造：三维空心机织物的加工仍然为多经（多层）织制方法，不同点如下。

a. 并层。以图4-16（b）为例，织造甲区时织物有4层，而织造乙区时织物仅有2层。此时，每一层内实际上包含有2层经纱。

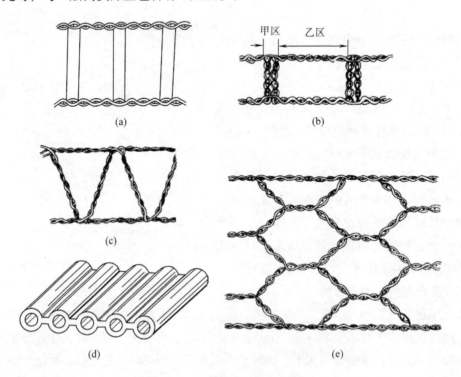

图4-16　三维空心机织物结构图

b. 织口位置变化。以图 4-16（b）为例，织造乙区时有一个织口位置，称为标准位置。织造甲区（立梁部分）时，每织一纬，织口相对于标准织口位置后移一纬的距离。此时停卷织物，直至织完立梁长度，织口才回到标准位置（需要用特殊机构才能完成）。

c. 边织造边成型。每织完一个组织循环，结构形状就显示出来，尤其是使用刚性较大的纤维时更明显，所以其卷取装置以具有保形性能为好。

## 二、产业用针织物及其加工技术

**1. 产业用针织物结构**　针织是利用织针把纱线弯成线圈，然后将线圈相互串套而成织物的一种工艺技术。根据不同的工艺特点，针织生产分纬编和经编两大类。与机织工艺和机织物比较，针织工艺和针织物有许多特点和优势，如生产效率高、织物结构多变、工艺流程短、建设投资少等。针织物（如轴向织物）的抗撕性比同种规格的机织物高 1 倍，由于没有机织物的屈曲效应，针织物可多承受 10% ~ 15% 的轴向负荷；针织产业用纺织品多以化纤原料为主，也可适应碳纤维、玻璃纤维等高性能脆性纤维的加工，甚至一些金属纤维的加工；产业用针织物所占的比例逐年增加，并正在向以针织物为骨架、与其他高分子材料复合而成的复合材料发展。产业用针织物涉及的领域很广，包括农业用的篷盖类布与薄膜、工业用的管道、医用人造血管、航空航天用飞行器的舱体等。如采取纬平针、罗纹复合组织结构的针织包装袋，由于是直接生产出的圆筒状织物，减少了边部缝合等工序，所以使用比较方便；利用针织物经编组织的构成原理，在由纤维网或纱线层形成的衬料上，以线圈纵向串套而固结成带体芯帘子线输送带；针织起绒过滤布，由于其孔隙是弯曲迂回的通道，因而能阻挡比孔隙小得多的尘粒，从而获得比机织过滤布更高的除尘效率。

**2. 产业用针织物的加工技术**　产业用针织物的加工原理与服用及装饰用纺织品相同，仅当所用原料特殊时，其加工工艺与设备会有所变化。

## 三、产业用编织物及其加工技术

编织技术是传统的纺织技术之一，近几年也开始被广泛地应用于产业部门。如地毯、椅子的外表面包布，汽车内装饰品等装饰材料；弹性过滤材料、耐磨材料、刹车片、抗静电材料等应用在缓和振动和冲击的场合；渔网、产业用清扫布、农业用袋织物、农业用防水织物等。这些编织物大多用拉舍尔编织机进行编织，因为其他编织机的产品形态稳定性不理想，组织结构也受到一定的制约。

20 世纪 70 年代以来，先进的复合材料迅速发展，编织技术已成为制造复合材料预制件的一种主要技术，因此受到了重视。传统的编织技术是二维的，具有二维结构织物的一般缺点，即在复合材料中层与层之间的机械强度较低，因此，提出了三维（立体）编织的概念，以此来改造编织物在厚度方向的性能。三维编织物按其横截面的形状可分为两大类：第一类横截面为矩形与矩形组合形状，如工字形等；第二类横截面为圆形，如圆管状、锥管状等。过去的三维编织过程或多或少带有一些手工操作，现在自动化的加工设备已经逐渐发展和完善起来。目前应用较广的主要是三维编织的四步法和两步法。

**1. 四步法** 四步法就是在纱线的一个运动循环中分为四步。在第一步中，不同行的纱线交替地以不同的方向向左或向右运动一个纱线的位置；在第二步中，不同列的纱线交替地以不同的方向向上或向下运动一个纱线位置；第三步的运动方向与第一步相反；第四步的运动方向与第二步相反。纱线不断重复上述四个运动步骤，再加上打紧运动和织物输出运动，就可完成其编织过程。

图4-17为四步法编织矩形横截面立体编织物的示意图。其中多个载纬器4沿着轨道5以一定规律反复运动，载纬器4的运动带动从其退绕出来的纤维束或纱线（以下简称为纱线）3的运动，其运动每重复一次称为一个循环，每完成运动的一个循环之后，打紧棒就在纱线3之间摆动，把相互编织的纱线打向编织物1的织口2，同时编织物向上运动一个距离（相当于编织物中的一个节距）。然后载纬器4再以其规律运动一个循环……这样不断反复进行载纱器运动、打紧运动、编织物输出运动，就可以连续编织出立体编织物，立体编织的工艺如图4-18所示，其中，1为编织物，2为织口，3为纱线。

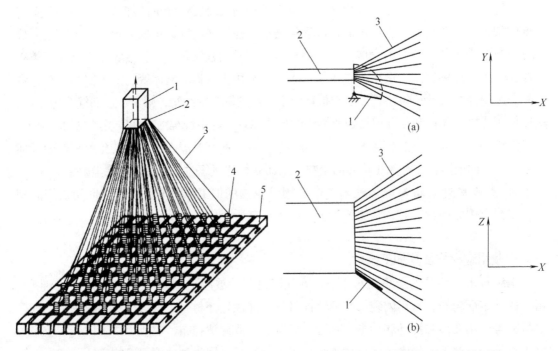

图4-17　四步法编织矩形横截面立体
　　　　编织物的示意图

图4-18　立体编织的工艺示意图

**2. 两步法** 两步法与四步法类似，与四步法三维编织相比较，两步法三维编织发明较晚，在1987年才公开发表。可用图4-19编织小型T形横截面立体编织物来说明两步法的原理，该方法采用两组基本纱线，一组是固定不动的纱线，如图4-19中黑实心圆点所示；另一组是编织纱线，如图4-19中空心圆圈所示。固定不动的纱线以立体编织物的成形方向（轴向）在结构中基本成为一直线，并按其主体编织物的横截面形状分布。而编织纱线以一定的式样在固定不动的纱线之间运动，依靠其张力束紧固定不动的纱线，稳定

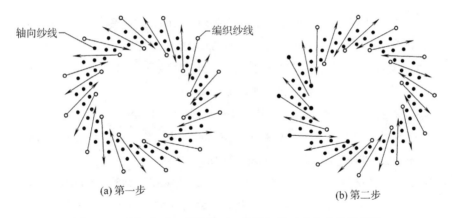

图 4-19 编织小型 T 形横截面立体编织物两步方法的原理图

立体编织物的横截面形状。编织纱线的运动由两步运动组成：在第一步中，编织纱线以图 4-19（a）中箭头所指的水平方向和范围运动，其中相邻的纱线运动方向相反；在第二步中，编织纱线以图 4-19（b）中箭头所指的垂直方向和范围运动，其中相邻的纱线运动方向相反。这样就完成了编织运动的一个循环，然后再重复这两步。在若干编织循环之后，编织纱线就完全捆紧了该编织物。

总之，产业用纤维制品加工技术随着产品性能的多样化，其加工技术也多样化。加工的手段、方法也在不断的革新和变化之中，要根据具体用途和要求来选择加工技术和方法。

## 思考题

1. 服用、家纺用纱线与产业用纱线对其性能的要求有何不同？
2. 复合纤维、复丝和共混纤维的区别是什么？
3. 产业用绳索的种类与加工方法的特点是什么？
4. 简述绳的成形原理。
5. 带类织物的主要加工方法有哪些？
6. 产业用纤维制品加工技术有哪些？
7. 产业用纺织品的主要种类有哪些？并说明其加工方法。
8. 分析平面三向织物的主要结构及其应用。
9. 比较产业用机织物和针织物的结构特点。
10. 试讨论平面三向机织物是否将被针织技术取代。

## 参考文献

[1] 张立泉. 三维机织物结构设计和织造技术的研究 [J]. 玻璃纤维，2002（2）：3-6.

［2］祝成炎. 非平面 3 结构织物及其织造技术综述［J］. 浙江工程学院学报. 2000（2）: 75-79.

［3］黄故. 现代纺织复合材料［M］. 北京：中国纺织出版社，2000.

［4］陈南梁. 经编针织双轴向立体骨架织物的结构设计与性能研究［D］. 上海：东华大学，2001.

［5］龙海如. 针织学［M］. 2 版. 北京：中国纺织出版社，2014.

［6］朱苏康，高卫东. 机织学［M］. 2 版. 北京：中国纺织出版社，2014.

［7］MCKENNA H A, HEARLE J W S, O'HEAR N. Handbook of fibre rope technology［M］. Woodhead Publishing Limited, Cambridge, England, 2004.

［8］沈新元. 高分子材料加工原理［M］. 3 版. 北京：中国纺织出版社，2014.

［9］宋心远. 新合纤染整［M］. 北京：中国纺织出版社，1997.

［10］上海市纺织工业局. 纺织品大全　纱、线、绳、带分册［M］. 北京：中国纺织出版社，1989.

［11］汤振明，钱忠敏. 绳网具制造工艺与操作技术［M］. 北京：中国华侨出版社，2009.

# 第五章　产业用纤维制品非织造加工技术

　　非织造技术是一门源于纺织，但又超越纺织的材料加工技术。它结合了纺织、造纸、皮革和塑料四大柔性材料加工技术，尤其是近年来，其发展更加迅速，正在成为提供新型纤维状材料的一种必不可少的重要手段。非织造材料又称非织造布、非织布、非织造织物、无纺织物或无纺布，在 50 余年的发展历史中越来越显示出强劲的发展势头和潜力，它的生产优势、成本优势以及独特的产品结构和特点，使它在各个领域，尤其在产业用纺织品领域取得了令人瞩目的成果。非织造材料在产业用纤维制品中所占比重越来越大了，已成为当今经济发展所不可缺少的、传统纺织品所不可取代的高新技术产业资材，是跨越了四种柔性材料生产系统的一代技术含量高、市场需求面广、涉及范围宽、超乎想象、无限发展的现代新型材料。非织造产业被誉为纺织工业中的"朝阳工业"，已成为材料工业的重要分支，无论在航天技术、环保治理、农业技术、医用保健或是人们的日常生活等许多领域，非织造新材料已成为一种越来越广泛的重要产品。由于非织造材料的结构和特性更适合于产业用领域，因此在产业用纤维制品中显示了极其重要的地位。

　　目前，发达国家和地区，如欧洲、美国、日本等，非织造材料在产业用纤维制品中所占比重已达到 50% ~ 60%，这一比例权重还在继续增长。即使世界整体水平，其比重也已占到 30% 以上，而且很多国家和地区的公司都在致力于利用新型的差别化纤维和高功能纤维以及新的工艺组合和后加工方法开发种类繁多的高新技术产品。近年来，我国的非织造材料中产业用途的比重也有较大增长，2017 年产业用非织造材料占非织造材料的总量已接近 60%；但从非织造材料的技术含量和非织造材料在产业用纤维制品中所占比重来看，与发达国家仍有较大差距。

## 第一节　非织造材料的定义、分类与特点

### 一、非织造材料的定义

　　按照我国 GB/T 5709—1997 标准的定义，非织造材料是一种由定向或随机排列的纤维通过摩擦、抱合、黏合或这些方法的组合而相互结合制成的片状物、纤网或絮垫，不包括纸、机织物、簇绒织物、带有缝编纱线的缝编织物以及湿法缩绒的毡制品。所用纤维可以是天然纤维或化学纤维；可以是短纤维、长丝或纤维状物。

　　为了区别湿法非织造材料和纸，规定了在纤维成分中长径比大于 300 的纤维占全部质量的 50% 以上，或长径比大于 300 的纤维虽然只占全部质量的 30% 以上，但其密度小于 0.4g/cm³ 的，属于非织造材料，反之为纸。而国际上已将纸归为非织造材料范畴。

## 二、非织造材料的分类

### （一）按纤网成型和加固方法分类

非织造材料按纤网成形可分为干法非织造材料、湿法非织造材料和纺丝成网材料。按加固方法可分为针刺法、水刺法、热黏合法、化学黏合法等。

### （二）按用途分类

非织造材料按用途可分为医用卫生非织造材料、服装用非织造材料、日常生活用非织造材料、工业用非织造材料、农业用非织造材料、国防用非织造材料等。

## 三、非织造材料的特点

### （一）外观、结构多样性

非织造材料采用的原料、加工工艺技术的多样性，决定了非织造材料外观、结构的多样性。从结构上看，大多数非织造材料以纤维网状结构为主，有的纤维呈二维排列的单层薄网几何结构，有的纤维呈三维排列的网络几何结构，有的是纤维与纤维缠绕而形成的纤维网架结构，有的是纤维与纤维之间在交接点相黏合的结构，有的是由化学黏合剂将纤维交接点予以固定的纤维网架结构，还有的是由纤维集合体形成的几何结构；从外观上看，非织造材料有布状、网状、毡状、纸状、立体状等。

### （二）功能多样性

由于原料选择的多样性、加工技术的多样性，必然产生非织造材料性能的多样性。有的材料柔性很好，有的很硬；有的材料强度很大，而有的却很弱；有的材料很密实，而有的却很蓬松；有的材料的纤维很粗，而有的却很细。因此，可根据非织造材料的用途，来设计材料的性能，进而选择确定相应的工艺技术和原料。

# 第二节　非织造纤维制品的一般加工方法

不同的非织造工艺技术具有各自相应的工艺原理，但从宏观上来说，非织造技术的基本原理是一致的。就其一般工艺而言，可分为以下四个过程：纤维准备、成网、加固、后整理。其中成网和加固是最重要的两个工序，这也是本节介绍的重点。考虑到本节内容在有关非织造材料加工技术中都有阐述，因此，这里仅就与产业用纤维制品相关的加工内容作较为详细的介绍。

## 一、纤网的成形方法

在非织造材料的生产过程中，纤维的成网是一道重要的生产工序，只有将纤维以一定的方式（定向或者随机）排列形成纤网，才有可能通过加固方法将其加工成非织造材料。到目前为止，非织造材料的成网方法主要有干法成网、纺丝成网和湿法成网。这里主要介绍干法成网、聚合物直接纺丝成网、熔喷纺丝成网和静电纺丝成网。

**（一）干法成网**

干法成网涉及两道工序，即纤维准备和纤网制备。纤网是非织造加工过程中最重要的半制品，对最终成品的形状、结构、性能以及用途影响很大。纤网均匀度、纤网面密度和纤网结构是评定纤网类别和质量的三个基本要素。在纤网制备基础上再经后道加固以及一些后加工处理，可制成各种非织造产品。干法成网技术在非织造材料中占有极其重要的地位。它包括机械梳理成网和气流成网。

**1. 干法成网前准备**　非织造材料生产的工艺流程通常为：

纤维原料→成网前处理→成网→加固→后处理→成卷

干法成网的准备工序主要包括纤维的混合、开清和施加油剂。

**2. 混合与开松**　混合与开松的目的是将各种成分的纤维原料进行充分松解，使大的纤维块、纤维团离解，同时使原料中的各种纤维成分获得均匀的混合，并尽量避免损伤纤维。

混合与开松主要采用的工艺路线有：成卷式的开松混合工艺路线；称量式开混联合工艺路线；整批原料混合工艺路线。可供混合、开松的设备种类很多，必须结合纤维线密度、纤维长度、回潮率、纤维表面形状等因素来选择混合与开松设备。设备选定后，还要根据纤维特性及对混合、开松的要求考虑混合、开松道数及调整工作元件的参数（如元件的隔距、相对速度）。混合、开松良好的纤维原料是后道高速、优质生产的重要前提。典型的混合、开松设备有多仓混合机、精开松机、喂料机。

**3. 梳理**　梳理是干法非织造材料成网的关键工序。梳理的目的是将开松混合准备好的小束状纤维条梳理成单纤维组成的薄网，供铺叠成网，或直接进行加固，或经气流成网以制造纤维杂乱排列的纤网。

梳理的作用是彻底分梳混合的纤维原料，使之成为单纤维状态；使纤维原料中各种纤维进一步均匀混合；进一步除杂；使纤维近似于伸直状态。

**4. 机械铺网**　梳理机生产出的纤维网很薄，其面密度一般不超过 $20g/m^2$，纤网均匀性等也不理想。铺网就是将一层层薄纤网进行铺叠以增加纤网面密度和厚度，增加纤网宽度，调节纤网纵横向强力比，改善纤网均匀性，从而获得不同规格、不同色彩的纤维分层排列的纤网结构。铺网方式有平行式铺网和交叉式铺网，都属于机械铺网或机械铺叠成网。

**5. 气流成网**　用气流成网方式制取的纤网，纤维在纤网中呈三维分布，结构上属杂乱度较高的纤网，物理力学性能基本显示各向同性的特点。这种纤维三维分布结构代表着产业用非织造材料的发展方向。

（1）气流成网方式。按照纤维从锡林或刺辊上脱落的方式、气流作用形式以及纤维在成网装置上的凝聚方式，可以把气流成网方式归纳为自由飘落式、压入式、抽吸式、封闭循环式和压吸结合式五种。

①自由飘落式：气流成网过程中，纤维靠离心力从锡林或刺辊上分离后，因本身自重及其惯性而自由飘落到成网帘上形成纤网。它主要适用于短纤维、粗纤维，如麻、矿物纤

维、金属纤维等原料的成网。

②压入式：气流成网过程中，纤维除靠离心力外，还借助吸入气流从锡林或刺辊上分离，并经气流输送到成网装置上形成纤网。其设备的工作原理类似于处理废旧纺织品的开花机和粗纱头机。这类设备适用于加工含杂多的短纤维，纤网的均匀度和抱合力都较差。

③抽吸式：与压入式相反，通过抽吸气流在成网装置内产生负压，由于压力差，在纤维输送管道内形成气流，将锡林或刺辊上分离的纤维吸附在成网帘装置表面形成纤网。这类成网机的抽吸气流横向速度分布的均匀性和稳定性，直接影响纤网的均匀度。

④封闭循环式：是上述压入式和抽吸式两种成网方式的组合，由于气流循环是闭路的，原料中的杂质往往沉积在设备内，需定期清理，否则对纤网质量有影响。通常采用同组风机同时提供抽吸和压入作用，因此调节气流时，抽吸和压入气流同时产生变动。

⑤压吸结合式：也是压入式和抽吸式两种方式的组合。但与封闭循环式不同之处在于，采用两组风机，分别提供抽吸和压入作用，可对抽吸和压入气流分别进行调节，因此，这种方式加强了对气流的控制，同时抽吸气流可直接排到机外，原料中的杂质也不会影响纤网的质量。

（2）影响气流成网均匀度的主要因素。影响气流成网均匀度的因素较多，主要因素有：喂入纤维层的均匀性；纤维在气流中的均匀分布和输送；输送纤维气流流量和均匀流动。

（3）气流成网机。

①国产 SW-63 型气流成网机：由传统梳棉机改造，锡林离心力和提升罗拉使纤维进入风道，然后吸附在成网帘上形成杂乱排列纤网。适用范围：纤维线密度为 1.65 ~ 6.6dtex，纤维长度 25 ~ 55mm，纤网单位面积质量 12 ~ 70g/m²，生产速度 2 ~ 3m/min，幅宽 1m。

②奥地利 Fehrer 公司 V21/K12 气流成网机组：由 V21 预成网机和 K12 气流成网机组成。V21/K12 气流成网机适用于长度小于 100mm，线密度在 55dtex 以下的各种纤维原料，通常生产 60 ~ 220g/m² 面密度的纤网，生产速度为 7 ~ 20m/min。Fehrer 公司后期开发的 K21 气流成网机采用四组锡林，各配置一个梳理单元，逐级分梳，成网采用抽吸式，配置在四组锡林下方，成网帘上的纤网是由四组锡林各输出部分纤维逐渐形成的。K21 气流成网机的四锡林装置，特别适合于线密度较小的合成纤维（1.7 ~ 3.3dtex），纤网面密度以中、薄型为主（10 ~ 100g/m²），生产速度可达 150m/min，比 K12 气流成网机有大幅度提高。

③美国 Rando 公司的气流成网机组：该机是由美国 Rando 公司生产的，是世界上最早投入生产的气流成网机之一。它由预喂给机、开松机、喂给机和成网机组成。预喂给机采用角钉帘对纤维进行预开松，接着由表面包缠金属针布的三刺辊装置进行开松，再由锡林对纤维进行梳理。锡林下方配置三个梳理单元，分梳后的纤维由一毛刷辊高速回转将纤维从齿尖剥离，并借助于毛刷辊产生的气流，将纤维送入喂给机。为避免分梳纤维重新凝聚成团，喂给机中配合量角钉帘予以扯松。靠喂给机上方的抽吸风机将纤维吸附在喂给机尘笼表面形成筵棉，抽吸管道装有自调匀整装置，通过一个气压传感器，使抽吸管道中的

负压在生产过程中处于事先设定的范围内，以保证喂入筵棉的均匀性。筵棉在给棉辊和给棉板握持下由高速运转刺辊进一步分梳。成网时采用压入抽吸封闭循环式或压入抽吸结合式，使纤维经文丘利管道凝聚在成网尘笼表面形成纤网。Rando 气流成网机开松、梳理环节的配置都不是很强，从设计角度看，由于精细的梳理环节往往对被加工的纤维形态有一定的要求，Rando 气流成网机在这一方面有所舍弃，是为了加工一些特殊功能纤维的需要。这种机型适应加工 15 ~ 55mm 长，线密度在 2.0dtex 以上的纤维，特别适合于传统梳理机难以加工的产业用非织造材料用特殊纤维，如短绒、麻、玻璃纤维、金属纤维等，纤网的面密度一般为 30 ~ 1000g/m$^2$，速度一般小于 10m/min。

**（二）聚合物直接纺丝成网**

聚合物直接纺丝成网是非织造成网技术中发展较快的一类成网技术，它充分利用化学纤维纺丝原理，在聚合物纺丝成形过程中使纤维直接铺设成网，然后纤网经机械、化学或热方法加固而成非织造材料，或利用薄膜生产原理直接使薄膜分裂成纤维状制品（非织造材料）。

聚合物直接纺丝成网法是聚合物挤压成网制造非织造材料的主要方法，纺丝成网非织造材料结构特点是由连续长丝随机组成纤网（纤维集合体），具有很好的物理力学性能，是短纤维干法成网非织造材料无法比拟的。纺丝成网过程主要可分为纺丝（挤压、拉伸）和成网（长丝的分丝和加固）两大工艺过程。代表性的纺丝方法有熔融纺丝、溶液纺丝中的干法纺丝和湿法纺丝。这里仅介绍熔融纺丝成网法。

成网工艺主要有机械分丝成网、静电分丝成网、气流扩散分丝成网等。

**1. 熔融纺丝成网的特点**　熔融纺丝成网是将高分子聚合物加热熔融，使熔体从纺丝孔挤出进入空气中，熔体细流在空气中冷却的同时，在一定的气流或机械作用下，以一定的速度拉伸变细变长；在该阶段，高分子熔体细化的同时凝固，形成纤维后成网。目前常见的有聚丙烯、聚酯、聚酰胺和聚丙烯 / 聚乙烯双组分等纺丝成网的非织造材料。

由于熔融纺丝非织造材料加工的基本过程是将具有可纺性的聚合物在其熔点以上的温度条件下从喷丝板细孔挤出，冷却细化成丝状固体，同时进行分丝铺网和加固的工艺过程。因此，纤维的基本形状是连续的长丝，与传统的合成纤维纺丝技术相比，非织造纺丝成网大多采用气流拉伸工艺，将纺丝、拉伸、成网和加固一步完成。生产流程短，自动化程度高，生产速度高，除一次性投资大外，产品的综合生产成本较低。

**2. 熔融纺丝成网设备及工艺设备**　熔融纺丝成网设备主要包括原料（切片）干燥装置、输送及配料装置、螺杆挤压机、过滤器、计量泵、纺丝箱体及组件、冷却装置、拉伸装置、成网装置和加固装置等。

（1）熔融挤出。熔融纺丝成网的纺丝组件由扩散板、密封圈、过滤层、分配板、耐压板、喷丝板等组成。其作用是将计量泵送来的熔体，经过滤和均匀混合，在一定的压力下从喷丝板的喷丝孔中均匀地喷成细流，再经吹风冷却而形成连续长丝。喷丝板是纺丝的核心部件，用来使高聚物变成连续的特定截面形状的细流，经吹风冷却或凝固浴的固化而形成长丝。纺丝成网工艺用喷丝板的形式主要有圆形板和矩形板两大类。喷丝板材质必须能耐热、抗氧化、耐腐蚀，并具有一定的强度等，常用的有1Cr18Ni9Ti奥氏体不锈钢或合金钢材料。

（2）拉伸。拉伸是纺丝成网过程中必不可少的重要工序，它不仅是提高纤维物理力学性能的必要手段，而且拉伸时要求对丝条进行冷却，防止丝条之间粘连、缠结，减少并丝，以保证成网质量稳定。在拉伸过程中，大分子或聚集态结构单元发生舒展并沿纤维轴取向排列（高聚物取向结构是指在某种外力作用下，分子链或其他结构单元沿着外力作用方向择优排列的结构）。在取向的同时，通常伴随着相态的变化、结晶度的提高以及其他结构特征的变化。

值得指出的是，纺丝成网的纤维拉伸过程不同于对传统化学纤维的拉伸作用。纺丝成网对纤维的拉伸和成网、加固工序是连续进行的，即熔融纺丝成网非织造是采用聚合物熔融纺丝、气流拉伸、成网、加固等的一次成型技术。熔融纺丝过程与合成纤维纺丝过程基本相同，但拉伸工艺却显著不同。合成纤维纺丝工艺采用机械拉伸的方式，通过拉伸辊之间的速度差使纤维实现拉伸，并且是在加热状态下进行；这种拉伸方式易于控制纤维，拉伸程度也易于保证。而熔融纺丝成网工艺通常是采用气流拉伸方式，且在常温环境下对丝条进行拉伸。喷丝孔挤出的聚合物细流，经冷却后由高速拉伸气流进行较为充分的拉伸，然后经分丝铺设成网。纺丝成网生产过程中极易受到冷却条件、拉伸风速及气流稳定性等因素的影响，拉伸效果的控制较为复杂且困难。

（3）分丝。纺丝成网工艺中，经拉伸后形成的长丝在极短时间内铺设成网，其长丝的运动速度达到千米级。纤维束中纤维相互粘连，并丝倾向严重，大多纺丝成网工艺采用高速气流作为工作介质，但想很好地控制气流存在很大难度。这一点与传统化纤纺丝工艺有本质的区别。目前在非织造技术中，分丝主要采用气流分丝、静电分丝和机械分丝。实际使用中，用提高长丝的分丝度，即长丝相互分开的程度，来提高成网的均匀度。对传统的分丝装置，工程技术人员做了大量改进，包括对分丝技术的组合应用，如气流分丝与静电分丝相结合，以提高纺丝成网的质量等。

（4）吸网。吸网工艺的主要目的是将高速下落的长丝均匀吸附在成网帘上，也称为成网。由向前运动的成网帘将纤网传送到下一加固工序，通过热轧、针刺或化学加固等方法制成非织造材料。图5-1为典型成网装置结构图。

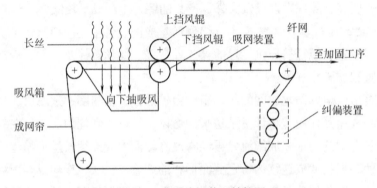

图5-1　典型成网装置结构图

**（三）熔喷纺丝成网**

熔喷纺丝成网（又称熔喷法），与熔融纺丝成网不同，熔喷法是将螺杆挤出机挤出的高聚物熔体通过用高温高速气流喷吹或通过其他手段（例如，离心力、静电力），使熔体细流受到极度拉伸而形成极细的短纤维，然后聚集到成网辊筒或成网帘上形成纤网，最后经自黏合作用得以加固而制成熔喷法非织造材料。

熔喷法的研制开发始于 20 世纪 50 年代初期，美国海军研究所最早开始研究气流喷射纺丝法，纺出了极细的纤维，其直径在 5μm 以下，并制得由这种超细纤维构成的非织造材料。直到 70 年代后期，美国的埃克森公司才将这一技术转为民用，使得熔喷法得到很大发展，成为聚合物直接成网非织造材料中的第二大生产方法。从 80 年代开始，熔喷非织造材料在全球增长迅速，保持了 10%～12% 的年增长率。熔喷非织造材料在过滤、阻菌、吸附、保暖、防水方面性能优异，是其他非织造材料无法比拟的。为克服熔喷非织造材料力学性能差的缺点，开发了熔喷非织造材料与纺丝成网非织造材料的叠层复合材料，即 SMS 复合材料，大量应用于卫生巾和尿布面料、防护服、手术服、口罩、过滤材料以及保暖材料等。

**1. 熔喷工艺**　熔喷工艺原理是将聚合物熔体从模头喷丝孔中挤出，形成熔体细流，加热的空气从模头喷丝孔两侧风道（亦称气缝）中高速吹出，对聚合物熔体细流进行拉伸。冷却空气在模头下方一定位置从两侧补入，使纤维冷却结晶。另外，在冷却空气装置下方也可设置喷雾装置，进一步对纤维进行快速冷却。在接收装置的成网帘下方设置真空抽吸装置，使经过高速气流拉伸成形的超细纤维均匀地收集在接收装置的成网帘或辊筒（接收装置）上，依靠自身黏合或其他加固方法成为熔喷非织造材料。图 5-2 为熔喷工艺示意图。

**2. 熔喷设备**　熔喷生产线的设备主要有上料机、螺杆挤出机、过滤装置、计量泵、熔喷模头组合件、空压机（或风机）、空气加热器、接收装置、卷绕装置。生产聚酯及聚酰胺等熔喷非织造材料时，还需要切片干燥装置、预结晶装置、保温装置。生产辅助设备主要有喷丝头清洁炉等。

**（四）静电纺丝成网**

20 世纪 90 年代后，随着纳米材料和纳米技术研究的兴起，静电纺丝逐渐引起人们的重视，迄今已经有几十种聚合物可以通过静电纺丝加工形成纳米纤维材料，包括天然高聚物和合成高聚物。静电纺丝所得到的纤维直径一般在几十纳米到 1 微米，纤维直径小，比表面积大，导致其表面能和活性增大，在过滤、防护、组织工程、复合材料等

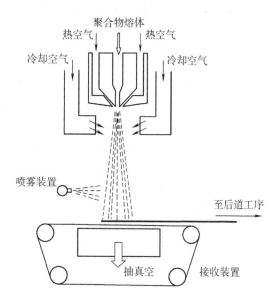

图 5-2　熔喷工艺示意图

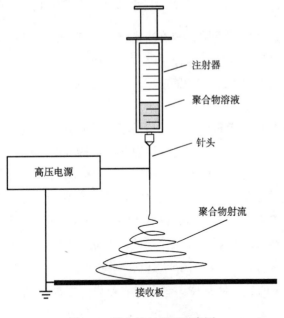

注射器

聚合物溶液

针头

高压电源

聚合物射流

接收板

图 5-3　静电纺丝原理示意图

领域有巨大的应用价值。

常见的静电纺丝装置示意如图 5-3 所示，将聚合物溶液或熔体注入毛细喷丝头中，在纺丝液中接上高压电源，使其与接收器之间形成高压电场。在高压静电场所产生的电场力作用下，使带电荷的聚合物液滴克服自身的表面张力和黏弹性力形成聚合物射流，在电场中进一步加速，直径减小，伴随着溶剂挥发或熔体冷却固化，射流最终落在接收器上形成直径在几十纳米到几微米的纤维。

## 二、纤网的加固方法

纤网形成后，通过相关的工艺方法对纤网所持松散纤维的加固称为纤网加固，它赋予纤网一定的物理力学性能和外观。纤网的加固方法主要有针刺法、水刺法、热黏合法、化学黏合法和编缝法。

### （一）针刺法

针刺法利用三角截面（或其他截面）棱边带倒钩的刺针对纤网进行反复穿刺。倒钩穿过纤网时，将纤网表面和局部里层纤维强迫刺入纤网内部。由于纤维之间的摩擦作用，原来蓬松的纤网被压缩。刺针退出纤网时，刺入的纤维束脱离倒钩而留在纤网中，这样，许多纤维束纠缠住纤网使其不能再回复原来的蓬松状态。经过多次针刺，相当多的纤维束被刺入纤网，使纤网中纤维互相缠结，从而形成具有一定强力和厚度的针刺法非织造材料。

**1. 针刺机主要机构**　针刺过程是由专门设计的针刺机来完成的。针刺机的种类繁多，型号各异，但基本的组成部分是一致的。主要由送网机构、针刺机构（图 5-4）、牵拉机构三大机构组成，另外还有机架、传动机构、辅助机构等。

**2. 刺针**　刺针是针刺机最重要的器材，它的型号、规格、布针方式及在加工过程中的针刺深度对产品的结构、质量和性能都有很大影响。刺针在纤网层上下往复高速穿刺，频率通常在 600 ~ 2000 次 /min，这就要求针体的刚性、韧性、弹性、耐磨性都要好。这样刺针在穿刺纤网时，才能承受巨大的负荷，不易折断，而且有较长的使用寿命。从针刺工艺的角度要求，刺针还应具有较好的平直度，表面光洁，钩刺平滑，无毛刺，几何尺寸精确，针尖形状一致。

刺针由带有弯头的针柄、针腰、针叶和针尖组成，它由优质钢丝经成型模具直接冲压而成。目前世界上各种类型、规格的刺针有 1500 种左右，常见的几种结构如图 5-5 所示。

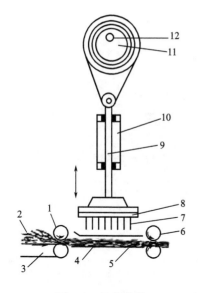

图 5-4　针刺机构

1—压网罗拉　2—纤网　3—输网帘　4—剥网板
5—托网板　6—牵拉辊　7—刺针　8—针板
9—连杆　10—滑动轴套　11—偏心轮　12—主轴

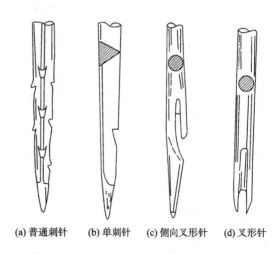

(a) 普通刺针　　(b) 单刺针　　(c) 侧向叉形针　　(d) 叉形针

图 5-5　常见刺针

## （二）水刺法

水刺法加固纤网原理与针刺法工艺相似，但不用刺针，而是采用高压产生的多股微细水射流喷射纤网。水射流穿过纤网后，受托持网帘的反弹，再次穿插纤网；由此，纤网中纤维在不同方向高速水射流穿插的水力作用下，产生位移、穿插、缠结和抱合，从而使纤网得到加固。水刺法纤网加固工艺中，纤网需按工艺要求合理控制水的喷射能量，即纤网的水刺次数、水压强、水流量、喷水孔径、喷水孔排列密度、水刺距离、纤网运行速度等工艺参数，以保证非织造材料的力学性能、外观质量和风格。

水刺加固机简称水刺机，主要由预湿器（如图 5-6 所示预湿装置）、水刺头、输网帘（托网帘）或转鼓、真空脱水箱、水气分离器等组成。水刺机类型可分为平网式水刺加固机、转鼓式水刺加固机和转鼓与平网相结合的水刺加固机几种形式。

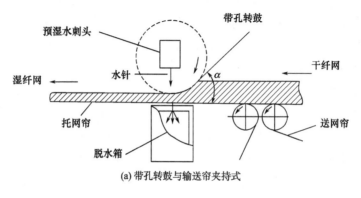

(a) 带孔转鼓与输送帘夹持式

图 5-6

75

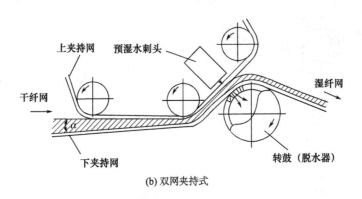

（b）双网夹持式

图5-6 预湿装置

### （三）热黏合法

高分子材料大都具有热塑性，即加热到一定温度后会软化、熔融，变成具有一定流动性的黏流体，冷却后又重新固化成为固体材料。利用高分子材料的这种热塑性，给聚合物纤维材料施加一定热量，而使聚合物纤维材料部分软化、熔融，再冷却后固化，使纤维相互黏结在一起，这就是非织造材料的热黏合加固方法。热黏合法按其形式又分为热轧黏合、热熔黏合和超声波黏合。热轧黏合按照热轧辊的加热方式可分为电加热、油加热和电磁感应加热黏合工艺。热熔黏合按照热风穿透形式可分为热风穿透式黏合和热风喷射式黏合工艺。

热轧黏合是指利用一对加热钢辊对纤网进行加热，同时钢辊对纤网施加一定的压力使纤维得到黏合。热熔黏合是指利用烘箱加热纤网同时在一定的风压调节下使之得到熔融黏合加固。热轧黏合适用于薄型和中厚型产品，干法成网的产品面密度一般在15～100g/m²，热熔黏合适合于生产薄型、厚型及蓬松型产品，产品干法成网面密度为15～1000g/m²，两者产品的黏合结构和风格存在较大的差异。

超声波黏合是一种新型的热黏合工艺技术，其将电能通过专用装置转换为高频机械振动，然后传送到纤网上，导致纤网中纤维内部的分子运动加剧而产生热能，使纤维产生软化熔融、流动和固化，从而使纤网得到黏合。超声波黏合工艺特别适用于蓬松、柔软的非织造产品的后道复合加工，用于装饰、保暖材料等，可替代绗缝工艺。

热黏合法非织造工艺具有生产速度快、产品不含化学黏合剂、低能耗等特点，其产品广泛用于医疗卫生、服装衬布、绝缘材料、服用保暖材料、家具填充材料、过滤材料、隔音材料、减震材料等。

### （四）化学黏合法

化学黏合法是利用化学黏合剂的黏合作用使纤维间互相黏结，使纤网得到加固的一种方法。按施加黏合剂的方法，可分为浸渍法、喷洒法、泡沫浸渍法、印花法。使用时，以黏合剂乳液或溶液作黏结材料，施于纤网上，然后将纤网进行热处理，就达到了纤网黏合加固的作用。也可采用化学溶剂或其他化学材料，使纤网中纤维表面部分溶解或膨润，产生黏合作用，达到固结纤网的目的。化学黏合法是发展最早的非织造材料固结方法之一，它具有工艺简便、设备简单、成本低、易操作等特点，被广泛应用。其主要用于干法梳理成网、气流成网和湿法成网非织造材料的加工，在聚合物挤压成网中也有部分应用，还可与其他加固方法组合使用，如将针刺、水刺后的产品再进行化学黏合，另外还可将其作为非织造材料的后整理手段。由于某些化学黏合剂有不利于人体健康及环境保护，使这一方法的应用受到限制，但随着无毒性、无副作用"绿色"化学黏合剂的出现，化学黏合法仍将是非织造材料的重要加固方法。

### （五）缝编法

缝编法非织造材料起源于德国，其主要方法就是使用纱线对纤维网进行经向编织、加固，使之成为一种类似机织物或针织物的非织造材料。由于具有经纱，且经纱的排列、材料和线密度可以根据产品的不同要求而改变，因此，大大提高了非织造材料的强度，也扩大了其应用范围。再配合适当的后整理技术，就既能替代机织物、针织物，又具有其他非织造材料的应用性能。

生产缝编法非织造布的代表机型为德国的马利瓦。其生产线主要包括自动喂毛机、开松机、非织造梳理机、交叉铺网机、缝编机、容布机、分切卷绕机以及后整理印花机、烘干机等设备。其工艺路线主要包括混合、开松、梳理、交叉铺网和缝编。随着工艺的发展，如今缝编技术已经与针刺水刺相结合，制备复合工艺的非织造材料。而马利弗里斯缝编机则完全不需要经纱的辅助，直接通过织针在纤网上勾取纤维束形成线圈结构进行加固。

缝编法非织造材料广泛应用于服用、家用和产业用等领域，服用、家用主要包括服装、毛毯、窗帘、地毯、毛巾等；产业用主要包括土工材料、人造革基材、农用材料、汽车内饰材料、过滤材料等。

## 三、非织造材料的后整理

非织造材料的后整理就是将非织造材料与各种涂层剂、整理剂或其他功能性材料，通过化学和物理机械的方法使其牢固结合或改变材料的新功能、外形和物理形态的加工过程。后加工过程中，非织造材料与其他高分子聚合物和功能性物质结合成一体，成为一种新型的非织造复合材料；或以另一种物理形态出现，得以弥补原来材料性能上的缺陷和不足，使材料增加了新的功能，如防水、拒油、抗静电、防辐射等。具体可参见第六章。

# 第三节　三维正交非织造织物加工技术

产业用三维正交非织造织物是 20 世纪为满足航空航天工业对复合材料的特殊需要而发展起来的。最初，美国的 GeneralElectric 和 AVCO 航空航天公司使用，后来，美国纤维材料股份有限公司进一步研究开发了三维正交非织造织物的加工工艺。

三维正交非织造织物的加工方法是：沿纵向放置好一个系统的纱线（或间隔棒，用

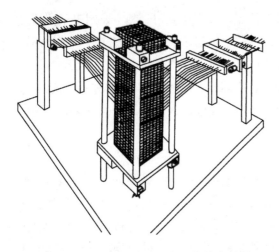

图 5-7　三维正交非织造织物的代换成型法

完后，间隔棒需抽回并以该系统的纱线取而代之，这种方法称代换法），两个相互垂直的平面系统的纱线交替插入纵向系统纱线内部。图 5-7 为最原始的三维正交非织造织物的代换成型法，图 5-8 为三维正交非织造物的直接成型法。

在平面纱线放置之前，恰当地安排纵向纱线，可生产出各种形状和密度的三维正交非织造材料。例如，若纵向纱线上端成集束状，则可织制成锥形三维非织造材料。图 5-9 是几种三维正交非织造材料的几何形状，其中图 5-9（a）呈矩形；图 5-9（b）呈圆锥形，在各个方向上的纱线均为单束纱；图 5-9（c）则表明在各个方向的纱线均为多束纱的矩形构件。

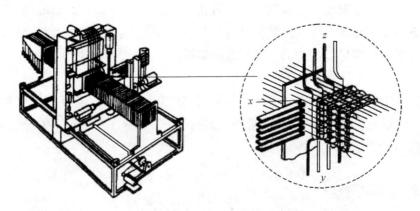

图 5-8　三维正交非织造物的直接成型法

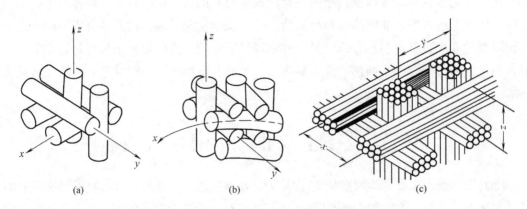

(a)　　　　　　　　　(b)　　　　　　　　　(c)

图 5-9　几种三维正交非织造材料的几何形状

# 第四节　产业用非织造材料的应用

早期的产业用纤维制品因受到纤维原料和加工方法的限制，几乎都是将天然纤维的织物直接作为产业用材料，但常规纤维的织物的功能和性能有很大的局限性。而非织造材料具有生产优势、成本优势以及独特的产品结构和特点，尤其是它的结构和特性更适合用于产业用纤维制品。非织造材料有多种工艺，如梳理成网的化学黏合法、热黏合法、针刺法、水刺法等；纺丝直接成网的纺粘法、熔喷法等。通过不同纤维与高功能纤维的采用或混合、不同工艺的组合以及复合等深加工，可以开发出品种繁多、性能各异的产业用纤维制品。非织造材料已成为产业用纤维制品的重要组成部分，在产业领域具有广泛的应用市场，发展潜力极大。

目前产业用非织造材料主要应用于以下领域。

**1. 土工非织造材料**　非织造材料在土工布中占有重要的地位，主要有干法成网再针刺加固的非织造土工布和纺丝成网经针刺或热轧加固的非织造土工布。一些复合土工材料也大量使用非织造材料，如与膨润土经针刺复合制成的膨润土防水垫，与聚乙烯薄膜经加热黏合制成的复合土工膜，与机织布、编织布复合制成的土工织物等。

**2. 建筑用非织造材料**　以非织造材料为基材，在这类基材上用沥青、合成高分子薄片或橡胶树脂进行浸渍，涂覆加工处理，制成防水材料或膜结构材料用于建筑工程中。主要产品有油毡基材、屋面防水涂层基材、墙壁的防水透气材料、隔热保温材料、地面铺覆材料、地基稳定材料、帐篷材料、遮阳篷和雨篷材料等。这类涂层材料的特点是施工方便、耐水性好、质量轻，通常只有水泥、砖瓦、钢材外壳材料的1/30。

**3. 农业用非织造材料**　农业用非织造材料包括丰收布，用于庄稼的防冻、防霜等，要求强度高、透气好、可重复使用、耐日晒。还有秸秆纤维草皮培育基质，采用农作物的副产品经粉碎形成非正规形态纤维，然后混入少量常规纤维，经气流成网、针刺加固形成秸秆纤维毡。加入种子肥料后，通过肥水管理可形成无土草皮。加之秸秆材料会逐步降解，有益于改善土壤且不会引起污染。这类草皮对于荒漠化治理有良好的应用价值。

**4. 工业用非织造材料**　如过滤材料、绝缘材料、造纸毛毯及汽车、飞机用布等。非织造过滤材料通常用固相/气相分离、固/液相分离和液/液相分离。非织造过滤材料中纤维呈三维随机排列结构，能够提高过滤效率、提高载体相的流动速度、加快过滤过程。绝缘非织造主要用于电动机、发电机、变压器等设备的高新技术材料，除要求较高绝缘性能外，还要具有耐高温和阻燃性，因此，大多采用芳纶生产。造纸毛毯在造纸过程中起着传递湿纸页、保持纸面平整等作用，一般选择耐磨的纤维如聚酰胺和聚氨酯，在经纱层上通过环式针刺复合而成。

**5. 医疗卫生用非织造材料**　目前，医疗用纤维材料及制品在医疗领域的地位越来越突出，非织造材料在生物学、医学纺织品中发挥着重要的作用。这类产品的医用效果好，价格合理，受到医疗保健及护理行业的青睐。主要产品包括手术服、防护服类，用以防护专业人员不受血液或其他传染性液体和颗粒的污染，防止交叉感染。口罩、面罩类口鼻防护用品，用以隔离各类 PM10、PM2.5 颗粒和有菌物质。医用敷料类用以防止感染、吸收伤口渗出液、加速创面修复、方便给药等，敷料产品的开发逐渐从传统敷料装箱复合型、生物型、负载药物或生物活性成分等功能性敷料，非织造敷料的增长速度在所有敷料种类中位列第一。民用卫生材料类包括尿片、卫生巾包覆用材料、揩布、湿巾等，这一类材料用量最大。还有近些年随组织工程兴起的人造皮肤、组织工程支架类非织造材料。

**6. 日常用非织造材料**　非织造材料已经应用于居家生活的方方面面，日常用布可分为家用装饰非织造材料和服装用非织造材料，包括地毯及地毯底布、贴墙布、窗帘与帷幕、台布、家具包覆布、黏合衬基材、保暖絮片、防护服等。

**7. 汽车用非织造材料**　目前，非织造材料已应用于汽车的 40 多个部件中，主要包括两大部分，即动力总成部分和内饰。非织造材料具有成本低、适应性强、隔音、保暖等特点，若加入一定比例的阻燃和抗静电纤维还可以获得阻燃和抗静电的效果。应用产品包括汽车座椅套、遮阳板、车门软衬垫、车顶衬垫、隔音和隔热材料、空气过滤材料和机油燃油过滤材料、车内地毯、沙发软垫等材料。一般来说，汽车用非织造布的开发主要围绕舒适性、安全性和环保性而展开。随着低碳经济和绿色环保理念在全球的盛行，可回收材料加工的非织造布迎来了新的发展机遇。

**8. 军用非织造材料**　为了应对战场环境以及士兵和军用设备的防护，军用非织造材料涉及抗菌防毒服装、水处理与淡化装置、特种作战服、生化防护服、防毒面具、军事遮挡与防护材料，还包括透气防毒服装、防核辐射服装、宇航服内层夹布及战争急救室用品等。非织造复合材料也被用于制造防弹材料。

**9. 复合材料的骨架材料**　柔性非织造结构复合材料多采用对非织造结构增强基材进行涂层或浸渍的方法制成；刚性非织造结构复合材料由非织造结构骨架与树脂复合而成。形形色色的非织造基复合材料已经广泛应用于航空航天、土木水利工程、汽车内饰、建筑设施等多个领域。

**10. 其他材料**　由于非织造加工工艺的多样性及各工艺按照非织造材料不同的应用目标可按需设计，因此产生了无限可能的产业用非织造产品，其应用已几乎渗透到各产业领域。

# 第五节　非织造材料应用实例

### 实例1：非织造材料用作土工布

土工布可以应用于筑路、堤坝、水坝、铁路路基、桥梁修理、排水系统、海岸防护、房屋地基、仓储等方面。与机织物和针织物相比，非织造材料土工布有以下优点。

（1）工艺流程简单，生产速度高，成本低。一般非织造材料的生产速度比机织物高 2.5 ~ 100 倍。

（2）阔幅。一般非织造材料的幅宽为 2 ~ 5m，最宽可达 20m。这在土工布使用时有很大优势，不仅便于施工，容易保证施工质量，还可以减少搭头，节省材料。

（3）孔隙范围可调。非织造材料的孔隙可以根据需要做得很大或很小，而机织物的孔隙一般要大得多。

（4）蓬松性和透水性好。加工非织造土工布所用的原料一般为丙纶、涤纶或锦纶等，在加工方法上，有纺粘—热轧法、纺粘—针刺法、短纤维针刺法等。另外，可将非织造材料与机织物、针织物或薄膜复合制成复合土工布或复合土工布膜，具有更好的综合性能。

土工布广泛应用于各种岩土工程和水利工程，起加固、分离、过滤及排水等作用。我国非织造材料在土工布中的应用比例在 40% 左右，而美国达 80% 左右。图 5-10 为非织造土工布在加固路基中的应用实例。

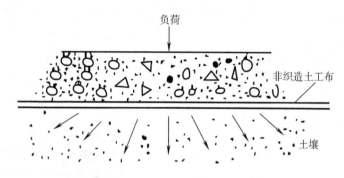

图 5-10　非织造土工布在加固路基中的应用

### 实例 2：非织造材料用作医用卫生类材料

医用卫生类非织造材料主要是一些薄型产品，属于用即弃类产品，如妇女卫生巾、医疗包扎用非织造材料、绷带、手术衣帽、医用口罩、卫生短裤、小孩尿布、老年人失禁尿垫等。发达国家的非织造材料在医疗卫生用纺织品中的占有率已达 70% ~ 90%。其中卫生巾、尿布、失禁尿垫用即弃类材料相对具有较高的技术含量，它用来吸收排泄物，以保持皮肤、衣服和被褥的干燥与清洁。卫生巾、尿布以及失禁尿垫的基本结构差不多。一般面层为非织造材料，中间为吸水层，可用浆绒或高吸水树脂材料；外层为防渗聚乙烯薄膜，如图 5-11 所示。卫生巾多为蝶形或条形；尿布则多为短裤，因此也称尿裤，失禁尿

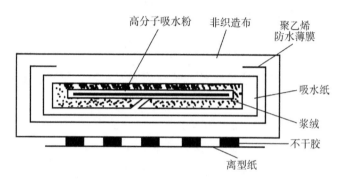

图 5-11　卫生巾的结构示意图

垫多为长方形。这些用品的加工，已有连续的自动化生产线。所用非织造材料的加工方法大多为热轧法和水刺法，原料主要有黏胶纤维、脱脂棉、涤纶等。

**实例 3：非织造材料用作复合材料骨架**

纤维增强复合材料中，90% 以上是玻璃纤维增强复合材料。玻璃纤维短切非织造毡（简称玻璃纤维短切毡）可采用干法梳理成网或气流成网法形成纤网，随后采用针刺或化学黏合加固成非织造毡。玻璃纤维短切毡可以应用于手糊成型、缠绕、树脂传递模塑、树脂膜渗透或其他辅助树脂传递模塑成型复合材料的生产。玻璃纤维长丝非织造毡是利用玻璃纤维原丝杂乱成网、针刺或黏合加固成非织造毡。这两类玻璃纤维非织造毡大量应用于航空航天、化工防腐、汽车、船艇、军工、建材、电器等领域。如汽车的复合材料部件中，轿车前脸外车厢板、卡车外部板、底板、挡泥板、内饰车顶棚、门及内饰骨架、仪表板、座椅骨架等都是模压复合材料。将两层玻璃纤维非织造布与三层热塑性树脂膜叠合在一起，加热加压并使树脂熔融透过截面，充分渗透到玻璃纤维毡中，冷却后即获得玻璃纤维非织造毡增强热塑性复合材料，如图 5-12 所示。

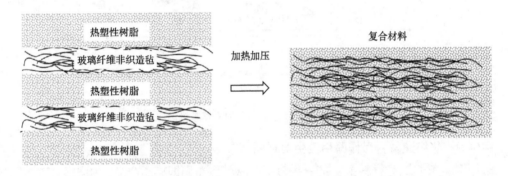

图 5-12　玻璃纤维非织造增强复合材料结构示意图

## 思考题

1．简述非织造材料的定义、分类与特点。

2．简述干法成网的原理和工序。

3．简述非织造材料的生产工艺流程。

4．梳理的原理与目的是什么？

5．试列出纺丝成网工艺中熔融纺丝、拉伸的基本原理，简述主要的拉伸方法，并比较它们的特点。

6．分析比较纺丝成网和熔喷工艺过程与产品特点的差别。

7．简述针刺法与水刺法加固的原理和异同点。

8．试从工艺原理、产品结构、性能角度，论述热轧与热熔工艺的异同。

9．试阐述三维正交非织造织物的加工方法。

10．试阐述非织造材料在产业领域的应用。

11．非织造材料在产业用领域有哪些优势和发展前景？

12．如果给出一应用目标，如何设计和开发这一非织造产品？

# 参考文献

［1］沈志明．非织造材料在产业领域的发展前景广阔［J］．非织造材料，2003，11（2）：38．

［2］郭合信．"十一五"期间中国纺黏法非织造材料发展展望［J］．非织造材料，2006，14（2）：35．

［3］李晓静，王艳芳，姜秀溪．浅谈我国非织造材料行业的发展现状及存在的问题［J］．非织造材料，2007，15（1）：34．

［4］罗以喜．浙江绍兴地区非织造材料产业的发展现状与前景［J］．非织造材料，2005，13（1）：67．

［5］季国标，朱宁．中国产业用纺织品的发展趋势［J］．西安工程科技学院报，2003（6）：9599．

［6］徐朴．中国产业用纺织品和非织造材料工业（上）［J］．非织造材料，2004（5）：1012．

［7］查明．中国产业用纺织品现状［J］．国外丝绸，2004（1）：3539．

［8］马建伟，陈韶娟．非织造材料技术概论［M］．北京：中国纺织出版社，2003．

［9］柯勤飞，靳向煜．非织造学［M］．上海：东华大学出版社，2004．

［10］王延熹．非织造材料生产技术［M］．北京：纺织工业出版社，1986．

［11］向阳．非织造结构复合材料及其应用［J］．产业用纺织品，2006（5）：1-9．

# 第六章　产业用纤维制品后加工技术

传统纤维制品以服用和家纺为主，注重舒适、美观；而产业用纤维制品主要用于工业等各产业领域，其各项规格指标及功能都较服用、装饰用严格，更注重其功能，以达到工业及其他行业用的特殊要求。

通常传统纺织工艺（纺纱、织造、染整以及非织造工艺）所提供的纤维制品，无论是纱线、机织物、针织物、编织物还是非织造物，除一部分纤维制品能够直接在产业中使用外，其他大部分都需要经过一定的后处理或加工后才能获得产业领城中所需要的使用性能与功能。因此，后加工技术对于产业用纤维制品具有非常重要的意义。

产业用纤维制品最常用的后加工技术包括涂层技术、层压技术和复合技术。这三种后加工技术在原理、制品结构以及加工原材料、加工工艺等方面既有相通的地方，又有很多不同之处，本章将对产业用纤维制品的后加工技术进行系统介绍。

# 第一节　涂层技术

## 一、涂层的定义

涂层技术是指采用一定的工艺在纤维制品上涂覆一层或多层高分子成膜材料，使其产生不同功能的一种表面加工技术；通过该技术使纤维制品与高分子聚合物进行复合而成制品。该制品兼有原纤维制品与涂覆层材料的特性和功能。纤维制品作为涂层底布（也称基布），起骨架作用，承担着复合制品的抗张强力、撕裂强力等外界作用力，同时可保持产品尺寸稳定；成膜高聚物称为涂层剂，起到保护纤维制品的作用，同时可赋予其特殊的功能和别具风格的外观效果。

目前，涂层织物底布所用的纤维原料品种主要有聚酯纤维、聚酰胺纤维和棉纤维。此外，还有聚丙烯纤维、聚丙烯腈纤维、醋酯纤维、黏胶纤维、复合纤维及玻璃纤维、陶瓷纤维、碳纤维、芳纶等。由于可供选择的涂层剂品种很多，加上涂层工艺的变化，使涂层产品的品种多样，性能、功能各异，在各产业领城的应用十分广泛，如篷盖布、防渗土工布、农用温室膜、遮用棚、膜结构建筑材料、服装用防水透湿织物、各种防护服、柔性灯箱布、汽车内饰织物、安全气囊、雨衣、黏合衬布、橡皮膏、油毡、运输带等纤维制品中，有相当一部分都需要进行不同工艺的涂层整理。

## 二、涂层剂

涂层织物是指向织物的表面涂覆一层或多层高分子化合物的连续薄膜，形成织物和膜的复合物，成膜高分子化合物称作涂层剂（coating agent）。涂层织物不仅具有织物原有的功能，更增添了膜的新功能。有些涂层织物，织物只起骨架作用，提供强度，涂层高分子化合物提供防护等功能，使其具有某些独特的性能，如透湿气、防水、防火、耐化学品腐蚀、阻燃、微波屏蔽、防绒毛脱落等，有时涂层还提供装饰和美观的效果。

由于高分子化学的发展，提供了各种功能的涂层剂。常用的涂层剂有聚氯乙烯、聚偏二氯乙烯、聚乙烯醇、聚乙烯以及它们之间的复配品，有时也可用合成橡胶、聚丙烯酸甲酯等。合成纤维等可供选择的涂层织物的品种非常多，多种涂层技术的开发，为纺织行业制造功能型织物创造了条件，开拓了纺织品和功能性材料的市场。

目前在涂层织物中使用较多的涂层剂主要包括聚氯乙烯、聚氨酯、聚丙烯酯等。

**（一）聚氯乙烯涂层剂**

**1. 结构与性能**　聚氯乙烯（PVC）是一种使用一个氯原子取代聚乙烯中的一个氢原子的高分子材料，其结构式为：

$$\left[\begin{array}{c} CH_2CHCl \end{array}\right]_n$$

聚氯乙烯属于无定形聚合物，但有少量的微晶，这些微晶是薄片晶，长度为 6 ~ 7 个单体单元，它们与聚氯乙烯的性能有重要关系。聚氯乙烯能大量吸收增塑剂而仍然保持一定的强度，是因为这些微晶把分子链结合在一起，起着网络结点的作用，当网络受外力牵扯时，使网线不致相对滑动。聚氯乙烯塑料有很好的蠕变回复性，也是微晶存在的缘故。

聚氯乙烯树脂一般分为普通型和特殊专用型（也称特种聚氯乙烯树脂）。普通型树脂就是悬浮聚合的产品，其约占总产量的90%，主要用于制造人造革、水田靴、工具把手、壁纸、地板卷材等相对低端的产品。与普通型树脂相比，能提供特殊使用性能的树脂统称为特种聚氯乙烯树脂，包括糊状树脂、掺混树脂、氯乙烯—醋酸乙烯共聚树脂等，约占总产量的10%，主要用于浸渍手套、医疗器具、革材表面高张力处理、涂料、高级油墨、汽车底涂、汽车密封胶等。在涂层及层压织物加工中采用的普通型树脂和糊状树脂的基本性能比较见表6-1。

表6-1　普通型树脂与糊状树脂性能比较

| 项目 | 普通型树脂 | 糊状树脂 |
|---|---|---|
| 制造方法 | 悬浮聚合、本体聚合 | 乳液聚合、微悬浮聚合 |
| 平均粒径（μm） | 50 ~ 200 | 5 ~ 20 |
| 颗粒结构特征 | 由 30 ~ 50μm 颗粒相互并合而成 | 由 0.2 ~ 2μm 颗粒相互凝聚而成 |
| 表观密度（g/cm³） | 0.45 ~ 0.60 | 0.25 ~ 0.40 |
| 成本 | 低 | 高 |
| 吸水率 | 低 | 高 |
| 杂质含量 | 低 | 高 |
| 常温下加入增塑剂 | 溶胀，不能形成糊状物 | 能形成糊状物而易于加工 |
| 涂层、层压织物的加工方法 | 压延、挤出 | 涂刮、浸渍 |

总体来说，聚氯乙烯作为综合性能优良的重要涂层剂，其特点为耐酸、耐碱、不易燃

烧、价格低廉、使用寿命长、加工性能好、易染成各种颜色，通过调整配方可以获得多种性能不同的产品，适应不同的需要，成为许多涂层织物的首选。

**2. 常用助剂**　使用聚氯乙烯进行涂层加工时，需要添加多种助剂，有些助剂对工艺性能和产品质量影响很大，甚至是必不可少的，例如，热稳定剂、增塑剂和润滑剂等。

（1）热稳定剂。聚氯乙烯是一种通用塑料，只有在160℃以上才能加工成型，而它在120～130℃时就开始热分解，释放出HCl气体。如果不抑制HCl的产生，分解又会进一步加剧，这一问题曾是困扰PVC塑料的开发与应用的主要难题。

经研究发现，如果PVC塑料中含有少量的如铅盐、金属皂、酚、芳胺等助剂时，既不影响其加工与应用，又能在一定程度上起到延缓其热分解的作用。

因此，广义上来说，凡是能够改善聚合物热稳定性的添加剂都称为热稳定剂。聚氯乙烯稳定剂大多数是一种或多种弱有机酸或无机酸的金属盐，它们能与氯化氢反应转化成相应的金属氯化物，并能取代不稳定的氯原子，以热性能较为稳定的基团置换容易引起降解的氯原子，从而阻止脱氯化氢反应。需注意的是，添加热稳定剂时，不能只考虑聚氯乙烯本身的要求，还必须考虑与其他助剂的配伍问题以及生态环保性，并且涂层织物的用途不同，所采用的稳定剂也不同。

按照热稳定剂的化学组分进行分类，可分为碱式铅盐、金属皂、有机锡、环氧化合物、亚磷酸酯、多元醇等。若按作用大小可将PVC热稳定剂分为主稳定剂和辅助稳定剂。辅助稳定剂本身只有很小的稳定作用或没有热稳定效果，但它和主稳定剂并用具有协同效应；主稳定剂一般是含有金属的热稳定剂；而环氧化合物、亚磷酸酯、多元醇等纯有机化合物一般是作为辅助稳定剂使用。另外，为达到聚氯乙烯的良好稳定性，常常需要同时使用多种PVC热稳定剂。所以，有些PVC稳定剂是由多种成分复配，成为复合稳定剂，如钡镉稳定剂、钡锌稳定剂等，这些复合稳定剂通常已经加入了聚氯乙烯加工所需要的润滑剂等助剂，以方便用户使用。

（2）增塑剂。又称为塑化剂，是一种溶剂。聚氯乙烯大分子是极性大分子，分子链上大量的极性基团使大分子间作用力较强，大分子链运动困难。增塑剂分子进入聚氯乙烯分子链间可降低大分子运动内摩擦阻力，微观上使大分子链之间的相对运动变得容易，宏观上使用增塑后的聚氯乙烯与链段运动有关的性能发生较大的变化，如可增加其可塑性、柔韧性和膨胀性，进而能降低其熔融温度、玻璃化转变温度，还可改善聚氯乙烯的成型加工性能，对成品的力学性能影响很大，是聚氯乙烯用作涂层剂时的重要助剂。常用的增塑剂有邻苯二甲酸二辛酯（DOP）、邻苯二甲酸二异壬酯（DINP）、环氧大豆油和氯化石蜡等。邻苯二甲酸二辛酯增塑剂的成本低，有较好的工作特性，用量最大，但是存在低毒性、易析出、打印时字迹易糊化；邻苯二甲酸二异壬酯稳定性好，但成本相对较高；环氧大豆油增塑剂和聚氯乙烯有很好的相容性，增塑效果好；氯化石蜡增塑剂还具有阻燃作用。

（3）填充剂。又名填料、填加剂、填充物。物料中加入填充剂可以改善物料性能，或能增容、增重，或降低物料成本。通常不含水、中性、不与物料组分起不良作用的有机物、无机物、金属或非金属粉末等均可作为填充剂。PVC涂层中常用的填充剂为碳酸钙

（CaCO₃），可分为普通碳酸钙、沉淀碳酸钙以及活性碳酸钙。

①普通碳酸钙（白垩）：白色晶体或粉末，比重为 2.70 ~ 2.95，粒径在 1.5 ~ 44μm 之间，溶于酸而难溶于水。加热到 825℃分解为氧化钙和二氧化碳。天然产的碳酸钙矿物有石灰石、方解石、白灭、大田石等，将它们磨成粉后叫作普通碳酸钙。

②沉淀碳酸钙：粒径为 1.0 ~ 16μm，比表面积为 5 ~ 25m/g，pH 为 10 左右，不溶于水和醇，遇酸放出二氧化碳，有轻微吸湿性。用二氧化碳通入石灰水或碳酸钠溶液与石灰水发生沉淀作用生成粉状碳酸钙，一般有两种，轻质沉淀碳酸钙：比重 2.50 ~ 2.60；重质沉淀碳酸钙：比重 2.70 ~ 2.80。

③活性碳酸钙：粒子表面吸附一层脂肪酸皂的轻质碳酸钙，无味无嗅的白色粉末，比重 1.99 ~ 2.01，粒径小于 0.1μm，硬脂酸含量 2% ~ 5%，比表面积 25 ~ 28m/g，不溶于水和醇。遇酸分解放出二氧化碳，在空气中放置无化学变化，只有轻微吸湿能力。其活性比普通碳酸钙大，略具有增强作用。

（4）其他助剂。包括润滑剂、发泡剂、发泡促进剂、抗紫外剂、阻燃剂以及着色剂等。可以根据产品需要进行功能性设计，如加入抗紫外剂、阻燃剂等，可赋予 PVC 涂层材料抗紫外和阻燃的功能，其中三氧化二锑（Sb₂O₃）是 PVC 专用的阻燃剂，配伍性好，阻燃效果佳，但是放烟量大。着色剂具有对聚氯乙烯人造革制品的装饰功能，因为着色剂能吸收部分可见光，将其余部分的可见光反射或透射而呈现出不同的颜色，常用的着色剂有钛白粉、铬黄、永固红、酞菁蓝、钛菁绿和炭黑等颜料。

**（二）聚氨酯涂层剂**

聚氨酯（PU）的全名为聚氨基甲酸酯，是由柔性链段（软段）和刚性链段（硬段）反复交变组成的嵌段聚合物。软段由聚醚或聚酯等多元醇组成，硬段由二异氰酸酯组成。常用的二异氰酸酯主要有甲苯二异氰酸酯（TDI）、二苯基甲烷二异氰酸酯（MDI）、1，6-己烷基二异氰酸酯（HDI）、异佛尔酮二异氰酸酯（IPDI）、苯二亚甲基二异氰酸酯（XDI）、4，4′-二环己基甲烷二异氰酸酯（H12MDI）、环己烷二亚甲基二异氰酸酯（H6XDI）等，主链上重复出现氨基甲酸酯基，其结构式为：

$$\left[ \text{O-C-NH-(CH}_2\text{)-NH-C-O-(CH}_2\text{)}_4 \right]_n$$
$$\quad\quad \| \quad\quad\quad\quad\quad\quad\quad \|$$
$$\quad\quad \text{O} \quad\quad\quad\quad\quad\quad\quad \text{O}$$

聚氨酯涂层剂优势在于：涂层柔软并有弹性；涂层强度好，可用于很薄的涂层；涂层多孔，具有透湿和通气性能；耐磨，耐湿，耐干洗，耐低温（-30℃以下）。还具有无毒、不燃、气味小、不污染环境、节约能源、安全、加工方便、成膜透气性好等优点。其不足在于成本较高，耐气候性差，遇水、热、碱要水解。

PU 大分子中含有大量的极性基团，分子间力很强，导致其具有优良成膜性，能够在织物上形成坚韧而耐久的薄膜，拒水性良好，还具有一定透湿性。其原因是：一方面 PU 中的极性基团或亲水基团，如—OH，—NHCOO—，—SO₃H，—COOH 等的"化学阶梯石"作用，使水蒸气分子沿着阶梯从高湿度一侧迁移到低湿度一侧；另一方面 PU 由软段和硬段组成，分别形成结构中的无定形区和结晶区，由于无定形区分子链比较松散，结构不紧密，水分子容易进入，并迁移和扩散，从而达到透湿的目的。

**1. 常用助剂**　采用聚氨酯进行织物涂层加工时，需要视品种与使用目的不同添加不同的助剂，例如，交联剂、防光氧化剂、防水解剂等。

（1）交联剂。能使线型或轻度支链型的大分子转变成三维网状结构，以此提高强度、耐热性、耐磨性、耐溶剂性等性能。使用溶剂型双组分聚氨酯涂层剂时必须添加交联剂，两者混合后才能使涂层剂的分子间产生连接力，结成整体，增加涂层剂对底布和涂层膜的黏合力。

（2）防光氧化剂。聚氨酯涂层织物长期经日光照射，将受紫外线的催化作用引起氧化反应，致使色泽发暗，物理性能下降。为此，对于某纯浅色或色泽鲜艳的聚氨酯涂层织物，必须在涂层剂中添加紫外线吸收剂或其他抗氧剂等防光氧化剂。

（3）防水解剂。聚氨酯涂层剂的低聚物二元醇组分中大多是以聚酯类为原料，聚酯类聚氨酯弹性体的分子中多数基团的耐水解性都较差，在水中或在潮湿空气中很易降解，致使分子链断裂。而添加碳化二亚胺等防水解剂后，当酯链因水解断开而生成羧基时，便和碳化二亚胺发生交联作用，从而保持分子链的完整性。

（4）其他助剂。聚氨酯涂层剂使用的着色剂，是将颜料分散在介质中制成，这里包括颜料本身和连接料、溶剂、分散剂和润湿剂。

**2. 分类**　聚氨酯涂层剂的类型和品种很多，分类方法也有很多种。

（1）按组成分。可分为聚酯系聚氨酯、聚醚系聚氨酯、芳香族异氰酸酯系聚氨酯和脂肪族异氰酸酯系聚氨酯。

（2）按分散介质分。可分为溶剂类和水系类。溶剂型 PU 具有良好的强伸度和耐水性，但毒性大、易燃烧。组分不同，可分为双组分类和单组分类。双组分产品由预聚物和交联剂组成，预聚物是将异氰酸酯与低聚多元醇反应生成的末端为羟基的预聚物；交联剂则是含有多个（三个以上）异氰酸酯基的化合物。溶剂型 PU 涂层胶大多使用 DMF，或甲苯与异丙醇的混合物作为溶剂。为了达到防水透湿的效果，溶剂型涂层整理剂一般采用湿法涂层工艺加工织物。

水系型 PU 根据分子粒子在水中的分散程度不同，又可分为乳液、水分散体、水溶性三种。水性 PU 聚氨酯的粒径很小，水分散性强，所以整理后的织物手感细腻、黏附性好。根据引入亲水基团带电性的不同，水性 PU 又可分为非离子、阴离子、阳离子、两性离子型四种。亲水基团是羧基与磺酸基时，所得到的乳液为阴离子型；亲水基团是叔胺基时，则为阳离子型；亲水基团为水溶性的聚氧化乙烯二醇或采用含氧化乙烯链的亲水性共聚醚时，则为非离子型；两性离子型则为羧基或磺酸基与叔胺基并存。由于亲水基团的不同，不同的水性聚氨酯对织物整理产生不同的效果。总的来说，水系 PU 用于织物涂层整理，量大面广，并有较好的防水性。水系 PU 涂层胶通常用于干法涂层，为提高涂层产品的耐水性、柔软性和耐久性，应进行前、后防水整理。

由于近年来有机溶剂价格高涨及环保部门对有机溶剂的使用和废物排放的严格限制，

使水性聚氨酯取代溶剂型聚氨酯成为必然。

（3）按结构分类。可分为芳香族聚氨酯涂层剂和脂肪族聚氨酯涂层剂。脂肪族聚氨酯涂层剂的最大优点是耐光、不泛黄、熔点较低，适于熔粘的后加工，但强度不如芳香族涂层剂。

（4）按照固化温度的不同分类。可分为常温固化型（自干型）和热固化型（烘烤型）两大类。

**3. 性能**　聚氨酯的特殊结构赋予其涂层制品无可比拟的特性，即独特的柔韧性、耐磨性、低温性、润湿性、粘接性、光泽性以及高内聚力和固化速度。更为可贵的是，它能根据需要，通过分子结构设计而制备出性能各异的产品，甚至可兼具相互矛盾的性能。因此，聚氨酯涂层剂在产业用纤维制品领域的地位十分重要，被广泛应用于工业部门的各个领域，在一些条件特殊和较苛刻的环境下也可以较好地应用。

### （三）聚丙烯酸酯涂层剂

聚丙烯酸酯类纤维制品涂层胶（Polyacrylate，简称 PA）是目前常用的涂层胶之一，一般均由硬组分（如聚丙烯酸甲酯等）和软组分（如聚丙烯酸丁酯等）共聚而成。常用的硬单体主要有（甲基）丙烯酸甲酯、苯乙烯、醋酸乙烯酯等；软单体则有丙烯酸乙酯（EA）、丙烯酸丁酯（BA）、丙烯酸 2-乙基己酯等。其优点是：耐日光和气候牢度好，不易泛黄；透明度和共容性好，有利于生产有色涂层产品；耐洗性好；黏着力强；成本较低。其缺点是：弹性差，易折皱；表面光洁度差；手感难以调节适度。早期的聚丙烯酸酯类涂层胶属于单纯防水型产品，通过几十年的发展，目前的品种不仅具有防水、透湿、阻燃、防风、遮阳等多种功能，而且还有低温节能的特色。

聚丙烯酸酯涂层有溶剂型、乳液型、水溶液型。AC 胶涂层，即水性丙烯酸涂层，是目前最普通最常见的一种涂层，涂后能形成光泽好而耐水的膜，黏合牢固，不易剥落，在室温下柔韧而有弹性，耐候性好，但抗拉强度不高，可做高级装饰涂料。AC 胶涂层有黏合性，可用作压敏性胶黏剂和热敏性胶黏剂。由于它的耐老化性能好，黏结污染小，使用方便，其产量增加较快。在纺织工业方面，AC 胶涂层可用于浆纱、印花和后整理，用它整理过的纺织品挺括美观，手感好；它还可用作非织造布和植绒、植毛产品的黏合剂。AC 胶涂层可用于鞣制皮革，可增加皮革的光泽、防水性和弹性。还有亚克力、小马胶，即溶剂性丙烯酸涂层，适宜做耐水压涂层，价格较 AC 略高。

聚丙烯酸酯是由丙烯酸酯类、甲基丙烯酸酯类以及其他不饱和的单体共聚而成的聚合物，其结构式为：

$$\left[\!\!\begin{array}{c} X_1 \\ | \\ CH_2{-}C \\ | \\ X_2 \end{array}\!\!\right]_n$$

式中：$X_1$ 代表 H 或 $CH_3$ 等，$X_2$ 代表 $COOCH_2$、$COOC_2H_5$、$CONH_2$、CN 和 COOH 等。聚丙烯酸酯类涂层胶，主要单体有丙烯酸、丙烯酸甲酯、丙烯酸乙酯、丙烯酸丁酯等。为了提高其防水性能，必要时可加入丙烯酰胺和丙烯腈，聚合引发剂一般用过氧化物（如过硫酸钾等）；亦可以在其分子链上镶嵌各种官能团，以调节涂层剂的性能，对合成纤维也能产生较好的黏结力，在酸性、碱性介质中水解很慢，所以其耐水解性能好，但成膜强力不如聚氨酯。由于丙烯酸聚合物颜色很浅，在光照下可长时间保持涂层成膜的透明度，适于装饰材料的涂层。但由于它含有较多的亲水基团，因此这种涂层不耐雨水冲洗和湿洗。

使用聚丙烯酸酯涂层剂时，需要添加以下助剂。

（1）增稠剂。增稠剂实质上是一种流变助剂，遇到低价碱时发生中和反应，使共聚大分子主链伸展，体积膨胀，成为高黏度的稠体，防止填料沉淀，赋予良好的力学稳定性，控制施工过程的流变性（施胶时不流挂、不滴淌、不飞液），还能起降低成本的作用。

（2）交联剂。当使用水溶性涂层剂时，可以不加增稠剂，但由于它含有的亲水基团多，涂层后不耐水洗，必须添加交联剂，可用自交联单体把亲水基团封闭起来，或外加有机硅等防水剂进行处理。

**（四）其他涂层剂**

**1. 橡胶乳液涂层剂**　橡胶用作涂层剂时一般以乳液的形式使用，有天然橡胶乳液和合成橡胶乳液两种。天然橡胶是早期使用的主要织物涂层剂，其优点是有良好的弹性和抗张强度、强力和流动性较好，加入填充料（如炭黑）后撕裂强力和耐摩擦性有所提高，缺点是易氧化，结构中含有的蛋白质容易引起生物降解，影响了它的耐气候性，因此已很少采用。

可供涂层使用的合成橡胶种类很多，如氯丁橡胶（聚氯丁二烯）、丁苯橡胶（丁二烯和苯乙烯共聚物）、丁腈橡胶（丙烯腈和丁二烯共聚物）和改性氯丁橡胶（氯丁二烯和苯乙烯共聚物、氯丁二烯、丁二烯、丙烯腈共聚物）等。其中，氯丁橡胶用得比较多，它具有良好的物理性能，能耐很多化学药品，并有良好的耐气候性，因此用量较大，应用范围较广，如陆军防水衣、汽车安全气囊、民用防寒服装等使用的涂层织物。合成橡胶涂层的缺点是在焙烘时有泛黄现象，生产中一般用作背涂的涂层剂。

**2. 有机硅涂层剂**　有机硅涂层剂是聚有机硅氧烷涂层剂的简称，其主链由硅氧原子交替构成，侧链通过硅原子与有机基团相连，结构如下：

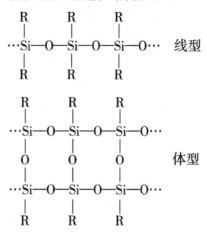

用作织物涂层剂的有机硅是线型的聚有机硅氧烷，相对分子质量很大，一般在40万~80万，它表现出较强的弹性，故被称为有机硅弹性体，也称硅橡胶。有机硅材料具有耐高低温、耐候、生理惰性、界面张力低、Si—O—Si键角大（143°）、Si—O键长长（0.193nm）、分子链柔顺等独特性能，以此为基料的有机硅涂层剂能赋予织物很强的撕裂强度，突出的透水汽性，优异的柔韧性和耐紫外线等性能。有机硅涂层成膜后具有透湿性，能让水蒸气通过，这是通常的涂层剂难以实现的；还有优良的耐气候性，且耐紫外光照射；表面张力低，有拒水性；表面摩擦系数低，手感滑溜，能做防滑涂层剂。被广泛用于雨衣、雨伞、篷布、航海服、婴儿裤、热气球、滑雪衫、防护服甚至汽车安全气囊等的纤维制品涂层整理，一直受到人们的关注。

有机硅涂层剂主要的缺点是价格高而且强度低，在常温下，它的强度只有芳香族聚氨酯的10%~20%。一般不将它单独用作涂层剂，而是将它与其他涂层剂混配，作为涂层剂的添加剂使用。因此，采用不同的聚硅氧烷弹性体和不同的催化剂能使涂层纺织品具有不同的性能和风格。将有机硅弹性体与其他涂层高聚物混合使用，可改善其他涂层胶的手感、透气性和耐磨损等性能；选用聚硅氧烷系涂层剂和聚氨酯涂层剂按一定的比例混合后涂布于织物上，得到令人满意的防水、透湿效果；如有机硅精细涂层整理剂CT-500L，CT-500E，即可以单独使用，也可以和聚氨酯、聚丙烯酸酯、聚醋酸乙烯等混配使用，能赋予织物良好的拒水性，同时改善织物的柔软滑爽手感，增强织物的撕裂强度和抗皱性能。

**3. 含氟涂层剂**  聚四氟乙烯（poly tetra fluoroethylene，简写为PTFE，商品名称：Teflon，特氟纶）涂层剂一般称作"不粘涂层"或"易清洁物料"，是集防水、拒油、防污三种功能于一体的涂层材料。耐热性、耐氧化性、耐气候性好，不霉变，自润滑性能优异，表面光滑，无黏结现象，是一种理想的涂层剂。但由于聚四氟乙烯熔融温度很高，加工困难，价格十分昂贵，限制了它的使用。在民用领域，聚四氟乙烯涂层玻璃纤维织物膜材是目前建筑薄膜材料中综合性能最优的膜材，优点是抗拉强度很高，抗化学侵蚀性能好，耐温性好，抗老化，自洁性能好，使用寿命长，适用于大型体育场篷顶等永久性建筑物。

聚偏氟乙烯［poly（vinylidene fluoride），简称PVDF］主要是指偏氟乙烯均聚物或者偏氟乙烯与其他少量含氟乙烯基单体的共聚物，它兼具氟树脂和通用树脂的特性，除具有良好的耐化学腐蚀性、耐高温性、耐氧化性、耐候性、耐射线辐射性能外，还具有压电性、介电性、热电性等特殊性能。

乙烯—四氟乙烯共聚物（ethylene-tetra-fluoro-ethylene，简称ETFE）是由四氟乙烯（$CF_2=CF_2$）与乙烯（$CH_2=CH_2$）发生聚合反应得到的高分子材料；是最强韧的氟塑料，它在保持了PTFE良好的耐热、耐化学性能和电绝缘性能的同时，耐辐射和机械性能有很大程度的改善，拉伸强度可达到50MPa，接近聚四氟乙烯的2倍。乙烯—四氟乙烯共聚物膜燃烧时可自熄；其抗剪切机械强度高，耐低温冲击性能是现有氟塑料中最好的，从室温到−80℃都能够有较高的冲击强度，化学性能稳定，电绝缘性和耐辐照性能好。ETFE薄膜的实际使用始于 20 世纪 90 年代，主要作为农业温室的覆盖材料、各种异型建筑物的篷膜材料，如运动场看台、建筑锥型顶、娱乐场、旋转餐厅篷盖、娱乐厅篷盖、停车场、展览馆和博物馆等，国家奥林匹克游泳馆水立方就是用 ETFE 膜制成的。

### 三、涂层加工设备与工艺

涂层织物的加工过程主要包括底布预处理、涂层剂配制以及涂层加工等工序，各工序都要用到一系列的专门设备与加工工艺，图 6-1 所示为聚氨酯涂层工艺。涂层设备与工艺主要根据涂层织物的最终用途加以选择，并同时兼顾对涂层剂与基布的物理力学性能的影响。

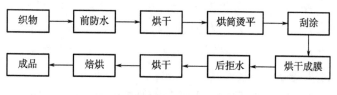

图 6-1　聚氨酯涂层工艺流程

有些基布必须在涂层前先经过预处理工序，例如，使用棉或涤棉混纺织物作底布时，需要的预处理包括退浆、漂白、染色、热定形和表面预处理等，以保证涂层与底布有足够的黏着力。有些基布不需要预处理即可进行涂层加工，如产业用纤维制品中用量较大的锦纶长丝和涤纶长丝织物通常可用坯布直接进行涂层加工。但在一些特定环境下使用的织物，则需在涂层前先进行洗涤和热定形等处理。

涂层剂配制是指在实施涂层之前将涂层剂与各种助剂、添加剂加以混合，配制成涂层用料。配制涂层剂的设备因涂层剂形态（固体、液体）、添加剂形态和加工工艺要求的不同而不同，主要设备包括混合机、塑炼机、研磨机、发泡机、脱泡机等。

涂层加工设备种类繁多，工艺各异，以下将详细介绍。

**（一）涂层器具**

把涂层剂施加到织物表面上所用的工具称为涂层器具，也称涂头，是涂层设备上不可缺少的重要部件和装置。生产中要根据涂层剂黏度、涂层工艺和产品用途的不同，选用不同的涂头。

**1. 刮刀涂头**　刮刀涂头是传统的涂层器具，结构简单，应用广泛。但它对涂层量和涂层均匀性的控制较差，容易产生横向条纹。刮刀的刀刃有多种形状，如图 6-2 所示，其中，(a)、(b)、(c) 为楔形刀刃，边缘锐利，与织物的接触面小，压强大，涂量较薄。刀(a)最薄，刀(b)稍厚，刀(c)和刀(b)相似，因其边缘有弧形，涂层剂对织物的渗透性比刀(b)强。刀(d)的边缘为圆形，刀(e)的背面呈钩形小槽，用于黏度稍高的涂层剂，能够获得较均匀的成膜。下面介绍几种采用刮刀涂层将涂层剂刮到织物上的方法。

（1）悬浮刮刀。如图 6-3 所示，底布经支撑辊作等速移动，刮刀直接置于底布上方，依靠刮刀对底布的向下压力将涂层剂刮到布面上。此时，除了涂层剂的黏度、刀刃形状、

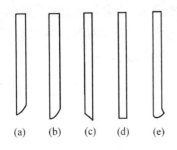

图 6-2　刮刀刀刃形状

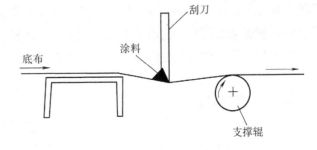

图 6-3　悬浮刮刀

底布移动速度以及刀对底布的放置角度对涂量都有影响外，底布张力也对涂量及其均匀性产生很大影响。因在操作中对底布张力不易控制，此法难以控制涂层量及其均匀性。

（2）带衬刮刀。如图 6-4 所示，刮刀置于橡胶皮带的上方，皮带由运转辊带动作循环回转，当底布随皮带移动时，刮刀则对底布涂层。这时，刀对底布的压强较小，底布的张力也比悬浮刮刀法容易掌握。

（3）辊衬刮刀。如图 6-5 所示，刮刀置于支撑辊的上方，当底布经过时，刮刀便将涂层剂施加到底布上。这时，刀对底布不施加张力，涂层量由刮刀与支撑辊间的隔距来调节。

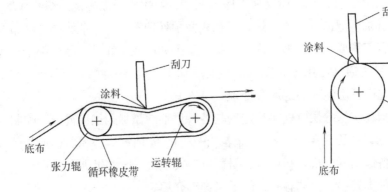

图 6-4　带衬刮刀　　　　　　　　　　　图 6-5　辊衬刮刀

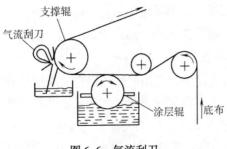

图 6-6　气流刮刀

（4）气流刮刀。气流刮刀机构通过均匀喷出的气（压）流作用在上胶光辊上，起到刮胶的目的。如图 6-6 所示，刮刀置于支撑辊一侧，当底布在涂层辊表面拾取涂层剂后到达气流刮刀和支撑辊之间时，靠气流喷射作用对涂量进行调节。图 6-7 为气流刮刀的安装方式，其中，图 6-7（a）的气流集中，涂量较薄，图 6-7（b）的气流分散，涂量较厚。

**2. 圆辊涂头**　圆辊涂头是靠表面有涂层剂的转动圆辊对底布进行涂层的，有正转辊、反转辊、浸渍辊和凹版辊等不同类型。

（1）正转辊式。如图 6-8 所示，涂辊回转方向和底布引进方向相同，当底布在两辊之

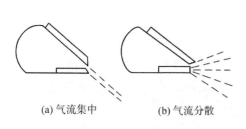

(a) 气流集中　　(b) 气流分散

图 6-7　气流刮刀的不同安装方式

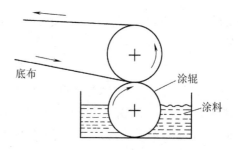

图 6-8　正转辊

间通过时，受到上辊的压力，使涂辊表面附着的涂层剂被挤压到底布上，涂层较薄，适于黏度较低的涂层剂。

（2）反转辊式。如图 6-9 所示，涂辊的回转方向与底布的引进方向相反，图 6-9（a）为单辊反转式，它的涂量小，适于黏度低的涂层剂。图 6-9（b）为三辊反转式，当底布进入涂辊与支撑辊的压点时，涂辊上的涂层剂便涂到底布上，计量辊担负着调节涂量的任务，其与涂辊同时回转，转速要比涂辊慢得多，两者的速度差和隔距是调节涂量的重要参数。三辊反转式的涂层，能较准确地控制涂量，即使表面不平的底布，也能较均匀地涂上涂层剂。

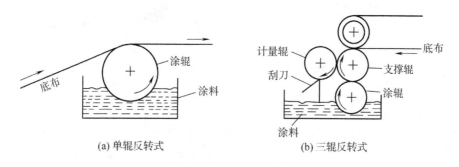

(a) 单辊反转式　　　　　　　　(b) 三辊反转式

图 6-9　反转辊

（3）浸渍辊式。如图 6-10 所示，涂辊浸没在涂层剂的槽内，底布在完全浸透的状态下进行涂层，虽然浸透时间只有几秒钟，但对底布的渗透性很强。

（4）凹版辊式。如图 6-11 所示，将雕刻成凹纹的凹版辊（涂辊）在槽内拾取涂层剂，让涂层剂注满凹纹部分，辊上的多余涂层剂由刮刀刮去，当底布通过两辊的压点时，凹纹

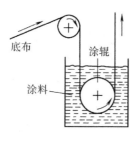

图 6-10　浸渍辊

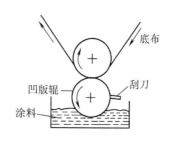

图 6-11　凹版辊

部分的涂层剂便转印到底布上，涂层剂能定量地在底布上分布均匀。凹版辊涂层和凹版印花的原理相同。

**3. 其他涂头**

（1）棒状涂头。棒状涂头有平滑棒、刻槽棒和绕丝棒三种形式。第一种涂量小，第三种涂量大，第二种介于两者之间。图6-12为绕丝棒涂头，它是在平滑棒上绕有直径为0.08～0.64mm的金属丝，丝的直径越粗，涂层量越大。

（2）圆网涂头。如图6-13所示，实际上它是一个薄壁圆筒，筒壁密布小圆孔而形成圆网辊，圆网辊内有涂层剂输送管和刮刀，刮刀紧压在圆网辊的内壁上，圆网辊压在底布上，当涂层剂被输送管送出并被刮刀挤出网壁的小孔时，涂层剂便涂到底布上。圆网涂头的刮刀不直接压在底布上，底布的张力比用刮刀法时小得多，可减小织物的变形和涂层剂对织物的渗透性，有利于疏松、表面不平和容易受损的织物（如非织造布）的涂层。

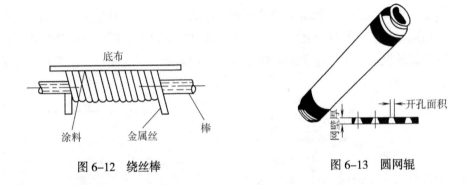

图6-12　绕丝棒　　　　　　　　图6-13　圆网辊

**（二）常用涂层工艺**

织物涂层是将织物表面均匀地覆盖一层薄膜形状的涂层材料，并使织物和涂层材料紧密地黏结在一起成为一个整体的过程。涂层工艺主要包括直接涂层、转移涂层、凝固涂层、双点涂层、热熔粉末涂层等。

**1. 直接涂层**　　直接涂层是将涂层剂直接覆盖在底布上形成连续薄膜的一种工艺，加工过程中先将底部预热，然后用刮刀或压辊将涂层剂涂覆在底布织物表面。直接涂层工序简单、生产效率高、污染小，所用的涂层剂品种较为广泛，可以是溶剂型的，也可以是乳液型的。

刮刀涂层属于直接涂层，是一种相对比较简单的涂层技术。在刮刀涂层工序中，将刮刀安置在辊筒的上面，调节刮刀与辊筒的间隙，确定树脂涂层的厚度，涂层质量的好坏与刀的角度、车速、涂层剂的黏度与涂层刀的精度有关。主要用来生产薄型织物，具有涂层厚度、涂覆量控制较容易，涂层织物表面光滑，手感好等优点，但其底布的缺陷容易反映在涂层织物表面。因此，不适用于针织物和非织造布，一般常用于机织物的涂层。实际生产过程中，要依据产品的不同需求来选择不同的刮刀排列方式。刮刀在罗拉上方的涂层是适合于高黏度涂层剂在紧密非织造布或机织物上涂层；对于比较疏松的非织造布而言，在涂层中不适宜拉伸，因此应该采用刮刀在胶带上方的涂层方式；悬浮刮刀涂层方式既能用于网眼织物的涂层，又适用于紧密机织物的涂层，而且涂层过程中涂层剂的透胶问题不影响涂层操作。

直接涂层工艺由多种单机组成联合机组，根据不同用途选配不同单机进行组合。可分为通用直接涂层机、泡沫直接涂层机和地毯直接涂层机等。

（1）通用直接涂层机。将织物拉平，形成均匀的平面，然后在静止的刮刀下通过，既适应于溶剂型涂层剂，也适应于乳液型涂层剂，故称为通用直接涂层机。工艺流程如图6-14所示。因为本机使用的刮刀涂头对底布的张力较大，涂层量又较薄，组织疏松的织物容易变形，故很少采用针织物、非织造布或其他稀疏织物作底布，只适于组织紧密的轻薄织物，如风雨衣和防寒服的面料等。

图 6-14　通用直接涂层工艺流程

（2）泡沫直接涂层机。泡沫涂层是在浓度较高的整理工作液中加入发泡剂，再利用发泡设备使其与空气混合，形成一定质量的泡沫，然后通过泡沫施加器把泡沫均匀施加到织物表面的一种加工工艺。在非织造织物的表面涂覆泡沫胶层，利用该涂膜层产生阻燃、防污等性能，并使织物兼具独特的风格、手感和外观。

发泡涂层工艺的关键问题是机械发泡必须稳定，直接决定着泡沫质量的好坏，较为理想的稳定泡沫应该是当泡沫与纤维接触时，能马上自身破裂。需调节给液量、频率及气流量参数，结合涂层机车速和要求的上浆量，获得稳定输出的合适泡沫密度。图 6-15 为泡沫直接涂层的工艺流程图，底布退卷后喂给涂头进行涂层，涂层剂使用乳液型的聚丙烯酸酯，先由发泡机制成泡沫体，涂头可用带衬刮刀或辊衬刮刀。泡沫从开始与纤维接触到进入纤维间的时间间隔非常短暂，在这一过程中，决不允许整理剂泡沫悬浮在织物的表面。如果稳定时间过短，泡沫过早破裂，容易使织物产生块状和条状的不均匀湿润，从而造成色差；若稳定时间太长，织物上的泡沫不能很快均匀破裂，也会造成色差。

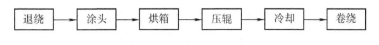

图 6-15　泡沫直接涂层工艺流程

（3）地毯直接涂层机。图 6-16 为地毯直接涂层的工艺流程，它适于加工较厚重的织物。经第一烘箱预烘后进入二道涂头，二道涂头选用棒状式，经第二烘箱将地毯背面的涂

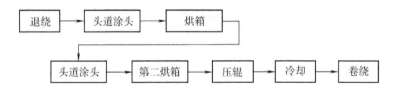

图 6-16　地毯直接涂层工艺流程

层剂塑化发泡和烘干固化后，由压辊将涂膜轧平，经冷却后在卷绕处成卷。

**2. 转移涂层**　是先将涂层剂在离型纸或不锈钢载体上，形成均匀、连续的薄膜，然后在薄膜表面涂上黏结剂，经叠合辊与纤维制品叠合，再经烘干、固化，最后将载体剥离，涂层剂薄膜便从载体上转移到纤维制品上，主要用手生产PU革和仿制天然高档皮革，适用于做服装、箱包、各种旅游鞋、运动鞋。

根据所用的载体不同，转移涂层分为钢带式载体涂层和离型纸（又称转移纸）载体涂层两种方法。

（1）钢带式载体涂层。图6-17为钢带式转移涂层的工艺流程，是专门用于聚氯乙烯的转移涂层，涂头采用反向辊法。先让钢带进入涂层机，在涂头处涂上涂层剂（发泡剂），这时，将底布和涂有涂膜（含黏结剂）的钢带叠合，在第二烘箱处进行塑化发泡，冷却后在剥离处使发泡的涂层薄膜从钢带上转移到底布表面，再在卷绕处使涂层织物成卷，剥离后的钢带则由专门机构重返到原来位置。钢带的使用寿命长，成本低，但钢带表面无花纹，只能生产光面的人造革。

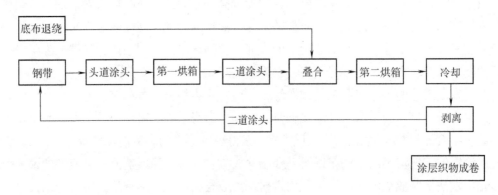

图6-17　钢带式转移涂层工艺流程

（2）离型纸载体涂层。图6-18为离型纸载体涂层的工艺流程，用于聚氯乙烯和聚氨酯涂层织物的涂层，涂头采用辊衬刮刀。先将离型纸送入涂层机，由头道涂头给离型纸涂上一层作为皮层的涂层剂，在第一烘箱处烘干成膜，膜的表面带有离型纸赋予的花纹（如仿小牛皮、山羊皮、鹿皮、猪皮和蛇皮等天然皮革的花纹）。在二道涂头处涂上泡沫体涂层剂，经第二烘箱塑化发泡并冷却后进入三道涂头，这时涂上黏结剂，在叠合处的底布和带有三层涂层结构的离型纸叠合在一起形成一个整体，经第三烘箱烘干固化并冷却后进入剥离区，将离型纸上的三层涂膜转移到底布上，最后由卷绕机构将涂层织物和离型纸分别卷绕成卷。

离型纸和涂层织物的剥离有熟化和即剥离两种方式。熟化工艺要求黏结层在50～80℃保温熟化8～72h后进行剥离；即剥离工艺要求150～180℃高温固着数分钟。生产经验证实，前者剥离强力略高；后者可连续生产，提高离型纸周转率。

**3. 凝固涂层**　凝固涂层是将不同类型的基布经聚氨酯涂层剂或其他涂层剂涂刷或浸渍后，在溶液中凝固形成连续的微孔结构，再经过磨毛或压花、轧光等后加工工序制成的

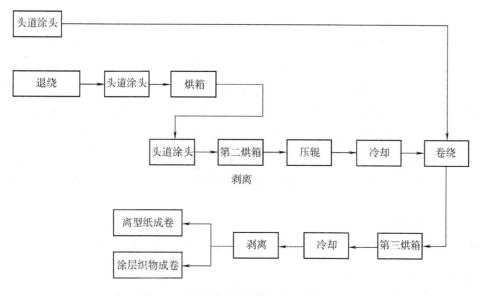

图 6-18　离型纸载体涂层工艺流程

仿真皮的产品。凝固涂层不同于直接涂层和转移涂层，最大的区别在于凝固涂层不是采用烘箱成膜，而是在凝固浴中进行成膜的。凝固涂层采用单组分聚氨酯作为涂层剂，先将涂层剂在二甲基甲酰胺（DMF）溶剂中溶解，并涂在底布上，浸入水中，让水置换 DMF，促使聚氨酯凝固成膜。

图 6-19 为凝固涂层的工艺流程图，其中凝固浴：含 DMF25% 左右的水溶液，20℃凝固时间 10 ~ 15min；水洗：温度由 60℃逐渐升至 90℃，水逆向回流，采用高效水洗设备，使涂层中 DMF 含量低于 1%；烘干：无接触式烘干，温度低于 120℃，烘干后含水率在 3% 左右。这种涂层织物的弹性、柔软性、悬垂性等性能都可和天然皮革媲美。

图 6-19　凝固涂层工艺流程

**4. 双点涂层**　双点涂层是近年来发展速度较快的一种涂层方式，其基本原理是考虑基布纤维与面料纤维组分的不同，因而其黏合性能也不同，故选用两种性能不同的热熔胶，使其重叠起来，下层与基布黏合，上层与面料黏合，从而获得更为理想的黏合效果。双点涂层目前有三种方法，即双粉点法、双浆点法、浆点撒粉法。双点法适用于生产质量要求较高和面料难黏合的衬布，其代表产品——超细基布和弹力基布的开发，为国产双点衬布手感的改进和提高起到了开拓性的作用。

**5. 热熔粉末涂层**　与一般涂层相比，热熔粉末涂层具有诸多优点。首先，热熔粉末涂层剂是 100% 固体成分，不含溶剂，无污染；其次，涂层工艺易控制，涂层量准确，涂层均匀；再次，热熔涂层设备简单，占地面积小，变化灵活。目前，国际上热熔涂层技术中发展速度最快的为撒粉涂层。然而，国内的撒粉涂层技术并没有大面积推广，一方面是设备购买通道不通畅，另一方面是该工艺前期投入较大，且经济见效慢。

粉点转移是保证撒粉涂层均匀的关键，而粉点转移的效果则取决于工艺参数的选择。粉点转移的主要参数是温度、压力、时间，其中温度尤为重要。粉点转移的最佳状态是凹点辊筒坑穴内的热熔胶粉末处于半融化状态。温度过低，会造成转移不完全，热熔胶在布面呈生粉糊状分布；温度过高，热熔胶粉末则会很快熔融，并且很难完全转移到非织造布面上，造成塞眼，将给生产造成很大的困难。因此，必须结合选择和严格控制布面和凹点辊筒的温度。如非织造布的原料是涤纶时温度控制在 160 ~ 190℃；原料是棉纤维时温度控制在 220 ~ 250℃；原料是涤棉混纺时温度则控制在 180 ~ 220℃，在这种状态下粉点转移效果最佳。

**（三）特殊涂层工艺技术**

随着科技进步，其他学科的技术已大量向产业用纤维制品渗透，涂层工艺技术中出现了一些特殊的涂层（镀）技术，如热喷涂、静电、磁控溅射、化学镀和蒸镀等涂层技术。

**1. 热喷涂技术**　热喷涂技术是利用热源将喷涂材料加热至熔化或半熔化状态，并以一定的速度喷射沉积到经过预处理的基体表面形成涂层的方法。热喷涂技术在普通材料的表面上，制造一个特殊的工作表面，使其达到防腐、耐磨、减摩、抗高温、抗氧化、隔热、绝缘、导电、防微波辐射等功能。

按照加热喷涂材料的热源种类可分为以下四种。

（1）火焰类。包括火焰喷涂、爆炸喷涂、超音速喷涂。

（2）电弧类。包括电弧喷涂和等离子喷涂。

（3）电热法。包括电爆喷涂、感应加热喷涂和电容放电喷涂。

（4）激光类。激光喷涂。

**2. 静电粉末喷涂技术**　又称为静电喷塑，是用静电喷粉设备（静电喷塑机）把粉末喷涂到工件的表面，在静电作用下，粉末会均匀地吸附于工件表面，形成粉状的涂层；再经过高温烘烤、流平、固化，变成效果各异（粉末涂料的不同种类效果）的最终产品。其工艺流程如下。

（1）前处理。除掉工件表面的油污、粉尘、锈迹，并在工件表面形成一层抗腐蚀且能够增加喷涂涂层附着力的"磷化层"。

（2）静电喷涂。将粉末涂料均匀地喷涂到工件表面；粉末涂料俗称塑粉，有高光、亮光、半哑光、哑光、砂纹、锤纹、裂纹等不同效果。

（3）高温固化。将工件表面的粉末涂料加热到规定的温度（一般185℃）并保温相应的时间（15min），使之熔化、流平、固化。

（4）装饰处理。使经过静电喷涂后的工件达到某一种特殊的外观效果，如木纹、花纹、增光等。

**3. 磁控溅射技术**　该技术可以分为直流磁控溅射法和射频磁控溅射法。它是利用Ar-O2 混合气体中的等离子体在电场和交变磁场的作用下，被加速的高能粒子轰击靶材表面，能量交换后，靶材表面的原子脱离原晶格而逸出，转移到基体表面而成膜。其特点是成膜速率高、基片温度低、膜的黏附性好、可实现大面积镀膜。磁力线分布方向不同会对成膜有很大影响。

# 第二节　层压技术

## 一、层压的定义

层压又称层压成型法，是指在加热、加压下把多层相同或不同材料结合成整体的成型加工方法；用或不用黏结剂，借加热、加压把相同或不相同材料的两层或多层结合为整体的方法。层压最早只是用于硬质板材的加工，近年来，层压织物得到了迅速发展，数量、品种都在不断增加，在各领域开辟了很大的市场。

在生产与生活当中，人们一直追求能够将各类纤维制品（包括机织物、针织物、非织造布等）的优越性能结合起来，甚至将纤维制品与其他材料（如各种薄膜、片材等）的优点结合起来，以制造性能与功能更为理想的新产品。一般来说，要想把各种有用的性能与功能，如强力、弹性、耐用性、舒适性、美观性等融合在单层织物之中是非常困难的。而层压技术可以将各种材料的优势方便而有效地融合在一起，开发出各种结构新颖、性能优越、功能独特的新型织物。

层压织物与涂层织物有许多相似之处，它们都是由高聚物成膜后与织物相互黏结而成的材料，但是，它们之间又有显著的区别。涂层织物只是在底布表面直接覆盖一层高聚物薄膜，基本属于表面加工，无论采用的是直接涂层、转移涂层还是凝固涂层都是如此。层压织物是各种不同材料的黏合，且形式比较多样，可以是织物与织物之间的叠合，也可以是织物与聚合物膜片的叠合，还可以是涂层织物之间通过叠合机黏结成整体，从而形成层压织物。

## 二、层压织物的种类与应用

层压织物按照工艺方法、产品结构以及原料组成不同的分类情况见表6-2。

表6-2　层压织物分类

| 分类方法 | 种类 | 分类方法 | 种类 |
|---|---|---|---|
| 按工艺方法分类 | 黏合剂法层压织物 | 按组分材料分类 | 黏合织物（织物/织物） |
|  | 热熔层压织物 |  | 泡沫层压织物（泡沫塑料/织物） |
|  | 焰熔层压织物 |  | 薄膜层压织物（塑料薄膜/织物） |
| 按层压结构分类 | 双层层压织物 |  | 橡胶层压织物（橡胶/织物） |
|  | 三层层压织物 |  | 其他层压织物（金属箔、纸/织物） |
|  | 多层层压织物 |  | — |

在产业用领城，层压技术与层压织物是大有用武之地的，在工业用布、防护服装、医

疗用品、土建织物、军工用品、农业材料、体育器材等领域，层压织物都可以发挥其独特的性能、功能、工艺以及成本优势。以层压织物在防护服装中的应用为例，从表 6-3 可以看出，层压技术具有产品功能强大、原料来源广泛、结构巧妙、产品设计灵活、品种多样等一系列优点。

表 6-3　层压织物在防护服装上的应用

| 名称 | 层压织物组分及结构 |
|---|---|
| 雨衣 | 聚氨酯膜 / 聚氯乙烯海绵橡胶 / 织物 |
| X 射线防护服 | 织物 / 铅纤维非织造布 / 衬里 |
| 海上救生服 | 阻燃涂层织物 / 铝质非织造布 / 聚氯乙烯泡沫 / 衬里 |
| 摩托车服 | 织物 /Gore-Tex 膜 / 织物 |
| 消防服 | 耐高温纤维织物 / 玻璃纤维织物 |
| 防尘服 | 涤纶织物 / 微纤非织造布 / 涤纶织物 |
| 潜水服 | 锦纶弹性织物 /PVC 泡沫材料 / 弹性织物 / 聚氨酯泡沫材料 |
| | 弹力织物 / 聚氨酯膜 / 聚氯乙烯海绵橡胶 |
| | 微孔膜 / 弹力针织物 / 泡沫塑料弹性材料 |
| 抗静电服 | 导电织物 /Gore-Tex 膜 / 织物 |
| 手术服 | 锦纶塔夫绸 /Gore-Tex 膜或微纤非织造布 / 锦纶塔夫绸 |
| 高温工作服 | 镀金属 Kevlar 纤维织物 / 防热衬里 |
| 防弹服 | Kevlar 纤维织物、金属板及泡沫缓冲材料多层组合 |
| 防化服 | 织物 / 填充活性炭的纤网 / 织物 |
| | 织物 /Gore-Tex 膜 / 活性碳布组合 |
| 特种防寒服 | 以铝箔 / 非织造布 / 絮棉的结合物为填料 |

## 三、层压工艺

层压织物的制造方法主要包括黏合剂法、热熔法、压延法和焰熔法。

### （一）黏合剂法

黏合剂法是使用最早且最广泛的织物层压技术，它属于湿法加工。湿法加工按黏合剂的物理形态可分为溶剂型、水溶型与泡沫型。为了实现织物与织物或织物与其他材料之间的层压，将黏合剂制成液态，主要利用喷洒、涂覆、印刷等方法。即需要将黏合剂制成液态，涂于织物与其他材料之间使之黏合。黏合剂法的工艺原理如图 6-20 所示，先将黏合剂涂覆于一层材料上，再与其他材料黏合，整个工艺一般由涂覆黏合剂、层压、固化三个阶段组成。

黏合剂组分的选择取决于被层压的两种表面。层压黏合的强度取决于黏合剂的内聚强度和黏合强度的组合。其中，内聚强度受伸长率的影响，而黏合强度则受润湿和界面间键合力的影响。层压技术中使用较多的黏合剂包括聚丙烯酸系列、聚酯系列、聚氨酯、聚氯

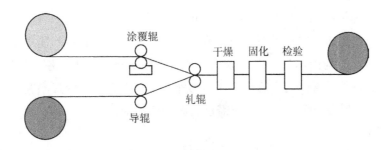

图 6-20　黏合剂法层压工艺原理

乙烯、硅橡胶、天然橡胶、氯丁橡胶等。

**（二）热熔法**

热熔法层压是建立在热熔黏合剂基础上的层压技术，热熔层压使用热熔黏合剂，热熔黏合剂是不含溶剂或水的以热塑性高分子聚合物为基材的固体黏合剂。它在受热时自身熔融，与织物或其他材料发生黏合作用，冷却后固结在一起。热熔性黏合剂的物理形态有粉末型、纤网型与薄膜型。

热熔法可细分为三种不同形式。

（1）预加工热熔层压。即织物提前具备热熔黏合能力，利用喷洒、涂覆、印刷等方法将黏合剂均匀覆于织物上，制成黏合衬，使用时与另一层织物加热加压。

（2）黏合型热熔层压。将夹附在层压织物间的黏合膜或网进行热熔黏合，从而实现各层黏合的目的。

（3）淋膜法层压。将低密度聚乙烯、热塑性聚氨酯（TPU）等在高温下使成膜高聚物成为流动态，再通过喷淋装置将成膜高聚物均匀喷涂于底布，冷却后形成涂层织物，膜层厚度可在 10 ~ 1000μm 调控。淋膜涂层织物具有轻便、防水透湿、透气性好、加工成本低等优点，主要产品已经应用于帐篷面料、冲锋衣、防雨布等。

热熔胶黏剂（热塑胶）是一种在热熔状态进行涂布，借冷却硬化实现胶接的高分子胶黏剂。按国标的规定，热熔胶的定义"在熔化状态进行涂布，冷却成固态就完成粘接的一种热塑性胶黏剂"。不含溶剂，100% 固含量，主要由热塑性高分子聚合物组成，被誉为"绿色胶剂"。目前常用的热熔黏合剂品种包括乙烯—醋酸乙烯共聚物、聚氨酯、聚酰胺、聚酯、聚氯乙烯、聚乙烯、聚丙烯等，实际生产中可以制成薄膜状、粉末状或者纤网状等不同形态，然后在不同的层压设备上按照一定工艺进行层压织物的加工。

**（三）压延法**

压延成型是将熔融塑化的热塑性塑料通过两个以上的平行异向旋转辊筒间隙，使熔体受到辊筒挤压延展、拉伸而成为具有一定规格尺寸和符合质量要求的连续片状制品，最后经自然冷却成型的方法。压延软质塑料薄膜时，如果以布、纸或玻璃布作为增强材料，将其随同塑料通过压延机的最后一对辊筒，将黏流态的塑料薄膜紧覆在增强材料上，所得的制品即为人造革或涂层布（纸）。

图 6-21 为四辊式压延机的示意图。图 6-21 中，1、2、3 和 4 为压延辊，5 和 6 为叠

合辊。在图 6-21（a）中，底布和膜片在第 3 和第 4 压延辊间叠合，称为擦胶法，其压力大，树脂胶渗透底布内部多，产品手感较硬。在图 6-21（b）中，底布和膜片在第 4 压延辊和叠合辊之间叠合，称为内贴法，压力较小，需预先在底布上涂上一层黏结胶。在图 6-21（c）中，叠合辊完全脱离压延机的主机，称为外贴法，因叠合时膜片温度低，可以延长叠合辊的使用寿命，但在叠合前，底布也需预先涂一层黏结胶。

### （四）焰熔法

焰熔法层压织物主要针对聚氨酯泡沫塑料的黏合而言。将聚氨酯泡沫体薄膜在高温火焰（800℃）中掠过，表面将发生熔融、发黏，此时，迅速将底布与之叠合、加压和冷却，即可制成焰熔层压织物。焰熔层压织物具有轻便、保暖和透气性好等优点，大量用于旅游鞋、拖鞋和保暖鞋。这种产品还具有隔音、隔热和弹性好等特性，曾被大量用作汽车内饰织物。

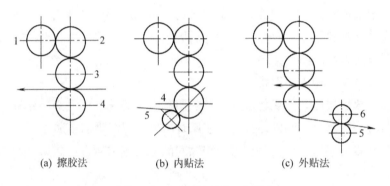

(a) 擦胶法　　　　(b) 内贴法　　　　(c) 外贴法

图 6-21　四辊式压延机示意图

# 第三节　复合技术

## 一、复合材料的定义与分类

复合材料（composites）是由两种或两种以上物理和化学性质不同的材料，通过一定的工艺复合而成，性能优于原单一组分材料的多相固体材料，它既保留原有材料的特性，又具有原有材料所不具备的特性。复合材料属于多相材料范畴，可以通过选材、组分设计和工艺手段，使原有材料的优点集中，从而获得更为优异的性能与功能。

复合材料的分类方法多种多样。按用途可分为结构复合材料和功能复合材料两大类；也可分为常用复合材料和先进复合材料两类；按其结构特点又分为：纤维增强复合材料：将各种纤维增强体置于基体材料内复合而成，如纤维增强塑料、纤维增强金属等；夹层复合材料：由性质不同的表面材料和芯材组合而成，面材强度高、薄，芯材质轻、强度低，但具有一定刚度和厚度，分为实心夹层和蜂窝夹层两种；细粒复合材料：将硬质细粒均匀分布于基体中，如弥散强化合金、金属陶瓷等；混杂复合材料：由两种或两种以上增强相材料混杂于一种基体相材料中构成，与普通单增强相复合材料比，其冲击强度、疲劳强度和断裂韧性显著提高，并具有特殊的热膨胀性能。

## 二、常用增强纤维和聚合物基体

增强体材料的主要作用是改进基体的力学性能，提高复合材料的强度和模量，使制品获得更加优异的性能。用作复合材料增强体的纤维材料，可以是不连续的散纤维（包括短纤维和切断纤维）或连续的长丝和纱线，也可以是二维平面织物（包括机织物、针织物、编织物和非织造布等）或三维立体织物。三维立体织物增强体还可以用纺织技术加工成各种形状的预型件，例如，圆柱体、圆锥体、工字形体和 T 字形体等多种异形构件。在现代先进复合材料中，纤维增强体主要是合成纤维，如芳香族聚酰胺纤维（芳纶）、高强高模聚乙烯纤维（UHMPE）、玻璃纤维（GF）、碳纤维（CF）、碳化硅纤维、硼纤维（BF）等。另外，一些具有高强低伸性能的天然纤维，如麻纤维、竹纤维等，近年来在民用低成本复合材料领域的应用也日益活跃。

聚合物基复合材料（也称树脂基复合材料）是最重要的复合材料之一，该材料以各种高分子聚合物为基体材料，使用非常广泛，工艺技术相对比较成熟，且新型基体材料以及新方法、新工艺层出不穷，在产业用领域占有重要的地位。

## 三、聚合物基复合材料制造技术

聚合物基复合材料的制造工艺需根据基体材料、增强材料种类和形态的不同而灵活加以选择。

热固性聚合物基复合材料的制造过程一般包括成型与固化两个主要步骤。成型过程是指将配制好的基体树脂胶液与增强材料充分浸润，并采用一定的设备与工艺方法使材料按照预先设计的规格与形状铺放、分布于成型模具内；固化是指将成型后的坯料按照树脂固化工艺进行加热、加压等操作，以使树脂发生交联固化反应而制成最终的复合材料产品。

热塑性聚合物基复合材料的制造相对比较困难，这主要是由于热塑性材料（树脂）的相对分子质量高，加热熔融温度高且熔融后呈高黏度的液态，流动性及工艺性能较差，对增强纤维的渗透和充分浸润比较困难，使得复合材料成型过程中的操作非常不便。目前，对于短纤维增强热塑性复合材料通常采用挤出成型、注塑成型等方法；而在长纤维增强热塑性复合材料的制造过程中，一般先采用薄膜叠合、纤维混合（如混排纱、包芯纱、包缠纱）、纱线交织等方法，以使热塑性材料与增强纤维充分混合，然后再经加热熔融、冷却成型工艺得到复合材料产品。

以下为常用的复合材料成型加工方法简介。

**1. 手糊法**　手糊法是用于制造热固性树脂复合材料的一种最简单的成型工艺。如图 6-22 所示，先在模具上涂刷含

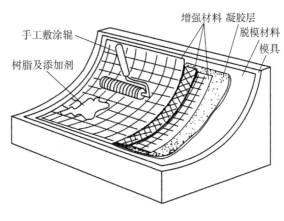

图 6-22　手糊法示意图

有固化剂的树脂混合物，再将浸过树脂的纤维层（或按要求裁剪好的预浸料）铺放在模具上，用刷子、压辊或刮刀压挤，使其均匀浸胶并排除气体，再依次一层一层地涂刷树脂混合物和铺放纤维织物，直至达到所需厚度。其后，在一定压力作用下加热固化成型（热压成型）或者利用树脂体系固化时放出的热量固化成型（冷却成型），经脱模后即可获得成品。手糊法复合材料的制品尺寸不受限制，适于大尺寸、小批量的制品。

**2. 袋压法**　袋压成型是将手糊成型的未固化制品，通过橡胶袋或其他弹性材料向其施加气体或液体压力，使制品在压力下密实、固化。它可制造比手糊法复杂许多的零部件，制品的两个表面均较光滑，质量较高，成型期也较短。图6-23是袋压系统示意图。

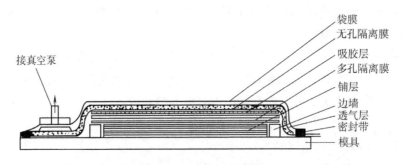

图6-23　袋压系统示意图

根据袋压成型的加压方式不同，袋压法可以分为真空袋压、压力袋压和热压罐三种方法。真空袋法是将手糊成型未固化的制品，加盖一层橡胶膜，制品处于橡胶膜和模具之间，密封周边，抽真空（0.05~0.07MPa），使制品中的气泡和挥发物排除。由于真空压力较小，故此法仅用于聚酯和环氧复合材料制品的湿法成型。真空袋压工艺[图6-24（a）]多用于凹模成型，如船体、浴缸和飞机部件。6-24（b）所示为压力袋法，是将手糊成型未固化的制品放入一个橡胶袋，固定好盖板，然后通入压缩空气或蒸汽（0.25~0.5MPa），使制品在热压条件下固化。由于压力较大，其对模具的强度要求较高，一般以轻金属模具为宜。图6-24（c）所示为热压罐工艺，先按制品图纸对预浸料进行铺层和封装，使铺层的毛坯形成一个真空系统，靠抽真空的吸力将胶层中的滞留空气和多余树脂抽走，利用储气罐充压的静态压力对制品施压，由热压罐内部的程控温度实现固化而成型。本法制出的制品紧密结实，厚度精确，可制成较大形状和较复杂的制品，如飞机机翼和卫星天线反射器等。

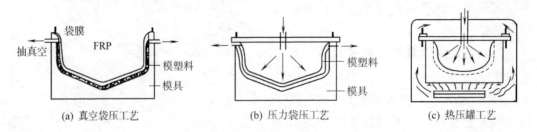

(a) 真空袋压工艺　　　　　(b) 压力袋压工艺　　　　　(c) 热压罐工艺

图6-24　不同袋压方法示意图

**3. 模压法**　模压法是将预浸料或模塑料放入具有一定形状的凹凸模具中，在一定的温度和压力下使热固性树脂固化，或使模塑料在模腔内受热塑化、受压流动并充满模腔成型而获得成品的一种方法。对模（阴模、阳模）是模压成型中最为重要的装置，如图 6-25 所示。

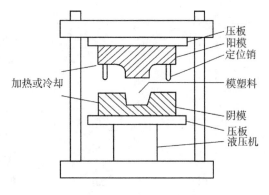

图 6-25　模压法示意图

**4. 缠绕法**　缠绕法是将浸渍过树脂的丝束、纱或带，按照一定规律缠绕到回转的芯模上，加温固化而成型，它是旋转体复合材料的成型方法，如图 6-26 所示。芯模可设计成组合式、可碎性和可落性等形式，便于对制品的脱模。缠绕法制品的最大特点是能够制成大型旋转体复合材料，例如，大型管道、各种容器、火箭壳体和锥形雷达罩等。

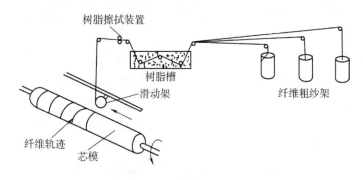

图 6-26　缠绕法示意图

**5. 拉挤法**　拉挤法是将浸渍过树脂的丝束、纤维条或粗纱，通过具有固定截面形状的模具成型并加热固化，它是一种连续生产和自动化程度较高的成型工艺（图 6-27）。常用的聚合物基体为热固性不饱和聚酯，常用的增强体为玻璃纤维条，其成品相途广泛。

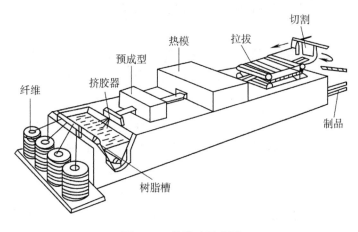

图 6-27　拉挤法示意图

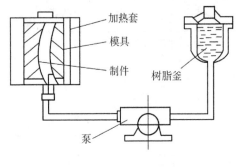

图 6-28　RTM 法示意图

**6. 树脂传递模塑法**　树脂传递模塑法（RTM）是将玻璃纤维增强材料铺放到闭模的模腔内，用压力将树脂胶液注入模腔，浸透玻璃纤维增强材料，然后固化，脱模成型制品。如图 6-28 所示，该方法通过模具抽真空或辅助注射产生的压力将树脂注入密封的模腔内，浸渍其中的纤维织物坯件，然后固化成型。RTM 技术的研究发展方向将包括微机控制注射机组、增强材料预成型技术、低成本模具、快速树脂固化体系、工艺稳定性和适应性等。

### 四、聚合物基复合材料的特点和应用

**1. 聚合物基复合材料的特点**　聚合物基复合材料的特点主要包括以下几点。

（1）热膨胀系数低，尺寸稳定。具有良好的耐疲劳性、减震性、抗冲击性、耐高温性、耐腐蚀性等。

（2）重量轻、比强度大、比模量高。例如，采用环氧树脂和高模量碳纤维制备的复合材料，其比强度为钢材的 5 倍，铝合金的 4 倍；比模量为钢、铝的 4 倍。

（3）功能多样。除了利用良好的力学性能、用作各种结构件以外，还可开发各种功能复合材料，包括压电、导电、雷达隐身、永磁、光敏变色、吸声、阻燃、生物自吸收等种类繁多的材料，具有很好的发展前景。

（4）结构、性能的可设计性。可按实际使用要求对材料进行设计和制造。

（5）工艺简单，工序少。复合材料构件不像金属构件那样需要车、铣、刨、磨等加工，大多数复合材料产品可一次成型，避免了多次加工工序。

**2. 聚合物基复合材料的应用**　复合材料的主要应用领域如下。

（1）航空航天领域。由于复合材料热稳定性好，比强度、比刚度高，可用于制造飞机机翼和前机身、卫星天线及其支撑结构、太阳能电池翼和外壳、大型运载火箭的壳体、发动机壳体、航天飞机结构件等。

（2）汽车工业。由于复合材料具有特殊的振动阻尼特性，可减振和降低噪声、抗疲劳性能好，损伤后易修理，便于整体成形，故可用于制造汽车车身、受力构件、传动轴、发动机架及其内部构件。

（3）化工、纺织和机械制造领域。有良好耐蚀性的碳纤维与树脂基体复合而成的材料，可用于制造化工设备、纺织机、造纸机、复印机、高速机床、精密仪器等。

（4）医学领域。碳纤维复合材料具有优异的力学性能和不吸收 X 射线特性，可用于制造医用 X 光机和矫形支架等；碳纤维复合材料还具有生物组织相容性和血液相容性，生物环境下稳定性好，也用作生物医学材料。此外，复合材料还用于制造体育运动器件和用作建筑材料等。

---

## 思考题

1. 产业用纤维制品后加工的目的是什么？

2. 常用涂层剂、黏合剂有哪些，各有什么特点？

3. 简述涂层织物与层合织物的加工方法及工艺原理。

4. 简述常用的复合材料成型加工方法、原理及应用领城。

5. 结合本章及本书其他章节的内容，深刻理解涂层织物、层压织物以及复合材料在产业用纤维制品中的实际应用及重要意义。

6. 查阅文献及互联网中的资料与信息，综述涂层技术、层压技术、复合材料技术的国内外发展现状。

7. 查阅文献，了解目前国内外最新涂层技术现状。

8. 自主选择纤维制品，阐述选择涂层剂及相应助剂的理由，并制订涂层工艺。

9. 若开发一产品，需要采用涂层工艺，你怎样考虑"工艺"的选择？

## 参考文献

［1］陈华辉. 现代复合材料［M］. 北京：中国物资出版杜，1998.

［2］产业用纤维材料研究会. 产业用纤维材料手册［M］. 韩家宜，译. 北京：中国纺织出版杜，1986.

［3］罗瑞林. 织物涂层技术［M］. 北京：中国纺织出版社，2005.

［4］兰伯恩，斯特里维. 涂料与表面涂层技术［M］. 苏聚汉，译. 北京：中国纺织出版社，2009.

［5］朱和国，王天驰. 复合材料原理［M］. 北京：电子工业出版社，2018.

［6］钟智丽. 高端产业用纺织品［M］. 北京：中国纺织出版杜，2018.

［7］（新加坡）张萨姆. 纳米结构的薄膜和涂层［M］. 北京：科学出版杜，2011.

# 第七章　产业用纤维制品检测

　　检验是对检验项目中的性能进行量测、检查、试验等，并将结果与标准规定要求进行比较，以确定每项性能是否合格所进行的活动。我国质量管理协会所制定的名词术语将检验定义为：用一定方法测定产品的质量特性，与规定要求进行比较，且做出判断的过程。检测是用指定的方法检验测试某种物体指定的技术性能指标。检测依据的是国家有关法律、法规、标准和应用要求，是一种对制品的质量、使用功能等进行测试确定其质量特性的活动。

## 第一节　检测的内容与分类

　　产业用纤维制品检测属于纺织品检验的一个分支。

### 一、检测的内容及目的

　　产业用纤维制品在应用时有如下特征：可单独使用，例如，用于体育场篷盖制品；可作为加工其他产品过程中使用的一个功能部件，例如，造纸过程中造纸机使用的毡毯；可作为其他产品的一个组成部分协同发挥作用，例如，轮胎中的帘子布。产业用纤维制品检测的内容及目的如下。

　　（1）以产业用纤维制品的最终用途和使用条件为基础，研究产业用纤维制品的构成、结构、外形、化学性能、物理性质等质量属性，以及这些属性对纺织品质量的影响。

　　（2）确定产业用纤维制品质量指标和检验方法，确定产业用纤维制品质量是否符合规定标准或交易合同的要求，对产业用纤维制品质量作出全面、客观、公正和科学的评价。

　　（3）研究产业用纤维制品检验的科学方法和条件，提高检验的先进性、准确性、可靠性和科学性。

　　（4）提供适宜的产业用纤维制品包装、储存、物流条件，保护制品的使用价值。

　　（5）探讨提高产业用纤维制品质量的途径和方法，及时为生产部门提供关于制品质量的科学成果和市场信息，用于指导产业用纤维制品生产。

### 二、检测的分类

#### （一）按产业用纤维制品检测内容分类

　　产业用纤维制品检测按其检测内容可分为品质检验、规格检验、包装检验、重量检验、数量检验等。

　　**1. 品质检验**　品质检验是根据合同和有关检验标准规定或申请人的要求，对商品的使用价值所变现出来的各种特性，运用人的感官或化学、物理等各种手段进行测试、鉴别。其目的就是判别、确定该商品的质量是否符合合同中规定的商品质量条件。影响产业用纤维制品品质的因素可以分为外观质量和内在质量两个方面。

（1）外观质量检验。产业用纤维制品外观质量特性主要通过手感目测、仪器进行质量检验分析，如纤维（束）的均匀度、光泽、手感、成形等检验；纱线的均匀度、杂质、疵点、光泽、毛羽、手感、成形等检验；制品的尺寸规格、疵点、色泽、成形等检验。

（2）内在质量检验。产业用纤维制品的内在质量是决定其使用价值的一个重要因素，内在质量检验俗称"理化检验"，它是指借助仪器对物理量的测定和化学性质的分析。产业用纤维制品的理化检验主要项目有厚度、尺寸及其稳定性、力学性能（拉伸、压缩、弯曲、剪切等）、吸湿性、通透性、热学性能、电学性能、光学性能、化学结构与组成、化学性能、生化性能等。表7-1为纤维制品理化检验内容。

**表7-1  纤维制品理化检验内容**

内在质在质量
- 物理力学性能
  - 物理量的测定：质量、密度、回潮率、线密度、紧度等
  - 力学性能检验：拉伸、压伸、压缩、剪切、表面摩擦等
  - 电学性能检验：比电电阻、静电等
  - 声学性能检验：声速模量、丝速、吸音等
  - 光学性能检验：反射、折射、双折射、透射等
  - 热学性能检验：隔热、保暖、阻燃、熔融等
- 常规分析检测
  - 定性分析：纤维鉴别、染料、浆料及其他助剂的测定等
  - 定量分析：纤维含量测量、染料、浆料及其他助剂含量的测定等
- 仪器分析检测
  - 原子吸收光光度法、气相色谱法
  - 比色分析、电色分析、极谱分析、发射光谱分析
- 生物检测：微生物检验、生化检验等

**2. 规格检验**  产业用纤维制品的规格一般是指按各类制品的外形、尺寸（如织物的匹长、幅宽、厚度）、花色（含织物的组织、图案、配色）、式样（如制品结构、形态）、标准量（如单位面积或体积的质量）等属性划分的类别。

**3. 包装检验**  产业用纤维制品的包装检验是根据贸易合同、标准或其他有关规定，对制品的外包装、内包装以及包装标志进行检验。包装检验的主要内容有核对商品标记、运输包装和销售包装是否符合贸易合同、标准及其他有关规定。

**4. 重量检验**  不同的产业用纤维制品的计量方法和计量单位是不同的。要关注不同国家采用的度量衡制度上有差异。产业用纤维制品常用的重量表达有以下几种。

（1）毛重。指产业用纤维制品本身重量加上包装重量。

（2）净重。指产业用纤维制品本身重量，即除去包装物重量后的制品实际重量。

（3）公量。国际上采用"按公量计算"的方法，即用科学的方法反映制品所含的水分，达到贸易合同或标准规定的水分所求得的重量。

#### （二）按产业用纤维制品的生产工艺流程分类

根据产业用纤维制品的生产工艺流程，制品检测可分为预先检验、工序检验、最后检验、出厂检验、库存检验、监督检验和第三者检验等。

**1. 预先检验** 是指加工投产前对投入原料、坯料、半成品等进行的检验。

**2. 工序检验** 又称中间检验，是在一道工序加工完毕，并准备下一道工序加工交接时进行的检验。

**3. 最后检验** 又称成品检验，是对完工后的产品质量进行全面检查，以判定其合格与否或质量等级。

**4. 出厂检验** 对于成品检验后立即出厂的产品，成品检验亦即出厂检验。而对经成品检验后尚需入库储存较长时间的产品，出厂前应对产品的质量再进行一次全面的检查，尤其是外观、强力方面的质量检验。

**5. 库存检验** 制品储存期间，由于热、湿、光照、鼠咬等外界因素的作用会使制品的质量发生变异，因此，对库存制品质量进行定期或不定期的检验，可以防止质量变异情况出现。

**6. 监督检验** 又称质量审查，一般由专业人员负责诊断企业的产品质量、质量检验职能和质量保证体系的效能。

**7. 第三方检验** 一般是由职能部门或专门检测机构对产品进行的检验，如商检机构、质量技术监督机构所进行的检验均属于第三方检验。

### 三、产业用纤维制品检测的要素

产业用纤维制品检测是依据有关法律、行政法规、标准或其他规定，对制品质量进行检验和鉴定的工作，其检验要素包括以下几方面。

**1. 定标** 根据具体的制品检验对象，明确技术要求，执行质量标准，制订检验方法，在定标过程中不应出现模棱两可的情况。

**2. 抽样** 多数制品质量检验属于"抽样检验"，采用抽样检验方式，按照标准进行抽样，使样组对总体具有充分代表性。

**3. 度量** 根据制品的质量属性，采用试验、测量、测试、化验、分析和官能检验等检测方法，度量制品的质量特性。

**4. 比较** 将测试结果同规定的要求进行对比，如与质量标准进行比较。

**5. 判定** 根据比较的结果，判定制品各检验项目是否符合规定的要求，即"符合性判定"。

**6. 处理** 对于不合格产品要做出明确的处理意见，其中也包括适用性判定。

**7. 记录** 记录数据和检验结果，以反馈质量信息，评价产品，改进工作。

### 四、产业用纤维制品检测的作用

产业用纤维制品的质量是在制品的生产全程中形成的，而不是被检验出来的，各生产要素对于制品质量的影响是不可忽视的。产业用纤维制品检测是制品质量管理的重要手段，而不仅仅是消极地剔除残次品，把关固然重要，但根本的问题是：如何使整个生产系统保证产品的质量，不出次品，这就涉及产品的设计、试生产、批量生产、检查、试验以及产品的运输、销售、售后服务等诸多因素对制品质量特性的影响问题，产业用纤维制品质量是企业各项工作的综合反映。

# 第二节　产业用纤维制品的标准和法规

产业用纤维制品与传统纺织品相比，更需要规范化，因为产业用纤维制品最重要的特征之一是它的安全性和可靠性。国际标准化组织（ISO）的国际标准一直对纺织工业的标准化给予高度重视，尤其对产业用纤维制品的标准问题更为关注。

## 一、标准的基本知识

标准指在一定范围内获得的最佳秩序，对活动或其结果规定共同的和重复使用的规则、导则或特性的文件，该文件经协商一致并经一个公认机构的批准。

标准的制定和应用已遍及人们生产和工作的各个领域，如工业、农业、矿业、建筑、能源、信息、交通运输、水利、科研、教育、贸易、文献、劳动安全、社会安全、广播、电影、电视、测绘、海洋、医药、卫生、环境保护、土地管理等。上述领域正是产业用纤维制品的应用领域。

## 二、实施标准的目的和作用

（1）使产品系列化，产品品种得到合理的发展。通过产品标准，统一产品的形式、尺寸、化学成分、物理力学性能、功能等要求，保证产品质量的可靠性和互换性，使有关产品间得到充分的协调、配合、衔接，尽量减少不必要的重复劳动和物质损耗，为社会化专业大生产和大中型产品的组装配合创造条件。

（2）通过生产技术、试验方法、检验规则、操作程序、工作方法、工艺规程等各类标准统一生产和工作的程序和要求。

（3）通过安全、卫生、环境保护等标准，减少疾病的发生和传播，防止或减少各种事故的发生，有效地保障人体健康、人身安全和财产安全。

（4）通过术语、符号、代号、制图、文件格式等标准消除技术语言障碍，加速科学技术的合作与交流。

（5）通过标准传播技术信息，介绍新科研成果，加速新技术、新成果的应用和推广。

（6）促使企业实施标准，依据标准建立全面的质量管理制度，推行产品质量认证制度，健全企业管理制度，提高和发展企业的科学管理水平。

## 三、标准的种类

标准的表现形式主要有两种：一种是仅以文字形式表达的标准，即标准文件；另一种是以实物标准为主，并附有文字说明的标准，即标准样品（简称标样）。为了不同的目的，可从不同的角度对标准进行分类。通常可按标准的层级、法律的约束性、标准的性质、标准化的对象等分类。

**1. 按标准的层级分类**　按照标准的层级和作用范围，可将标准划分为国际标准、区域标准、国家标准、行业标准、地方标准和企业（公司）标准。

（1）国际标准。是由国际标准化组织或国际标准组织通过并公开发布的标准。如 ISO（国际标准化组织）、IEC（国际电工委员会）、ITU（国际电信联盟）批准、发布的标准是目前主要的国际标准。

（2）区域标准。是由某一区域标准化或标准组织通过，并公开发布的标准。如欧洲标准化委员会（CEN）发布的欧洲（欧盟）标准（EN）就是区域标准。

（3）国家标准。是由国家标准化管理机构通过并公开发布的标准。国家标准有中国国家标准（代号为 GB）和国外先进国家标准等。中国国家标准是由国家标准化管理机构——国家质量监督检验检疫总局、国家标准化管理委员会批准并公开发布的。国外先进国家标准如 ANSI（美国）、BS（英国）、NF（法国）、DIN（德国）、JIS（日本）等。

（4）行业标准。是由行业标准化团体或机构批准、发布，在某行业范围内统一实施的标准，又称为团体标准。如美国的材料与试验协会标准（ASTM）、石油学会标准（API）、机械工程师协会标准（ASME），英国的劳氏船级社标准（LR），都是国际上有权威性的团体标准，在各自的行业内享有很高的信誉。我国的行业标准是"对没有国家标准而又需要在全国某个行业范围内统一的技术要求所制定的标准"，如 FZ(纺织)、JT(交通)、YY(医药)、SB（商业）、HG（化工）、QB（轻工）等行业标准。

（5）地方标准。地方标准是由一个国家的地区通过并公开发布的标准。我国的地方标准是"对没有国家标准和行业标准而又需要在省、自治区、直辖市范围内统一的产品安全、卫生要求、环境保护、食品卫生、节能等有关要求"所制定的标准，它由省级标准化行政主管部门统一组织制定、审批、编号和发布。

（6）企业标准。有些国家又称公司标准，是由企事业单位自行制定、发布的标准。也是"对企业范围内需要协调、统一的技术要求、管理要求和工作要求所制定的标准"。

**2. 按法律的约束性分类**

（1）强制性标准。主要是保障人体健康，人身、财产安全的标准和法律、行政法规规定强制执行的标准。强制性标准是国家技术法规的重要组成部分，它符合世界贸易组织贸易技术壁垒协定关于"技术法规"的定义，即强制执行的规定产品特性或相应加工方法，包括可适用的行政管理规定在内的文件。为使我国强制性标准与 WTO/TBT 规定衔接，其范围要严格限制在国家安全、防止欺诈行为、保护人身健康与安全、保护动植物的生命和健康以及保护环境五个方面。

（2）推荐性标准。推荐性标准是指导性标准，基本上与 WTO/TBT 对标准的定义接轨，即"由公认机构批准的，非强制性的，为了通用或反复使用的目的，为产品或相关生产方法提供规则、指南或特性的文件。标准也可以包括或专门规定用于产品、加工或生产方法的术语、符号、包装标准或标签要求"。

（3）标准化指导性技术文件。标准化指导性技术文件是为仍处于技术发展过程中（变化快的技术领域）的标准化工作提供指南或信息，供科研、设计、生产、使用和管理等有关人员参考使用而制定的标准文件。符合下列情况可判定为指导性技术文件：一是技术尚在发展中，需要有相应的标准文件引导其发展或具有标准价值，尚不能制定为标准的；二是采用国际标准化组织、国际电工委员会及其他国际组织的技术报告。

**3. 按标准的性质分类**

（1）技术标准。对标准化领域中需要协调统一的技术事项所制定的标准。

（2）管理标准。对标准化领域中需要协调统一的管理事项所制定的标准。主要是规定人们在生产活动和社会生活中的组织结构、职责权限、过程方法、程序文件以及资源分配等事宜。

（3）工作标准。对标准化领域中需要协调统一的工作事项所制定的标准。工作标准是针对具体岗位而规定人员和组织在生产经营管理活动中的职责、权限，对各种过程的定性要求以及活动程序和考核评价要求。

**4. 按标准化的对象分类**

（1）基础标准。在一定范围内作为其他标准的基础并普遍通用，具有广泛指导意义的标准。如名词、术语、符号、代号、标志、方法等标准。

（2）产品标准。为保证产品的适用性，对产品必须达到的某些或全部特性要求所制定的标准，包括品种、规格、技术要求、试验方法、检验规则、包装、标志、运输和储存要求等。

（3）方法标准。以试验、检查、分析、抽样、统计、计算、测定、作业等各种方法为对象而制定的标准。

（4）安全标准。以保护人和物的安全为目的而制定的标准。

（5）卫生标准。为保护人的健康，对食品、医药及其他方面的卫生要求而制定的标准。

（6）环境保护标准。为保护环境和有利于生态平衡对大气、水体、土壤、噪声、振动、电磁波等环境质量、污染管理、监测方法及其他事项而制定的标准。

## 四、相关技术法规

法规是法令、条例、规则、章程等法定文件的总称。法规指国家机关制定的规范性文件。如我国国务院制定和颁布的行政法规，省、自治区、直辖市人大及其常委会制定和公布的地方性法规。设区的市、自治州（2015《立法法》最新修订），也可以制定地方性法规，报省、自治区的人大及其常委会批准后施行。

2017年7月颁布的《中华人民共和国产品质量法》，相对应有若干中华人民共和国产品质量法关联法规。法规也具有法律效力。一个国家的法规有多种，规定技术要求的法规就是技术法规。本部分简介技术法规。

**1. 技术法规的定义** 我国的 GB/T 20000.1—2014《标准化工作指南 第1部分：标准化和相关活动的通用词汇》将此定义完整引入。该定义为："规定技术要求的法规，它或者直接规定技术要求，或者通过引用标准、技术规范或规程来规定技术要求，或者将标准、技术规范或规程的内容纳入法规中"。WTO/ISO/TBT 等文件主要从基本特点和规范对象的视角界定技术法规，指出技术法规包括两个最基本的要素：一是技术法规具有强制执行性；二是技术法规的规范对象是产品，技术法规必须是规定产品的内容的，它所规定的内容需是针对产品的特性、质量、性能、生产工艺和方法等技术性指标和技术要求，也包括规定产品生产方法的术语、符号、包装、标志或标签等要求的内容。

**2. 技术法规的属性** 技术法规具有如下属性：一是由立法机构、政府部门或其授权的其他机构依据特定的立法程序制定和颁布的，由国家强制力保障实施，具有法律的强制性；二是主要是以产品特性、加工和生产方法以及适用的管理规定为规范对象，具有特定性和技术性；三是主要是分散在其他基本法和单行法中，具有分散性；四是主要执行国家对社会公共事务的管理职能，其目的具有社会性和公益性；五是在 WTO 机制下的技术法规已成为消除技术性贸易壁垒的有效手段之一。

**3. 技术法规与标准的关系** 技术法规是制定标准的依据，技术法规是产品进入市场的最低要求，是市场准入的门槛，标准的制定不能违反技术法规；标准是制定技术法规的技术基础，凡被技术法规引用的标准条款，均成为技术法规的组成部分，因而具有与技术法规相同的强制属性。根据 WTO/TBT 协定关于技术法规和标准的定义，技术法规和标准具有以下几点区别：一是技术法规是强制执行的，而标准是自愿执行的；二是技术法规是由国家立法机构、政府部门或其授权的其他机构制定的文件，而标准则是由公认机构批准的文件；三是技术法规的制定主要是出于国家安全要求、防止欺诈行为、保护人类健康或安全、保护动植物健康或安全、保护环境等目的，体现为对公共利益的维护，而制定标准则偏重于指导生产，保证产品质量，提高产品的兼容性；四是技术法规一般侧重于规定产品的基本要求，而标准通常规定具体的技术细节。

我国强制性标准的法律地位是由《标准化法》规定的。在我国加入 WTO 文件中，将我国制定的强制性标准与 WTO/TBT 协定所规定的技术法规作等同处理，即我国的强制性标准等同于技术法规，获得国际范围内认同。

**4. 产业用纺织品技术法规意义** 类似于服用纺织品的服用、舒适性能，产业用纺织品由于使用领域的特性，在强调其功能性的同时，更加要求其可靠性与稳定性。技术法规的制定，也是政府部门义不容辞的重任，技术法规的执行是产业用纺织品开发必须遵循的规章制度。

# 第三节 产业用纤维制品检测的基础知识

产业用纤维制品检测的基础知识与传统纺织品基本相同，它除了涉及纤维材料性质的基本知识外，也涉及仪器的基本原理和实验操作方法，同时其内容还包括检测的环境、取样方法以及数据处理。本节主要介绍后一部分的内容。

## 一、检测的环境

许多纤维材料对温度和相对湿度都很敏感，大气压、材料的吸湿滞后性也对试验结果有影响。国家标准 GB/T 6529—2008《纺织品　调湿和试验用标准大气》（ISO 139：2005，MOD）代替 GB 6529—1986，对纺织品调湿和试验用的标准大气状态作出了明确规定。

国家标准 GB/T 6529—2008 对 GB 6529—1986 作了一些修改。由强制性标准改为推荐性标准；将原来规定的"温带标准大气"（温度为 20℃，相对湿度 65%）和"热带标准大气"（温度为 27℃，相对湿度 65%）两个大气条件修改为："标准大气"（温度为 20.0℃，相对湿度 65.0%）和"可选标准大气"（温度为 23.0℃，相对湿度 50.0%；或者温度为 27.0℃，相对湿度 65.0%）；对相对湿度的容差范围进行了修改。所有大气条件下的相对湿度容差范围均修改为 ±4.0%。

## 二、取样方法

产业用纤维制品检测样品的量取决于对测试精度和概率水平的要求；同时被检测样品的量也取决于单个测试结果的差异，而这是由测试方法和被检测材料决定的。

**1. 全数检验**　全数检验亦称全检或百分之百检验，它是指对受验批中的所有个体或材料进行检查。全数检验适用于批量小、质量特性单一、精密、贵重、重型的关键产品，而不适应批量很大、价廉、质量特性复杂、需要进行破坏性试验的产品质量检验。

**2. 抽样检验**　抽样检验是纤维制品检验的主要形式。抽样检验是按照规定的抽样方案，随机地从一批或一个过程中抽取少量个体或材料进行的检验。其主要特点是：检验量少，比较经济，有利于检验人员集中精力抓好关键质量，可减轻检验人员的工作强度，能刺激供贷方保证质量。检验带有破坏性的只能采用抽样检验。

实施抽样检验，抽样是十分关键的。抽样是根据技术标准或操作规程所规定的方法和抽样工具，从整批产品中随机地抽取一小部分在成分和性质上都能代表整批产品的样品。抽样检验的方法及其原理历来受到人们的高度重视。

抽样检验的理论基础是概率论和数理统计学。

## 三、数据处理

产业用纤维制品的检测，会接触到许多数据，它们表达了如下含义，即所有数据都是近似值，都有误差，因此，必须知道误差与抽样知识。要从测试数据中提取有用信息，就要求对数据进行整理加工，取得数据集中信息与离散信息，然后用试样取得的参数去估计研究对象的本质参数，检验试样数据是否能代表总体性能。检测数据处理的方法是相通的。

所谓误差，是指检测值与真值的差异。对于产业用纤维制品的检测，只能做到一定程度的准确度，但可以通过一定的方法来估计检测的准确程度。

误差可以用绝对误差和相对误差表示，而绝对误差是由系统误差和随机误差组成的。

检测误差有如下来源：测量方法与仪器误差；环境条件误差；人员操作误差；抽样误差。误差的表达方式有真误差、剩余误差、算术平均误差、极差、标准差和标准误差等。

在检测数据中，往往有个别数据与其他数据相比明显过大或过小，这种数据称为异常值。异常值的出现可能是被检测总体固有随机变异的极端表现；也可能是由于试验条件和试验方法的偏离所产生的后果；或者是由于观测、计算、记录的失误而造成的。这些都必须遵循国家标准如 GB/T 4883—2008《数据的统计处理和解释　正态样本异常值的判断和处理》和 GB/T 6379.1—2004《测量方法与结果的准确度（正确度与精密度）　第 1 部分 总则与定义》、GB/T 6379.2—2004《测量方法与结果的准确度 第 2 部分　确定标准测量方法重复性与再现性的基本方法》进行处理。

# 第四节　工商检测和基本性能检测

产业用纤维制品的工商检测是依据交易需要对制品优劣进行判定以确定价格，同时确定交易量。而纤维制品基本性能检测是基于制品为柔性片状材料的性能判定。

## 一、工商检测

工商检测也需要反映制品品质和交易包装规格等，制品的品质可通过内在质量和外观状况来评定。

**1. 品质评定**　反映制品的内在质量和外观性能的指标相当广泛，评等的方式是对考核的每项性能分别进行等级评定，根据检测结果（通常以平均值表示）和标准规定的考核指标（平均值及允差）评定出每项性能所达到的等级，以其中最低一项为制品等级。

**2. 规格检测**　纤维制品的规格要看其结构形态特征。如平面柔性材料，一般需要检验以下几项。

（1）长度。如织物的匹长，通常以 m 为单位。

（2）宽度。如织物有规定的幅宽，规定的允许公差。

（3）织物厚度。指制品一定压力条件下的厚薄程度，有标准 GB/T 3820—1997（等效采用 ISO 5084—1977）可执行。

（4）密度。如织物的经纬密，反映了织物的外观稀密、身骨、厚薄、强度高低和织物质量等。

（5）单位面积（体积）质量。这是评定织物品质的参考指标，也是对织物进行经济核算的主要指标，用 $g/m^2$ 表示。

## 二、基本性能检测

产业用纤维制品的基本性能包括强伸度、尺寸稳定性、通透性、燃烧性能、耐磨损性能、静电性能、耐热性能等，应用时，根据需要进行检测。其部分检验方法、指标及标准见表 7-2。

表7-2　产业用纤维制品基本物理性能检验

| 项目 | 标准 | 说明 |
|---|---|---|
| 断裂强力与伸长 | GB/T 3923.1—2013 | 等效采用 ISO 13934-1：2013 |
|  | GB/T 3923.2—2013 | 等效采用 ISO 13934-2：2014 |
| 撕破强力 | GB/T 3917.1—2009 | 等效采用 ISO 13937-1：2000 |
|  | GB/T 3917.2—2009<br>GB/T 3917.4—2009 | ISO 13937-2：2000<br>ISO 13937-4：2000 |
|  | GB/T 3917.3—2009 | ISO 9073-4：1997 |
| 耐磨性 | FZ/T 01121—2014<br>FZ/T 01122—2014<br>FZ/T 01123—2014<br>FZ/T 01128—2014 | — |
| 透气性 | GB/T 5453—1997 | ISO 9237：1995 |
| 透湿性 | GB/T 12704.1—2009 | ISO 12236：2006 |
| 顶破强力 | GB/T 14800—2010 |  |
| 静电性能 | GB/T 12703.1—2008<br>GB/T 12703.2—2009<br>GB/T 12703.3—2009<br>GB/T 12703.4—2010<br>GB/T 12703.5—2010<br>GB/T 12703.6—2010<br>GB/T 12703.7—2010 | — |
| 耐热性能 | GB/T 13767—1992 | — |
| 燃烧性能 | GB/T 5454—1997 | — |
|  | GB/T 5455—2014 | — |
|  | GB/T 5456—2009 | — |
|  | GB/T 8746—2009 | — |
|  | GB/T 8745—2001 | 等效采用 ISO 10047：1993 |

# 第五节　产业用纤维制品检测实例

## 一、土工用纤维制品

土工用纤维制品的很多性能与现场运用的关系非常紧密，其检测性能包括本征性能、其与环境的关系和耐用性能。

**1. 土工用纤维制品的性能要求**　对于土工用纤维制品的性能要求是：有较好的力学性能；适当的渗透性、孔径尺寸和孔隙率，以满足特定的过滤要求并使产品具有一定的抗淤塞、抗遮盖的能力；良好的耐久性；合理稳定的尺寸等。土工用纤维制品的功能及其影响参数见表7-3。

表 7-3 土工用纤维制品的功能及其影响参数

| 功能 | 重要影响参数 |
|---|---|
| 排水 | 渗透性、孔径、厚度、压缩性 |
| 过滤 | 渗透性、孔隙率 |
| 隔离 | 顶破强力、撕裂强力、孔径、抗冲击力 |
| 加固 | 耐蠕变、抗张强度、界面抗剪强力、顶破强力、韧性、摩擦性 |
| 控制侵蚀 | 界面抗剪切力、厚度、渗透性、孔径、摩擦性 |
| 防护 | 顶破强力、抗蠕变性、厚度、压缩性 |
| 容装成型 | 抗张强力、弯曲性顶破强力、孔径、耐磨性能 |

土工用纤维制品的测试指标包括力学性能测试、水力学性能测试和对外界环境的耐受性能、土壤与土工用纤维制品之间相互作用的性能测试。

**2. 土工用纤维制品的相关标准** 土工用纤维制品的相关标准见表 7-4。

表 7-4 土工用纤维制品的相关标准

| 类别 | 标准 | 名称 |
|---|---|---|
| 土工合成材料 | GB/T 17638—2017 | 短纤针刺非织造土工布 |
| | GB/T 17639—2008 | 长丝纺粘针刺非织造土工布 |
| | GB/T 17640—2008 | 长丝机织土工布 |
| | GB/T 17641—2017 | 裂膜丝机织土工布 |
| | GB/T 17690—1999 | 塑料扁丝编织土工布 |
| | GB/T 18744—2002 | 塑料三维土工网垫 |
| | GB/T 18887—2002 | 机织/非织造复合土工布 |
| | GB/T 19470—2004 | 塑料土工网 |
| 土工布及其有关产品 – 性能检测 | GB/T 13762—2009 | 单位面积质量的测定方法 |
| | GB/T 14799—2005 | 有效孔径的测定 干筛法 |
| | GB/T 14800—2010 | 静态顶破试验（CBR 法） |
| | GB/T 15789—2016 | 无负荷时垂直渗透特性的测定 |
| | GB/T 17598—1998 | 多层产品中单层厚度的测定 |
| | GB/T 17630—1998 | 动态穿孔试验 落锥法 |
| | GB/T 17631—1998 | 抗氧化性能的试验方法 |
| | GB/T 17632—1998 | 抗酸、碱液性能的试验方法 |
| | GB/T 17633—1998 | 平面内水流量的测定 |
| | GB/T 17634—2012 | 有效孔径的测定 湿筛法 |
| | GB/T 17635.1—1998 | 土工布及其有关产品 摩擦特性的测定 第 1 部分：直接剪切试验 |
| | GB/T 17636—1998 | 土工布及其有关产品 抗磨损性能的测定 砂布/滑块法 |

| 类别 | 标准 | 名称 |
|------|------|------|
| 土工布及其有关产品－性能检测 | GB/T 17637—1998 | 土工布及其有关产品　拉伸蠕变和拉伸蠕变断裂性能的测定 |
| | GB/T 19978—2005 | 土工布及其有关产品　刺破强力的测定 |
| | GB/T 19979.2—2006 | 土工合成材料　防渗性能　第2部分　渗透系数的测定 |
| 公路工程土工合成材料 | JT/T 514—2004 | 公路工程土工合成材料　有纺土工织物 |
| | JT/T 519—2004 | 长丝纺粘针刺非织造土工布 |
| | JT/T 520—2004 | 短纤针刺非织造土工布 |
| | JT/T 992.1—2015 | 土工布　第1部分：聚丙烯短纤针刺非织造土工布 |
| | JT/T 992.2—2017 | 土工布　第2部分：聚酯玻璃纤维非织造土工布 |
| 水利标准 | SL/T 235—1999 | 土工合成材料测试规程 |

## 二、医疗、卫生用纤维制品

医疗、卫生用纤维制品事关人身和环境安全，要求极其严格，要有专门资质检测单位进行检测，并注意检测时的安全性。

**1. 医疗、卫生用纤维制品的性能要求**

（1）耐消毒性。各种医疗、卫生用纤维制品都要进行消毒，以杜绝感染。消毒的方法有蒸汽消毒、干热消毒、环氧乙烷消毒、辐射消毒。这就要求医疗、卫生用纤维制品必须具备耐热性、耐辐射性、耐药品性。

（2）生物安全性。医疗、卫生用纤维制品必须具备特定的化学性能和生物性能。化学性能包括吸水性、溶出性、吸附性、缓释性、生物降解性、耐氧化性等。生物性能包括毒性、发炎性、凝血性、抗原性、过敏性、致癌性等。

（3）医疗功能性。根据医疗、卫生用纤维制品不同的应用目的，应具备不同的医疗功能性，包括止血、止痛、防感染、通透、分离、吸附、输送等功能。医疗绷带应具备防水性、防滑性、自黏性、弹性和可同化性等；缝合线应具备光滑性、易拆除性和生物吸收性等。

另外，各种医疗、卫生用纤维制品都应具有抗菌、消臭、防污、透湿、透气、干爽不闷、柔软、蓬松等性能，以使人感到舒适。

医疗、卫生用纤维制品一般安全性试验内容见表7-5。

**表7-5　医疗、卫生用纤维制品一般安全性试验内容**

| 试验项目 | 给药途径 | 试验项目 | 给药途径 |
|---------|---------|---------|---------|
| 急性毒性 | 口眼、皮下、腹腔 | 眼黏膜刺激 | 一次粘膜给药 |
| 亚急性毒性 | 皮下连续给药 | 皮肤过敏性 | 皮肤给药 |
| 变形性 | — | 皮肤粘贴 | — |
| 皮肤一次刺激 | 皮肤给药2日 | 透皮吸收 | 对人体给药 |
| 皮肤累次刺激 | 皮肤给药5周 | 其他 | — |

**2. 医疗、卫生用纤维制品的检验标准**　　主要是针对外用产品的一些行业标准，多为规格和技术要求、试验方法、检验规则、包装和标志等方面的要求。这正是今后需要进一步完善的部分。部分医疗、卫生用纤维制品相关标准见表7-6。

表7-6　部分医疗、卫生用纤维制品相关标准

| 类别 | 标准 | 名　称 |
|------|------|--------|
| 国家标准 | GB 19082—2009 | 医用一次性防护服技术要求 |
| 医药行业标准 | YY/T 0330—2015 | 医用脱脂棉 |
| | YY 0331—2006 | 脱脂棉纱布、脱脂棉黏胶混纺纱布的性能要求和试验方法 |
| | YY 0469—2011 | 医用外科口罩 |
| | YY 0594—2006 | 外科纱布敷料通用要求 |
| | YY 0854.2—2011 | 全棉非织造布外科敷料性能要求　第2部分：成品敷料 |
| | YY/T 0921—2015 | 医用吸水性黏胶纤维 |
| | YY/T 0969—2013 | 一次性使用医用口罩 |
| | YY 1116—2010 | 可吸收性外科缝线 |
| | YY 0854.1—2011 | 全棉非织造布外科敷料性能要求　第1部分：敷料生产用非织造布 |
| | YY/T 1293.4—2016 | 接触性创面敷料　第4部分：水胶体敷料 |
| | YY/T 1467—2016 | 医用包扎敷料救护绷带 |
| | YY/T 1498—2016 | 医用防护服的选用评估指南 |
| | YY/T 1497—2016 | 医用防护口罩材料病毒过滤效率评价测试方法 Phi-X174 噬菌体测试方法 |
| 商检行业推荐标准 | SN/T 0979—2009 | 进出口脱脂棉纱布检验规程 |

**3. 医疗、卫生用纤维制品的生物特性检测**　　其检测极为严格，必须要专门机构进行检测。一般检测包括如下方面的内容。

（1）生物相容性检测。生物相容性检测包括皮肤原发刺激性试验、急性全身毒性试验、慢性毒性反应及植入刺激性反应，其他实验如细胞毒性试验、溶血试验、分子生物学试验、PCR 法 +RNA 印迹分子杂交法（Northern Blot）等。

（2）生物降解试验方法。通过质量损耗率、相对分子质量测定及形态学观察（电镜）等手段分别对纤维制品在体外静态水溶液环境中及动物肌肉组织中的降解性能进行研究。评价纤维制品体外、体内的降解周期及影响其降解动力学的各种因素。包含体外降解试验、体内降解试验等。

（3）抑菌性能研究。观察不同添加剂的复合膜对大肠杆菌和金黄色葡萄球菌生长的抑制作用，评价纤维制品的抑菌强度。

## 三、交通、运输用纤维制品

交通、运输用纤维制品广泛应用于汽车、火车、飞机和轮船等交通工具，也用于对物

品的传送等领域。此处主要介绍交通、运输用纤维制品中的骨架材料。

骨架材料是指传动、传送、通风等带、管类材料，它们一般是以纤维材料为骨架，与橡胶、塑料等结合制成的制品。其品种繁多，使用要求各异。

**1. 主要制品对骨架材料的性能要求**

（1）轮胎帘子线的性能要求。强度高、耐热性好、耐疲劳性好、抗冲击性好、黏结性好。

（2）输送带骨架材料的性能要求。强力高，伸长小、耐弯曲耐疲劳性好、耐冲击性好、黏结性好。另外，一些特殊条件下使用的输送带要求骨架材料具有耐高温、阻燃、防静电等性能。

（3）输送、通风用管骨架材料性能的要求。耐压性好、耐气候性好、耐腐蚀性好。

**2. 检测及标准简述**　纤维骨架材料的耐气候性、防静电性能、阻燃性能、耐热性能可以参考前面产业用制品基本物理力学性能的检验标准。除此之外，其他性能，如产品规格、物理指标、试验方法、评等规定等的标准有具体的行业要求。部分交通、运输用纤维制品的标准见表7-7。

表7-7　部分交通、运输用纤维制品的标准

| 类别 | 标准 | 名称 |
| --- | --- | --- |
| 国家标准 | GB/T 9101—2002 | 锦纶66浸胶帘子布 |
| | GB/T 9102—2003 | 锦纶6轮胎浸胶帘子布 |
| | GB/T 33389—2016 | 汽车装饰用机织物及机织复合物 |
| 化工行业推荐标准 | HG/T 2715—1995 | 橡胶或塑料涂覆织物 抗黏合性的测定 |
| | HG/T 2716—1995 | 橡胶或塑料涂覆织物 静态耐臭氧龟裂性能的测定 |
| | HG/T 2808—1996 | 普通胶印橡皮布 |
| | HG/T 2820—1996 | 输送带用锦纶和涤锦浸胶帆布 |
| 煤炭行业标准 | MT 317—2002 | 煤矿用输送带整体带芯 |
| | MT 383—1995 | 煤矿用风筒涂覆布技术条件 |

## 四、军事、国防、航空航天用纤维制品

国防、航空航天及尖端工业用纤维制品包括火箭、宇航用制品，军用特种防护服如高空代偿服、抗荷服、防毒衣、宇航服等。国防、航空航天及尖端工业用制品材料一般具有某些特种性能，如耐高温、阻燃、高模量、高强伸度、抗撕裂、防毒、防辐射、耐腐蚀、耐疲劳、耐氧化、绝缘、隔热等。对这类制品的检验主要涉及规格和性能方面，通用标准很少，通常由应用方（如军方）提出具体制品要求。

## 五、毡毯类纤维制品

产业用毡种类很多，如按结构可分为织毡、压毡、针刺毡；按用途可分为制帽毡、建

筑用毡、车辆用毡、造纸用毡等。造纸用纤维制品主要是毡毯类。毡毯主要的性能也随着其用途的不同而不同。这里仅对造纸毡以及其他毡毯类进行简单介绍。

**1. 造纸毡毯的性能** 造纸毡毯的性能包括织物密度、透气率、模量、承托纤维作用指数、脱水指数、织物厚度、空隙面积等。对于制品的脱水性、平滑性、抗污性、耐磨性、稳定性、耐药品性、抗菌性、耐热性和耐水解性等也必须检验。

**2. 造纸毡毯的检验标准** 造纸毡毯的检验标准见表7-8。

表7-8 造纸毡毯的检验标准

| 类别 | 标准 | 指标 | 说明 |
|---|---|---|---|
| 工业用毛毡 | FZ/T 25001—2012 | 技术要求、试验方法、检验规格，包装及标志 | 适用于鉴定工业用平面毛毡、匹毡、毡轮及毡制品零件的品质，为交货验收的统一规定 |
| 分类、命名、编号 | FZ/T 20015.4—2012 | 分类命名、品号 | 适用于机织造纸毛毯和针刺造纸毛毯 |
| 机织造纸毛毯 | FZ/T 25003—2012 | 技术要求、试验方法、检验规格，包装标志 | 适用于鉴定机织造纸毛毯的品质 |
| 针刺造纸毛毯 | FZ/T 25004—2012 | 技术要求、试验方法、检验规格，包装标志 | 适用于针刺造纸毛毯（包括有纬针刺、无纬针刺的上毡、细湿毯、中细湿毯、普通湿毯及浆版毯、干毯）的品质鉴定 |
| 毛毡试验方法 | ASTM D461—1993 | 强力、伸长率、毛细管作用、剥离力、油脂含量、含杂量 | 美国材料与试验学会标准 |
| 造纸毛毯试验方法 | FZ/T 25002—2012 | 长度、宽度、标准重量、断裂强力、断裂伸长率、厚度、透气量 | 适用于各类造纸毛毯 |
| 毡的硬度 | DIN61200—1985 | 变形率 | 德国标准 |
| 织物绝热性的测定 | NFG07—107—1985 | 散热系数 | 法国标准 |

**3. 其他毡毯的检验标准** 其他毡毯的检验标准见表7-9。

表7-9 其他毡毯的检验标准

| 类别 | 标准 | 名称 |
|---|---|---|
| 国家推荐标准 | GB/T 17470—2007 | 玻璃纤维短切原丝毡和连续原丝毡 |
| | GB/T 20100—2016 | 不锈钢纤维烧结滤毡 |
| | GB/T 20309—2006 | 玻璃纤维毡和织物覆模性的测定 |
| | GB/T 25456—2010 | 钢琴用毡 |
| | GB/T 26733—2011 | 玻璃纤维湿法毡 |
| 纺织行业推荐标准 | FZ/T 20015.5—2012 | 毛纺产品分类、命名及编号 毛毡 |
| | FZ/T 20024—2012 | 羊毛条毡缩性测试 洗涤法 |
| | FZ/T 64057—2016 | 空调吸音用再加工纤维毡 |
| | FZ/T 64058—2016 | 汽车隔音隔热垫用再加工纤维毡 |

续表

| 类别 | 标准 | 名称 |
|------|------|------|
| | FZ/T 70009—2012 | 毛纺织产品经洗涤后松弛尺寸变化率和毡化尺寸变化率试验方法 |
| | FZ/T 92010—1991 | 油封毡圈 |
| 交通推荐行业标准 | JT/T 560—2004 | 船用吸油毡 |

## 六、防护类制品

对于在苛刻环境，如高温火焰、低温冷冻、化学腐蚀物、生物侵袭、电磁辐射、高能射线和紫外线等条件下，要求产业用纤维制品能为使用者提供防护。这类纤维制品要求安全可靠，这不仅体现在结构用材的耐久与稳定、防护用材的可靠及有效，而且体现在制品在使用中对人类、对环境的安全，达到生态性、对人体无危害性、功能有效与持久性的要求。

部分防护用纤维制品的标准见表7-10。

表7-10　部分防护用纤维制品的标准

| 类别 | 标准 | 名称 |
|------|------|------|
| 国家推荐标准 | GB/T 17599—1998 | 防护服用织物　防热性能　抗熔融金属滴冲击性能的测定 |
| | GB/T 20097—2006 | 防护服　一般要求 |
| | GB 20653—2006 | 职业用高可视性警示服 |
| | GB/T 20654—2006 | 防护服装　机械性能　材料抗刺穿及动态撕裂性的试验方法 |
| | GB/T 20655—2006 | 防护服装　机械性能　抗刺穿性的测定 |
| | GB/T 18136—2008 | 交流高压静电防护服装及试验方法 |

## 思考题

1．分析产业用纤维制品检测现状与发展趋势。

2．产业用纤维制品的基本性能包括哪些？

3．国际标准与产业用纤维制品检测的关系是什么？

4．试述标准与法规的异同点。

5．试述表征与检测的异同点。

6．试介绍产业用纤维制品行业中第三方检测的现状。

7．产业用纤维制品检测是如何分类的？

8．检测环境对产业用纤维制品检测有何要求？

9．农用制品的性能检验项目有哪些？

10．简述土工织物的功能及其影响参数。

11．简述土工布力学性能和水力学性能测试方法。

12．简述帐篷用帆布的检测要求。

13．简述医用、妇幼保健用制品安全性的一般试验内容。

14．试对某种产业用纤维制品检测方法作出你的分析。

15．试从解决复杂的工程问题角度谈检测的重要性。

16．试分析大数据在产业用纤维制品检测中的现状与前景。

17．为什么企业标准往往高于其他标准？

# 参考文献

［1］S.阿达纳.威灵顿产业用纺织品手册［M］.徐朴，叶奕梁，童步章，译.北京：中国纺织出版社，2000.

［2］蒋耀兴.纺织品检验学［M］.3版.北京：中国纺织出版社，2017.

［3］于序芬.纺织材料实验技术［M］.北京：中国纺织出版社，2004.

［4］纤维性能评价研究委员会.纺织测试手册［M］.北京：中国纺织出版社，1987.

# 第八章　土木、建筑用纤维制品

土木、建筑用纤维制品主要包括土工织物和建筑用纤维制品两大类。土工织物作为土工合成材料的重要组成部分，是继钢材、水泥、木材之后的第四种新型建筑材料，目前主要应用在水利、电力、铁路、公路、海港、机扬、围垦、环保、军事、建筑等各项工程中。

建筑用纤维制品主要包括建筑用纤维增强材料、防水材料、屋顶材料、膜结构材料、遮篷及灯箱织物等几大类。建筑用纤维制品在欧洲、美国、日本正蓬勃发展，在我国的应用虽然是近十几年的事，但其发展速度非常快，应用领域也在不断拓宽。

## 第一节　土工纤维制品

### 一、土工布的定义

土工布（又称土工纤维制品、土工织物和土工材料）一词最早由 J.P.Giroud 与 J.Perfetti 于 1977 年首先提出，他们把透水的土工布称为"土工织物"，是一种以聚合物为原料，经机织、编织、非织造、湿法成网等工艺生产而成，应用于土木工程中的纺织品。从广义上来说，是指在地下工程施工中应用于过滤、渗透、排水加固或加强而采用的由纤维构成的纤维制品。由于在使用过程中与土壤等土建材料密切相关，故美国材料与试验协会（ASTM）为其下的定义是："一切和地基、土壤、岩石和其他土建材料一起使用，并为人造工程、结构、系统的组成部分的纺织物。"

在土木工程中使用土工布，利用纺织品的特性对泥土起到加固、排水、过滤、隔离、防护等作用，可以延长土木工程的寿命、缩短施工时间、节省原材料、降低工程造价、简化维护保养。因此，土工布的应用是土木工程技术中的一项重大革新。

土工布在西欧、北美、日本等地区或国家发展较快，使用量也较大，广泛应用于公路、铁路、水利、水运、机场、环保等基础建设领域。我国在 20 世纪 70 年代末在江苏省长江嘶马护岸工程中，首先使用软体沉排，防止河岸冲刷，类似的软体沉排相继应用在江苏省江都西闸和湖北省长江堤防工程；到 80 年代后期，我国的土工织物的生产能力、应用范围、测试技术、理论研究等各个方面都有了较快的发展。

### 二、土工布的分类

土工布的种类很多，其分类方法也很多，目前尚没有一个统一的分类标准，习惯上有以下几种方法。

**1. 按原料的种类分类**　土工布按原料的种类可分为天然纤维土工布和合成纤维土工布。

（1）天然纤维土工布。主要有棉纤维土工布、麻纤维（黄麻）或椰子皮纤维土工布。棉纤维土工布常浇以沥青用于公路的加固材料，黄麻土工布常被用于铺设机场跑道和斜坡上的植被保护。由于天然纤维易腐烂、强力较差，耐湿性不好，寿命较差，现在已很少使用。

（2）合成纤维土工布。所使用的原料主要有丙纶、涤纶、锦纶、维纶、乙纶、玄武岩纤维等高性能纤维或塑料扁丝、塑料裂膜丝等，其中最常用的是丙纶和涤纶。合成纤维比天然纤维强度高，耐腐蚀性、耐化学药品性及耐久性都好。现在几乎所有的土工布都使用合成纤维。以丙纶的使用量最大，涤纶次之，然后是锦纶和维纶。

**2. 按织物的形状分类** 土工布按形状可分为平面状、管状、袋状、格栅状（或网状、蜂窝状）、绳索状和其他异形土工布。平面状土工布可用于地基处理材料、斜坡保护材料、排水反滤材料、界面分离材料、防渗材料等。管状土工布主要用于排水和反滤材料。袋状土工布主要起容装成形作用，用来填充石块、混凝土或沙土，保护堤坝、防止侵蚀或在混凝土的任意成形技术中发挥模板作用。格栅状或网状土工布主要用于坡面保护地基表层和治理风沙等，绳索状土工布主要用于立式排水材料和各种紧固用材料，异形土工布主要是塑料芯排水板，是由塑料芯板和外包的透水滤布构成，芯板有格栅状、瓦楞形、城墙形、多十字形、丁字形等。

**3. 按加工方法分类** 土工布按加工方法可分为机织土工布、编织土工布、非织造土工布和复合土工布。

（1）机织土工布。由经、纬两个系统纱线交织而成的土工布，常用的组织有平纹、斜纹、缎纹、方平和双层组织，多数为平纹组织，一般在阔幅织机上织造。品种有单层机织土工布（也称土工反滤布）、双层土工布（也称土工模袋布）及机织防渗布。其经、纬向强力都比较高；初始模量大，断裂伸长较小，具有较好的应力—应变关系，适用于各种对强力要求较高的场合。但机织土工布偏轴向拉伸强力较低，具有各向异性，且纱线的位移会改变土工布的孔径尺寸，同时孔眼又是直通的，不易均匀。

（2）编织土工布。主要有经编轴向织物土工布、双层经编土工布、经编和非织造复合土工布三类。经编土工布的功能多种多样，由于结构中高性能纱线呈现平行顺直排列状态，纱线的潜能能够充分发挥出来，使其拥有非常高的强度。同时，由于高性能纱线具有防腐、抗老化等特殊的功能，从而使其具有抵抗恶劣环境的优势，具有高强度、耐环境等特性的经编土工布在排水、过滤、隔离和增强等方面的功能尤为突出。

①经编轴向土工布：通过具有衬经、衬纬功能的特殊经编机织造的经编轴向织物是一种新型的定向结构织物，包括单轴向、双轴向、多轴向、格栅等组织结构，如图8-1和图8-2所示。目前，卡尔迈耶和利巴公司的多轴向经编机是世界上使用最多和最广的多轴向经编设备。经编轴向织物衬纱纱线的方向多种多样，既可以按经纱方向和纬纱方向衬入，同时也能以几乎任意角度的斜向衬入。

②经编间隔合成材料：经编间隔合成材料一般是在双针床拉舍尔经编机上生产的，通过间隔纱系统将上下表层的织物连接起来形成具有三维结构的整体织物，如图8-3所示。

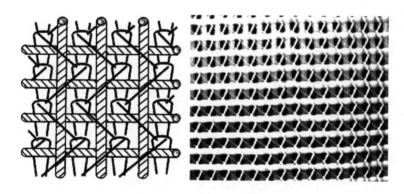

图 8-1 双轴向经编土工布

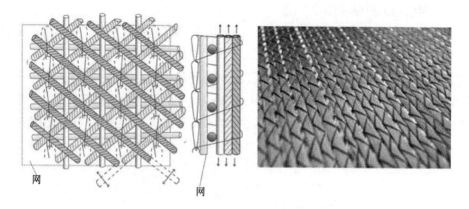

图 8-2 多轴向经编土工布

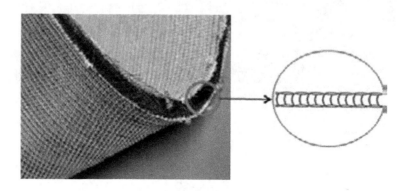

图 8-3 经编间隔土工布

间隔系统通常使用合成纤维贯穿于两个表层织物之间形成间隔层，使织物具有较大的空间，这也是间隔织物最大的结构特点。经编间隔织物特殊的空间结构同样赋予了其抗压、透气导湿、结构整体性与可成形性等，从而能够应用于诸多领域。尤其作为土工材料应用，在过滤和排水领域具有独特的优势。

（3）非织造土工布。由合成纤维通过针刺或其他非织造技术加工而成的透水性土工布，主要是纺粘、针刺和热熔黏合等土工布，成品为布状，一般宽度为 4 ～ 6m，长度为 50 ～ 100m。非织造土工布优点：通气性、过滤性、保温性、吸水性、防水性、伸缩性、不蓬乱、手感好、柔软、轻盈、有弹性、可复原、无布料的方向性，与纺织布相比生产性高、生产速度快、价格低、可大量生产等。其缺点是：与纺织布相比，强度和耐久性较差；不能像其他布料一样清洗；纤维按一定方向排列，所以容易从直角方向裂开等。非织造土工布按其加工方式可分为纺粘土工布、短纤针刺和热熔黏合土工布等。

①纺粘土工布：纺粘土工布是由连续长丝铺设而成的，其力学性能较好，如强度较高、伸长率好，并且撕裂强度和顶破强度均高于短纤针刺土工布。

②短纤针刺（水刺）土工布：该土工布的水平与垂直方向均具有较高的孔隙率，吸水性和透水性良好，强度高，抗形变能力强，质地柔软，结构较蓬松，厚度大，且施工方便。短纤针刺（或水刺）土工布的水力学性能尤为出色，特别适合用于排水和过滤工程，在岩土工程和水利工程中应用很广泛。

③热熔黏合土工布：该类土工布的抗拉强度高、厚度薄，主要用于公路增强或分离工程。

（4）复合土工布。有时单一类型的土工布不能满足工程上性能的要求，有两种或两种以上不同功能、不同种类的土工布与其他材料复合而成的织物称为复合土工布，复合材料可以是经编布与非织造布的复合，也可以是机织布与非织造布的复合，或者是非织造布与吹塑膜、压延膜、涂膜等的复合。其中最常见的有复合土工布、复合土工膜和复合排水材料等。

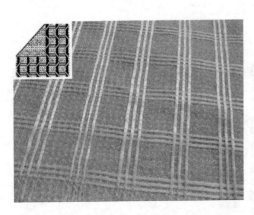

图 8-4　经编/非织造布复合土工布

①复合土工布：由两种相同的或不同的织物，包括机织布、经编织布和非织造布等，经过针刺、黏合或缝合等工艺复合而成。图 8-4 所示为经编织布与非织造布复合，不仅可以提高非织造布的强力，增强非织造布的稳定性，而且可以改善编织布的过滤性能和耐老化性能。

②复合土工膜：由织物与土工膜经过压制或涂抹等工艺复合而成的土工材料。其中，制作土工膜的聚合物大致有塑料类（如聚乙烯和聚氯乙烯等）、橡胶类（如丁基橡胶）、沥青和树脂类等。例如，非织造布与土工膜复合，除了能增加非织造布的强力和模量，还可起到排水和排气的作用，同时提高膜面的摩擦因数，可以增强膜的防渗性能。

③复合排水材料：由织物与排水板或网孔管等复合而成的土工材料。该材料能迅速地将土壤或围岩中的渗水收集到管中，然后将渗水顺着板材或管材排出材料外。

## 三、土工布的功能

土工布之所以能在各项工程中广泛应用，主要是由土工织物本身所具有的功能所决定的。土工布是一种多功能性材料，在土木工程中的功能可以概括为加固、隔离、过滤、排水、防护、防渗等作用。

**1. 加固作用**　即利用土工布与土截面的相互作用来改善土壤层的力学性能，提高土体强度和稳定性，限制土体位移。由于土工布具有较高的抗拉强度，在土体中可增强地基的承载能力，同时可以改善土体的整体受力情况（图8-5），它主要用在松软地基处理、斜坡、挡土墙等加固稳定方面。

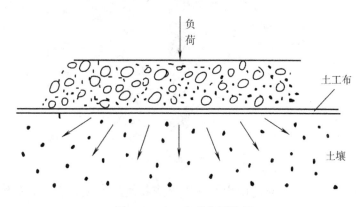

图 8-5　土工布的加固作用

**2. 隔离作用**　利用土工布对具有不同物理性质（粒径大小、分布、稠度及密度等）的建筑材料（如土体与沙粒、土体与混凝土等）进行隔离，使两种或多种材料间不流失，不混杂，保持材料的整体结构和功能，使构筑物承载能力加强。图8-6所示为土工布的隔离作用示意图，主要用在铁路、机场、公路基地、土石坝工程、软弱基础处理及河道整治工程。

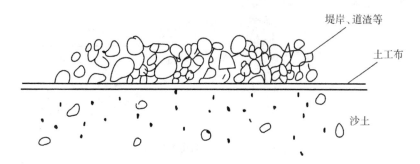

图 8-6　土工布的隔离作用

**3. 过滤作用**　当水由细料土层流入粗料土层时，利用土工布良好的透气性和透水性，使水流通过，而有效地截流土颗粒、细沙、小石料等，以保持水土工程的稳定。作为滤层材料必须具备两个条件：一是必须有良好的透水性能，当水流通过滤层后，水的流量不减少；二是必须是较多的孔隙，其孔径比较小，以阻止土体内土颗粒的大量流失，防止产生土体破坏现象（图8-7）。土工布完全具有上述两个条件，不仅具有良好的透气、透水性能，而且具有较小的孔径，孔径又可以根据土颗粒情况在制作时加以调整。因此，当水流垂直织物平面方向通过时，大部分土颗粒不被水带走，起到了滤层作用。

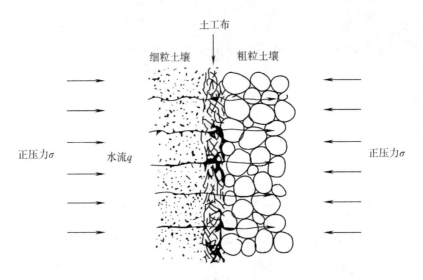

图 8-7　土工布的过滤作用

**4. 排水作用**　排水作用是将雨水、地下水或其他流体在土工布相关产品平面收集与运输。土工布是良好的透水材料，无论在织物的法向或水平面均具有较好的排水能力，能将土体内的水积聚到织物内部形成排水通道排出水体（图 8-8）。它主要用在水坝、路基、挡土墙、运动场地下排水及软土基础排水等方面。排水功能和过滤功能的最大区别在于水的流动方向不同，排水是沿土工布的平面流动，因而沿土工布平面方向的渗透能力（导水率）是关键。这和起过滤作用时，液流穿过土工布截面的方向（透水率）完全不同。

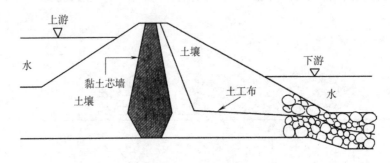

图 8-8　土工布的排水作用

**5. 防护作用**　水流对土体冲刷时，土工布能有效地将集中应力扩散、传递或分解，防止土体受外力作用而破坏，起到对材料的保护作用。防护分为两种情况：一是表面防护［图 8-9（a）］，即将土工布放置在土体表面，保护土体不受影响而避免被破坏；二是内部接触面的保护［图 8-9（b）］，即将土工布置于两种材料之间，当一种材料受几种应力作用时，而不使另一种材料被破坏。它主要应用于护岸、护坡、河道整治、海岸防潮等工程。

**6. 防渗作用**　主要是防止水和有毒液体的渗漏，一般都采用涂层土工布或高分子聚合物制成的土工膜。涂层土工布一般在布上涂一层树脂或橡胶等防水材料，主要有短纤针

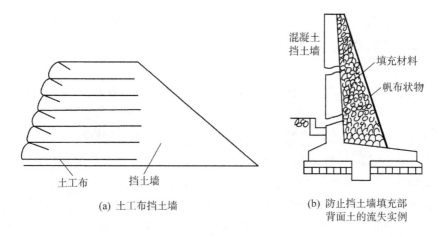

（a）土工布挡土墙　　　　　　（b）防止挡土墙填充部<br>背面土的流失实例

图 8-9　土工布的防护租用

刺非织造土工布和裂膜丝机织土工布，具有优越的透水性、过滤性、耐用性，可广泛用于铁路、公路、运动馆、堤坝、水工建筑、遂洞、沿海滩涂、围垦、环保等工程。

在土工布的各种应用中，往往需要土工布发挥多种作用，但有时是其中的一种功能起主导作用，其他的功能起次要或辅助作用。表 8-1 列出了土工布的应用领域及其相应的功能。

表 8-1　土工布的应用领域及其相应功能

| 应用领域 | 土工布的功能 | | | | | |
|---|---|---|---|---|---|---|
| | 隔离 | 滤层 | 排水 | 增强 | 防护 | 防渗 |
| 铺砌好和待铺砌的道路 | △ | △ | △ | ○ | — | — |
| 湿、松软的地基 | △ | ○ | ○ | ○ | — | — |
| 膜片路基 | — | — | — | ○ | — | △ |
| 路面重铺 | ○ | △ | ○ | — | — | — |
| 排水 | △ | △ | — | — | — | — |
| 运动场地 | ○ | △ | — | — | — | — |
| 控制侵蚀 / 水利设施 | △ | △ | — | — | — | — |
| | ○ | △ | ○ | ○ | △ | ○ |
| 密封设施（外壳） | △ | △ | △ | ○ | — | — |
| 松软土质上的土堤 | — | — | ○ | △ | — | — |
| 增强土墙和坡 | — | — | △ | — | — | — |
| 隧道 | — | — | — | — | △ | — |

注　△为主要功能；○为次要功能。

## 四、土工布的性能要求和检验标准

**1. 性能要求**　土工布在各项工程中应用时，由于应用的目的、工程地质条件、工程结构设计等各种不同因素的影响，对土工布类型的选择及技术指标也有所不同，但总的来说，对土工布的性能要求包括以下几个方面。

（1）物理性能。

①单位面积质量：指单位面积土工布具有的质量，即每平方米土工布具有的质量，单位为 g/m²。

②厚度：是指承受一定压力的条件下，织物两个表面之间的间距，单位为 mm。

对土工布物理性能总的要求是各相同性（即各项的弹性等基本相同）、均质性（即厚度和单位面积质量等应均匀）、稳定性（即各种性能随时间基本不发生变化）。

（2）力学性能。土工布必须具有较好的力学性能，其力学性能越好，用途就越广。这些性能主要有拉伸强度、撕裂强度、顶破强度、刺破强度、动态穿孔、接头/接缝强度、磨损强度、蠕变性能等。

①拉伸强度：指织物试样在边侧无限条件下，受拉力作用至拉伸断裂时所获得的单位宽度上所能承受的最大拉力，单位为 kN/m 或 N/m。拉伸强度和伸长率是土工布力学性能最重要的指标。

②梯形撕裂强度：指采用梯形撕裂法对已剪有裂口的试样施加拉力，使其裂口扩展至试样破损所需的最大拉力，单位为 N。试样尺寸如图 8-10 所示。

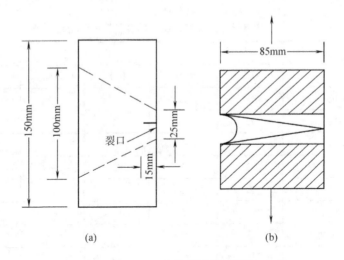

图 8-10　土工布的梯形撕裂试样

③顶破强度：指织物在垂直于平面方向上的顶压载荷作用下，使之产生变形直至破坏时所需的最大顶破压力，单位为 N。

④刺破强度：指试样受垂直于平面方向上的小面积、高速率的集中载荷的作用，直至将织物刺破所需要的最大应力，单位为 N。

⑤动态穿孔：指金属锥体从垂直织物平面上一定的高度处自由下落时，锥尖穿透织物孔眼的大小，单位为 mm。

⑥接头/接缝强度：指缝合或结合两块或多块平面结构材料所形成的联结处的最大的

拉伸强力，单位为 kN/m。

⑦抗磨损性：指织物受其他表面摩擦而产生的损耗，用摩擦前后试样拉伸强力的损失分布表示。

$$强力损失率 = \frac{F_A - F_B}{F_A} \times 100\% \qquad (8-1)$$

式中：$F_A$——参照样断裂强度，N；

　　　$F_B$——磨损样断裂强度，N。

⑧蠕变性能：土工布大都应用在永久性工程中，在长期载荷作用下会产生较大的形变，即在恒定负荷下其变形的时间函数，表现出明显的蠕变特性。拉伸蠕变指在规定的条件下，对土工布分档施加小于断裂强力的拉伸负荷，且长时间作用，直到达到规定的时间或试样断裂，以此测定土工布应力与应变的关系。

（3）水力学性能。水力学性能是土工布最重要的性能之一。土工布在使用中几乎都与水有直接的关系，因此，土工布水力学性能的好坏，会直接影响工程质量的好坏，进而影响工程的寿命，关系重大。水力学性能主要有土工布的孔径、孔隙率和渗透性能。

①土工布的孔径：土工布的主要作用有过滤和隔离。作为过滤层，它要在使液体通过的同时保持住受液体作用的土颗粒；作为隔离层，它要防止不同的土和填料的混合。土工布孔径的大小和数量直接影响着这些使用性能。进行工程设计时，必须根据实际使用场所的土质情况选择孔径适当的土工布。因此孔径是土工布的极其重要的指标之一。

土工布孔径测量的方法有直接法和间接法。直接法包括显微镜法和投影法，用于组织简单的机布的孔径测试。间接法包括干筛法、湿筛法和水银压入法等。

土工布的孔径既关系到渗透性，又关系到工程的稳定性，一般用等效孔径（$O_e$）表示。由于试验方法或试验条件的不同，各国对 $O_e$ 的取值是不统一的。如美国陆军水道试验站用 150g 粒径相同的砂样置于以土工布为筛网的振动筛中，振动 20min，当 95% 的砂样留在土工布试样上时，该粒径即为土工布的等效孔径，用 $O_{95}$ 表示，亦即 $O_e = O_{95}$。英国 ICI 公司，把 100g 已知粒径的均匀玻璃珠，在振动筛中振动 5min，振动筛的直径为 30cm，等效孔径取 $O_e = O_{50}$。荷兰采用 50g 规定粒径的标准砂样，在振动筛中振动 5min，取 $O_e = O_{98}$。德国采用 100g 已知粒径的砂样，在振动筛中振动 15min，并用下式来计算土工布孔径 $D_W$（mm）。

$$D_W = f_u + (f_0 - f_u) \frac{G_0}{G_T}$$

式中：$G_0$——透过量，g；

　　　$G_T$——砂总量，g；

　　　$f_0$——某一粒径下限值，mm；

　　　$f_u$——某一粒径上限值，mm。

以上所用试验砂样可分级为 0.057 ~ 0.1mm，0.1 ~ 0.2mm，0.2 ~ 0.25mm，0.25 ~ 0.3mm，0.3 ~ 0.4mm，筛的直径为 20cm。

②土工布的孔隙率：表示土工布的孔隙体积占土工布总体积的百分比。孔隙率越大，排水性越好。孔隙率可以间接测得，计算公式如下：

$$N=\left(1-\frac{m}{p\delta}\right)\times100\%$$

式中：$N$——孔隙率，%；

$\quad$ $m$——土工布面密度，$g/cm^2$；

$\quad$ $p$——土工布纤维的密度，$g/cm^3$；

$\quad$ $\delta$——土工布的厚度，cm。

③土工布的渗透性能：渗透性能是影响土工布排水和过滤效果的重要参数，常用渗透系数 $K$ 来表示，单位是 cm/s。渗透系数越大，排水效果越好。根据水流渗透途径不同，渗透系数可分为两种：一是当水流渗透方向垂直布平面时，称垂直渗透系数；二是当水流渗透方向沿布平面平行渗透时，称水平渗透系数。过滤主要是垂直渗透性能，而排水主要是水平渗透性能。

渗透系数的测试和计算沿用达西定律。按照达西定律，土工布某截面上单位时间内通过的总水量 $Q$ 等于土工布的渗透系数、截面积和水力梯度（渗透路径/水压差）的乘积，即：

$$\frac{Q}{t}=KIS=K\frac{H}{L}S$$

$$K=\frac{QL}{tHS}$$

式中：$Q$——总水量，$cm^3$；

$\quad$ $S$——透过平面的截面积，$cm^2$；

$\quad$ $H$——透过前后的水压差，cm；

$\quad$ $I$——水力梯度；

$\quad$ $t$——渗透时间，s；

$\quad$ $L$——渗透路径，cm。

渗透系数是在不同水温条件下测试的，因此应换算成标准温度20℃时的渗透系数。标准温度20℃下的垂直渗透系数按下式计算：

$$K_n=\frac{Q\delta}{tHS}\cdot\frac{\eta_T}{\eta_{20}}$$

式中：$K_n$——标准温度20℃时的布垂直渗透系数，cm/s；

$\quad$ $\delta$——布的厚度，cm；

$\quad$ $\eta_T$——标准温度T℃时水的动力黏滞系数，$kPa\cdot s$；

$\quad$ $\eta_{20}$——标准温度20℃时水的动力黏滞系数，$kPa\cdot s$。

标准温度20℃下的水平渗透系数按下式计算：

$$K_t=\frac{OL}{HB\delta t}\cdot\frac{\eta_T}{\eta_{20}}$$

式中：$K_t$——标准温度 20℃时的织物水平渗透系数，cm/s；

　　$B$——试样的宽度，cm。

（4）与使用环境有关的其他性能。

①老化特性：土工布在使用中，要受到阳光辐射、温度变化、生物侵蚀、化学腐蚀、水分作用等各种外界因素的影响，使其织物强度和性能逐渐减弱，直至失去其功能和作用。这一作用过程即是土工布的老化。影响土工布老化的因素很多，也很复杂，常常是几种因素共同作用的结果，但几乎所有的研究人员都认为，阳光中的紫外线辐射是影响织物老化的最重要的因素。由于紫外线的辐射使高分子聚合物发生分解反应，老化的速度与辐射的强度、温度、湿度、聚合物的种类、颜色、织物的结构等因素密切相关。目前，老化特性研究的方法有人工加速老化试验、大气暴露老化试验和实际应用老化试验。

②抗化学腐蚀性：土工布使用的环境很复杂，有时十分恶劣，pH 变化很大，因此，要求土工布要有较强的抗化学腐蚀的能力。将土工布的试样在不同浓度和温度的化学试剂中浸泡一定时间，然后测其质量、尺寸、外观和强度的保持率。

③耐热性：土工布在施工时，有时会与热沥青接触，因此，土工布的耐热性也是需要检验的一个重要参数。耐热性试验可通过将试样在一定温度的干热空气放置 3h 后，测试它的强度保持率。对于低温中使用的试样，要进行低温试验，了解材料在低温时的脆性。

④摩擦特性：土工布的特性对于其大多数的应用都是非常重要，特别是用于岸坡堤坝的加固、反滤、排水、护水及挡土墙的土工布，其摩擦系数直接关系工程的质量及安全。当土工布与土壤间的摩擦系数 $\mu_B$ 小于土壤之间的摩擦系数 $\mu_T$ 时，会造成部分堤坡沿土工布水平方向向外运动，导致堤坝崩溃。摩擦特性测定是使用直剪仪对沙土／土工布接触面进行直接剪切试验，测定沙土／土工布界定的摩擦特性，通常有接触面积不变和接触面积递减两种剪切仪。

**2. 检验标准**　土工布的性能评价是按其使用目的和场所来确定试验项目，并对其做出正确的评定。我国近年来陆续出台了一些土工布的标准，但不十分全面。现将土工布主要性能的检验标准列于表 8-2 中，表 8-3 所示为不同规格土工布技术参数，供选用。

表 8-2　土工布主要性能的检验标准

| 项目 | 方法或名称 | 中国国家标准 | 欧洲及部分国家标准 | ASTM 标准 | ISO 标准 |
| --- | --- | --- | --- | --- | --- |
| 土工布术语 | 土工合成材料　术语和定义 | GB/T 13759—2009 | EN 30318—1992 | D4439 | ISO 10318—1990 |
| 取样和试样制备 | 土工合成材料　取样和试样制备 | GB/T 13760—2009 | EN 963—1995 EN ISO 9186—1996 | D4354 | ISO 9862—1990 ISO 186—1994 |
| 厚度 | 土工合成材料　规定压力下厚度的测定　第一部分：单层产品厚度的测定方法 | GB/T 13761.1—2009 GB/T 17598—1998 | EN 964—1—1995 EN 9863—2—1995 | D5199 | ISO 9863—1990 ISO 9863-2—1996 |
| 单位面积质量 | 土工合成材料　土工布及土工布有关产品单位面积质量的测定方法 | GB/T 13762—2009 | EN 965—1995 | D5261 | ISO9864—1990 |

| 项目 | 方法或名称 | 中国国家标准 | 欧洲及部分国家标准 | ASTM 标准 | ISO 标准 |
|---|---|---|---|---|---|
| 撕裂强度 | 土工合成材料 梯形法撕破强力的测定 | GB/T 13763—2010 | NF G38-015—1989 | D4533 | — |
| | 土工布抗撕裂性能测定 | — | — | D5884 | |
| 透气性 | 土工布透气性的试验方法 | GB/T 13764—1992 | — | | — |
| 拉伸强力 | 土工合成材料 宽条拉伸试验方法 | GB/T 15788—2017 | EN 29073-3—1998-07 PR EN ISO 13934 -1 —1998-07 | D4595 | ISO 9073-3—1997 ISO 5081—2000 ISO 10319—2015 |
| 接头/接缝强力 | 土工合成材料 接头/接缝宽条拉伸试验方法 | GB/T 16989—2013 | EN ISO 10321—2008 -05 | D4884 | ISO 10321—2008 |
| 鉴别标志 | 土工合成材料 现场鉴别标识 | GB/T 14798—2008 | EN 30320-1993-06 | D4873 | ISO 10320—1999 |
| 孔径 | 土工布及其有效孔径测定方法（干筛法）/土工布有效孔径测试仪（湿筛法） | GB/T 14799—2005 GB/T 17634—2012 | BS 6906-2—1995 | D4751 | ISO 12956—2010 |
| 顶破强力 | 土工合成材料 静态顶破试验（CBR法） | GB/T 14800—2010 | DIN EN 14151—2001 PR NF EN 14151—2001 | — | — |
| 动态穿孔 | 土工布动态穿孔试验机（落锥法） | GB/T 17630—2012 | ISO 13433—2006 | — | ISO 12236—2006 |
| 刺破强力 | 土工布及其有关产品刺破强力的测定 | GB/T 19978—2005 | — | D4833 | — |
| 透水性 | 土工布及其有关产品无负荷时垂直渗透特性的测定 | GB/T 15789—2016 | EN 10204—1995-07 EN ISO11058—2010-08 EN ISO12958—2010-08 | D4491 D5493-06 | ISO 11058—2010 ISO/TR 12960—1998 |
| | 恒定水头下测定垂直于土工布表面水流量 | — | | | |
| 导水性 | 土工布试样——导水性测定 | — | | D4716-07 | ISO 10318—2005 |
| | 土工布及其有关产品平面内水流量的测定 | GB/T 17633—1998 | | | |
| 防渗性能 | 土工布合成材料 防渗性能第1部分：耐静水压的测定土工合成材料 防渗性能的第2部分：渗透系数的测定 | GB/T 19979—2005 GB/T 19979—2006 | BS EN 13562-2000 DIN EN 14415—2002 | D5514 | |
| 抗冲压 | 土工布试验 抗冲压的测定 | — | EN 918—1995-12 | D4833 | ISO/DIS 13433—1996-03 |
| | 土工布动态穿孔试验机（落锥法） | GB/T 17630—2012 | | | |

续表

| 项目 | 方法或名称 | 中国国家标准 | 欧洲及部分国家标准 | ASTM标准 | ISO 标准 |
|---|---|---|---|---|---|
| 摩擦性能 | 直接剪切法测定沙与土工布之间的摩擦性能 | GB/T 17635.1—1998 | PR ISO 12957-1—1997-12 | D5321 | ISO/DIS 12957-1—1997-12 |
| 样品的安放使用方法 | 样品的安放使用方法 | — | ENISO 13437—1998-08 | - | ISO 13437—1998 |
| 耐用程度测试评价 | 耐用程度测试评价 | — | ENV 12226—1998-08 | D5819 | ISO/TR 13434—1998 |
| 抗磨损性能 | 土工布及其有关产品抗磨损性能的测定 纱布滑块法 | GB/T 17636—1998 | ENISO 13427—1998-10 | D4886 | ISO 13427—1998 |
| 抗氧化性能 | 土工布及其有关产品抗氧化性能的实验方法 | GB/T 17631—1998 | PR ENV ISO 13438—1998-07 | D5885 | ISO/TR 13438—1999 |
| 耐微生物性能 | 耐微生物性能 | — | ENV 12225—1996-10 | — | — |
| 耐气候性能 | 耐气候性能 | — | ENV 12224—1996-10 | — | — |
| 抗酸碱性能 | 土工布及其有关产品抗酸、碱性能的测试方法 | GB/T 17632—1998 | — | D5322 | — |
| 拉伸蠕变、拉伸蠕变断裂性能 | 土工布及其有关产品拉伸蠕变和拉伸蠕变断裂性能的测定 | GB/T 17637—1998 | EN ISO 13431—1998-02 ENV 1897—1996-01 | D5262 | ISO 13431—1999 |

### 表8-3 不同规格土工布技术参数示例

| 规格\项目 | 100 | 150 | 200 | 250 | 300 | 350 | 400 | 450 | 500 | 600 | 800 | 备注 |
|---|---|---|---|---|---|---|---|---|---|---|---|---|
| 单位面积质量偏差（%） | −6 | −6 | −6 | −5 | −5 | −5 | −5 | −5 | −4 | −4 | −4 | — |
| 厚度≥（mm） | 0.8 | 1.2 | 1.6 | 1.9 | 2.2 | 2.5 | 2.8 | 3.1 | 3.4 | 4.2 | 5.5 | — |
| 幅宽偏差（%） | −0.5 | | | | | | | | | | | — |
| 断裂强力≥（kN/m） | 4.5 | 7.5 | 10.0 | 12.5 | 15.0 | 17.5 | 20.5 | 22.5 | 25.0 | 30.0 | 40.0 | 纵横向 |
| 断裂伸长率≤（%） | 40 ~ 80 | | | | | | | | | | | 纵横向 |
| CBR 顶破强力≥（kN） | 0.8 | 1.4 | 1.8 | 2.2 | 2.6 | 3.0 | 3.5 | 4.0 | 4.7 | 5.5 | 7.0 | 纵横向 |
| 等效孔径O90（O95）（mm） | 0.07 ~ 0.20 | | | | | | | | | | | — |
| 垂直渗透系数（cm/s） | $k*(f_0-f_u)$ | | | | | | | | | | | $k=1.0 ~ 9.9$ |
| 撕破强力（kN） | 0.14 | 0.21 | 0.28 | 0.35 | 0.42 | 0.49 | 0.56 | 0.63 | 0.70 | 0.82 | 1.10 | 纵横向 |

注 $f_0$，$f_u$ 分别为某一粒径下限值、上限值，单位为 mm。

### 五、土工布的应用

土工布作为建筑材料在土木工程中的应用是极其广泛的。在水利水电工程中，土工布主要用于软弱地基基础加固，替代砂石料作反滤层，保护土壤不致流失；在公路、铁路工程中，土工布主要用于解决路基沉陷、防止翻浆冒泥、防止沥青路面产生反射裂缝、防止路基冻融等问题；在港湾与海湾工程中，土工布主要用作反滤材料、软地基加固、海岸防护等；在环境工程中，土工布主要用于立体绿化环境（如建造屋顶花园，利用土工布防渗），建造垃圾填埋场中的防渗材料等；另外，土工布主要在护坡、挡土墙、保护河床、围海造地、运动场等诸多方面都有较好的应用。

**1. 土工布在公路建设中的应用** 土工布在公路中起分离、加固和排水作用。土工布由于其良好的整体性、连续性和耐久性，用于路面结构中（图 8-11），具有隔离、防渗、加筋、过滤、排水作用，可以提高沥青面层的抗疲劳开裂、防止反射裂缝和抗变形能力，可使旧路强度明显不足、车流量大，重型超载车辆频繁、路面龟裂严重的半刚性基层沥青路面的使用质量得以改善，从而延长路面结构的使用寿命。土工布在道路工程中有越来越广泛的应用前景。

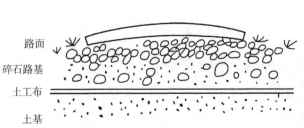

图 8-11 土工布在公路建设中的应用

**2. 土工布在铁路建设中的应用** 铁路相对于公路要求更高，铁路路基是承受并传递轨道重力及列车动态作用的结构，是轨道的基础，是保证列车运行的重要建筑物。目前，我国对土工布在铁路路基中的应用越来越重视，已经制定了中华人民共和国行业标准《铁路路基土工布应用技术规范》。铁路路基上通常使用的是两布一膜复合体土工布，在碴和路基之间铺放土工布后，主要起分离、加固和排水作用，通常用600g长丝土工膜的较多，如图 8-12 所示。例如，某一铁路路堤软基，无基底加筋的实验路堤，填筑至堤高约 3m 时就产生滑动毁坏；采用两层强度较高的编织土工布加筋土垫层后，路堤可成功填筑至 5m 多高。

**3. 土工布在岸坡堤坝上的应用** 堤坝和海塘由于长期受水浸泡和冲击，洪水期和涨潮时容易出现险情，加固堤坝和海塘是一项重要的工作，常用的方法是用石块和水泥来加固，工程量大，投资大，但是如果在堤坝浸水侧的坡面上铺上一层土工布，施工就很简

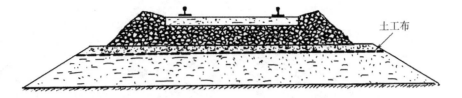

图 8-12　土工布在铁路建设中的应用

单，只要在土工布上铺上石块即可，且可以带水施工。

（1）土工布在堤坝中的分离和排水作用。在堤防施工中，普遍采用了钢筋混凝土箱底板和梁板式岸墙预制水闸，优点是造价低、结构合理以及方便施工。但在堤坝运行中，仍遭遇到淘刷，每年都要投入大批人力物力做堤坝维修。因此，可以采用土工布进行护坦防冲护底。土工布的反滤作用可使闸基与坦基避免出现冲刷和管涌等渗透性破坏；"加筋功能"提升地基的承载力，使得地基的应力和沉陷趋向于均匀，块石对软基因应力集中而受挤压剪切出现的破坏现象消除；"隔离作用"确保软基的竖向排水，使固结速度加快，同时也防止了淤泥自石缝被挤出而造成流失。采用土工布过滤层可使控制河床被侵蚀的工程大大简化，土工布可铺放在防冲乱石与细碎石之下，保护岸坡用的土工布既有分离作用，又有反滤、排水作用，还要承受巨浪拍打和水流冲刷等严酷环境的考验。因此，比一般用于加固和排水的土工布要求要高。图 8-13 所示为土工布在堤坝防护中的应用。

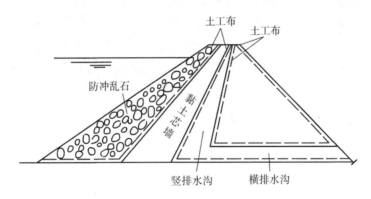

图 8-13　土工布在堤坝防护中的应用（一）

（2）土工布在堤防工程上的应用。复合土工布具有优良的过滤和隔离功能，铺在防护堤的泥土层和碎石之间，可防止土层与碎石混杂，保持土层受到相对较小的压力，保护堤岸不被水流冲蚀。另外，还可利用土工材料制作形成土工袋，将泥沙装在土工袋中形成柔韧的、抗侵蚀的重量较大的整体放置在河堤或者河道内，起到固定河堤和防护的作用，图 8-14 所示为土工布在堤坝防护中的应用。

（3）土工布在防止山体滑坡中的应用。山体滑坡是常见的地质灾害之一，指山体斜坡上某一部分岩土在重力作用下，沿着一定的软弱结构面（带）产生剪切位移而整体地向斜坡下方移动的作用和现象，会造成一定范围内的人员伤亡、财产损失以及严重威胁附近的道路交通。常用的防止山体滑坡的措施有山体滑坡防护网、混凝土抗滑结构、锚固技术、

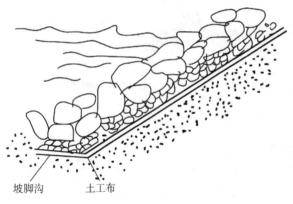

坡脚沟　　土工布

图 8-14　土工布在堤坝防护中的应用（二）

减载、排水、利用植被防止山体滑坡、土工布防止山体滑坡等，而土工布在防止山体滑坡中有着广泛的应用。

**4. 土工布在垃圾填埋场中的应用**　土工布具有防渗、排水、导气、覆盖等多种功能，在垃圾填满场中的应用（图 8-15）已引起人们的重视，为垃圾卫生填埋创造有利的条件，具有非常广阔的前景。目前，在垃圾填埋场中，应用范围最广的是聚酯纺粘土工布和膨润土防水毯。聚酯纺粘土工布是卫生填埋场防渗设计和施工必备材料，它是由聚脂纺织纤维制成，用机械（针刺）或加热或化学方法加固的织物，按材料类型分为长纤非织造土工布和短纤非织造土工布。卫生填埋场考虑到安全稳定，一般从使用寿命和力学性能指标（拉伸强度、撕裂强度、顶破强度及拉伸延伸率）等因素考虑，作为保护层大多采用长纤非织造土工布；作为单一排水和过滤层的时候，有时也采用短纤非织造土工布。

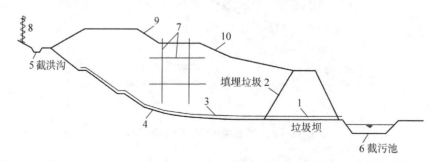

图 8-15　土工布在垃圾填埋场中的应用

1—渗沥水排放管　2—防渗、排水复合膜　3—外包透水土工布排水管网　4—土工膜（HDPE）铺非织造土工织物
5，6—防渗膜衬底　7—外包土工布排水排气管　8—围网　9—土工膜覆盖层　10—土工植草网垫

**5. 土工布在挡土墙中的应用**　加筋挡土墙是在实践中不断总结发展起来的一种新型的挡土墙技术，它通过利用填土工程的抗压能力与性质，提高了挡土墙的稳定特性，也一定程度上减小了挡土墙的变形。一般工程认为，土工布的结构模型是最为理想的弹塑性模型结构，且处理方法与平面的四边形比较相似，可作挡土墙回填中的加筋，或用于锚固挡土墙的面板，修筑包裹式挡土墙或桥台。土工布加筋是当前的一项新型土工技术，其主要

的应用形式便是加筋挡土结构，这种技术在国外已经得到了广泛使用。

**6. 土工布在地下排水系统中的应用** 水是影响土工建筑稳定性的主要因素。降雨会湿润地表，水的渗透使土壤软化，增大土重，降低土壤内的摩擦力和黏聚力，使土壤的承受能力和稳定性降低，如图 8-16 所示。土壤含水在冬季易造成冻害，所以在大量土工建筑中都必须建造排水系统，使水分迅速流走。土工布具有良好的导水性能，它可以在土体内部形成排水通道，将土体结构内多余液体和气体外排。土工布滤层道路排水一般包括土工布滤层基层排水和土工布滤层路边排水两部分，基层排水将渗入的水分输送至与它相连的路边排水系统，而路边排水系统则负责收集来水，并通过一定间距的排水口，将水排出。

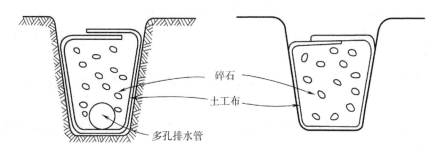

图 8-16 土工布在地下排灌系统中的应用

**7. 防渗土工布的应用** 防渗土工布（复合土工膜）是以塑料薄膜作为防渗基材，与非织造布复合而成的土工防渗材料，它的防渗性能主要取决于塑料薄膜的防渗性能。目前，国内外防渗应用的塑料薄膜，主要有聚氯乙烯（PVC）和聚乙烯（PE），是一种高分子化学柔性材料，比重较小，延伸性较强，适应变形能力高，耐腐蚀，耐低温，抗冻性能好。水工用厚度为 0.2m 的加稳定剂的聚乙烯薄膜，在清水条件下工作年限可达 40 ~ 50 年，在污水条件下工作年限为 30 ~ 40 年。图 8-17 为防渗土工布的应用。

**8. 土工布在混凝土管道中的应用** 以经编轴向土工布为增强体的高性能水泥管道由于高性能增强材料的加入，管材质量明显减轻，同时具有良好的承载能力、抗裂性能，提升了管道的抗渗性和耐久性，为排水工程提供新型优质管材，如图 8-18 所示。在相同内径、相同承载能力的水泥混凝土管技术要求下，经编轴向织物增强高性能水泥管道的管壁

图 8-17 防渗土工布的应用

图 8-18 土工布增强水泥

明显变薄。相关研究发现，当碳纤维增强水泥的厚度仅为钢筋增强水泥厚度的1/4时，即可抵抗与钢筋增强水泥相同的外部载荷。因此，经编轴向织物增强高性能水泥管道在国家正在实施建设的"海绵城市""地下城""地下综合管廊"等建设中将起到至关重要的作用。

# 第二节　建筑用纤维制品

建筑用纤维材料及其制品是产业用纤维制品的一个重要门类。我国在建筑中使用纤维材料及其制品虽然只是近十几年的事，但发展却很快，应用领域不断拓宽。建筑用纤维制品有以下优点。

一是可以极大地缩短建造周期，显著节约建筑材料成本。

二是能极大减轻结构的质量，织物外壳的质量只有砖、瓦、泥石、灰、钢材等常规外壳材料质量的1/30。

三是能建造大跨度建筑，可满足大型公共场所、体育馆、展览厅、材料设备库房等的需要。

四是能较好地承受地震等严重破坏力，不易受机械损伤，一旦受损其修补也较不容易。

五是可以随意设计各种形状的外观，可灵活安装、拆卸。

六是安全可靠，环境友好性更强。

## 一、纤维增强材料

土木工程中使用的纤维增强材料有纤维增强混凝土和纤维增强水泥材料，以水泥为基体，其存在问题之一是受到拉伸应力或冲击负荷时会产生脆性断裂。为改善其力学性能和减少混凝土的破碎，可在基体中掺入少量的纺织纤维，其目的是增强基体的韧度或拉伸性能。由于纤维增强复合材料具有如下特点：比强度高，比模量大；材料性能具有可设计性；抗腐蚀性和耐久性能好；热膨胀系数与混凝土的相近。这些特点使得纤维增强材料能满足现代结构向大跨、高耸、重载、轻质高强以及在恶劣条件下工作发展的需要，同时也能满足现代建筑施工工业化发展的要求。因此，被越来越广泛地应用于各种民用建筑、桥梁、公路、海洋、水工结构以及地下结构等领域中。

建筑用各种纤维的性能见表8-4。

表8-4　建筑用各种纤维的性能

| 纤维材料 | 名称 | 密度（g/cm³） | 拉伸强度（MPa） | 弹性模量（GPa） | 断裂伸长率（%） | 耐碱性 | 耐候性 | 阻燃性 | 与水泥的黏着性 | 价格 | 实施效果 | 耐冲击性 | 产量 |
|---|---|---|---|---|---|---|---|---|---|---|---|---|---|
| 金属纤维 | 不锈钢 | 7.8 | 21 | 240 | 5 | 优 | 优 | 优 | 优 | 差 | 一般 | 优 | 一般 |
| | 钢材 | 7.8 | 12 | 200 | 3 | 好 | 好 | 优 | 优 | 一般 | 好 | 优 | 优 |

续表

| 纤维材料 | 名称 | 密度（g/cm³） | 拉伸强度（MPa） | 弹性模量（GPa） | 断裂伸长率（%） | 耐碱性 | 耐候性 | 阻燃性 | 与水泥的黏着性 | 价格 | 实施效果 | 耐冲击性 | 产量 |
|---|---|---|---|---|---|---|---|---|---|---|---|---|---|
| 玻璃纤维 | A玻璃纤维 | 2.46 | 6.8 | 65 | 5 | 差 | 差 | 优 | 好 | 一般 | 差 | 一般 | 差 |
| | E玻璃纤维 | 2.54 | 7 | 72 | 5 | 差 | 差 | 优 | 好 | 一般 | 差 | 一般 | 差 |
| | 耐碱玻璃纤维 | 2.78 | 8 | 70 | 4 | 一般 | 一般 | 优 | 好 | 差 | 好 | 好 | 优 |
| 合成纤维 | 维纶 | 1.2 | 3 | 7 | 17 | 一般 | 一般 | 差 | 一般 | 好 | △ | 好 | 一般 |
| | 锦纶 | 1.1 | 5 | 2 | 28 | 一般 | 一般 | 差 | 一般 | 好 | △ | 好 | 一般 |
| | 聚丙烯纤维 | 0.9 | 5 | 3 | 25 | 一般 | 一般 | 差 | 一般 | 好 | △ | 好 | 好 |
| | 聚酯纤维 | 1.4 | 4 | 11 | 20 | 一般 | 一般 | 差 | 一般 | 好 | △ | 好 | 一般 |
| 陶瓷纤维 | 碳素纤维 | 1.7 | 19 | 200 | 0.4 | 优 | 优 | 优 | 好 | 差 | 差 | 差 | 差 |
| | 石棉 | 2.9 | 5.5 | 84 | 2 | 好 | 好 | 优 | 优 | 优 | 优 | 优 | 好 |
| | 陶瓷纤维 | 2.4 | — | — | — | 一般 | 一般 | 优 | 好 | 好 | 好 | 好 | 好 |
| 木质纤维 | 木质纤维 | 1.0 | 3.4 | 76 | — | 一般 | 差 | △ | 优 | 优 | 优 | 好 | 好 |

## 二、屋顶材料

屋顶材料是一种重要的建筑材料，根据每个地区的环境、气候不一样，对屋顶材料的性能要求也是不一样的。南方多雨水，所以传统的南方都是采用斜屋顶，并且所用的材料要求有较好的防水性能；传统的北方屋顶基本都是平的，其要求耐温、耐寒等。另外，屋顶材料的重量将影响所有把荷载传递到基础上的骨架构件的尺寸。

**1. 屋顶防水材料**　我国传统的建筑防水材料一直都是以纸基的沥青油毡为主。纸基油毡存在抗拉强度低、伸长率小、柔韧弹性差、高温时流淌、低温时龟裂等致命不足，不适应冬夏温差大幅度的变化，不能承受随房屋沉降产生的裂缝，使用寿命短、渗漏现象严重。在欧美国家，大部分低坡商业屋面均采用卷材屋面系统，聚烯烃（TPO）、氯化聚乙烯（PVC）、三元乙丙橡胶（EPDM）等防水卷材几乎都应用于卷材屋面系统，也有采用改性沥青防水卷材建成的屋顶。

屋顶防水是以不同的施工工艺将不同种类的胶结材料黏结卷材固定在屋面上起到防水作用。目前，大多数用的是防水卷材，其胎心是纤维做成的胎基布，有传统的沥青防水卷材、高聚物改性沥青防水卷材和合成高分子防水卷材三大系列，主要产品有聚氯乙烯（PVC）防水卷材、三元防水卷材、氯丁胶乳防水卷材、聚氨酯防水卷材、氯化聚乙烯橡胶共混防水卷材、烧焦油防水卷材、彩色沥青瓦以及膨润土沥青防水涂料等。

屋顶防水材料需要具备的主要性能有韧度好、不芯吸、不脱层、耐化学药品、阻断紫外线、阻燃和防雷等。表8-5是几种聚氨酯短纤维油毡基布质量的对比，表8-6是聚氯乙烯的防水卷材用非织造布的质量要求。

表 8-5　几种聚氨酯短纤维油毡基布质量的对比

| 项　目 | 进口油毡基布 | 国产油毡基布 | 进口长丝油毡基布 |
|---|---|---|---|
| 面密度（g/m²） | 140 | 140 | 120 |
| 质量不匀率（%） | ±8 | ±10 | ±5 |
| 厚度（mm） | 1.10 | 1.25 | 0.90 |
| 抗拉强度（N/5 cm） | 300/230 | 280/220 | 360/260 |
| 断裂伸长率（%） | 20～25 | 20～25 | 25～30 |
| 撕裂强力（N） | 105/100 | 115/107 | 90/80 |
| 热缩率（%） | 2.2/2.2 | 2.5/2.5 | 2.0/2.0 |
| 含水率（%） | ＜0.65 | ＜0.65 | ＜0.5 |

表 8-6　聚氯乙烯的防水卷材用非织造布的质量要求

| 项目 | 再生纤维非织造布 | 涤纶纺黏布 |
|---|---|---|
| 面密度（g/m²） | 110～120 | 140 |
| 厚度（mm） | 0.8～1.0 | 0.15～0.20 |
| 抗拉强度（N/5 cm） | 120/110 | 100/90 |
| 断裂伸长率（%） | 18～20 | 20～25 |
| 撕裂强力（N） | 55/50 | 45/40 |
| 热缩率（165℃时）（%） | 1.0/1.0 | 1.0/1.0 |

**2. 屋顶阻燃材料**　建筑防火关系财产和生命安全以及社会稳定，国家给予高度重视。通过完善屋面系统构造及施工方法，调整屋面产品结构，满足屋面外露材料的防火要求，越来越受到现代建筑行业的重视，并将逐步规范。表 8-7 所示为 GB/T 8624—2012 所要求的建筑屋顶及屋面覆盖制品燃烧性能等级的技术指标。

表 8-7　建筑屋顶及屋面覆盖制品燃烧性能等级技术指标

| 燃烧性能等级 | 实验方法 | 分级判据 |
|---|---|---|
| B1 | GB/T 8624—2012 方法 A | 向上燃烧损毁长度＜0.7m<br>向下燃烧损毁长度＜0.6m<br>总燃烧损毁长度＜0.8m<br>受火面无燃烧物脱落（熔滴物或碎片）<br>背火面无火焰穿透<br>横向火焰蔓延为达到边界<br>内部无阴燃<br>燃烧损毁半径＜0.2m |
| B2 | GB/T 8626（点火时间 15s） | 20s 内 $F_s \leqslant 150$mm<br>不能出现燃烧滴落物阴燃滤纸 |
| B3 | | 无性能要求 |

德国法兰克福 Hoechst 化纤制造商研制了一种阻燃屋顶膜，该层压织物由合成纤维网与矿物纤维网通过针刺加固而成。两层网预先做了固化处理，该合成纤维网与矿物纤维网通过针刺加固而成。该合成纤维网为 4 ~ 6dtex，50 ~ 350g/m²；矿物层由玻璃纤维制成，30 ~ 60g/m²；用针刺将其结合在一起，针刺密度为 20 ~ 25 针 /cm²，矿物纤维长度可变，一般为 6 ~ 11mm，经针刺产生牢固的黏合力。

**3. 屋顶隔热保温材料** 在屋面上层、房顶上面安装建筑材料进行房顶防晒、隔热，屋内保温，使最顶楼层不会受太阳辐射而温度过高，提高最顶楼层舒适度。建筑物要达到热绝缘效果，主要是通过双壳结构，该结构中两层膜之间的空气是产生热绝缘效果的主要原因。增加纺织材料的厚度、减少材料的密度可以提高其保温性能，如在膜材料上加一层泡沫塑料达到这一目的。

### 三、建筑用膜结构材料

膜结构一改传统建筑材料而使用膜材，其重量只是传统建筑的 1/30。而且膜结构可以从根本上克服传统结构在大跨度（无支撑）建筑上实现时所遇到的困难，可创造巨大的、无遮挡的可视空间。其造型自由轻巧、阻燃、制作简易、安装快捷、节能、易于施工、使用安全等优点，使它在世界各地受到广泛应用，其建筑被称为"21 世纪的建筑"。

近年来，随着建筑空间观念的日益深化以及科学手段的不断提高，"回归自然""沐浴自然之温馨"已是现代建筑环境学发展的主流。膜结构以其轻盈飘逸的造型、柔美并带有力量的曲线和大跨度、大空间的鲜明个性和标识性，应用于城市小品设计中。建筑用膜结构材料在我国的开发与应用只有短短几年时间，但发展的速度却很快。2008 年奥运会在我国举行，膜结构材料有了更大的进展，很多奥运体育馆都有膜结构材料的应用。

膜结构工程所用膜材一般由基材、涂层、面层组成，常用的基层主要有玻璃纤维织物（由 3μm 纤维丝编织而成）与聚酯纤维织物，而涂层则有聚四氟乙烯（PTFE）与聚氯乙烯（PVC），膜材结构示意图如图 8-19 所示。

**1. 基材** 基材主要承担膜材料的抗拉、抗撕裂等力学特性及防火性、耐久性、自洁性、染色性及膜材料与膜材料的溶合性等特性，可以是机织物、针织物和非织造布。建筑用膜结构材料所用原料目前主要有高低收缩率的涤纶工业丝和玻璃纤维。基布大多数使用长丝而不用短纤，因为长丝的强度和伸长特性好。如果使用短纤，捻度选用不能太小，应能承受较大的拉伸负荷，并防止纤维间滑移，否则纱线会过早断裂。长丝捻度可以小些，否则织造时会压扁，使覆盖系数增大。如采用 Hoechst 公司的 Trevira 高强度聚酯纤维织物为基布，生产层合和涂层织物的典型性能见表 8-8。

**2. 涂层和面层** 涂层和面层为膜材提供抗老化、防幅射、增强自洁性等物理性能。常采用膜结构材料主要有聚四氟乙烯（PTFE）膜材、四氟乙烯

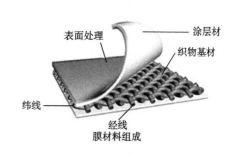

表面处理　　　　涂层材
织物基材
纬线
经线
膜材料组成

图 8-19　膜材结构示意图

表 8-8  Trevira 高强聚酯纤维织物的层合、涂层织物的典型性能

| 性能 | 织物类型 | | | | | |
|---|---|---|---|---|---|---|
| | 轻型 | 轻型 | 中型 | 中型 | 重型 | 重型 |
| 加工过程 | 层合 | 层合 | 层合 | 层合 | 涂层 | 涂层 |
| 经纱线密度（tex） | 24 | 24 | 110 | 110 | 110 | 110 |
| 纬纱线密度（tex） | 56 | 24 | 24 | 110 | 110 | 110 |
| 织物重量（g/m²） | 37 | 44 | 85 | 85 | 139 | 200 |
| 厚度（cm） | 0.03 | 0.03 | 0.048 | 0.053 | 0.102 | 0.055 |
| 经纬密度（根/cm） | 7.1×3.5 | 7.9×9.0 | 3.9×3.9 | 3.5×3.5 | 7.1×4.7 | 8.5×9.0 |
| 顶破强力（N） | 400×400 | 512×489 | 1200×1500 | 987×890 | 2000×1450 | 3000×3000 |
| 舌形撕破强度（N） | 107×156 | 107×120 | 356×400 | 400×400 | 810×1290 | 343×445 |
| 成品的重量（g/m²） | 373 | 373 | 576 | 440 | 1288 | 644 |

（ETFE）膜材、聚氯乙烯（PVC）膜材和加面层的 PVC 膜材（主要为 PVDF 膜材和 PVF 膜材）。其中聚四氟乙烯涂层膜材各项性能优异，是目前大型永久性建筑用的主导织物材料，在美国和日本使用尤为普遍，我国北京奥运会主体育场（鸟巢）、上海虹口体育场都是使用的这种膜材。这种膜材表面易于维护，经过在采用牵拉或跨长度设计的各种设施上多年使用，证明其功能很可靠，但是价格较贵。图 8-20 为 PTFE 涂层膜材的截面图。

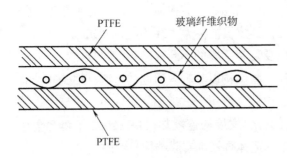

图 8-20  PTFE 涂层膜材的截面图

聚氯乙烯涂层膜材由聚酯纤维织物和聚氯乙烯涂层复合而成，其应用范围很广，价格适中，是现今建筑用纤维制品的主导产品。我国广州黄埔体育馆、青岛预中体育馆、武汉体育中心等都是用这种膜材建造的。

PTFE 膜材与 PVC 膜材的性能对比见表 8-9。

表 8-9  PTFE 膜材与 PVC 膜材的性能对比

| 项目 | 玻璃纤维涂层 PTFE 膜材 | 聚酯涂 PVC 膜材 |
|---|---|---|
| 织物外观 | — | 明显好 |
| 撕裂强度 | — | 明显好 |
| 尺寸稳定性 | 稍好 | |
| 阻燃性能 | 稍好 | — |
| 透明度 | — | 稍好 |
| 缝纫强度 | 稍好 | — |

| 项目 | 玻璃纤维涂层 PTFE 膜材 | 聚酯涂 PVC 膜材 |
|------|:------:|:------:|
| 清洁性能 | 稍好 | — |
| 加工性能 | — | 明显好 |
| 柔软性能 | — | 明显好 |
| 挠曲寿命 | — | 稍好 |
| 抗化学性 | 明显好 | — |
| 耐热性 | 明显好 | — |
| 耐低温性 | 稍好 | — |

另外，还有硅酮涂层的玻璃纤维织物，也可以用于永久性牵拉结构。这种织物特别耐久、耐气候性优良、透明度好、柔性好、重量轻、节能；符合建筑物规范的防火要求；可以有 10 种亮色；不散发有毒、可燃气体；设计可能性广。

**3. 膜结构材料在我国的应用**　建筑膜结构材料起源于欧美，目前膜结构除了用于体育馆、体育场等体育设施之外，还广泛应用于商业、教育、交通运输设施，还可用于如城市与地方的标识、公园入口标识、展览会标识、行业与会议标识等标识性建筑。1995 年建成的北京房山游泳馆（跨度 33m，1100m²）与鞍山农委游泳馆（跨度 30m，1000m²）是我国正式应用于工程的空气支承膜结构，标志我国开始启动膜结构的工程建设。1997 年通过引进国外膜结构技术建成了上海八万人体育场看台挑棚后，又相继建成了青岛颐中体育场挑棚膜结构、杭州游泳馆和网球馆双层膜结构等 200 余项膜结构工程。最引人注目的 2008 年北京奥运会主体育场——鸟巢大跨度顶层和国家游泳中心——水立方主体幕墙工程（气枕）都采用高性能膜结构材料，用量约 32 万 m²。

## 四、遮盖、盖篷与柔性灯箱

**1. 遮篷与盖篷织物**　遮篷、盖篷是建筑用纤维制品的一大门类，是专门用于建筑物的一种遮盖织物。遮篷与盖篷并无多大区别，由于其支撑方式的不同，国外将其作了区分。遮篷是指同时由建筑物和地面支撑的伸出篷体，由轻质刚性或伸缩式骨架覆盖织物构成，又称遮阳篷。盖篷是指同时由建筑物和地面支撑的伸出篷体，由轻质骨架覆盖织物构成，又称雨篷。

盖篷材料主要由基布和面层材料组成，基布为产品骨架材料，其自身性能在很大程度上影响产品性能。为了保证基布有较高的强度、尺寸稳定性和尽可能小的吸水性，其材料选择十分关键，人们常选用高强涤纶长丝作基布的纤维材料。

层面材料分涂层和薄膜层压两种，由于盖篷的使用绝大部分在室外，故其耐气候性能至关重要，其优劣程度影响产品的使用寿命。涂层织物的寿命取决于其对紫外线的阻挡程度，因此，涂层材料的选择和涂层工艺是关键。涂层材料中常见的有聚氯乙烯、聚氨酯（PU）、聚丙烯酸酯（PAA）、聚四氟乙烯、天然橡胶等。

　　为了改进遮篷与盖篷的各种性能，涂料涂层前添加各种辅助材料，如助燃剂、防水剂、增塑剂、稳定剂、防霉剂等。部分遮篷的特性见表8-10。

表8-10　部分遮篷的特性

| 项目 | 军用帆布 | 棉布涂PVC | 涤棉混纺布涂PVC | 涤纶布层合PVC | 涤纶布涂PVC | 涤纶布涂丙烯酸酯 | 原液染色腈纶 | 原液染色改性腈纶 |
|---|---|---|---|---|---|---|---|---|
| 特点 | 棉帆布涂丙烯酸酯 | 棉帆布涂PVC | 涤棉混纺两面涂PVC | 涤纶布两面层合PVC | 涤纶布两面涂PVC | 涤纶布两面涂丙烯酸酯 | 碳氟化合物整理 | 碳氟化合物整理 |
| 面密度（g/m²） | 373 | 441 | 339～542 | 373～576 | 322～424 | — | — | — |
| 性能 | 抗紫外线辐射、防霉、防水 | 抗紫外线辐射、防霉、防水 | 抗紫外线辐射、防霉、防水 | 抗紫外线辐射、防霉、防水 | 抗紫外线辐射、防霉、防水 | 抗紫外线辐射、防霉、防水、可清洁 | 抗紫外线辐射、防霉、防水、抗变色 | 抗紫外线辐射、防水、抗变色 |
| 颜色 | 条纹或单色，各种色 | 条纹或单色，很多色 | 单色，两面同色 | 条纹或单色，原色、浅色 | 条纹或单色 | 通常单色有些条纹 | 条纹或单色，各种色 | 单色或粗花呢效果 |
| 底层 | 珍珠灰、绿灰，底带彩色印花 | 珍珠灰、单色 | 同面层 | 仿亚麻花纹组织，同面层色协调同色 | 同面层 | 同面层 | 同面层 | 同面层 |
| 面层 | 看得见织物质地的防亚麻消光整理 | 光滑无刺眼的光泽，无花色 | 带有花色的表面 | 光滑，消光轻微的织纹或仿亚麻 | 光滑，有点光泽的层面 | 表面带有织纹感 | 织纹 | 织纹 |
| 透光度 | 不透明 | 不透明 | 不透明 | 半透明，根据色泽被照情况决定透明度高低 | 半透明，根据色泽不同而不同 | 半透明，根据色泽不同而不同 | 半透明，根据色泽不同而不同 | 半透明，根据色泽不同而不同 |
| 抗磨 | 很好 | 很好 | 很好 | 好，基布很牢 | 好 | 很好 | 好 | 好 |
| 尺寸稳定性 | 很好 | 很好 | 很好 | 很好 | 好 | 很好 | 好 | 好 |
| 防霉 | 好，不推荐在高潮下应用 | 好，不推荐在持续高温下应用 | 很好 | 很好，可推荐在持续高温下应用 | 很好 | 很好 | 很好 | 很好 |
| 耐用性（年） | 5～8 | 5～8 | 5～8 | 5～8 | 5～8 | 5～8 | 5～10 | 5～10 |
| 阻燃性 | 某些色需经阻燃处理 | 某些色需经阻燃处理 | 全部阻燃 | 全部阻燃 | 全部阻燃 | 全部阻燃 | 不阻燃 | 全部阻燃 |

**2. 灯箱布** 灯箱布是一种由两层PVC和一层高强度的网格布组成的灯箱招牌面料。灯箱布质量鉴别要点为厚度、抗拉力强度、延展性、耐候性、透光性、阻燃性、剥离度、平整度，如用于喷绘还有吸墨性、色彩还原性等。其主要生产方法有刀刮涂层法、压延法、贴合法。

（1）刀刮涂层法。是将液态PVC浆料用若干反刮刀均匀地涂覆于基布的正反两面，然后通过烘干工艺使其完全结合成一个整体，之后冷却成形。其特点是防渗透性、抗拉力、抗剥离能力较强。由于刀刮法产品上下是一个整体，使剥离现象得以杜绝，而且通过焊接可使拼接处的强度大于产品本身。目前，此种工艺的灯箱布幅宽可达到5m。由于制作工艺复杂，制作设备比较昂贵，因此，在中国市场上此类产品以进口为主，价格相对较高。最具代表性的有德国产欧特龙（ULTRALON），韩国产韩华（UNIFLEX）和比利时产希运（SIOEN）。

（2）压延法。是将PVC粉与液态增塑剂等多种原材料充分搅拌，后经高温热辊的压力作用，与基布黏合成一个整体。其特点是表面平整度较好，且透光均匀，在内打光灯布上较有优势。但受于设备的限制，幅宽一般不超过3m。美国3M公司开发的645和945两种灯箱布都是用此种工艺生产的；另韩国LG公司开发的乐喜灯箱布也是此类工艺的代表。

（3）贴合法。是将上下两层成型PVC膜，通过加热，在热辊的压力下与中间的导光纤维网贴合在一起，冷却成形。此种工艺最大的特点是具备优良喷绘吸墨性和较强的色彩表现力。因此，随着大型喷绘行业的崛起，也给此类灯箱布带来了无限的生机。目前，此类灯箱布在中国的市场占有率已超过70%。

灯箱布按透光率和光源的位置分为后打光灯箱布、前打光灯箱布和网格布三种。

后打光灯箱布：用来建造后置光源灯箱，其透光率畸形在25%~35%。此类灯箱以中、小型偏多，多用来制造路边灯箱、商店门头灯箱及室内宣传灯箱。一般面积较小，不高出100m$^2$。

前打光灯箱布：用来制作前置光源灯箱，其透光率一般在5%~10%。此类灯箱由于抗台风能力强，所以多用来制作大型户外灯箱，如大厦广告牌、高速路旁灯箱、城镇擎天柱灯箱，100~400m$^2$的大型户外灯箱多采用此类灯布。

网格布：是按台湾、福建等台风气候地区设计制作的，由于此类材料表面有许多网眼，可以使风透过灯布表面，因此，能大大降落台风对灯箱的压力，使画面达到更长久的户外利用效果。由于此特点，网格布多用来制作超大型标牌用于做广告。

## 思考题

1. 土工织物的定义是什么？

2. 土工织物的分类方法有几种？按照加工方法是如何分类的？

3. 土工织物的功能有哪些？

4．对土工织物的性能有哪些要求？

5．土工织物主要应用在哪些领城？在工程中起的主要作用是什么？

6．建筑用纤维制品主要有几大类？

7．纤维增强材料有哪几类？其作用分别是什么？

8．屋顶材料有哪几种？

9．对建筑膜结构材料的性能要求有哪些，膜结构材料有哪几种？

10．对柔性灯箱布的性能要求是什么？

11．请说出土工织物在土工工程中"排水"与"过滤"的异同。

# 参考文献

［1］晏雄．产业用纺织品［M］．上海：东华大学出版社，2013．

［2］徐超，叶敏，梁程．国内外土工合成材料测试标准的对比分析［J］．佳木斯大学学报（自然科学版），2018（5）：667-661．

［3］常涛，郭学先．纺织品质量控制与检验［M］．北京：中国劳动社会保障出版社，2011．

［4］吴澎，姜俊杰，曹凤帅．土工合成材料在水运工程中的应用技术进展［J］．水运工程，2017（6）：16-22．

［5］王正宏．土工合成材料应用技术知识［M］．北京：中国水利水电出版社，2008．

［6］姚瑛，姚海伟，罗栋．建筑与土木工程领域新型经编针织物设计探讨［J］．合成材料老化与应用，2017（02）：100-103．

［7］李俊．土工合成材料的性能评价及其在水利防渗工程中的应用［J］．黑龙江水利科技，2016（11）：109-111．

［8］吴坚，李淳．纺织品功能性设计［M］．北京：中国纺织出版社，2007．

［9］S. 阿达纳．威灵顿产业用纺织品手册［M］．徐朴，叶奕梁，童步章，译．北京：中国纺织出版社，2000．

# 第九章　农业用纤维制品

农业用纤维制品是指应用于农业耕种、园艺、森林、畜牧、水产养殖，有助于提高农产品产量，减少化学药品用量的纤维制品，它包含了动植物生长、防护和储存过程中使用的所有纤维制品。

目前，纤维制品在现代农业中的应用日益广泛，在世界各国受到越来越多的重视，同时随着科学技术的不断进步，新产品、新技术的不断出现，最新的科技成果正在向农业领域进行着广泛而深入的渗透，人们相继开发出了生物降解纤维制品、大棚织物及作物生长的基材等新型农业用纤维制品，特别是高吸水纤维、复合技术的开发，为农作物生长基材的开发打下了良好的基础，极大地推动了农业的发展。

## 第一节　农业用纤维制品的分类及特点

### 一、农业用纤维制品的分类

纤维制品在农业上的应用范围极广，其分类方法也有很多种。

2014 年，国家质检总局颁布的产业用纺织品分类（GB/T 30558—2014）中按照产品最终用途对农业用纺织品进行了分类，包括温室用纺织品，土壤稳定用纺织品，种床保护用纺织品，农作物培育用纺织品，防虫、防鸟用纺织品，农业用防雹、防霜用纺织品，农业用防雨织物，防草织物，农业用防风织物，农业用遮阳织物，畜牧业用纺织品，园艺用纺织品，农业用覆盖织物，排水、灌溉用纺织品，地膜，水产养殖用纺织品，海洋渔业用纺织品，其他农业用纺织品。

在此基础上，根据不同分类标准，纤维制品又可有如下分类。

根据纤维制品应用场合的不同可分为一般农用（主要指种植业）、畜牧业用、园艺花卉用、水产养殖用、林业用等纤维制品。

根据其发挥的功能作用不同，可分为微气候调节保温用、育秧培植用、灌溉用、保护用、奶业加工用、畜禽屠宰废血处理用等纤维制品。

根据使用周期可分为耐用型纤维制品（如覆盖材料、保温幕帘、农用土工布和果蔬保护套袋等）和一次性使用型纤维制品（如植物栽培基、水土保持材料、花盆、植物生长促进地膜等）。

根据制品形态结构的不同可分为农用机织物、针织物、非织造材料、绳、带、袋等，其中，非织造布是应用范围最广、用量最大的农用纤维制品。

**1. 遮盖材料**　农用遮盖材料是可以在植物栽培、种植过程中起到保护作用的各种材料的统称，是非常重要的农用物资。遮盖材料主要包括防冻覆盖材料、遮光覆盖材料、防恶劣气候材料、防飞禽材料、防虫材料、防植物体杂交材料等。其在农田水土保护、植物生长基质、温室遮覆以及园艺栽培产业得到大量使用，有逐步取代农用薄膜、塑料等材料的趋势。尤其是某些能够集防虫、防草、施肥、播种为一体的多功能农用覆盖材料，不仅具有传统的塑料薄膜保护土壤地表温度、提高种子发芽率的作用，更具有良好的透气性、透水性及保湿性，此外还借助生物制剂或忌避剂的添加阻隔日光辐射，阻止杂草的生长，防治病虫害滋生。

根据遮盖材料使用目的及防范对象的不同，其采用的纤维制品的种类也各不相同。主要有涤纶、丙纶、维纶等，其中涤纶和丙纶非织造材料应用最广。在遮盖材料中，地膜应用范围广泛、数量巨大，是非常重要的一类农用遮盖材料，常见的有PHBV（羟基丁酸—羟基戊酸共聚酯）与天然纤维非织造复合材料、麻丝非织造复合材料、稻秸秆提取纤维非织造材料、稻秸秆纤维与废蚕丝非织造复合材料、麻地膜非织造材料等。与塑料薄膜材料相比，非织造材料具有很多优点：三维网络微孔结构和纤维原料的可调节性，使其对角拉伸变形能力强，伸长率高；透气透湿性好，使用时内表面不易结露和滴水；保温效果好，温度变化幅度小，且传热平稳，减少了出现异常高温烧苗坏死的危险；表面可以引导水的流动，雨后不会积存；透光好，供氧充分，日照光合作用好；使用寿命更长，并能多次使用，如结合选用可降解纤维还可解决塑料膜使用丢弃后产生的较难治理的环境污染问题。但目前的主要问题是售价稍高于塑料膜，只有进一步降低，才有利于推广应用。

**2. 基布材料** 农用基布材料又称载体材料、基质材料等，是指在植物培育、生长过程中使用的培育垫、育秧盘等材料，包括用于各种作物的苗床基布或移栽底基布，用于花卉的基布及草皮移栽底布等。基布可以帮助植物生根发芽，防止土壤流失，同时具有绿化功能，待植物在土壤中生根后，基布材料慢慢分解，此时植物的根起到保护水土、防止滑移、绿化环境的作用。

在这一领域，各种纤维制品的使用越来越广泛，非织造材料仍然是主流。

非织造材料有良好的固根作用，不与土壤固结，所以移栽容易，便于机械化种植和移栽；非织造材料有一定的含水性，秧苗成活率高；基布疏松便于作物伸展根部，减少断根，有绝热保湿、透水、透光、防霜及不长杂草等多种效果。另外，经开发研制选用纤网或纤网与非织造材料及多孔吸水树脂等复合，用于苗床基布或无土栽培的营养床等效果更好，可将生长营养物和防病虫害的物质浸入其中逐渐产生作用。

**3. 灌溉排水材料** 近年来，纤维制品在灌溉与工程排水方面的应用备受关注，目前使用的灌溉排水管主要有机织管、针织管和非织造材料复合管三种。

机织管多为双层组织织物，针织管多为圆筒状织物，灵活性大，便于施工，但如用于地下灌溉还需配有支撑材料，使渗水管在被埋在一定深度的地里时，能够承受住土壤的压力，保证渗水管水流的通畅；新型的非织造材料复合结构的排水管是在机器上把非织造材料卷制、热压成管，管体结构合理、牢固，空隙均匀，具有良好的过滤和排水性能，且成本低廉，有利于大规模的农业应用。

与传统的渗水管相比，纺织品渗水管具有良好的结构可设计性，无论采用机织、针织或者非织造管，都可以通过调整工艺参数，把渗水管的孔眼做到较小，并保证孔眼均匀分布，灌溉时可保证出水均匀柔和；土壤水分较多时，水分透过孔眼渗透到渗水管内，起到排水作用；此外，纺织品渗水管特有的柔软性，可以自然贴切地适应地形，便于储存、运输和铺设等工作。

非织造材料还可用于农田水渠的隔离和防渗漏，即在渠道侧壁中铺放非织造布或涂膜非织造布，可提高水的利用率，减少无效灌溉用水的浪费；也可与秧苗培育一起使用，把灌溉和施肥结合，用渐近的方式施放，利于作物的吸收。对用于滴灌和渗灌的水利管道，把非织造布包缠于有眼管道外围形成水的慢速渗流，更易为作物吸收利用。在纯营养液培养法中，非织造材料可以用作极薄层的灌溉布来改善营养液的分配，还可以用较厚的片材作生长基质，将花盆或容器放在生长基质上，利用非织造材料基质的吸水性，促使水分得到均匀分配。

**4. 装运与工程材料**　农用纤维制品装运材料指用于收割、运输、保管、辅助等方面的农用纺织材料。收割材料包括收割机用聚丙烯纤维带、绳，割捆机用黄麻绳及各种包装袋等；运输、保管用材料主要是用来输运米、麦及粮、菜、水果的包装袋、包装绳等。农用工程材料主要包括喷洒农药机具、饲料袋、农机具覆盖物等。这类材料多采用纤维制品，技术含量相对较低，但用量较大。

**5. 水产渔业用品**　在捕鱼业和水产养殖业中，人工渔礁、海草、海藻等纺织品为鱼虾类提供聚集生长环境，渔网、网箱等主要用于近海和远洋捕捞。

此外，纤维制品在农业上还有一些其他应用：可用作防草布，这种用高强度纤维织成的防草布可防止庭园杂草滋生，辅助树木生长，有防止杂草贯穿的作用；还可用作植生带，铺设在斜坡和地面上，因草坪植物的根与土壤纵横交错、紧密结合，从而使土壤固定，防止水土流失。

## 二、农业用纤维制品的作用

**1. 保温、防寒**　农用保温材料能够调节作物生长微气候环境，减少外界自然气候的影响，防止微生物的侵害，做到反季节栽培是农业生产尤其是反季节作物种植必不可少的基础材料，最初人们采用草帘、蒲席、纸被和棉被作为保温材料，而后聚乙烯塑料大棚取代了这些笨重的原始保温材料，但其保温作用存在一定缺陷。随着现代农业的不断发展，纤维制品在农用保温材料领域的应用越来越受到重视。纤维制品通过遮蔽隔断辐射热、减少气体对流散热、限制水分蒸发汽化以及纤维制品本身较小的热传导率等多项作用，起到显著的保温、防冻、御寒效果。

**2. 遮光**　夏季高温及过多日照超过光饱和等气候条件，对一些农作物生长不利，使用纤维制品后，可根据作物生长的需要选择适当的遮光率，遮光率一般选择在35% ~ 95%。控制遮光率一般采用调整织物的结构、经纬密、纱线线密度及颜色、非织造材料的孔隙率、厚度和单位面积质量等参数来实现。

**3. 防霜**　霜冻是作物的一大灾难，当用聚乙烯薄膜覆盖时，夜里薄膜内产生水滴并降温结冰，当冰粒融解时就会产生类似霜冻的情形。而应用纤维制品保护作物时，霜结在纤维制品上而非直接结在农作物上，且纤维制品具有吸湿、吸热作用，使得霜冻对作物没有直接影响，这是纤维制品优于薄膜的地方。

**4. 防雨、雪、雹、风** 纤维制品可在透气、透湿的前提下，防止雨、雪、雹对作物的直接冲击，特制的高强防风网还能减轻风力的破坏作用。

**5. 防病虫害** 农作物总有一些农药不能解决的病虫害，若在全生长期采用纤维制品隧道隔离蚜虫，则可以防止这些病毒，还能消除农药的污染，保障人们的健康。在农作物生长过程中，为了保护作物不受昆虫病菌的侵扰，常使用浸有杀虫剂等化学处理后的非织造材料直接覆盖在作物上。与传统喷洒农药相比，作用更直接，农药使用量也减少，因此也减少了对周围环境的污染，而且作物也更环保。特别适用于绿色蔬菜的种植。

**6. 水土及植被保护** 纤维制品还能控制土壤流失，促进植被的建立和生长，可与植被一起解决土壤的侵蚀问题。在受到雨水冲刷时，织物在吸收雨水减小表面径流量同时，其粗糙的表面能大大减小表面径流对土壤的冲刷力度，从而有效地保护土壤。

**7. 用于无土栽培载体及排水灌溉** 纤维的网络结构形成了许多细小的孔隙，这些细小的孔隙既可以形成排水通道，又可以阻挡土壤等固体颗粒，使其具有排水和过滤的双重功能，从而使纺织品可以作为无土栽培的载体。

**8. 用作杂交育种、制种** 纺织材料作为基质材料，具有适宜的透气、透水、耐腐、虹吸等性能，非常适合作为育秧材料，使用它可节约种子，提高幼苗成活率，使作物生长状况良好。在杂交育种中，为了保护亲本，又要制作杂交种，可以利用纱网来隔离不同品种的亲本，防止昆虫授粉。

## 三、农业用纤维制品的性能特点

农用纤维制品应针对农业生产的实际要求进行设计与加工，同时，它还需要长期暴露在各种气候条件下，不断经受风吹、日晒、雨淋及霜冻等的作用，因此，在结构、性能等方面具有其独特性。一般来说，农业用纤维制品具有以下特点：强度高、空间稳定性好；耐气候变化，不易变形；结实耐用，不易破损；耐水耐光，回收可水洗；耐药品腐蚀，害虫不侵蚀；质轻柔软不黏合，人工缝合简单；废弃易处理，不污染大气、水土；保温性好且温度变化较平稳；遮光性好，比农膜覆盖减少光照度；透气性好，降低空气相对湿度 5% ~ 10%；透水性好，能防止雨水冲刷土壤。

**1. 卓越的渗透性能** 由于农用纤维制品特殊的结构，使其具有良好的透水和透气性能，从而可以形成一个温湿度适当的"微气候"，利于作物生长。

**2. 适当的透光性能** 农作物对阳光的需求要因时、因地制宜，不能一概而论。炎热的夏季，阳光照射强烈，需遮阴调光，避免过度辐射对作物的伤害；寒冷的冬季，需保证充足的阳光和适宜的温度，以满足植物生长需求。纤维制品的透光率一般显著小于聚乙烯膜，同时，其透光率可以通过产品结构的设计与改变进行一定范围内的调节，因此，更适于农业生产中的不同使用要求。

**3. 良好的隔热与保温性能** 纤维制品的导热系数均较低，且在纤维内部和纤维之间有很多孔隙，其内充满空气和一定量的水分。静止空气的导热系数很小，而水的导热系数较大，因此，纤维制品的导热系数与材料的密度、紧度、厚度、回潮率等性能参数直接相关。总的来说，纤维制品是良好的绝热与保温材料，并可根据用途的不同进行灵活设计。

**4. 较低的劳动强度** 纤维制品质量轻，一般仅为聚乙烯薄膜的80%，因此，在铺设时劳动强度低、操作简便，同时因其良好的渗透性，做地膜时可直接施肥灌溉，减少操作程序。在用于蔬菜大棚时，保温性好，不像聚乙烯薄膜那样，需要夜晚在外部加盖辅助保温材料、白天再拿开透光的重复劳动，大大降低了使用过程中的劳动强度。

**5. 较长的使用寿命** 与农用塑料薄膜等材料相比，纤维制品具有较高的纵向、横向强力，且干湿强度均较高，同时，其抗撕裂能力、耐气候性、耐化学品性、耐老化性能更优越，因此，能够重复使用，使用寿命一般是聚乙烯膜的 2 ~ 6 倍。

**6. 优异的环境友好性** 纤维制品强度高，使用中不易损坏，可反复使用或者回收再利用；渗透性极好，即使有部分残存在土壤中也不会影响作物对肥料和水分的吸收；可生物降解纤维制品正在迅速发展，其使用一定时期后，会被微生物分解，进而被土壤吸收转化为肥料，不但可促进作物生长，而且对环境无任何污染；可通过特殊加工工艺来防止昆虫对作物的损害、抑制杂草的生长，在作物生长过程中可减少或不施加农药，减轻对环境的污染。

## 四、农业用纤维制品的加工技术特点

**1. 农用机织物与针织物的加工** 在农业中，机织物与针织物主要是用来制造各种防护网。机织网、针织网一般选用强度高、韧性较好的纤维，如用合成聚合物单丝材料，一般选用聚丙烯或聚乙烯单丝，以后者更优，它使用5年后剩余强度为原有强度的一半，能够抗恶劣气候和紫外线辐射，避免鸟、兽、雨、雪、冰雹及昆虫等对作物的侵害。目前，拉舍尔经编织物的发展越来越快，原料多选用聚乙烯纤维，这类产品具有强度高、抗冲击性好等特点，能有效保护庄稼免受各种伤害，并且能够控制气候因素，明显加快作物的生长。

**2. 农用非织造材料的加工** 农用非织造布主要采用聚酯、聚丙烯短纤维热熔法和长丝纺粘法生产。因长丝纺粘法非织造布的生产工艺简单、流程短、效率高，织物强度高、可重复使用、易回收，能减少对环境的污染并防止土质变坏，所以在农业上应用较多。在非织造布生产过程中，加入一些添加物质还可赋予织物特殊的功能，如在非织造布中加入除虫剂等，可用于预防昆虫，减少农药的施加量；加入淀粉，可提高特定非织造材料的干强度。同时，生物可降解非织造材料是未来发展的方向。

**3. 农用纤维制品加工新技术** 目前，国外农用纤维制品采用的加工新技术较多，主要包括防水透湿技术、织物层压技术、纤维增强聚合物复合材料技术、纤维增强复合材料技术等，从而扩大了农用纤维制品的用途。如在非织造材料与其他织物的层压过程中结合新型后整理技术，制成拒水、透光、透湿的层压织物，以及将合成纤维非织造材料夹在两层聚乙烯醇膜中制成高吸湿的层压织物，将其用于覆盖作物，能使土壤中的水分不易流失，减少灌溉次数，从而减轻劳动强度，节约人工与用水，对解决抗旱问题能起到很大作用。另一方面，农用纤维制品的高成本也是制约其推广应用的一个瓶颈，通过规模化生产，工艺技术的改进来降低材料成本将是一个必然趋势。

**4. 农业用纤维制品新材料**　农业用纤维制品的新材料较多，其中一种是生物降解农用非织造材料，如正在开发利用的淀粉基降解地膜、甲壳素基生物降解地膜和植物纤维地膜等材料来源广泛、成本低廉、可完全自然降解，还具有较好的保温性和保墒作用，且土壤的含氮量随地膜降解而提高，具有很大的开发潜力。另一种新材料是可重复使用的农用覆盖材料，与常规的不透气性塑料薄膜相比，具有透气、透水和透化学品的性能，还具有绝热、滤光和保温的功能，将其直接铺放在地面，可以产生微气候，使地面夜间保温、保湿并在非织造材料上形成水膜，达到防风、防霜和保护庄稼的作用。

# 第二节　农业用纤维制品的应用实例

## 一、保温用纤维制品

保温用纤维制品是对作物起保温作用的纤维制品，最常见的是温室、大棚中所使用的保温幕帘用以及在露天或大棚中使用的作物浮面覆盖保温材料。在国内，农业的行业标准 NY/T 1831—2009《温室覆盖材料保温性能测定方法》于 2009 年 3 月制定，2009 年 12 月推广实施。

由于纤维制品具有质地轻柔、保温性好、不滴水等特点，保温性能与保温效果明显优于塑料薄膜材料，所以，现代化的温室、大棚都已采用纤维制品作为保温材料。保温纤维制品材料可以用传统织物制造，但更多是采用非织造材料。用非织造材料对农作物进行浮面覆盖的技术创立于美国俄勒冈州州立大学，国外工业发达国家于 20 世纪 80 年代初开始把非织造材料用于农业覆盖，人们称这种非织造材料为"丰收布"。目前，非织造材料在农业保温、覆盖领域的应用很广：露地浮面覆盖保温、塑料大棚内的浮面覆盖、棚内或温室的二道保温幕帘、塑料棚的棚外保温层、温室或大棚内的防滴水层等。其中以露地和大棚内的浮面覆盖、大棚或温室的二道保温帘使用最普遍，已成功地应用于几十种农作物上，包括豆类作物、马铃薯、白菜、茶树、烟草和果树等。

**1. 保温被**　我国各地研发的日光保温被主要包括针刺毡保温被、腈纶棉保温被、棉毡保温被、泡沫保温被、复合保温被等（图 9-1）。由于湿度会严重影响保温被的保温性

图 9-1　农用保温被

能，所以为了更好地使芯材保持干燥，研究者将具有防水作用的材料覆盖于保温材料表层（表9-1），合适的复合抗老化涂层同时还能起到抗紫外、耐候的作用。目前，市场上保温被多将非织造布、牛津布、毛毡、喷胶棉、塑料薄膜、铝箔等材料进行复合，组成在强度、保温、耐久性能方面更加优异的材料。

表9-1　表层覆盖材料的热阻

| 覆盖材料 | 芯层 | 热阻 [(m² · K) /W)] | 湿阻（m² · Pa）/W |
|---|---|---|---|
| 单层 PP 编织物 | 毛毡 | $74.6 \times 10^{-3}$ | 15.5611 |
| PU | 毛毡 | $83.6 \times 10^{-3}$ | 22.0183 |

**2. 地膜**　用于地面覆盖的地膜能够储藏太阳辐射能，增加土壤积温，还能够减少土壤水分蒸发，保持温度和湿度，加强土壤中微生物的活动，促进土壤潜在腐殖质和有机质的分解，同时，减少土壤表面雨水的冲刷，保持根层松软，有利于根系发育，并且能够抑制作物周围杂草的生长。农用地膜的覆盖栽培是现代农业中促进作物高产的有效方法，它可以促进农作物早熟 5 ~ 20 天，产量可以增加 30% ~ 50%。但同时，聚乙烯、聚丙烯、聚氯乙烯等不可被降解的普通塑料薄膜作为传统地膜的大量使用，不仅难以回收，且在土壤中难以自行降解，致使土壤板结、通透性变差，反过来影响农作物的正常生长，导致农作物产量减少的同时也造成了严重的环境污染。为解决这一问题，研究者们开始探索制备可生物降解的地膜，包括淀粉基降解地膜、液体降解地膜、甲壳素基生物降解地膜和植物纤维地膜等。自 2005 年起，中国农科院麻类研究所研制的农用麻地膜开始在企业转化实施，2010 年已建成了年产 $1 \times 10^4 t$ 的麻地膜生产线。2018 年 5 月 1 日新的《农用地膜》强制性国家标准正式实施以后，地膜需求量有望获得进一步的提升，其市场绿色转型将获得更多的技术支撑，可进一步推进农业增产增收，推进资源全面节约和循环利用，实现绿色发展。

## 二、遮阳织物

现代温室与大棚已发展到一年四季都使用的程度，夏季阳光强烈、温度高，需要遮阳降温。过去用竹帘等材料，因为笨重，不适于现代温室使用。采用玻璃涂白方法，擦洗时比较困难。现在国外采用遮阳织物，可盖在温室顶上，也可架设在温室内，收放比较方便。遮阳织物主要有以下两种：寒冷纱与遮阳网。

**1. 寒冷纱**　寒冷纱是用化纤纱织成纱布一类的织物（图9-2），再经树脂整理制成，其经纬纱的位置保持固定不变，通过调节经纬纱密度和采用的颜色控制遮光率。寒冷纱以遮光、降温的功能为主，可通过调节经纬纱密度和采用的颜色来控制遮光率的大小，一般遮光率可调节范围为 15% ~ 70%。寒冷纱所要求的特性见表9-2。这些特性要求可根据使用目的的不同加以选择，各有侧重。

图9-2　寒冷纱

表 9-2　寒冷纱的特性要求

| 基本物理性能 | 强伸性、耐气候性、耐腐蚀性、耐水性、耐磨损性、耐药品性、形态稳定性 |
| --- | --- |
| 用途特性 | 防虫性、遮光性、透光性、保温性、防寒性、通风性、防霜性、防风性、防沙性、防鸟性、防雪性、防水性 |

**2. 遮阳网**　与其他遮阳降温方法（如在玻璃温室顶棚涂反光涂料）相比，采用遮阳网具有遮阳效果好、操作简便、可以重复利用、生产成本低等优点，因此，在温室大棚系统中被广泛采用。遮阳网一般要求既能反射红外线，又能保证可见光通过，这样既能起到降温作用，又能保证农作物生长所需的阳光。常用的遮阳网材料包括薄细布（由聚乙烯醇、聚酯等纤维织成间隙率为 40% ~ 80% 的网状织物）、聚乙烯薄网、聚乙烯醇薄网、非织造材料等。如美国有一种遮阳网用塑料扁条织成，其遮阳率有 47%、55%、63%、73%、80%、98% 等不同规格；日本用塑料扁条织成遮阳材料，再加上斜线，热压后固定成型，其颜色有黑色、银色和透明等不同种类。近年来，一种彩色遮阳网逐渐进入国内市场，这些网在起到降温作用的同时，不仅能对太阳光的光谱进行过滤，还可以通过特殊的材料，将直射阳光进行分散，促进作物的生长。图 9-3 为遮阳网。

图 9-3　遮阳网

### 三、水土保持、植被用纤维制品

随着人们对土地资源和生态环境的日益重视，如何有效地进行农田水土保护也越来越引起人们的关注。纤维及其制品尤其是天然纤维制品由于其独特的结构性能特点，在农田水土保护方面表现出很大的应用潜力，其作用发挥主要体现在三个方面：控制土壤流失、促进植被生长、与植被一起解决土壤的侵蚀问题。

**1. 纤维制品在水土保持中的应用**　水土流失防治措施的核心是解决土壤颗粒受到的径流冲刷力和由于坡度引起的向下滚动力的问题，以减少天然降水对土壤的侵蚀作用。

实践表明，当土壤表面被织物覆盖了一定比例（约 40%）的时候，雨滴在撞击易损坏的、敏感的土壤表面之前便受到拦截，从而使直接受雨滴冲击的土壤面积减少，而越是纱粗布厚的织物，在减少雨滴冲击影响方面效果越好。例如，黄麻织物的吸水率高达 480%，土壤覆盖这种织物后，随着雨滴的吸收，水流有效体积减小，从而冲击土壤颗粒的能力减弱，使土壤得到保护。同时，黄麻织物或非织造材料的亲水性使其与土壤表面有着很好的接触，这对于在斜坡上防止土壤流失是至关重要的；这种粗厚黄麻织物将其粗糙不平传给表面径流，还可减慢水流的速度，显著地减少了雨水侵蚀土壤的能量。利用吸水的土工布，可使斜面上的凹地储藏量增加，由于织物很厚，网眼就像一个个"小水闸"，用这样的方式可储藏相当多的水。实验表明，在雨量大于土壤的渗透性而黄麻吸水能力尚未饱和时，在 1 ：2 的斜坡上，其储存和吸收的总水量为 $2.9L/m^2$。

**2. 纤维制品在植被建立与生长过程中的应用**　植被对于水土保持的重要性不言而喻，而将织物覆盖于地表，除了能进行物理固沙保土，控制土壤侵蚀外，同时还可以其特有的结构和性能特点帮助植被建立和生长，并在自然降解后增添土壤肥力，进一步促进植被生长，从而达到改善生态环境、治理土壤侵蚀的目的。织物独特的网眼结构可使植被在纱线间有足够的空间生长，也有利于光线进入，并使种子和土壤在网眼间紧密地固定在一起，这样用于建立植被的种子得以保持均匀分布，且不至于像土壤颗粒一样，在雨季发生随水流失的情况。另外，高吸水纤维织物由于纤维有高吸水性的特点，所以可提高土壤的含水量，通过改善斜坡的微观环境帮助植物生长，这一点对降雨量少及土壤干燥地区，特别是因土壤含水量少影响植被建立和生长的干旱、沙漠地区尤为重要。由于黄麻之类的天然纤维是生物降解性材料，所以一定时间（一般为两年）后，土工布腐烂可向土壤补充有机物质和培养基，在控制侵蚀的过程中还起了灰肥等覆盖物的作用。以国外开发的一种缝编草皮培育垫为例，它的主要组成部分是带有草种的亚麻纤维网，采用缝编工艺，将亚麻纤维网用缝合线连接成形，同时用一种特殊的计量器将草种均匀地置入网中。这种织物可以保护草种，使之免遭害虫和鸟类的啄食，防止草种流失，帮助草种发芽。同时，它具有多孔结构，草根极易穿过织物伸入土壤，汲取所需的养料和水分，而织物的增强作用也由于草根的保持水土能力而得以实现。在草根发芽生根以后，亚麻便逐渐分解到土壤中，对环境无污染。

## 四、排水灌溉用纤维制品

农业灌溉及地下排水都需要管道进行水的输送，各种织物在这里可以得到广泛应用。国外农田排水技术已有很长的历史，20 世纪 50 年代，排水技术已比较成熟，半个多世纪以来，出现了明沟排水向暗管排水过渡的发展趋势，即开始由地面排水转向地下排水。在地下排水管材的使用上，黏土瓦管和混凝土管曾是许多国家普遍采用的排水管材，大约在 20 世纪 60 年代中期，排水材料的研究集中于波纹塑料管，并被广泛使用，逐渐替代其他管材。近年来，纺织品在排水灌溉方面的应用备受关注，目前的农用纺织品排水管主要有机织管、针织管和非织造布复合管三种。机织管多为双层组织织物，针织管多为圆筒状织物，两者优点是灵活性大，但如用于地下灌溉还需配有支撑材料。新型的非织造布复合排水管则可用于多种场合，其结构为：管的内层是高强塑料管架，起支撑和加固作用；管的中层为非织造材料过滤层，具有良好的渗透和过滤性能；在非织造材料过滤层的内外两侧采用高强丙纶纱网加强和保护，防止其在施工和应用中被破坏。该复合结构中最关键的是中间的非织造过滤层，一般选择聚酯、聚丙烯纤维材料，用针刺和热轧法进行加固。非织造材料孔隙率大，为 80% ~ 90%（沙土的孔隙率一般不会大于 50%），具有良好的渗透性能，同时，非织造材料是典型的三维网状结构，其纤维的网络结构形成了许多细小的孔隙，既可以形成排水通道，也可以阻挡土壤等固体颗粒，因此，在保证良好排水的同时还具有优异的过滤性能。该结构排水管材的特点是：具有良好的过滤和排水性能，管体结构合理、牢固，加强了非织造材料过滤层的保护，可解决传统的排水管材成本高、施工不方便、排水和过滤效果不好、经常发生倒灌现象等问题。

除排水管外，纤维制品在农业水渠的隔离和防渗漏方面也有一定的应用，例如，在渠道侧壁中铺放非织造材料或涂膜非织造材料，可提高水的利用率，减少无效灌溉用水的浪费，也可把灌溉和施肥结合起来，以渐进的方式施放，利于作物的吸收。另外，在排水管周围需覆设透水性能良好的外包材料，以防止泥沙从排水管的孔眼或管节接缝处进入暗管而造成淤塞，可供使用的外包材料除沙砾、稻草、稻壳、麦秆、锯末、棕皮等以外，各种化学纤维材料、土工织物等纤维制品也有着广阔的应用前景，化学纤维缠绕、化学纤维织物包裹、土工织物套筒包覆等技术均有所采用。

## 五、育苗培植用纤维制品

近年纤维及其制品在农业育种及植物培植方面的应用也逐渐扩大。在育种方面，一方面，可将种子直接播种在农用纤维制品上，施加肥料和养分，待其长成幼苗后再进行移栽，既能帮助植物发芽生根，又能防止土壤流失；另一方面，在作物杂交育种过程中可利用纱网来隔绝不同品种的亲本。在草坪种植方面，以可降解的麻纤维为原料，采用经编或纬编工艺制作的植物培育基材，解决了传统草皮移植过程中操作烦琐、铺设缓慢的问题，同时具有清洁卫生、无病、无虫、无菌、无味、无臭等优点，是理想的培育草坪的材料。在水稻育秧方面，传统本土水稻育秧方法早已被淘汰，人们曾采用塑料软盘育苗，但其透水性及保水性差，成本也较高，因此难于推广，而采用新型纺粘法聚丙烯非织造材料的育秧盘，隔离性好、强度高，可实现农副产品的早熟、高产、稳产、无污染种植，完全可以取代农用薄膜、塑料等材料。还有地被，通常由锦纶草皮增强材料和植物生长基组成，增强材料是用黏合法生产的纺粘织物，植物生长基放在增强材料上，生长基的厚度根据植物的种类而定，在生长基中，可以是种子，也可以是幼苗。这种种植方法生产简单，价格低廉，适合于小面积种植，特别适合于作为药草、蔬菜、花卉或草坪的繁殖材料，也可以直接种植。图9-4为育秧布，图9-5为草皮培育垫。

图9-4 育秧布

图9-5 草皮培育垫

## 六、农作物保护用纤维制品

在农作物杂交育种中，为了保护亲本，同时制作杂交种，可以利用纱网来隔离不同品种的亲本，防止昆虫授粉，还可以保护作物不会受冰雹的袭击。在农作物生长过程中，为保护作物不受外部环境如杂草、昆虫病菌、飞鸟、风雨、霜、雹等的影响，往往需要对其进行保护。防草布主要适用于株行距较大的人工树苗培育中，通过阻止阳光照射到地面起到抑制杂草生长的作业，同时防止苗根部培土在雨水冲刷下露出根系，起到护根作用。防虫网是减小农药污染的有效途径，常使用浸有杀虫剂等化学处理后的非织造材料，也有以高密度聚乙烯为主要原料，经挤出拉丝编织而成的纱网，主要用于夏秋季设施园艺，采用全生育期全封闭栽培，用以阻隔各种害虫成虫潜入产卵繁殖，并能有效地防止由害虫传播和由伤口侵入的各种病害的发生和蔓延，从而实现基本不用农药生产。果实防护袋主要采用具有良好透气性能的织布制成，在果实成熟的季节，保护作物不受到昆虫或者飞鸟的袭击或者破坏，同时不影响果实的自然生长，还可经适当改变，作为植物的授粉袋、包根袋或者其他的农业用袋等。防雹网材料的选择有诸多要求，质量轻、耐用、成本低、对光照影响小，目前生产上应用的防雹网以聚乙烯网为主。图9-6为纱网，图9-7为果实防护袋。

图 9-6　纱网

图 9-7　果实防护袋

## 七、水产、海洋用纤维制品

我国是一个海陆兼备的国家，海岸线漫长，近海养殖、远洋捕捞及海洋矿物资源与能源的开发与利用等，也为纺织技术、纤维制品的应用提供了广阔的空间。

**1. 纤维制品在近海养殖业的应用**　近海养殖的重点是设置人工渔礁，其作用是改善沿海水域的生态环境，为鱼虾类聚集、栖息、生长和繁殖创造条件，也可作为障碍物，用以限制某些渔具在禁渔区作业，从而促进水产资源的增殖。传统人工渔礁都是采用水泥等构造而成，现在开始采用合成纤维增强塑料与橡胶制造人工渔礁。海草是人工海礁的一部分，用人工海草代替天然海草，以提高鱼类聚集的效果，可选用的材料包括有亲水性的合纤织物及合成树脂薄膜等，其比重比海水小、不易腐坏、易与天然藻类黏附。当然，人工海藻对于水产养殖也十分重要，合成纤维具有强力大、比重低、耐气候性好、耐腐蚀性强等特点，是制作人工藻类的理想材料。除此之外，在海洋农场进行海藻栽培的浮栅、涌升流装置、海藻种植网等生产设施，都可以应用纤维制品，特别是合成纤维，应用前景广阔。

**2. 纤维制品在海洋土木领域的应用**　在海洋空间的开发利用方面，填海造地需要大量的纤维，特别是合成纤维。根据需要，可利用织物或编织物的透水性，或经过树脂处理后的不透水性，应用在海洋工程的各种场合。在养殖场的建造以及浅海渔场的开发中，消波堤十分重要，它主要是利用合纤织物所具有的透水性防止沙土的流失，利用合纤织物的可挠曲性和强韧性防止堤坝的剥离等，以发挥在暴风雨天气时保护养殖场的作用。

**3. 纤维制品在捕捞业的应用**　随着传统渔业生产方式的转变和渔业科技的发展进步，渔网材料在捕捞业应用中的研究取得了巨大的进步。目前，国内99%以上的渔网材料采用合成纤维加工而成，具有低吸水率、高强力、高韧性、高模量、耐腐蚀、耐磨、耐疲劳、耐紫外线、耐气候、耐海水、抗菌性等特性，主要有尼龙6或改性尼龙的单丝、复丝或复单丝，也可以用聚乙烯、聚酯、聚偏氯乙烯等纤维，用于流网捕鱼、曳网捕鱼、捞鱼捕鱼、诱饵捕鱼和定置捕鱼，或成为网箱、渔笼等捕捉用品制造原料，其中超高分子量聚乙烯单丝无结渔网因具有强度高、质量轻、抗老化和抗污损能力强等突出特点在深海抗风浪网箱养殖方面具有独特优势。图9-8为舷提网作业示意图，图9-9为网箱。

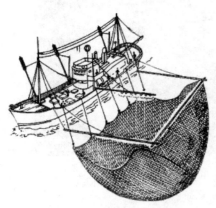

图9-8　舷提网作业示　　　　　　　　　　图9-9　网箱

**4. 海洋用纤维的特性与防老化**　纤维材料，特别是被广泛应用的锦纶、涤纶等高强力合成纤维，其强力可与金属丝相匹敌，密度与海水接近，耐海水腐蚀能力优于金属材料、无机材料，同时其与硬度大的材料相结合所制成的构造体，具有对海洋能量加以控制的缓冲效果，无论是性能方面，还是价格方面，都是用于海洋开发的较理想的纤维材料，已逐渐从过去的渔网、绳索等狭小的领域发展到现在以水产为首的海洋开发的所有领域。但是，合成纤维最大的缺点是易老化，海洋上日光照射强烈，特别是紫外线照射量、臭氧含量等都比陆地上大得多，而且合成纤维常在潮湿的状态下（或者湿—干—湿反复的状态下）使用，所以更易老化。有效防止合成纤维老化，主要从以下几个方面考虑。

（1）黑原液纱。按0.5%~2.0%的比例把炭黑混入原液中纺成的纱，其耐气候性与未混入炭黑的纱相比有较大幅度的提高。炭黑的粒子直径越大，其遮光效果也越好，但纱线的强伸度随粒子直径的增大而减小。因此，选用时要充分考虑使用目的。

（2）玻璃纤维增强改性。玻璃纤维的耐紫外老化性能好，减缓了合成纤维表面裂纹的进一步扩大，使得增强材料的表面老化裂纹较浅，且表面露出的玻璃纤维层可以减缓外界环境对材料的进一步侵蚀。

（3）人造橡胶被覆。合成纤维织物若用人造橡胶等被覆，耐气候性可得到大幅度的提高，因此，其在海洋开发中占有很重要的地位。

---

## 思考题

1．农业用纤维制品主要包括哪些种类，主要作用是什么？

2．农业用纤维制品的性能特点是什么？

3．列举非织造材料在农业生产中的主要应用领域以及农业对非织造材料的特殊性能要求。

4．地膜的生产方法及主要作用是什么？

5．纤维制品具体从哪几个方面发挥水土保护作用？

6．新型的非织造布复合排水管具有哪些结构和性能特点？

7．水产、海洋用纤维制品的特性是什么？

8．你认为目前制约农业用纤维制品发展因素主要有哪些？

9．实地考察调研当地农业生产中纤维制品的使用情况以及对纺织产品的技术需求，探索农业用纤维制品发展新思路。

## 参考文献

［1］李一鑫，黄梅花，程浩南．纺织材料在医疗领域的应用和发展［J］．产业用纺织品，2018（07）：42-46.

［2］CHEUNG T W, LI L. A Review of Hollow Fibers in Application-Based Learning：From Textiles to Medical［J］. Textile Research Journal，2019，89：237-253.

［3］张荫楠．人体友好的医用纺织品技术现状和应用展望［J］．纺织导报，2018（05）：33.

［4］白亚琴．孟家光．新型医疗保健织物的开发［J］．针织工业，2006（6）：49-54.

［5］杨玲玲，丁雪佳，王国胜，等．壳聚糖医用敷料研究进展［J］．透析与人工器官，2017（04）：32-37.

［6］KUMAR R S, SUNDARESAN S, 官庆双．手术缝合线［J］．国际纺织导报，2014（1）：46-48.

［7］刘泽堃，李刚，李毓陵，等．生物医用纺织人造血管的研究进展［J］．纺织学报，2017（07）：155-163.

［8］丁建萍，许金美，王秀娟，等．人工肝支持系统治疗患者服的设计与应用［J］．护理学杂志，

2018（24）：40-41.

［9］宋磊，黄理旭，周春华．新型便携式人工肾研究进展［J］．海军医学杂志，2018（01）：96-98.

［10］俞俊钟．人工关节材料超高分子量聚乙烯的应用及其改性研究现状［J］．科技咨询，2018（28）：77-78.

［11］李瑞端，戴传波．骨修复材料的研究进展［J］．化学工程与装备，2018（09）：265-266.

［12］S. 阿达纳．威灵顿产业用纤维制品手册［M］．徐补，叶奕梁，童步章，译，北京：中国纺织出版社，2000.

［13］郭卫红，汪济奎．现代功能材料及其应用［M］．北京：化学工业出版社，2002.

# 第十章 医疗、卫生用纤维制品

医疗、卫生用纤维制品是纺织材料的重要产业应用领域之一。我国是医疗卫生用纺织品生产大国，产品由简单的个体卫生用品材料，逐渐发展到医疗用敷料、手术洞单、手术服、手术包、手术缝合线等高技术含量制品。医疗卫生用纺织品的性能呈现出多样化的发展趋势，防病毒、防渗透、高阻隔、抗静电、轻量化、超薄舒适、透气性好、无刺激、可降解等成为产品特质；未来将朝向可降解、复合化、功能化、微创化、智能化的方向发展。

2017年，我国医疗与卫生用纺织品年产量达156万t，增速为7.50%。2017年尿裤和卫生巾的出口额达到16.07亿美元，同比增长5.41%，其中成人失禁用品出口达到2.4亿美元。医用纺织品产业的发展则相对比较平稳，产业的集中度也比较高，行业的出口比重比较大。2017年我国出口一次性非织造布制防护服8.63亿美元，同比增长8.77%；出口纱布、绷带等医用敷料7.69亿美元，同比增长0.61%。由于我国医保政策和产品认证体系的因素，一次性医用纺织品在我国医院的应用比例还不高，产品主要是以OEM的形式生产并出口国外。

## 第一节 医疗、卫生用纤维制品的定义与分类

医疗、卫生用纤维制品是对医疗、卫生、保健、生物医学用纤维制品的总称，是集纺织技术、材料、医学、生物等多学科交叉，并与科技相辅相成的高附加值技术纤维产品。虽然不同国家和地区对产业用纤维制品的分类尚无一致定论，但都不约而同地把医疗、卫生用纤维制品作为一个单独的类别列出，足见其在产业用纤维制品中的重要地位。对该类制品的分类，不同的国家和地区往往有着不同的划分方法。

### 一、按其形态分类

**1. 一维（线状）医疗、卫生用纤维制品** 主要为纤维或纱线类制品，有缝合线、结扎线、固定线和光导纤维等。

**2. 二维（面状）医疗、卫生用纤维制品** 主要为薄片状纤维制品，包含各类护理用品、保健用品、纱布、绷带等医疗用品，以及人工皮肤、脏器修补材料等。

**3. 三维（体状）医疗、卫生用纤维制品** 主要为三维立体制品，有人工骨、人工血管、人工肌腱以及人工肾等。

### 二、按产品的应用分类

**1. 一般医院用品** 如工作服、病号服、床单、罩单、床垫、被褥、毯子、毛巾、口

罩、鞋袜、枕套、窗帘、台布、揩拭布等。

**2. 外用医疗用品** 如医用胶布、棉签、棉球、纱布、绷带、创可贴、脱脂棉、包扎布、胶带基布、伤口敷料、膏药布、止血纤维等。

**3. 医疗防护用品** 如手术衣、手术帽、手术薄膜、口罩、手术覆盖布、手术器械包覆布、检验人员用衣和手套、X 射线操作用衣和手套等。

**4. 医疗功能性用品** 包括外科植入性、非植入性用品和各种人造器官，如手术缝合线、止血纤维、人造血管、人造皮肤、人造毛发、人工呼吸器、人工肾、人工肺、人工肝、人工骨与人工关节、人工肌腱、人工心脏瓣膜及修复用织物、疝修复织物、血浆分离器、纤维增强人工骨板、外科用增强网材和接合材料、外科整形和修补材料等。

**5. 卫生用品** 如卫生巾、卫生棉、卫生棉条、儿童尿裤、成人失禁尿垫、医用纸制品、抗菌袜、抗菌鞋垫、防臭袜、防臭鞋垫、除螨止痒与抗过敏纺织品等。

**6. 保健用品** 如矫正带、约束带、束腹带、矫正衣、弹性护肩、护腕、护膝、护腰等。

**7. 医疗器械与仪器用纤维制品** 如由玻璃纤维、金属纤维、陶瓷纤维、碳纤维等增强复合材料及弹性纤维制造加工的轮椅、拐杖、担架、撒运车等医疗器械；由光学纤维、医用过滤分离纤维制成的听诊器、X 射线诊断仪、血液分离仪、细菌分离仪等医疗卫生检验设施与仪器等。

# 第二节 医疗、卫生用纤维制品的性能和特定要求

医疗、卫生用纤维制品未来将朝向可降解、复合化、功能化、微创化、智能化的方向发展。各类新型高技术纤维原材料，如新型生物基纤维、聚合物纳米纤维基生物医用材料、功能纤维材料的优化设计开发；纺织加工技术与生物、材料、信息、纳米等高新技术全方位的交叉融合，包括新一代生物材料设计与合成、纳米生物材料及软纳米技术、先进制造技术和材料复合技术、组织工程技术构建人造器官等；医用纤维制品的生物功能化与生物智能化，如可随着人体微环境变化而具有响应性、组织再生功能和分子识辨功能等，是创新的焦点。因此，它较之其他产业用纤维制品有着不同的特殊性能与要求。

## 一、不直接接触类纤维制品

由于该类用品并不直接与生物体接触。因此，在性能上除了要满足一般纤维制品的性能外，还要求能够经受各种消毒处理和清洗处理，如大于 100℃ 的干热或高温蒸气消毒；碘化合物、甲醛、戊二醛、环氧乙烷等化学试剂、药液的消毒；γ 射线的消毒；各种漂白剂的漂洗等。

## 二、直接接触类纤维制品

该类用品与生物体会发生直接接触。因此，除了要满足一般纤维制品和不直接接触类医疗、卫生用纤维制品的性能外，还应具备以下性能。

（1）无毒、无菌性。

（2）不变质性。

（3）无致敏、致癌、致畸形性。

（4）不引起局部组织反应、全身毒性反应及不适应性。

（5）与体液、血液接触时，不破坏其中的有形成分。

### 三、进入生物体内类纤维制品

该类用品对材料性能的要求最为严格，除上述两类性能要求外，作为进入生物体内的医疗、卫生用纤维制品，还必须具备以下基本性能。

**1. 生物相容性** 材料在机体的特定部位引起恰当的反应，是指进入生物体内的医用材料能被生物体接受的性能。根据国际标准化组织（International Standards Organization，ISO）会议的解释，生物相容性是指生命体组织对非活性材料产生反应的一种性能，一般是指材料与宿主之间的相容性。生物材料植入人体后，对特定的生物组织环境产生影响和作用，生物组织对生物材料也会产生影响和作用，两者的循环作用一直持续，直到达到平衡或者植入物被去除。

生物相容性可以分为生物学反应和材料反应两部分，其中生物反应包括血液反应、免疫反应和组织反应，即可能引起的各种炎症、排斥性反应及各种急性和慢性反应，如感染、炎症、粘连、溃疡、溶血、凝血、坏死、发热、慢性中毒、循环障碍、脏器功能紊乱；材料反应主要表现在材料物理和化学性质的改变，是医用材料对生物体生理环境的适应性，包括生理腐蚀、吸收、降解、变形、失效等。

评价材料的生物相容性遵循生物安全性和生物功能性两个原则，既要求生物材料具有很低的毒性，又要求生物材料在特定的应用中能够恰当地激发机体相应的功能。生物相容性的评价主要参考国际标准化组织（International Standards Organization，ISO）ISO 10993–1–2009/COR.1–2010 和国家标准 GB/T 16886 的要求，通过一系列体外、体内实验来进行。

**2. 化学稳定性** 化学稳定性是指物质在化学因素作用下保持原有物理化学性质的能力。由于在生物体复杂的环境中，植入体内的材料长期处于物理、化学、生物、电、机械等因素的多重影响之下，材料不仅受到各种器官的组织不停运动的动态作用，也处于代谢、吸收、酶催化反应之中；同时植入物的不同部件间常处在相对运动之中。在这样多因素的、长期的、综合作用之下，可引起进入生物体内的医用材料出现溶胀、腐蚀、吸收、添加剂析出、强力下降、变形、破坏或发生降解、解聚、氧化、交联等反应而失去作用。因此，医疗、卫生用纤维制品对产品的化学稳定性能要求非常高。

**3. 可降解与可吸收性** 可降解与可吸收性是指材料在生物体内完全降解的产物能被机体完全吸收、代谢。对于某些因各种需要暂时植入或留置在生物体内的医用材料，如手术缝合线、人造皮肤、止血纤维、骨钉、纤维性骨板、连接材料、药物缓释载体、修补性材料等，要求随着时间的推移，材料能够逐步发生降解，并能够被肌体吸收或通过体液、肾脏排出体外。

除上述所列基本的共同性能外，医疗、卫生用纤维制品在不同的实际应用场合下，还有着各种特定的性能要求。如压缩性绷带，必须具备不同的压缩力，以便用于处置和预防不同情况的静脉凝血和静脉曲张，其产品也因压缩力的不同而具有多种类型。又如缝合线，还要求具有适当的结晶度和一定的机械强度来同时满足降解吸收和缝合手术的张力要求；人造皮肤必须具有良好的透过性，以便满足水蒸气、蛋白质、电解质的渗透与分泌等。

# 第三节　医疗、卫生用纤维制品的原材料

目前，适于制备医疗、卫生用纤维制品的原材料有上百种，按其来源可以分为以下几种。

天然材料：主要包含天然纤维素和蛋白质两类。其中，天然纤维素类常见的有棉、亚麻等；天然蛋白质类纤维主要有蚕丝。

再生材料：是天然高分子材料（如多糖类和蛋白质类等）经过人为的化学方法加工而制得的材料，常见的有再生纤维素材料（如黏胶纤维）、再生蛋白质材料（如再生丝蛋白纤维和胶原纤维）、再生海藻酸钙纤维、再生壳多糖和壳聚糖纤维以及陶瓷纤维等。

合成材料：是人为地把不同物质经化学方法或聚合作用加工而成的材料，主要有聚酯、聚氨酯、聚酰胺、聚丙烯、聚四氟乙烯、碳纤维、硅橡胶、聚酸酐和聚乳酸等。

其中性能优异且近几年得到广泛应用的可生物降解医用纺织材料有如下几类。

## 一、甲壳质与壳聚糖

甲壳质与壳聚糖是由虾、蟹、昆虫的外壳及菌类、藻类的细胞壁中提炼出来的天然生物高分子化合物。

甲壳质是一种含氮的多糖物，又称甲壳素、几丁质、壳蛋白、壳多糖、明角质等，是自然界第二大丰富的生物聚合物，是许多低等动物特别是节肢动物如虾、蟹、昆虫等外壳的重要成分，也是低等植物菌类细胞膜如地衣、绿藻、酵母、水母等的组成部分。据估计，每年的生物合成量超过10亿吨，是一种巨大的可再生资源。外观呈白色或微黄色透明体，是2–乙酰氨基葡萄糖多聚体，其化学结构与天然纤维素相似，两者的区别在于：纤维素每个糖基2–位上连接的是羟基，而甲壳素每个糖基2–位上连接的是乙酰氨基，是由氨基乙酰基置换纤维素葡萄糖残基中的羟基而构成。

壳聚糖又称脱乙酰甲壳素，是甲壳质脱 N–乙酰基的产物，一般而言，N–乙酰基脱去55%以上的就可称作壳聚糖，化学名称为聚葡萄糖胺（1，4）–2–氨基 –B–D 葡萄糖。由于大量氨基的存在，这种天然高分子具有优异的生物官能性和相容性、血液相容性、安全性、微生物降解性等显著的生理活性，且化学反应条件也较温和。

经过一定加工，可制成甲壳质与壳聚糖类纤维，用于医用缝合线，其密度一般为$1.48g/cm^3$，产品的强度大多可达到2cN/dtex以上，伸长率介于6% ~ 8%。甲壳素和壳聚糖还可作为硬组织激发剂，以其固定肝素、硫酸软骨素和葡聚糖等，可有效地刺激硬组织

尤其是骨组织的恢复。

## 二、海藻酸

海藻酸是一种天然多糖，其化学组成为$\beta$-D-甘露糖醛酸（M）和$\alpha$-L-古罗糖醛酸（G）经过 1，4 键合形成的线型共聚物，G 和 M 在海藻酸中的含量对纤维的成胶性能有明显的影响。海藻酸是从海藻植物中提炼而来，可用化纤湿法纺丝技术制成纤维。由于海藻酸纤维在与伤口接触时，会与伤口组织液相互作用生成亲水性海藻酸钠、海藻酸钙凝胶，可在阻止细菌的同时使氧气通过，并能促进新组织的生成，因此，适于制成医用缝合线、伤口敷料和人造皮肤。

## 三、骨胶原

骨胶原又叫构造蛋白质，占人体蛋白总量的 30% ~ 40%，分布在人体肌肉连接的肌腱中、关节连接的软骨组织和结缔组织及皮肤的真皮层中。骨胶原具有良好的生物吸收性、无抗原性和伤口愈合性，能促进钙、磷等无机质在骨上的沉积，因而能起到修复骨组织、改善骨质疏松症状、促进身体健康的作用。由骨胶原制成的纤维、纤维网和可溶性止血纱布可用于医用缝合线、伤口敷料和止血材料。

## 四、丝蛋白

丝蛋白是由乙氨酸、丙氨酸、丝氨酸等 18 种氨基酸所组成的天然蛋白质，不同种类的丝蛋白，其氨基酸种类与排列顺序也不同，致使丝蛋白的二级结构及高级结构具有明显差异，进而表现出不一样的理化性质并发挥不同的生理功能。根据获取丝蛋白的技术不同，丝蛋白来源种类主要可分为天然丝蛋白、重组丝蛋白和转基因丝蛋白。

丝蛋白因具有良好的生物相容性、低免疫原性、可加工性和可降解性等特点，可用于制备性能优良的生物材料。基于组织工程基本原理，通过材料加工工艺，多种形态的丝蛋白支架（包括三维多孔支架、纳米纤维、水凝胶、二维膜等）和丝蛋白药物载体（微球、纳米颗粒等），已在硬骨、韧带、皮肤、心血管、软骨、角膜、神经等器官组织的修复以及抗癌疗法中被应用，并能制成各种易吸收、富营养或具有保健功能的食品、化妆品、护发品、护肤品、美容品等。

## 五、聚酯类

**1. 聚乙交酯（PGA）** 聚乙交酯又称聚羟基乙酸或聚乙醇酸，是结构最简单的线性脂肪族聚酯，具有良好的生物相容性和生物可降解性的高分子材料，是可以被人体吸收的合成聚酯类材料，也是第一种用作可吸收手术缝合线的聚合物。与传统的高分子材料相比，聚乙交酯在人体内不需要特殊酶的参与就能完全降解，且降解后的产物可被体内吸收代谢，最终形成二氧化碳和水。由于其优良的生物相容性和生物可降解性，聚乙交酯及其共聚物广泛地应用于可降解医用手术缝合线、骨折内固定物、药物控释载体以及组织工程支架等方面。

聚乙交酯最初的原料是 $\alpha$- 羟基乙酸，其广泛存在于甘蔗、甜菜及未成熟的葡萄等自然作物中。因其分离提纯难度大，目前工业上都是通过有机合成的方法得到。因聚乙交酯是致密结晶聚合物，除六氟异丙醇以外，几乎不溶于所有的有机溶剂；熔点高、熔融纺丝难、纤维柔性较差、编织不便、力学强度不高，难于制成复杂的形状，如螺钉等，可以通过与其他材料共聚来改善其性能。

**2. 聚丙交酯（PLA）** 聚丙交酯也称为聚乳酸，以微生物发酵、提取制得的乳酸（如玉米、木薯等高糖、高淀粉农作物）为单体，再经化学合成的一类聚酯家族化合物。乳酸中含有一个手性碳原子，有炫光性，其聚合物有右旋聚乳酸（PDLA）、左旋聚乳酸（PLLA）、外消旋聚乳酸（PDLLA）、非旋光性聚乳酸（meso-PLA）等。用于制备纤维的聚乳酸一般是左旋聚乳酸（PLLA），只有当乳酸聚合物相对分子质量大于 2500 时，得到的聚乳酸纤维才有较好的力学能耐。聚乳酸（PLLA）是美国食品和药物管理局（FDA）认可的一种可完全生物降解、对环境无污染的聚酯类高分子材料，因其具有适应的生物降解特性、良好的生物相容性、可加工性以及优良的力学性能，已广泛应用于可吸收缝合线、药物缓释材料、人工血管、止血剂、外科黏合剂和骨折内固定等领域。

几种聚乳酸的基本性能见表 10-1。从表中可以看出，通过调整不同聚乳酸的比例，可以改变材料的强度和降解周期，以适应不同的需要。

表 10-1 聚乳酸性能对比

| 项目 | 聚 –D– 乳酸（PDLA） | 聚 –L– 乳酸（PLLA） | 聚 –（D, L）– 乳酸（PDLLA） |
| --- | --- | --- | --- |
| 熔点（℃） | 180 | 80 | — |
| 断裂强度（cN/dtex） | 4.0 ~ 5.0 | 5.0 ~ 6.0 | — |
| 伸长率（%） | 20 ~ 30 | 20 ~ 30 | — |
| 降解时间（月） | 10 ~ 21 | 10 ~ 21 | 6 ~ 13 |

**3. 聚乙丙交酯（PLGA）** 聚乙丙交酯又名聚羟基乙酸，聚乳酸—羟基乙酸共聚物［poly（lactic-co-glycolic acid），PLGA］由两种单体——乳酸和羟基乙酸随机聚合而成，是一种可降解的功能高分子有机化合物，具有良好的生物相容性、无毒、良好的成囊和成膜性能，被广泛应用于缝合线，药物传送载体，用于细胞培养、移植的支架，器官的再生等领域，在美国 PLGA 通过 FDA 认证，被正式作为药用辅料收录进美国药典。聚乙丙交酯的降解产物是乳酸和羟基乙酸，同时也是代谢途径的副产物，应用在医药和生物材料中时不会有毒副作用（乳糖缺陷者除外）。

由于聚乙交酯熔点较高，给熔融纺丝带来一定困难，且纤维柔性较差，作为缝合线可能会给人体组织带来损伤。而聚乙丙交酯的断裂强度和初始模量比聚乙交酯有所下降，断裂伸长则有所增加，其柔性比聚乙交酯有了一定改善。另外，通过改变共聚物的组成，可以调节聚合物的降解寿命（从数周至数年），扩大了应用范围。

**4. 聚己内酯（PCL）** 聚己内酯（Polycaprolactone，PCL）又称聚 $\varepsilon$- 己内酯，是通过 $\varepsilon$- 己内酯单体在金属阴离子络合催化剂催化下开环聚合而成的脂肪族聚酯，通过控制聚合条件，可以获得不同的相对分子质量。其外观为白色固体粉末，无毒，不溶于水，易溶于多种极性有机溶剂。聚己内酯具有良好的生物相容性、良好的有机高聚物相容性以及生物降解性，可用作细胞生长支持材料，可与多种常规塑料互相兼容，自然环境下 6 ~ 12 个月即可完全降解。

聚己内酯还具有良好的形状记忆温控性质，被广泛应用于药物载体、增塑剂、可降解塑料、纳米纤维纺丝、塑形材料的生产与加工领域。其单丝比重为 1.145，干强度为 5.20cN/dtex，湿强度为 5.10cN/dtex，熔点为 60℃，降解周期为 2 年。由于聚己内酯结晶性较强，降解非常慢，在体内的降解分两个阶段进行，第一阶段：相对分子质量不断下降，但不发生形变和失重；第二阶段：相对分子质量降低到一定数值后，材料开始变为碎片并发生失重，并逐渐被肌体吸收排泄。表 10-2、表 10-3 给出了常见可生物降解和血液相容性医疗、卫生用纤维制品材料的示例。

表 10-2　可生物降解医疗、卫生用纤维制品材料示例

| 示例 | 产品形式 | 应用场合 |
| --- | --- | --- |
| 聚 $\alpha$- 羟基酸，聚 1，4- 二噁烷，聚葡萄糖酸盐、胶原纤维 | 缝合线、血管夹钳 | 接合材料 |
| 聚 $\alpha$- 氰基丙烯酸酯 | 胶布 | — |
| 聚乳酸，羟基磷灰石 | 板、螺丝、杆、钉、夹板 | 正骨材料 |
| 明胶、明胶 + 聚乙烯醇 | 药棉敷料、粉、喷雾剂 | 止血材料 |
| 明胶 | 止血纤维薄片、胶糊、喷涂剂 纱布、棉球、网材、非织造布、管材 | 止血材料 防粘材料 培养组织机体 |
| 聚乳酸（和碳纤维结合） | 纤维 | 人造腱、人造韧带 |
| 聚乳酸 | 纤维、多孔材料 | 人造血管 |
| 胶原、壳多糖、聚乳酸、聚 -L- 白氨酸 | 纤维 | 伤口覆盖物 |
| 聚乳酸，胶原 | 纤维 | 人造皮肤 |
| 各种可降解聚合物 | 微囊、微球、针、中空纤维 | 药物输送系统 |

**5. 聚羟基丁酸戊酯（PHBV）** PHBV 是一种生物聚酯，由生物高分子 3- 羟基丁酸酯和 3- 羟基戊酸酯共聚得到的产物。以淀粉为原料，运用发酵工程技术生产出的生物材料，它由细菌生产，能被细菌消化，在土壤或堆肥化条件下完全分解为二氧化碳、水和生物质。目前，美国、英国、德国、日本等国的 20 多家公司推出了生物自毁塑料。以PHBV 为基体，以各类无机物或纤维素纤维为增强体或填充物，可制得性能各异的生物可降解的复合材料，以满足不同场合的使用要求，在医疗上用途颇广。荷兰科学家发明一种塑料，植入体内大约两年便自行分解，变成二氧化碳和水；在骨折手术中，它可以充当骨

骼间的承托物，随着骨骼的愈合，它也会逐渐自行分解；线状生物自毁塑料，可以代替传统的医用外科手术线缝合伤口，这种塑料手术线可被身体逐渐吸收，免除拆线之苦恼；此外，用生物自毁塑料制成的药用胶囊，在体内会慢慢溶解，并且可控制药物进入血管的速度。

表 10-3　血液相容性医疗、卫生用纤维制品材料示例

| 示例 | 材料功能 | 聚合物类别 |
|---|---|---|
| 聚四氟乙烯（PTFE） | 疏水性表面 | 合成聚合物 |
| 聚二甲基硅氧烷，聚乙烯 | | |
| 聚 2- 多羟基甲基丙烯酸 | | |
| 聚丙烯酰胺 | | |
| 嵌段共聚物 | 异基团表面 | |
| 接枝共聚物 | | |
| 聚乙二醇 | 分子纤毛（cilia） | |
| 磺化聚合物 | 负电荷表面 | |
| 膨化聚四氟乙烯 | 形成假膜 | 合成聚合物 +<br>生物活性聚合物 |
| 聚对苯二甲酸二醇酯 | | |
| 释放肝素聚合物 | 肝素化 | |
| 肝素化聚合物 | 肝素化 | |
| 带烷基团聚氨酯 | 纤维蛋白溶解酶定位 | 合成聚合物 +<br>生物分子 |
| | 白蛋白吸收表面形成类似生物膜表面 | |

## 六、聚对二氧杂环己酮（PDS）

聚对二氧杂环己酮主要是由乙二醇、金属钠、氯乙酸等反应后，制成对二氧杂环己酮单体，然后以有机金属化合物如二乙基锌或乙酰丙酮锆为催化剂，用纯度 99 % 以上的对二氧杂环己酮开环聚合成高分子材料。PDS 的降解主要是由于水解作用而引起的，分子中的酯键经非酶水解成微小的可容物，与人体代谢的产物一致。在人体中的强度保持率大，特别适用于伤口或患部持续时间长的手术，2 星期的强度保持率为 82%，8 星期的保持率为 13%，均优于聚乙交酯和聚乳酸；PDS 被身体完全吸收需 180 天，也优于聚乙交酯和聚乳酸，且引起的组织反应性比较小。因此，目前被广泛应用于医学领域，如可吸收手术缝合线，骨科固定材料和组织修复材料如螺钉、固定拴、销、锚、箍和骨板等骨科固定装置，以及止血钳、止血膏、缝合线夹、药用筛网和医用黏合剂等。

表 10-4、表 10-5 给出了常见移植性和非移植性医疗、卫生用纤维制品及其加工方法的示例。

表 10-4　移植性医疗、卫生用纤维制品及其加工方法示例

| 产品用途 | | 纺织材料 | 加工方法 |
|---|---|---|---|
| 缝合线 | 可生物降解 | 胶原、聚丙烯酯、聚乙烯酯 | 单纤丝、编织 |
| | 不可生物降解 | 聚酰胺、聚酯、特氟隆、聚丙烯、聚乙烯等纤维 | 单纤丝、编织 |
| 非组织植入物 | 人造腱 | 聚酰胺、聚酯、特氟隆、聚乙烯等纤维，蚕丝 | 机织、编织 |
| | 人造韧带 | 聚酯、碳纤维 | 编织 |
| | 人造软骨 | 低密度聚乙烯纤维 | 编织 |
| | 人造皮肤 | 壳聚糖 | 非织造 |
| | 隐形眼镜片/人造角膜 | 硅、胶原、聚甲基丙烯酸甲酯 | 非织造 |
| 矫形植入物 | 人造关节/人造骨 | 硅、聚缩醛纤维、聚乙烯纤维 | 编织、非织造 |
| 心血管植入物 | 心血移植物 | 聚酯纤维、特氟隆 | 针织、机织 |
| | 心瓣膜 | 聚酯 | 机织、针织 |

表 10-5　非移植性医疗、卫生纤维制品及其加工方法示例

| 产品用途 | | 纺织材料 | 加工材料 |
|---|---|---|---|
| 伤口护理 | 吸收纱布块 | 棉、黏胶纤维 | 非织造 |
| | | 蚕丝、聚酰胺纤维、黏胶纤维、聚乙烯纤维 | 针织、机织、非织造 |
| | 伤口接触层 | 黏胶纤维、塑料膜 | 非织造、织造 |
| 绷带 | 普通弹性/非弹性 | 棉、黏胶纤维、聚酰胺、弹力纱 | 针织、机织、非织造 |
| | 轻度支撑 | 棉、黏胶纤维、弹力纱 | 针织、机织、非织造 |
| | 压缩性 | 棉、聚酰胺纤维、弹力纱 | 针织、机织 |
| | 整形外科 | 棉、黏胶纤维、聚酯纤维、聚丙烯酸纤维、塑料膜 | 织造、非织造 |
| 膏药布 | 纱布 | 棉、黏胶纤维、聚酯纤维、聚丙烯酸纤维、塑料膜 | 针织、机织、非织造 |
| | 外科用绒布 | 棉、黏胶纤维 | 织造、非织造 |
| | 垫布 | 黏胶纤维、棉短绒、木浆 | 非织造 |

# 第四节　医疗卫生用纤维制品的应用实例

我国虽然是医疗卫生用纺织品生产大国，却不是生产强国。该类产品的全球 5 个最发达的市场依次为：美国、欧洲（以欧盟国家为主）、加拿大、日本、澳大利亚，其销量约占全球总销量的 90%。发达国家在多层结构经编人造血管、经编纺织心脏瓣膜、中空纤维人工肾、高端医用辅料等产品的研制开发上投入巨大，已形成完善的技术和生产体系，有众多专门的研究机构和企业。而我国医疗卫生用纺织品主要集中在技术含量较低的医用防护和卫生保健用品方面，而由于技术落后和行业壁垒等原因，手术缝合线、人造血管、人工透析导管、人造皮肤等植入性产品和人工脏器产品则一直处于基础研究阶段。

目前，用于医疗、卫生领域的纤维制品种类非常多，其中比较有代表性的有以下几种。

## 一、医用纤维

医用纤维即医疗用的纤维材料，要求无毒、纯净、无过敏反应、无致癌性、不产生血栓、不破坏血细胞和改变血浆蛋白成分等，主要为天然纤维或人造纤维。如特殊中空醋酯、聚砜纤维、多孔结构的芳香聚酰胺纤维、PAN 系纤维和 PVA 系纤维等，可用作人造器官和血液净化装置；芳香聚酰胺纤维、碳纤维、玻璃纤维、陶瓷纤维等，可作为人造关节补强材料；具有止血分析功能的 PVA—明胶纤维、甲壳质纤维、海藻酸纤维等，可用作人工组织神经；甲壳素纤维具有抑菌除臭、消炎止痒、保湿防燥、护理肌肤等功能，由该材料制成的医用纤维制品可以制成各种止血棉、绷带和纱布；玻璃纤维、金属纤维、陶瓷纤维、碳纤维、高弹性纤维、光纤维等，可用于医疗器械。

## 二、医用缝合线

医用缝合线是一种用于人体手术缝合的线型制品，经历了丝线、羊肠线、化学合成线、纯天然胶原蛋白缝合线等阶段。按物理形态可分为单纤体和多纤体；根据原材料的来源分为天然缝合线（动物肌腱缝线、羊肠线、蚕丝和棉花丝线）和人造缝合线（尼龙、聚乙烯、聚丙烯、PGA、不锈钢丝和金属钽丝）；根据生物降解性能，可分为非吸收缝合线（金属线、棉线、聚酯、聚丙烯等）和可吸收缝合线（羊肠线、聚乙交酯等）。作为理想的医用缝合线必须满足以下条件和要求。

（1）在创口愈合过程中能保持足够的强度，还应当能够伸长以便适应伤口水肿，并随伤口回缩而缩回到原有长度。

（2）创口愈合后其又能自行降解吸收，不再留下异物。

（3）不产生炎症。

（4）无刺激性和致癌性。

（5）易于染色、灭菌、消毒等处理。

（6）可形成安全牢固的结。

（7）制作方便，价格低廉，能大量生产。

除传统的缝合线外，国内外目前都在致力于开发多种新型的医用缝合线用于临床，比较有代表性的有德国和美国开发的智能缝合线，日本开发的妇女头发缝合线，乌克兰开发的抗菌缝合线，国内外开发的纯生物蛋白、甲壳质缝合线等。

## 三、医用敷料

一般而言，狭义的医用敷料是指作为伤口处的覆盖物，在伤口愈合过程中，可以替代受损的皮肤起到暂时性屏障作用，避免或控制伤口感染，提供有利于创面愈合的环境的医疗器械，即伤口护理产品。广义的医用敷料则不仅包括伤口护理产品，还包括手术室感染防护和医用防护产品，以及压力和固定类产品（包含绷带和压力袜等）。

目前，业内多将伤口护理产品分为传统伤口护理产品和新型伤口护理产品，将两者以"湿润愈合理论"为分界线进行区隔。过去，医学界认为保持干燥对促进伤口愈合具有重要意义，天然纱布、棉垫和合成纤维等保持伤口干燥的伤口敷料就属于传统伤口护理产品。1962 年，英国人 Winter 提出了"湿润伤口愈合理论"，即伤口在湿润的环境下比干燥的环境下愈合得快，使得人们对伤口愈合过程的认识有了突破性的进展，新型伤口敷料便是在这一理论上发展起来的。

**1. 天然纱布**　这是使用最早、最为广泛的一类敷料，能强大而快速吸收伤口创面渗出液，生产加工过程比较简单。但是其通透性太高，容易使创面脱水；粘着创面，更换时会造成再次机械性损伤；外界环境微生物容易通过，交叉感染的机会较高；用量多，更换频繁、费时，且患者痛苦。

**2. 合成纤维类敷料**　应用高分子材料（合成纤维）加工成医用敷料，具有纱布一样的优点，如经济，并具有很好的吸收性能等，而且还具有自粘性，使用方便。然而，这类产品同样具有同纱布一样的缺点，如通透性高、对外界环境颗粒性污染物无阻隔等。

另外，随着非织造布的发展，医用敷料的基材有被非织造布取代的趋势。

**3. 多聚膜类敷料**　多聚膜类敷料是一类比较先进的敷料，具有氧气、水蒸气等气体可以自由通透，阻隔环境微生物入侵创面、防止交叉感染，有保湿、创面湿润、不粘着创面，有自粘性、使用方便、透明等优点。但是，其吸收渗液能力差，成本相对较高，创面周围皮肤浸渍机会大。主要应用于术后且渗出不多的创面，或者作为其他敷料的辅助性敷料。

**4. 水胶体类敷料**　其主要成分是一种亲水能力非常强的水胶体——羧甲基纤维素钠颗粒（CMC），与低过敏性医用黏胶，加上弹性体、增塑剂等共同构成敷料主体，其表面是一层有半透性的多聚膜结构。这种敷料与创面渗出液接触后，能吸收渗出物，并形成一种凝胶，避免敷料与创面粘着；同时，表面的半透膜结构可以允许氧气和水蒸气进行交换，但又对外界颗粒性异物如灰尘和细菌具有阻隔性。在国外临床上几十年的应用经验表明：水胶体敷料对慢性创面的效果尤为突出。

**5. 藻酸盐敷料**　由藻酸盐组成的一种高吸收性能的功能性伤口敷料，是目前最先进的医用敷料之一。藻酸盐敷料的主要成分是藻酸盐，是在海藻中提取的天然多糖碳水化合物，为一种天然纤维素。该医用膜接触到伤口渗出液后，能形成柔软的凝胶，为伤口愈合提供理想的湿润环境，促进伤口愈合，缓解伤口疼痛。

## 四、人造皮肤

人造皮肤是利用工程学和细胞生物学的原理和方法，在体外人工研制的皮肤代用品，用来修复、替代缺损的皮肤组织。按成分不同，可分单纯人工真皮和具有表皮细胞层的活性复合皮。当人造皮肤受到大面积损伤时，会引起体内的水分和体液的大量流失，并很容易引起感染。治疗的常规方法是先进行贴敷，然后植皮，贴敷物就是人造皮肤。它主要有三个作用。

（1）在保证具有一定的透气性的条件下防止水分和体液从创面蒸发和流失。

（2）隔绝空气，防止伤口感染。

（3）使肉芽或上皮逐渐生长，可以加快伤口愈合。

人造皮肤能否成功移植，关键在于能否快速血管化，使移植后能够尽早得到营养供应。一方面，将一种能够促进血管化的因子（VEGF）基因成功地转入人体纤维细胞，使其能够分泌VEGF，促进血管化；另一方面，将自体的内皮细胞和成纤维细胞通过适当的途径植入真皮支架，诱导新生血管的形成。因此，对人造皮肤的主要性能的要求是：与皮肤要有一定的亲和性，不发生刺激反应；与伤口有较强的结合力；质地柔软，紧贴性好。

制造人造皮肤的材料有合成高聚物类（如由聚酰胺、聚酯、聚丙烯合成纤维制成的丝绒表面的织物或由聚乙烯醇、聚氨酯、硅橡胶、聚四氟乙烯制成的多孔膜）和生物高分子类（如蛋白质类的丝素膜、多糖类的甲壳素等）。由美国宇航局科学家研制的一种新型人造皮肤，采用垂直碳纳米管层排列在橡胶状的聚合物上，就像植入一块皮肤一样，碳纳米管通过金丝的串接固定在一起。这种结合橡胶聚合物和碳纳米管的人造皮肤能够将接触表面的热量传递至传感器网络，如同皮肤能够及时获取该信息一样。另外，美国宇航局戈达德太空飞行中心技术专家弗拉迪米尔—鲁梅尔斯基研制了能够产生压觉和温觉的机器人皮肤，这种人造皮肤能够探测和人类皮肤同步探测到的各种事物。

## 五、人造血管

20世纪50年代研制成功无缝的人造血管，并开始临床应用。人造血管代替人体血管作为输送血液的主管道时，除必要的消毒性、生物安全外，对人造血管的要求是：物理和化学性能稳定；网孔度适宜；具有一定的强度和柔韧度；做搭桥手术时易缝性好；血管接通放血时不渗血或渗血少且能即刻停止；移入人体后组织反应轻微；人体组织能迅速形成新生的内外膜；不易形成血栓；令人满意的远期通畅率。

目前用于制造人造血管的原料有涤纶、聚四氟乙烯、聚氨酯和天然桑蚕丝；织造的方法有针织、编织和机织；制成的人造血管有直径型、分叉型和多支型。目前已经商品化的多种高分子材料大口径人造血管均已达到实用水平，包括涤纶人造血管、真丝人造血管和膨体聚四氟乙烯（ePTFE）人造血管。

由于技术和材料的限制，目前人造血管的直径通常都大于3mm，因此，开发直径小于3mm的人造血管是在该领域正在进行的重大研究方向之一。但是到目前为止都没有正式的产品诞生，原因在于小口径人造血管的生物相容性和抗凝血的要求远远高于普通的大口径人造血管。而目前全世界每年有近100万的心脏病患者需要接受心脏搭桥手术，现在所用的移植血管依然是取自患者自己的人体血管，而人体自身的血管是很有限的，而且创伤也非常大。因此，亟待解决问题是能够生产出符合搭桥要求的小口径人造血管。

## 六、人工肝

人工肝是指借助一个体外的机械、理化或者生物反应器装置，清除因肝衰竭产生或增加的各种有害物质，补充肝脏合成或代谢所需的蛋白质等必需物质，改善患者水、电解质及酸碱平衡等内环境，暂时辅助或替代肝脏相应的主要功能，直至自体肝细胞再生、肝功能恢复，或改善晚期肝病患者的症状，成为肝移植的"桥梁"，提高患者生存率。

人工肝可分为非生物型人工肝（non-bioartificial liver，NBAL）、生物型人工肝（bioartificial liver，BAL）和混合型人工肝（hybrid artificial liver，HAL）三类。其中非生物型人工肝目前在临床上的应用较为广泛，而生物型人工肝则是未来发展的方向。生物型人工肝是通过体外的生物反应器，利用人源性或动物源性肝细胞代替体内不能发挥生物功能的肝脏而发挥代偿功能，从这一点讲，生物型人工肝更符合"人工肝"这一名称。随着科学家对肝细胞—基质的相互作用和穿过半透膜的传质、流动传递理解的加深，预先分离肝细胞和中空纤维细胞培养技术的提高及新人工材料的出现，生物型人工肝不仅能给病人提供短期的治疗，而且还提供充足的解毒和新陈代谢功能，长期支持肝衰竭患者，执行肝的基本功能，成为一种理想的替代肝。

## 七、人工肺

人工肺又名氧合器或气体交换器，是一种代替人体肺脏排出二氧化碳、摄取氧气，进行气体交换的人工器官。目前使用的人工肺有两种类型。

**1. 鼓泡式氧合器**　血液被氧气（或氧与二氧化碳混合气）吹散过程中进行气体交换，血液中形成的气泡用硅类除泡剂消除，根据形态有筒式和袋式，是目前应用最广的，第四军医大学西京医院研制并生产的西京-87型氧合器，其主要部件性能达国际水平，受国内各医院欢迎。

**2. 膜式氧合器**　用高分子渗透膜制成，血液和气体通过半透膜进行气体交换，血、气互相不直接接触，血液有形成分破坏少，其外形有平膜型和中空纤维型。目前，膜式人工肺大多采用中空纤维型，研究的重点主要是通过对中空纤维的预处理提高其性能，例如，中空纤维肝素化处理可防止体液和细胞的激活，提高其生物相容性；采用硅树脂涂层可防止使用时血浆渗漏；采用白蛋白、carmeda 等膜钝化涂层可提高血液相容性。

## 八、人工肾

人工肾在医学上又称为精密血液透析器，是一种替代肾脏功能的装置，主要用于治疗肾功能衰竭和尿毒症。它将血液引出体外利用透析、过滤、吸附、膜分离等原理排除体内过剩的含氮化合物、新陈代谢产物或逾量药物等，调节电解质平衡，后再将净化的血液引回体内，利用人体的生物膜（如腹膜）进行血液净化。

现在的人工肾已经采用透析效果及生物相容性更好的透析膜，如聚丙烯膜、乙酸纤维膜、聚酰胺膜、聚乙烯醇膜、聚甲基丙烯酸甲酯膜、聚碳酸酯膜、丝素膜等，且 90% 以上都采用中空纤维型，这是因为这种形式的人工肾是由 700 多根直径为 $2\mu m$ 的中空纤维所组成，可获得最大的比表面积。目前，人工肾正向着仿生型人工肾（BAK）的方向发展，这种人工肾由生物人工肾小球（血滤器）和生物人工肾小管（RAD）两部分共同组成。前者是将成年哺乳动物的内皮细胞在体外培养后种植在中空纤维膜内，在保证透析效果的同时，提高生物相容性；后者是选择高通量（$0.1 \sim 0.4m^2$）的中空纤维膜作为肾小管细胞成长的支架，然后用预先合成的细胞外基质蛋白涂敷在膜的内表面，并使其中一定的条件下构建成具有代谢、重吸收、内分泌等功能的生物活性装置，这种 BAK 人工肾有望植入患者体内，成为全能人工肾脏体器官。在该领域，美国加州大学旧金山分校舒沃·罗伊博士成功研发了可植入人工肾，包含了可以去除血液毒素的数千个极小过滤器及模仿真正肾脏代谢作用和体液平衡作用的生物反应器。

## 九、人工胰

人工胰腺正常时，可以分泌胰岛素控制血糖的含糖量；当胰腺功能异常时，会导致人体血糖过高，成为糖尿病患者，而治疗糖尿病人的特效药则是胰岛素。其主要治疗方法就是定期注射胰岛素，但是长期注射胰岛素会引起较多的并发症，如视网膜病、神经性疾病等，只有根据机体需要控制胰岛素的输入，才能避免上述情况的发生，方法之一就是采用人工胰。人工胰类似于人工肝和人工肾，主要有中空纤维组件和内分泌腺体组织细胞经过中空纤维的半透膜自由扩散到内侧，并通过控制两侧液体的胰岛素含量来控制糖尿病人的胰岛素浓度，以保证胰岛素输入量的正常标准而达到治疗的目的。

## 十、人工骨和人工关节

人工骨、骨修复和人工关节材料是模拟人骨或关节（包括髋、肩、肘、腕、踝等）制成的植入性假体，以替代病变及其损伤的部分并恢复其功能。人工骨、骨修复和人工关节材料对强力、弹性、韧性和耐磨性的要求很高，现在设计和开发的人工骨和人工关节大都采用与天然骨性能相适的新型纤维增强复合材料。纤维增强医用复合材料制品重量轻、强度大，以高模量的纤维（如玻璃纤维、碳纤维、聚酯纤维、陶瓷纤维等）作为增强基，外面覆盖一层特殊的掺有活体组织或细胞（如骨胶原、丝蛋白及骨形成因子等）和促进周围组织在其上面形成的羟基磷灰石的树脂将其黏合起来，形成强度和韧性与真骨接近的复合人工骨和人工关节材料，其设计和制作的关键在于避免在连接处产生集中应力。该材料的机制分为两类，一类是生物骨修复材料，即有天然存在的骨机制转化而得到的材料，如经热水处理转化得到的珊瑚材料、脱钙骨机制（DBM）等；另一类是可用人工方法构成的多孔质骨修复材料的合成材料，如羟基磷灰石（HA）、聚乳酸（PLLA）、羟基乙酸（PGA）等。

近年来，除了应用于骨修复和替代的人工骨，应用于骨髓炎、骨缺损和预防人工关节感染等方面人工骨的开发不断展开，载药人工骨具有药物载体和修复骨缺损的双重作用，主要分为羟基磷灰石、磷酸钙骨水泥、生物玻璃等，前两者已逐步应用于临床研究及治疗中，生物玻璃是最近比较新的材料。

## 十一、卫生保健用品

**1. 抗菌防臭类纤维制品**　纤维制品在人体穿着过程中会被来自人体的汗液、皮脂及其他各种人体分泌物和来自环境中的污染物所玷污，成为各种微生物良好的营养源和繁殖环境（日本的庄司氏曾按季节和人体的衣着部位，做过具体的测试，其数据见

表 10-6），因此，断研制各种抗菌防臭材料纤维制品一直是产业用纤维制品重要的研究领域之一。目前，国已在该领域出台了第一个行业标准 FZ/T 73023—2006《抗菌针织品》。

表 10-6　人体衣着各季节、各部位附着的细菌总数（6 人平均数）

| 部位 \ 季节 | 胸 | 肩 | 背 | 领 | 腋窝 | 侧腹 | 肘 | 袖口 | 腹部 | 腰部 | 臀部 |
|---|---|---|---|---|---|---|---|---|---|---|---|
| 春 | 190 | 430 | 350 | 250 | 1900 | 200 | 270 | 230 | 200 | 280 | 300 |
| 夏 | 130 | 190 | 2300 | 130 | 57000 | 190 | — | — | 400 | 1100 | 260 |
| 秋 | 200 | 430 | 1100 | 320 | 740 | 230 | 190 | 220 | 280 | 270 | 240 |
| 冬 | 26 | 52 | 70 | 68 | 180 | 36 | 24 | 36 | 58 | 80 | 59 |

通常抗菌材料的抗菌效果持久，耐洗性好，但是技术含量高、难度大、设计领域广、生产不易，对抗菌剂要求高；后加工处理方法较为简单，但生产中三废多，其耐洗性及抗菌耐久性都较差。耐用性医用纤维制品除进行抗菌整理外，还应考虑防水、防污、易去污及易去血等功能整理。

**2. 用即弃卫生材料**　相对于"耐用型"卫生材料，其属短期使用或一次性使用纤维制品，即用即弃。用即弃织物可采用针刺法、水刺法、纺粘法、纺织法、浸渍法、热风法、湿法、熔喷法、热压法等非织造布加工技术。例如，医用卫生用品、过滤布等，通常以面密度不大于 120g/m² 、定压下厚度不大于 1mm 的薄型非织造布为主。同时为满足使用要求，常需经柔软、吸水处理、消毒、防渗、隔尘处理或防化学品、防石棉粉尘、防油漆及防辐射等特殊处理；这类产品如手术衣帽、医用护理垫、病人检查用坐垫或衬垫，婴儿尿裤、妇女卫生巾、病人或老年人失禁用品等。

**3. 医用护身用品**　以纯棉、纯化纤或棉与化纤混纺的中、粗特纱线为主要原料，并根据需要混合一定数量的橡胶丝、胶乳丝或氨纶丝，多为经编或纬编针织物、有梭或无梭机织物。这类用品可在适当部位加装衬垫物，以增加缓冲作用。主要品种有护肩、护肘、护臂、护腕、护腰、护腹、护腿、护踝、下颌额、唇托、提睾丸带等。

---

## 思考题

1．医疗卫生用纤维制品的定义是什么？按产品的应用来划分，可以分为哪些种类？与产业用纤维制品比较，有什么不同特点？为什么？

2．可吸收医用缝合线与非吸收医用缝合线在性能与材料上有什么不同？在设计上应考虑什么因素？

3．进入生物体内的医疗、卫生用纤维制品应各具备哪些基本的性能？

4．人工肝、人工骨、人工肺的工作机理有什么差别？它们对中空纤维制品和过滤性能的要求有什么相同点和不同点？

5．人造血管、人工骨、人造皮肤在功能上有什么区别？可分别由什么材料来制备？

6．试举例说明非植入性医疗、卫生用纤维制品的加工方法有哪些？

7．抗皱防臭纤维制品的抗菌防臭机理是什么？

8．可用于医疗、卫生用纤维制品的原材料有哪些具体的种类？不同种类的原材料各有什么特点？试举例说明。

9．医疗、卫生用纤维制品因其可能携带大量的细菌和病毒，如果随意丢弃会造成疾病的传播，应该如何回收与处理？

10．我国医疗、卫生用纤维制品的生产与应用现状如何？其主要制约因素是什么？未来的发展趋势与方向是什么？

# 参考文献

［1］马塞．医用纺织品材料新进展［J］．医疗保健器具，2007（12）：6-7.

［2］International textile and clothing research register［J］．International Journal of clothing Science & Technology，2007（19）：1-80.

［3］Deborah K，Lickfield．新型医用纺织品市场蕴含新机遇［J］．王玲玲，译．产业用纺织品，2007（10）：44-46.

［4］International textile and clothing research register［J］．International Journal of clothing Science & Technology，2006（18）：1-80.

［5］白亚琴．孟家光．新型医疗保健织物的开发［J］．针织工业，2006（6）：49-54.

［6］刘文辉．壳聚糖基生物医用材料及其应用研究进展［J］．功能高分子材料，2001，14（4）：493-498.

［7］刘淑芬．孟宪华．各种手术缝合线在临床上的应用［J］．中国实用医药，2007.2（1）：12.

［8］Gros．Aeaunder．Surspenscntul keqpaxnkxrxmpuiornEUDComcrSangayToac Apr2006：2-3.

［9］赵荟菁．国外人造血管的发展和我国人造血管现状［J］．现代纺织技术，2006（3）：55-57.

［10］黄建荣．非生物型人工肝支持系统新技术［J］．药品评价，2007（1）：17-19.

［11］向德栋，王宇明．生物人工肝［J］．Drug Evaluaion，2007（4）：14-16.

［12］黄杨扬．生物人工肾的研究进展［J］．Chinese Medical Journal of Metallurgical Industry，2005（2）：397-399.

［13］张亚平，高家诚，王勇．人工关节材料的研究与展望［J］．科技前沿与学术评论，2000，22（1）：47-51.

［14］Meka．V．V．VmnOastru，LILbolonsasasomiambortebaranpalet rimndaoCn Madcl&Rakegial Enciocrin&Comping．2004（42）：413-418.

［15］徐先林．宋广礼．针机理疗绷带的研究与开发［J］．针织工业，2006（11）：13-14.

［16］S．阿达纳．威灵顿产业用纤维制品手册［M］．徐补，叶奕梁，童步章，译，北京：中国纺织出版社，2000.

［17］郭卫红，汪济奎．现代功能材料及其皮用［M］．北京：化学工业出版社，2002.

# 第十一章　交通运输用纤维制品

## 第一节　概述

### 一、交通运输用纤维制品的定义

交通运输用纤维制品是指用于日常民用的水面、地面和空中交通工具中的纤维制品或被交通工具使用者和管理者穿着的具有特定功能的纺织品。这些日常的铁路、公路、水路航运、航空交通工具包括汽车、火车、自行车、摩托车、人力车、轮船、飞机、飞艇等。在与交通工具很相关的一些设备或者设施中，也会使用一些纤维制品，比如军事或国防工业纤维制品中的军用飞机、装甲车、坦克上的纤维结构增强材料和雷达罩、降落伞、弹射伞织物，航空航天纤维制品中的宇宙飞船、卫星上的结构件、热烧蚀材料、航天服、高空加压服、代偿服、抗荷服，体育休闲娱乐用品中的赛车、滑翔机、热气球、游艇上的纺织品，交通运输设施中的土工织物、高铁或地铁的玻璃纤维增强聚氨酯微孔弹性枕木、高速公路防眩板和防撞立柱、公路隔离墩等。

### 二、交通运输用纤维制品的分类

交通运输用纤维制品的分类方法很多，按照运输工具可分为汽车用、火车用、飞机、轮船用等；按照制品的生产方法分为机织、针织、非织造等。

若按照其功能，则可分类如下。

（1）美观舒适的内饰织物。包括座椅外套、头枕、超细纤维人造皮革、车顶衬底、地毯、地垫、遮阳板等。

（2）以碰撞保护为主的安全防护材料。包括避免碰撞材料（如汽车安全带、降落伞、弹射伞）、安全气囊（有一定的透气性能）、衣着及碰撞保护装备（赛车服、摩托和自行车头盔、甲板和轮机舱用防护服）、碰撞警示反光材料（交通警察反光背心、反光安全服、发光二极管背心、反光晶格）等。

（3）橡胶类复合材料制品的软性骨架材料。包括轮胎帘子线、同步传送带、各类密封浮层充气材料（如飞机紧急用滑梯、橡皮艇、救生筏、巡逻艇、飞艇、带气囊的滑翔伞、热气球等）、管道（如汽车油门管道、刹车液管道、冷却管道、润滑管道、助力转向管道）。

（4）高性能轻量化的结构骨架材料和内外装饰构件。主要是用于交通工具壳体刚性纤维增强复合材料，如汽车壳体、飞机壳体、高铁壳体、轮船壳体、汽车底盘、汽车发动机、车身底架、主悬架弹簧、航空发动机壳体及叶片、车用气罐、油箱、传动轴、自行车骨架、摩托车零部件、火车连接件、船用雷达、控制用电路板等，还有热塑性纤维增强材料的关键结构件，如内装饰仪表板、挡泥板、缓冲梁、座椅、备胎仓、隔音板、前段支架、座椅底架等。

（5）外遮盖材料。如汽车顶篷、汽车罩、飞艇、各类盖布（火车、货车）、跑车篷布等。

（6）其他功能性纤维制品。包括以非织造材料为主的部分碳/碳类复合材料，如缓冲垫、汽车三滤、缝隙填充材料、隔音材料、隔热材料、密封材料、蓄电池隔膜材料、刹车片和离合器等；提供动力的帆船风帆等；捆绑材料如绳索；高空交通工具中起御寒、供氧、防震及加压的特殊工作服，如高空加压服、代偿服、抗荷服等。

### 三、交通运输用纤维制品的发展现状及趋势

飞速发展的世界经济对交通运输的协调发展要求越来越高，对交通运输用纤维制品的需求也迅速扩大。汽车是最基本的交通运载工具，2016年，汽车产量前39名国家和地区合计为9464.85万辆，占全球总产量比重高达99.65%。其中，中国大陆产量为2811.88万辆，占全球总产量的29.61%。纤维制品在汽车中有40种以上的用途，使整车舒适性、安全性、轻量化和能源消耗有较大改善。一辆轿车平均需要约42m² 纺织品，总计约26kg，包括地毯及脚垫4.5kg、其他内饰材料6.5kg、轮胎帘子线1.5kg、安全带0.9kg、安全气囊1.2kg和过滤材料2.2kg。此外，还有大量包含纤维材料的结构增强复合材料、密封材料、管道材料、控制系统的电路板等功能材料，使得汽车壳体自重不断减轻。2008年，每辆汽车平均使用了10kg的结构增强复合材料，占车壳体自重的2%；2012年，达到了40kg，占比11%；到2016年，则达到了70kg，占比20%；预计到2020年，占比将达25%以上。

中国是全球增长最快的商用飞机市场。飞机上的纺织品主要有内饰材料和纤维结构增强材料。碳纤维将在航空航天领域以多种应用趋势成为飞机壳体、喷气飞机发动机、涡轮发动机、涡轮等主要结构材料。统计显示，碳纤维复合材料在小型商务机和直升飞机上的使用量占70%～80%，军用飞机占30%～40%，大型客机占15%～50%。民用领域，世界最大飞机欧洲空客A380使用的复合材料是结构重量的25%，碳纤维复合材料占结构重量的22%；美国波音B787复合材料质量比例高达50%，而空客A350碳纤维复合材料的占比达到了52%；波音B777X碳纤维复合材料占比也超过了50%，减重效果可节省大约20%的燃料；中国商飞C919第一阶段采用10%～15%的碳纤维复合材料，第二阶段将采用23%～25%碳纤维复合材料，与俄罗斯合作的C929预计将达到50%。2016年末，我国民航运输飞机在册数为2950架，预测未来20年中国将需要6330架新飞机。其中大型喷气客机5378架，支线客机982架；货机机队规模将达到708架。在全球范围内，预测世界未来20年内将需要38050架新飞机。全球范围内，2015年航空航天用碳纤维使用量达到16千吨，预计到2020年将达到27千吨。

高速铁路是我国交通事业飞速发展的靓丽名片。高铁上使用的纤维材料与飞机性质类似。截至2017年4月，我国有现役高铁列车总数超过2500辆，占世界高速列车总数的52%。截至2017年12月，高铁通车里程2.5万公里，占世界高铁里程的66.3%。到2025年"八纵八横"完成时，高铁总里程达到3.8万公里。2016年12月我国动车组当月产量

326 辆，累计产量 3474 辆。截至 2017 年 12 月，我国开通地铁的城市有 35 个，地铁开通总长度 5021 公里；到 2020 年，全国地铁总里程将达到 6000 公里。

我国现有渔船总数达 106 万艘，是世界上渔船数量最多的国家，约占世界总数的 1/4，其中海洋渔船总数达 31.61 万艘。但木质渔船多，老旧渔船多，船龄 10 年以上的渔船占 60.8%，目前，渔船燃油生产性成本投入已占捕捞总成本近 70%。根据中国交通运输协会邮轮游艇分会发布的《2014 中国游艇产业报告》，我国游艇制造业产出规模接近 80 亿元，各类游艇拥有量合计约为 16000 艘。树脂基纤维增强复合材料由于质量轻、强度高、耐腐蚀，使之成为轮船特别是渔船和游艇壳体的最恰当的材料，采用新型材料建造船舶壳体是未来的发展趋势。

# 第二节　车内装饰纤维制品

交通工具中有大量的内装饰用纺织品。汽车尤其是小型客车内装饰材料的选择和使用，对汽车的销售和使用有着十分重要的影响。随着家用轿车普及率的上升，人们更加关注汽车内饰的个性化，汽车装饰类纺织品的发展更具潜力。内饰面料大致可分为机织面料、经编面料、纬编提花面料、割绒面料、簇绒面料和非织造面料等六种。机织物应该是最早使用的内装饰面料，针织物是用量最大的内饰面料，而簇绒织物主要用于地毯织物。

## 一、内装饰纤维制品的性能要求

各类交通工具中，内装饰材料以塑料和合成纤维织物为主体，在安全、舒适、美观、耐用、工艺和经济上有如下需求。

（1）整体美观、舒适。要求内装饰材料手感柔软、触感舒适、弹性好、光泽色彩高雅、色差微小、吸湿及冷暖感调整、吸收噪声、与交通工具的设计协调、结构立体性及轮廓保持性。

明亮颜色的内装饰材料使空间宽敞，但也带来易玷污问题。可采用两种方法解决：一是使内装饰材料附加防污功能，二是使附上的污垢容易去除。

（2）耐用并满足使用功能要求。由于内饰纤维制品在公共场所长期使用，与人体接触，且不经常洗涤，要求具有耐疲劳性好、耐日晒牢度好、抗老化、安全阻燃、抗静电、抗起球、色牢度好、防水、拒油、耐汗渍沾污等功能，气味芬芳。内饰材料必须要有很好的延烧性能和阻燃性能，一旦汽车着火后乘客就可以有足够的时间离开。高铁、大型飞机等时速超过 250km/h 的高速运行交通工具，对内饰纺织品的各项阻燃指标提出了极为苛刻的要求。

由于一般需要多种整理才能达到这些功能要求，在日光照射下，密闭空间内纤维制品表面物质散发形成薄雾，可能影响司乘人员视线，必须严格控制这类挥发性添加剂的含量。

（3）工艺性能好、成本低。内装饰材料延伸性好，适应模压、黏合剥离性的要求，价格适中、原料来源多。

（4）绿色、环保、节能。废弃材料不成为环境负担，能回收利用。

## 二、内装饰织物的设计与生产

开发各类交通工具的内装饰纺织品面料，应同时考虑原料选用、织造、后整理工艺，使内饰材料具有相应的功能。

### （一）纤维材料的选择

内装饰纤维材料主要有棉、羊毛、黏胶纤维、聚酰胺、聚丙烯腈纤维、聚酯及新型聚脂纤维等。早期使用较多的是聚酰胺，但其耐光性较差，易发生变色和褪色，在光照下易老化变脆，且成本较高，因此，聚酰胺纤维逐渐被聚酯纤维取代。聚酯长丝种类丰富、成本低，差别化后可设计各类风格、手感及视觉效果，占使用量的70%以上，但其回潮率低，柔软感、湿润感较差，易产生静电。新型聚酯纤维如聚对苯二甲酸丙二醇酯（PTT）纤维和聚对苯二甲酸丁二醇酯（PBT）纤维的物理性能介于聚对苯二甲酸乙二酯（PET）和聚酰胺之间，发展前景好。杜邦™ Sorona® 可再生来源纤维具有独特的分子结构，具备尼龙的回弹性和聚酯的柔软性，纤维回潮率低，终身抗污，具有卓越的环保可持续性，是新一代汽车功能性纺织品的优良原料。

为了提高内饰材料的安全性、舒适性、健康性和环保性，可选用抗静电、负氧离子、阻燃复合功能涤纶。采用功能化纤维，如抗菌、调温、抗紫外线、异形截面纤维及表面改性纤维，可以永久改善内饰纺织品的卫生性能、抗寒保暖性、透气性和耐磨性等。采用超细纤维制成仿麂皮织物、桃皮绒织物等，或利用碱减量加工得到细旦化的柔软风格，能够提高内装饰织物柔软触摸感。

### （二）织物结构类型

针织物具有良好的弹性和延伸性，其生产效率高、成本相对较低，在汽车各类内装饰织物中的用量已超过了机织物。经编丝绒织物的产品手感好、延伸性好，有豪华感，适合模压加工工艺的要求。纬编织物具有广泛的组织结构选择，能满足模压的要求，利用割绒技术能生产高质量的丝绒织物，可代替经编织物。非织造面料档次较低，但工艺流程短、产量与劳动生产率高、成本低，可用的纤维来源广，可以根据使用要求将多种功能性纤维进行组合，适合模压成型，还可以进行图案的印刷加工。近年来，针刺非织造面料的增长最为显著，它主要用于轿车顶篷、地板、行李箱等部位的装饰。采用非织造技术，使超细纤维聚氨酯（PU）合成革具有类似天然皮革胶原结构的束状超细纤维的网状结构，在革表面形成了一层类似真皮粒面结构的致密层，从而使PU合成革的外观、内在结构、物理特性都更接近于天然革。该产品采用具有开孔结构的PU浸渍、复合面层加工技术，发挥了超细纤维巨大表面积和强烈的吸水性作用，具有了天然革所固有的吸湿特性，因而无论从内部微观结构，还是外观质感及物理特性和人们穿着舒适性等方面，均能与高级天然皮革相媲美。

### （三）织物后整理

内饰纺织品的各项功能性要求，也可以通过对织物后整理获得。比如经含氟整理剂处理后的织物不仅具有防水防污的功能，而且具有防静电、耐干洗、耐水洗等其他多种特性。但含氟整理剂价格昂贵，且防水、防污性能优良的含氟辛烷基化合物（PFOS）因被列为高度持久稳定的环境污染物而被广泛禁用。

防静电、阻燃及防污染性在通常情况下是相互矛盾的，因为常用的防污剂、防静电剂都是可燃性材料，它们与阻燃剂共用时，不仅相当于织物上阻燃剂用量的减少，而且防静电剂、防水防油剂多附着于纤维表面，致使织物的阻燃性下降和织物表面的续燃性加大。为满足内饰纺织品多功能、缩短生产流程、降低生产成本的要求，将含有金属氧化物（或金属细粉）的有机导电纤维，作为经纱等间隔地织入织物而成防静电坯布，再经前处理和染色，最后用阻燃剂和防水防油污剂对织物进行整理，可获得具有防静电、阻燃、防水防油污功能的织物。

## 三、主要内装饰纤维制品

### （一）座椅面料

椅用面料要求外观、花型、图案和色泽要求美观大方，与车型相协调，纤维材料触感舒适，如柔软、透气和良好的吸湿性，耐用、耐磨、防污、抗静电、弹性好、具有阻燃性能。应用阳离子改性涤纶可以提高内饰材料的染色性能；应用抗毛、抗起球涤纶以及三叶型、三角型、十字型异型截面纤维可改善内饰材料的舒适性和使用性能；应用无机纳米或超细粉体材料与有机高分子材料复合制备的功能纤维可抗菌、防静电、阻燃。超细纤维常用来制作人造皮革。

座椅所用织物要求一定的弹性和延伸性，针织物比较合适。传统的座椅面料采用表层织物、聚氨酯发泡和内衬材料复合的三层织物面料。若采用天然纤维混合的非织造布坐垫，以针刺或热粘非织造布叠层结构代替聚氨酯发泡可提高乘坐舒适性，这也是未来必然的选择和方向。经编间隔织物是座椅织物的又一新发展方向，利用间隔纱将作为表面的经编针织物保持一定的间隔，可以获得较高的强度、抗压弹性，其透气性能和隔音性能良好，甚至可以在间隔中衬入电阻丝，直接对座椅加热。

### （二）汽车内顶棚

汽车顶棚材料应具有耐磨性、耐光性、耐湿热、抗化学性、防水、防污、防火、热稳定性、隔热隔音效果、延伸性合适并能满足模塑成型，花型色泽使人舒适感。汽车车内顶棚的材料可分为四类：聚氯乙烯板、热塑性聚烯烃板、非织造布、经编平织物。非织造布和经编平织物两种汽车内顶棚织物占到75%。热塑性聚烯烃板可作为聚氯乙烯板的代用品用，容易回收利用，往往用于廉价车，但现在使用量大幅度下降。非织造布和经编平织物主要是作为车内顶棚复合材料的表层，中间是发泡材料，底层是非织造布或玻璃纤维。

### （三）地毯

交通工具上地毯要求能增加豪华感，还要有弹性、隔音、防水的效果和方便清洁。高档地毯采用花色针刺簇绒工艺较多，低档的以针刺非织造地毯为主。

地毯主要化纤原料是聚酰胺66、丙纶和聚酯。丙纶地毯档次较低，用于一般客车和轿车；尼龙66地毯在弹性、染色牢度等方面性能较佳，多用于豪华型轿车；现趋向采用容易再生的低熔点的聚酯，使地毯全聚酯化，可以方便回收，降低环境负担。再生聚酯短纤维地毯成本低，耐光性好，占针刺地毯90%以上的份额。

新型聚酯纤维如PTT、PBT是较好的地毯用丝纤维材料，具有柔软的手感、高弹性、延伸性、高恢复力、易维护性、低温低压下无载体可染色性能等优点。

## 四、内装饰材料的检测标准

内饰纺织材料的测试方法和标准系列涉及织物规格（织物密度、线密度）、耐日晒色牢度、耐摩擦色牢度、耐汗渍色牢度、耐水渍色牢度、耐光色牢度、阻燃性能、雾化、抗油性、尺寸稳定性、吸水性、易清洁性、耐磨损性、拉伸强力、撕破强力、剥离强力、涂层附着力、接缝强力、静态和永久伸长、抗起球性、透气性、气味、防霉性、柔韧性、耐水渍性、盐渍性、透湿性能、水解稳定性、拉伸恢复性能、有机物总挥发量VOC、甲醛释放量测定（密封瓶法）、重金属含量（总量）$Cr^{6+}$/Pb/Hg/Cr、重金属含量、六价铬$Cr^{6+}$、纤维降解、循环老化、耐磨性、表面损伤收缩率、透气性、抗起毛性、环境老化性能和抗静电性测试。内饰材料不仅要符合纺织品的国家标准，还应符合使用行业的标准。以车用内装饰材料为例，美国的材料与试验协会（ASTM）提供织物物理性能的测试方法，美国纺织化学家与染色家协会（AATCC）提供织物化学性能的测试方法，机动车工程师协会（SAE）负责制订汽车各零部件的测试方法，形成一个较为完整的体系。此外，汽车制造企业还有自己的标准。由于测试方法不同，所采用的设备和技术条件也会不同，测试结果就没有可比性，同一种材料，供应给不同的汽车生产商，就有可能进行多次测试。

同样的阻燃性能，不同交通工具执行的标准也不一样。标准中要求装饰用织物、飞机和轮船内饰用织物、阻燃防护服用织物的燃烧性能试验方法按GB/T 5455—2014执行；汽车内饰用织物的燃烧性能试验方法按GB 8410—2006执行；火车内饰用织物的燃烧性能试验方法按GB/T 14645—2014中的A法执行，熔融织物按GB/T 14645—2014中的B法执行。阻燃耐洗性试验按GB/T 17596—1998中"自动洗衣机（A型）缓和洗涤程序"执行，洗涤次数不少于12次。需干洗的织物按GB/T 19981.2—2014"正常材料的干洗程序"执行，干洗次数不少于6次。

高铁由于运行速度快，相对风速大，对织物阻燃标准更加苛刻。DIN 54332、DIN 54333-1分别给出了织物试验——测定织物燃烧特性的标准；DIN 54341是铁路车辆座椅燃烧特性标准，而DIN 66082和DIN 66084分别规定了幕布材料和窗帘织物、枕垫复合材料燃烧特性标准。表11-1是国内外主要的车用内饰纺织材料的检测方法标准。

表 11-1 国内外主要的车用内饰纺织材料的检测方法标准

| 产品类别 | | 项目 | 考核指标 | |
|---|---|---|---|---|
| | | | B1 级 | B2 级 |
| 交通工具内饰用织物 | 飞机、轮船内饰用 | 损毁长度 | ≤ 150mm | ≤ 200mm |
| | | 续燃时间 | ≤ 5s | ≤ 15s |
| | | 燃烧滴落物 | 未引燃脱脂棉 | 未引燃脱脂棉 |
| | 汽车内饰用 | 火焰蔓延速率 | ≤ 0 | ≤ 100mm/min |
| | 火车内饰用 | 损毁面积 | ≤ 30cm$^2$ | ≤ 45cm$^2$ |
| | | 损毁长度 | ≤ 20cm | ≤ 20cm |
| | | 续燃时间 | ≤ 3s | ≤ 3s |
| | | 阴燃时间 | ≤ 5s | ≤ 5s |
| | | 接焰次数 | > 3 次 | |

# 第三节　碰撞防护类纤维制品

## 一、汽车安全带

汽车座椅安全带是一种有效的汽车被动安全防护装置，可以减轻乘员在车祸中人体减速度值，降低了引起二次碰撞的相对速度和位移，使伤害指数下降。

汽车安全带按其组成分简易式安全带和有卷收器的安全带。当紧急制动、碰撞、倾翻等车辆行驶状态急剧变化时，卷收器内的敏感元件（钢球或重锤或偏心质量块）由于惯性作用而驱动锁止机构，使织带不得拉出，以保护乘员。锁住卷轴不能转动，从而使织带不能拉出，并承受佩戴者身体的惯性力。

### （一）汽车安全带工作过程力学分析

行驶的汽车在紧急情况时，必须在 1 ~ 2s 内停下来。假设汽车高速行驶的速度达到 108km/h，驾驶员的体重为 60kg，为使驾使员与汽车一道在 2s 内停住，需对驾驶员施一个 900N 的力。此力远大于车座与驾驶员裤子之间的摩擦力，也超过了腿部的支撑力。如果没有因系上安全带的阻力，由于惯性，驾驶员将会碰上前挡风玻璃，而发生事故。

若汽车发生碰撞，一般在 0.125s 内停止运动，冲击力量更大。理想情况下，安全带及时收紧，在第一时刻把人"按"在座椅上。待冲击力峰值过去，或人已受到气囊的保护时，适度放松，避免因拉力过大而使人肋骨受伤。先进的安全带带有预收紧装置和拉力限制器，保护能力几乎达到了理想状态。

### （二）汽车安全带织物的性能要求

安全带织物的性能要求是强度高、挠曲性佳、耐高温、耐磨以及和弹性体的强黏结性。其强度主要由经纱保证，有一定的抗拉强度、耐摩擦、阻燃、防静电、耐热、耐光、耐老化、重量轻、颜色均匀、色牢度好、柔韧性好、使用方便。为保证在碰撞事故中安全带起约束人体向前移动的作用，既不会因织带过硬伤及被约束者身体，也不会因其弹性过大使乘员产生过量的移动而碰撞到车身内部件，要求安全带既有一定伸长性能，又不超过标准中规定的伸长值，且受到巨大的冲击力伸长后伸长部分不恢复，以保证安全带对人体的保护作用。表 11-2 是安全带织物的主要技术指标。

表 11-2 汽车安全带织物主要技术指标

| 项目 | | 标准要求 |
|---|---|---|
| 表面质量 | | 平整、无断丝现象 |
| 抗拉强度 | 连续带（kN） | 22.26 |
| | 腰带（kN） | 26.70 |
| 接触宽度（mm）[在（9800±490）N 作用力下] | | > 46 |
| 伸长率（%） | | < 30 |
| 吸能性 | 单位功（J/m） | > 784 |
| | 功量比（%） | > 55 |
| 耐摩擦色牢度（级） | 干磨 | > 3 |
| | 湿磨 | > 3 |
| 耐汗渍色牢度（级） | 变色 | > 3 |
| | 沾色 | > 4 |

### （三）汽车安全带织物设计

根据安全带使用性能要求，应选择抗拉强度高、伸长率适中、塑性变形小、耐磨性和回弹性的纤维作原料。聚酰胺纤维和聚酯纤维是较理想的纤维材料，聚酯长丝密度稍轻，适于织制薄型安全带。一般选用单纤维粗细为 5 ~ 20 旦，原料强力要求大于 8g/ 旦，抗拉强度可达 1000N/mm$^2$ 以上。此外，可采用伸长特性不同的混合纱线，或混用收缩性不同的经纱，或两者相结合的办法，来提高纱线的耐冲击性和回弹性。

在欧洲，标准注重安全带刚性，一般用加捻丝织造为多；而美国、日本、中国标准更注重整体性能，一般用不加捻丝织造。由于汽车安全带要求染色性能、耐磨性能高，一般采用耐磨型聚酯工业长丝作为原料。

安全带属高密织物，采用多层机织斜纹或缎纹结构，在给定面积内，纱线达到最大的挤紧密度，且大部分经纱与带子的平面平行，利于提高织物强力和耐磨性能，同时使带子表面光滑、重量轻、柔软、使用舒适方便。为了进一步提高耐磨性能，可以选用更粗的纱线。经线通常 320 ~ 400 根，纺成 1000 ~ 2000 旦，纬密一般为 60 ~ 65 根 /10cm，其经线纬线锁边线使用比例为 10 : 1 : 0.1，厚度（1.2±0.05）mm，安全带宽度通常 > 46mm，坯布每米安全带单位面积质量（克重）为 50g 左右。某规格的安全带经线采用 1000 旦 /192f，纬线用 500 旦 /96f，锁边线用 2500 旦 /48f。

安全带通常采用原液染色的纱线织造，提高其色牢度。为了获得其他颜色，可以通过选择不同的染料，采用浸轧热熔胶染色。所选的染料必须具有极好的耐光照性、抗高湿脱色以及耐汗渍性。在欧洲，一般采用黑色安全带，以提高耐日晒色牢度。在其他地区，一般采用浅灰色，与内饰颜色协调。

安全带后整理目的是为了保持和提高织物的防皱、平挺、增弹、阻燃等性能。有些安全带经过微量的涂层处理，可以提高其清洁性、耐久性、易于进出带盒以及具有一些抗静电性能。整理后，每米安全带克重为50g左右。

## 二、安全气囊用织物

汽车安全气囊系统（SRS-Supplemental Resistant System）是一种辅助保护系统，用来减少汽车发生正面碰撞时由于巨大的惯性力对驾驶员和乘员所造成的伤害，一般由碰撞传感器、气体发生器、气囊、点火器、电控单元、警告灯等主要部件组成。安全气囊是一种被动安全性的保护系统，它与汽车安全带配合使用，可以为乘员提供有效的防撞保护，减轻乘员的伤害程度。当发生碰撞事故时，避免乘员发生二次碰撞，或车辆发生翻滚等危险情况下被抛离座位。在汽车相撞时，汽车安全气囊可使头部受伤率减少25%，面部受伤率减少80%左右。

### （一）安全气囊的工作过程

安全气囊平时折叠在位于驾驶员方向盘中央或乘客前方一个易扯破的小盒子里，如图11-1所示。当汽车遇到严重碰撞时，装在车前端的碰撞传感器和装在汽车中部的安全传感器检测到突然减速，立即引爆安全气囊包内的电热点火器，大量氮气在20～50ms将气囊鼓胀，在驾乘人前形成一个"气垫"。当驾乘人员撞击到气囊上时，内部的氮气就会因受压而从气囊上的小孔排出，从而减缓撞击力，不致伤害驾乘人员。安全气囊使用方便、效果显著，得到了迅速的发展和普及。

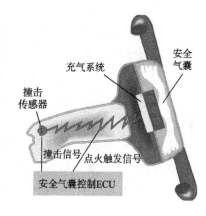

图 11-1 安全气囊结构及工作机理

绝大多数的碰撞事故发生在125ms时间内，要求气囊必须在40ms时间内膨胀。气囊在30ms时间内开始充气，在55ms时间内充分膨胀，使司机获得缓冲，在吸收前向冲击力后120ms，气囊收缩。图11-2为汽车安全气囊碰撞中工作过程。

图 11-2 汽车安全气囊在碰撞中的工作过程示意

### （二）安全气囊的种类

安全气囊一般设置在车内前方（正副驾驶位），侧方（车内前排和后排）和车顶（全景天窗气囊）三个方向。按数量分类大致可分为单气囊系统（只装在驾驶员侧）、双气囊系统（正、副驾驶员侧都有）和多气囊系统（前排、后排、侧面和顶部）；若按大小可分为保护全身的安全气囊、保护整个上身的大型气囊、主要保护面部的小型护面气囊、侧面防撞安全气囊、安全气帘、膝部安全气囊、后部气囊式安全带；若按照保护对象不同分为驾驶员防撞安全气囊、前排乘员防撞安全气囊、后排乘员防撞安全气囊和行人保护安全气囊。一般而言，级别越高的汽车，安全气囊的配置越全面，譬如以安全著称的沃尔沃汽车在其旗舰车型上搭载了6个气囊和18个气帘。此外，还有载货车用管状侧面安全气囊和摩托车用背心式安全气囊。

气囊式安全带，原名防汽车气囊反弹伤亡的保险带，又称防汽车反弹伤亡的气囊式安全带，结合了传统安全带和安全气囊的特性，为乘客提供了更高级别的碰撞安全保护。当碰到意外情况时，安全带会瞬间膨胀成气囊状，其缓解冲击力的效果是传统安全带的5倍；一是面积大可以有效降低头部与颈部的晃动，二是气囊膨胀时具备一定的反作用力，能减少车祸中乘客容易出现的肋骨骨折、内脏器官受损和淤伤等现象，实现避免因气囊弹伤颈椎的60%以上的伤亡事故。

**（三）安全气囊织物的性能要求**

安全气囊织物使用的纤维材料要求具有以下性能。

（1）气囊囊体具有高强度、低比重、良好的摩擦性能和弹性。

（2）合适的热学性能。具有高熔点、高熔值、难燃，耐100℃高温，利于抵御囊体展开时所产生的热负荷，以有效阻燃。

（3）具有一定的透气性。空气袋既要能储存气体，又要有适当的释放能力，要求透气性能的流量控制在28～29（dm）$^3$/m，透气均匀。

（4）折叠体积小，织物厚度≤0.40mm，织物柔软，在-30℃下可折叠和弯曲，抗弯折10万次，在气囊充胀时，不易擦伤人员脸部的皮肤。

（5）具有较高的化学稳定性、抗老化性，在100℃和最大压力下存放7天，在40℃和92%相对湿度下存放6天，不得有任何变化，能安全使用10～15年。

**（四）安全气囊织物的发展历程**

安全气囊织物的生产技术已经历了四代：第一代为氯丁橡胶涂层的缝制型织物气囊；第二代是硅酮涂层的缝制型织物气囊；第三代是非涂层织物气囊，利用织物自身的结构产生阻气性，但仍为缝制型；第四代则为非涂层全成型气囊，在织机上直接加工成袋状，无需缝制。与涂层型安全气囊织物相比，非涂层型安全气囊织物优点如下。

（1）气囊中灼热空气的排逸采取织物过滤方式，可减少车厢污染。

（2）不需涂层加工，工艺流程缩短，成本降低。

（3）气囊织物可以回收，符合环保要求。

**（五）安全气囊织物纤维原料的选择及结构设计**

**1. 安全气囊纤维原料的选择**　气囊织物的原料主要有聚酰胺、聚酯纤维。聚酰胺66长丝具有良好耐热性、强度高、适当的延伸度、柔软性好的优点，是目前生产气囊织物的首选材料，在涂层处理的气囊织物中普遍使用。

　　高强、高伸、高收缩聚酯纤维制成的织物具有轻薄、强度高、伸长大、耐化学性能强，不用上浆、上胶、水洗定型等后加工处理，成本低、易回收利用等特点。典型高强聚酯的规格为 250 ~ 550dtex，断裂强度为 6.6 ~ 8.8cN/dtex，断裂伸长大于 10% ~ 15%。

　　**2. 安全气囊织物结构设计**　车用安全气囊织物的织造方式大致分为两类，一类是由匹状织物经裁剪、缝制加工而成；另一类是可用多臂或者提花织机加工成全成形气囊。

　　在安全气囊织物的织造过程中，密度是最重要的工艺参数。涂层织物的透气性与耐热性主要靠涂层来实现，其强力与柔软性取决于经纬纱密度，在满足织物强力的要求下，应尽量采取低密度以使织物柔软，经纬纱密度选择在 150 ~ 200 根 /10cm，采用平均浮长较小的平纹组织结构。

　　对于非涂层气囊织物，在经、纬纱密度相同时，平均浮长较小的平纹组织的气囊织物，透气量最小，气密性最佳。

　　一次全成形气囊是为了消除因缝制可能造成部分透气而开发的新型加工技术，产品有方形和圆形两种。方形气囊可在多臂织机上织造，而圆形气囊由于每根经纱的沉浮规律各不相同，必须用提花机织造。在一次全成型安全气囊的不同部位有不同的作用和不同的性能。方形袋子上有四个不同的密度区，而圆形袋子上有五个不同的密度区。

　　**3. 安全气囊织物的整理**　涂层气囊织物的透气性与耐热性主要由涂层工艺决定。氯丁橡胶具有价格较低、环境适应性和化学稳定性好等优点，但氯丁橡胶加工困难，在高温下会分解出氯气，产生一种酸性环境，使聚酰胺纤维织物脆化，降低气囊的使用寿命。硅酮橡胶在高、低温度下能长期保持原有的性能，其化学性能稳定，硅酮橡胶涂层织物的耐磨性能、耐久性能、耐热性都优于氯丁橡胶涂层织物，且用量少，制得的气囊质量轻、柔软易折叠。表 11–3 是 840 旦聚酰胺 66 材料气囊织物涂层前后的性能数值对比一览表。

表 11–3　840 旦聚酰胺 66 材料气囊织物涂层前后的性能对比

| 项目 | 涂层前 | 涂层后 |
| --- | --- | --- |
| 经密 × 纬密（根 /10cm） | 98 × 98 | 98 × 98 |
| 厚度（mm） | 0.33 | 0.27 |
| 重量（g/m²） | 193 | 281 |
| 经向拉伸强度（kg） | 242 | 204 |
| 纬向拉伸强度（kg） | 249 | 217 |
| 经向伸长率（%） | 33.6 | 28 |
| 纬向伸长率（%） | 35.3 | 38 |
| 经向舌形撕破强力（kg） | 90.4 | 38.6 |
| 纬向舌形撕破强力（kg） | 87.3 | 37.6 |

　　非涂层织物的透气性主要靠高密度与后整理来实现，常用的后整理有轧光整理、热收缩处理、起绒整理和浸润整理。

**4. 安全气囊织物的裁剪和缝纫**　非一次成形气囊织物的裁剪和缝纫加工要格外仔细，尺寸公差要很小，应严格选择缝纫线的纤维品种，注意其粗细、轻重、结构和涂层情况。缝纫线可用聚酰胺66、聚酯纤维和芳纶制作。缝纫花型和针迹工艺会影响气囊透气性。

### 三、反光工作服

反光工作服是利用反光材料制成的在各种光线条件下能起到警示作用的服装。它一般由颜色醒目的基底（荧光）材料和反光（逆反射）材料组成，反光材料是利用高折射率的玻璃微珠或微棱镜型材料。当一束光线在一定范围内以任何角度照射到微珠前表面时，由于微珠的高折射作用而聚光在微珠后表面反射层上，反射层将光线沿着入射光线方向平行反射回去使得入射光线沿原路定向返回。当许多玻璃微珠或微棱镜同时反射时，就会出现前面的光亮景象。用玻璃微珠制作的反光服装标识，加上荧光底色后，比非反光材料在灯光下醒目几百倍。荧光加反射的效果，使穿者无论在白天还是黑夜在灯光的照射下，都能与周围环境形成强烈的反差，可被800m距离内的司机发现，从而起到安全防护等作用。

反光材料被广泛用于交通警察、交通协管员、环卫工人、道路施工人员的职业安全工作服（图11-3），起到了较好的防护作用。在欧美国家的各种规定或宣传中都强调使用反光材料，如在雨、雾、雪、夜等视线辨别能力差的环境下，老人、儿童外出，必须佩带或穿着具有反光材料的标志或服装。根据GB 7258—2017《机动车运行安全技术条件》中第12.15.2条规定，从2018年1月起，新出厂汽车应配备1件反光背心。

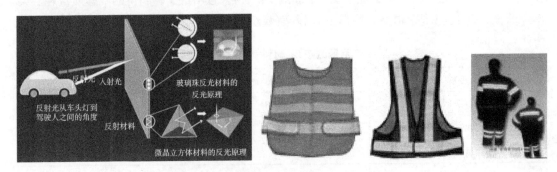

图11-3　反光膜材料、反光背心及反光工作服

玻璃微珠反光膜有两种结构：透镜埋入型和密封胶囊型，其结构如图11-4所示。在生产玻璃微珠反光材料时，共三道工序。

（1）涂布工艺。将反光的原材料基布（化纤、T/C、弹力布、阻燃布）通过标准的植株工艺、镀铝工艺、复合工艺以及玻璃工艺等生产而成普亮、高亮和亮银等半成品。

（2）高亮植株膜植株工艺。在PET膜上涂一层很薄的丙烯酸压敏胶，进入烘道烘干，将玻璃微珠单层排布到PET膜涂胶面，进入真空镀铝机在PET膜玻璃微珠面镀一层铝层，作为反射层。

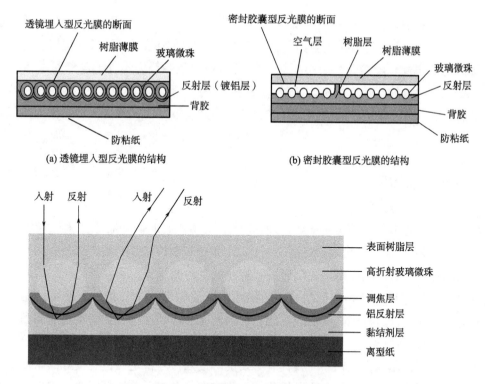

图 11-4　玻璃微珠反光膜材料结构

（3）复合剥离工艺。在基布上涂一层复合胶层，进入烘道将溶剂烘干，胶面与高亮植株膜镀铝面贴合热压，将 PET 膜剥离，玻璃微珠转移到布基上，即得高亮类的反光产品。

微棱镜反光膜（图 11-5）中的反光单元以三角棱镜为主体，入射光在棱镜中实现多次全反射，不需要金属镀层，比玻璃珠技术具有更高的反射效率，是现代反光材料的发展趋势。

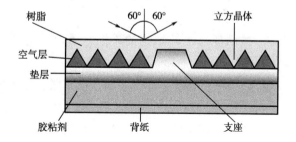

图 11-5　各类反光材料结构

# 第四节　柔性骨架纤维制品

纤维制品用于传输功能的主要是橡胶或其他涂层产品的骨架材料。此类材料按其用途一般分为四大类：轮胎用骨架材料，包括钢丝骨架材料和纤维制品骨架材料两类，如帘子布、子口包布、扎口布等小部件骨架材料；各类涂层密封充气织物；用于各种输送带、传动带等的骨架材料，即胶带帘子线、输送带用帆布、整体带芯、钢丝绳输送带用防横向撕裂网格布、动力传动胶带用帆布和片基平行带、线绳及 V 带、同步带用包布和胶管用增强纱线；各类胶管用骨架材料。

在此类制品中，骨架材料主要起着支撑负荷、传递动力的作用，在制品中承受着拉伸、压缩、弯曲、剪切等复杂的应力，保持轮胎、胶带等制品形状和尺寸规格，对提高橡胶制品的耐冲击性、耐爆破性、抗撕裂、抗磨损和抗疲劳等力学性能起着至关重要的作用。橡胶骨架材料的特殊作用决定了其应具备耐疲劳、耐高温、耐寒冷、耐腐蚀等特性，且应安全可靠。由于采用涂层技术，纤维制品一般具有较好的气密性，可以作为充气防水材料。

## 一、轮胎用纤维制品

### （一）轮胎分类与结构

汽车轮胎外胎是能承受各种作用力的壳体，由胎冠、胎侧、胎圈三大区域组成（图11-6）。胎冠部分有胎面、带束层（缓冲层）、帘布层和胎肩垫胶；胎侧部分有胎侧胶、帘布层；胎圈部分有钢丝圈、钢丝圈填充胶、帘布层和胎圈钢丝加强层等。轮胎的胎里一般都有气密层。通过以上几种结构组合，轮胎可以在复杂和苛刻的条件下使用，能够承车身、缓冲外界冲击，具有较高的承载性能、牵引性能和缓冲性能，从而实现与路面的接触并保证车辆的行驶性能。帘布层是胎体中构成轮胎骨架的单层或多层覆胶帘线部分，是轮胎的受力骨架层，用以保证轮胎使其具有必要的强度及尺寸稳定性，有良好的耐冲击性能和耐屈挠性，对轮胎的性能却起决定性作用。带束层将胎面及胎体紧紧联接起来，具有提高胎面刚性作用的钢丝层或者高强纤维层，用于缓冲外部冲击力，保护胎体，增进胎面与帘布层之间的黏合。

按照轮胎胎体结构的不同，可以分为斜交轮胎、带束斜交轮胎和子午线轮胎，见图11-7。

（1）斜交轮胎主要由胎面、帘布层、缓冲层和胎圈组成，胎体帘布层帘线与轮胎子午断面（即横断面）成一定交角，相邻帘布层相互交叉，一般为30°～40°，且与胎面中心线呈小于90°角排列。帘子线和轮胎滚动方向成交叉角，与胎圈内帘子布层斜向相反。为使轮胎负荷均匀，帘布层均为偶数。帘子布应均匀绷紧，以免胎体涨大。目前应用较少。

（2）带束斜交轮胎和斜交轮胎相似，但在轮胎下方添加了增强层（带束层），以增强胎面的稳定性。这种轮胎在20世纪90年代初已被淘汰。

（3）子午线结构也采用带束层，但带束层下面胎体帘子线排列的方向与轮胎滚动方向垂直，成90°角，与帘布层轮胎的子午断面一致，很像地球上的子午线，所以称为子午线轮胎。这种结构使轮胎侧壁具有可挠性、轮胎生热低、拐弯方便、方向控制稳定性好的特点，适合高速行驶。子午线轮胎使用中有"两大四小"的特点，即侧向变形大，即在轮胎断面宽方向上的变形大；轮胎法向变形大，即轮胎垂直于地面方向上的变形大，胎体下沉量大。胎冠周向变形小，即轮胎胎冠圆周方向上的变形小，也叫纵向变形小；胎冠周向滚动变形小，即轮胎在地面每滚动一周所产生的胎冠周期变形小；高速旋转下的轮胎变形小；轮胎材料剪切变形小。子午线轮胎的优点是：滚动阻力小、节约燃料；胎面耐磨性好，使用寿命长；弹性大，缓冲性好，乘坐舒适；抗刺能力强、附着力大，行驶安全。但

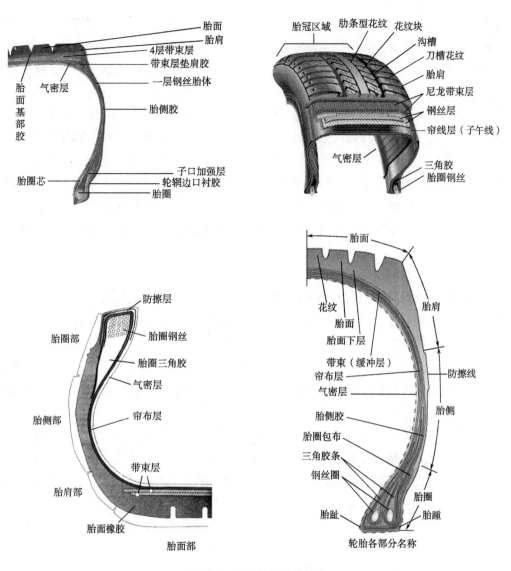

图 11-6 子午轮胎胎体结构

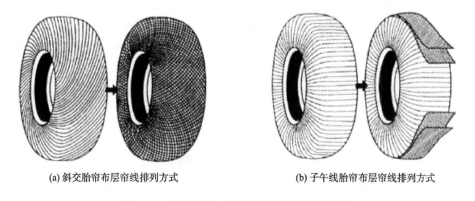

(a) 斜交胎帘布层帘线排列方式      (b) 子午线胎帘布层帘线排列方式

图 11-7 斜交轮胎、带束斜交轮胎和子午线轮

缺点是：胎侧较薄，容易起裂口，汽车超载和胎压不正确会导致轮胎早起损坏，胎压超标时会爆胎；胎侧变形大，侧向稳定性较差；制造要求高，成本高。子午线轮胎帘布层数比斜交轮胎可减少 40% ~ 50%。子午线轮胎的圆周方向上只靠橡胶来联系，为了承受行驶时产生的较大切向力，提高轮胎的刚性，子午线轮胎还具有若干层帘线与子午断面呈较大角度（夹角为 70° ~ 75°）、强度较高、不易拉伸的周向环行的类似缓冲带的带束层。带束层角度小，几乎是周向排列，剪刀效应小，周向变形小。带束层帘线与胎体帘线交叉排列，形成三角形，限制了变形。带束层一般采用强度较高、拉伸变形很小的织物帘布（如玻璃纤维、聚芳酰胺纤维）或钢丝帘布制造。胎体帘线子午线一个方向排列，不是多层交叉排列，胎体帘线层数少，胎侧薄。在充气和负荷下的侧向和法向变形大，胎体柔软。

轮胎结构正在向子午线结构、无内胎、扁平（轮胎断面高与宽的比值小）和轻量化的方向发展。

### （二）轮胎中的纤维制品

**1. 帘子线** 帘布是用作汽车轮胎、运输带、传动带等橡胶制品的增强材料，即骨架材料，以用于轮胎为主。轮胎外胎的骨架材料，其重量占外胎总重量的 10% ~ 15%，其成本约占轮胎生产成本的 37%，是轮胎生产的主要原材料之一。

帘子线是织造帘布的经线材料。帘布是以帘子线作经线，用中（或细）支棉纱或黏胶纤维纱作纬线机织成的布。经线排列紧密，起承受负荷的作用；纬线仅起固定经线位置的作用，排列稀疏，状似帘子，故称帘布。

帘布层通常由多层挂胶帘线用橡胶黏合而成。为了使负荷均匀分布，帘布层数多为偶数。帘布层数越多，其强度越大，但相应其弹性随之降低。一般帘布层数都标在外胎的表面上。由几层挂胶帘布贴合而成，它承受了作用于轮胎上的大部分负荷。对于普通结构轮胎，帘布层数一般是偶数，如 4 ~ 18 层；子午线轮胎的层数是奇数。每根帘线都应当为帘布胶隔离，以防止帘线的相互摩擦，并使线与线和层与层间牢固密着，构成一个耐屈挠而富有弹性的整体。帘布层胶应具有耐疲劳、黏性好、生热低、耐热、耐老化等性能。帘布层的各层边缘都弯包于胎圈的芯子（钢丝圈）上，借以承受内压张力和冲击负荷。

**2. 子口包布** 正方织造斜向裁切的子口包布置于轮胎胎圈部位表面，即和轮辋接触处，该织物有助于在轮胎进行硫化时保持胎圈部位应有的形态，并当轮胎在辋上装卸时起保护作用。在整个轮胎使用过程中，子口包布保护胎圈，耐磨损、抗降解。过去子口包布使用棉和黏胶纤维，20 世纪 70 年代以来，聚酰胺单丝、复丝成为其主要使用的纤维。织物要经过浸胶处理，使之能和橡胶材料黏结，并浸透纤维束材料（纱线），使轮胎中的压缩空气不会沿长丝产生芯吸作用而外逸或泄入轮胎侧壁。前者将造成瘪胎，后者会导致轮胎损坏。

**3. 钢丝圈内包布** 钢丝圈通常用经浸渍处理过的聚酰胺帘子线、聚酰胺机织物或聚酰胺经编织物包扎，使钢丝圈在硫化时保持整体性。这类织物要先经过处理，使其能和尚未硫化的橡胶材料密实地黏结，再将其切割成一定宽度的斜条，供轮胎制作设备直接使用。

**4. 带束层** 带束层又称支撑层、硬缓冲层、稳定层。指在子午线轮胎和带束斜交轮胎的胎面基部下，沿胎面中心线圆周方向箍紧胎体的材料层，一般由 3 ~ 4 层帘子线组成或 2 层钢丝层组成，还具有缓和冲击的作用。对于子午线轮胎来说，它还是主要受力部件。故应采用高强力、高模量和小角度排列的帘线作其增强材料，同时覆以高定伸、高硬度胶料。

轿车子午胎带束层的骨架材料种类较多，如纤维材料有高强黏胶纤维（如 1840dtex×2 规格）、玻璃纤维，但是用量最多的是钢丝纤维，发展方向是使用芳纶，常见规格有 560×3dtex、1120×3dtex，1260×3dtex，1440×3dtex 和 1680×3dtex。

带束层也有不同种类。对于低速轮胎，高聚物纤维带束层交叉排列，角度 13°~18°。第 1 层（过渡层）密度可稀一些，主要保证与胎体有良好黏合强度，一般选用 4 ~ 5 根 /cm；第 2 ~ 3 层（工作层）既要考虑确保轮胎受力的强度，又需考虑帘线之间保持良好的附着力，要求含胶量占 50% ~ 60%，因此一般为 5 ~ 6 根 /cm；第 4 层（保护层）要保证与胎面胶具有良好的附着力，密度不宜太大，3 ~ 4 根 /cm。若采用钢丝层，则仅 2 层，交叉角度 20°~ 25°。对于高速轮胎，则角度为 0，沿着轮胎周向平行排列的帘布，但冠带层增加 1 ~ 2 层尼龙帘子线，如尼龙 66，常用的规格有 465×2dtex、700×2dtex 和 1400dtex。更理想的材料是尼龙 46，其高温模量高，蠕变低，热收缩力高。此外，还有芳纶—尼龙复合帘线，规格有 555×2dtex 和 370×3dtex。

**（三）帘子线性能要求**

帘子线作为轮胎的骨架结构，必须要求以下主要性能。

（1）强度和初始模量高，足够的断裂强力保证轮胎的抗负载能力。帘子线的抗张强度是保证轮胎承受空气压和空气体积的基本性能，设计时，轮胎的强度安全系数以帘子线的抗张强度为基准。

（2）断裂伸长率较高，使轮胎在承受剧烈的外部冲击时拥有较大的变形区，能够经受冲击。伸长率是判断轮胎受到很大变形时帘子线能否适应变形的指标。

（3）尺寸稳定性好，加负荷时延伸度要好，蠕变要小。伸长弹性率、蠕变率、收缩率除对轮胎尺寸稳定性有影响外，还对平点、胎侧龟裂、胎面橡胶龟裂、均匀度有影响。该指标还决定轮胎制造路线工艺、轮胎制造尺寸等。

（4）耐热性好，高温时的强伸度是推测轮胎行驶中温度上升和下降时的轮胎强度和制订帘子线热定形条件所必须考虑的特性。高温时，强伸度受热老化现象是硫化时硫化温度引起的强力下降引起的。

（5）耐疲劳性能好，耐冲击负荷好。轮胎常在平坦路面上行驶，有时也会突然碰到凹凸不平的路面，受到冲击性的外力。工程机械用轮胎对抗冲击性要求更高。

（6）良好的黏合性能，保证在轮胎运行中帘线与橡胶不会脱开。如果橡胶和帘子线黏结不充分，由于轮胎在行驶中反复弯曲，在橡胶和帘子线的界面处会发生微小的剥离，这种剥离会逐渐增大而引起轮胎破坏。

**（四）帘子线原料选用**

制作轮胎帘子线的原料很多，如棉纱、黏胶纤维、聚酰胺纤维、聚酯纤维、聚乙烯醇纤维、玻璃纤维、芳香族聚酰胺纤维、POK（聚酮纤维）和 PBO（聚对亚苯基苯并二噁唑）、钢丝等，其性能各不相同。选择轮胎帘子线的原料时，要从原料的特性、轮胎的使用范围、轮胎的结构、轮胎成本等方面综合考虑。棉帘子线最早用于轮胎，它与橡胶粘着力好，20 世纪 20 ~ 30 年代是其旺盛时期，但由于须用长绒优质棉，强度低，散热慢，耐热性差。其他纤维的帘子线主要特点如下。

（1）黏胶帘子线的收缩性极小，初始模量高，蠕变小，尺寸稳定性好，硫化期间热收缩率较低、初始伸长率较低、蠕变率低；在动态性能方面，动态抗张强度较高（模量 / 强度之比）、生热较低（滞后性 / 强度之比），乘坐舒适，但有易吸湿、吸湿后强度降低的缺点。黏胶丝适合制作子午帘子线轮胎，用于高级豪华轿车和轻型卡车。

（2）聚酰胺帘子线的强度高，耐冲击、耐疲劳性能好，适合制作负荷大、运行条件差的大型斜交帘子线载重汽车轮胎、工程车胎、拖拉机胎、摩托车胎、农用车胎、力车胎等。缺点是初始模量低、易变形、热收缩和滞后损失大、尺寸稳定性差、会产生平点现象、与橡胶黏着性差，故轮胎在运行中平稳性差，乘车舒适性差。由于聚酰胺玻璃化温度较低，高温下强伸性能明显下降，热收缩较大，在交变应力作用下内摩擦力较大，故聚酰胺帘子线耐热性能差。因此，对锦纶改性的研究工作一直在进行。

（3）高模低收缩聚酯纤维帘子布模量高，疲劳强度高，尺寸稳定性好，热收缩低，耐化学药品，适合制作子午线轮胎。主要优点：滞后生热较低，使用寿命较长；模量较高，减少了胎侧齿形，减少了平点现象，改善了轮胎的行使操纵性；成本比人造丝帘布节约10% ~ 30%；制成的轮胎重量轻，可高速省油。但其疲劳生热量高，易胺化、水解而降低强度，难以与橡胶黏合。为了提高黏着性，需进行表面活化处理及浸胶。

（4）钢丝帘子线耐磨损，强度高，导热性好，耐钉刺，保形性好，尺寸稳定，耐冲击，耐磨性及耐热性极好，寿命长；主要缺点是相对密度大，侧向稳定性差，易腐蚀，不宜在劣性路面上行驶，耐疲劳性较差，不易与橡胶黏着，主要应用于载重子午线轮胎等。

（5）玻璃纤维帘子布模量大，无热收缩性，耐热性优良，具有抗收缩、抗延伸、防蛀、防腐蚀、耐气候性强等优点。主要缺点是对压缩变形的耐疲劳性较差，宜作带束斜交帘子线轮胎的缓冲层。

（6）聚对萘二甲酸乙二醇酯（PEN）纤维帘子线强度高、模量高、耐疲劳、黏结性优良、高温性能好、尺寸稳定性高，基本上所有的性能都比较优良。

（7）芳纶帘子布具有高强高模，耐热性优良，耐辐射性、保形性好，伸长率小，高温下热收缩应力和热收缩率均较低，其机械性能基本上不受温度的影响，在交变应力作用下内耗低、发热量小、寿命长，无"平点"现象，是较理想的轮胎帘子线。芳纶帘子线重量仅是钢丝帘子线的 20%，耐疲劳性为钢丝帘子线的 30 倍。全芳纶作骨架材料的子午线轮胎，轮胎重量减少约 30%，可兼顾牵引能力、制动性能、乘用性能、操纵性能、均匀性等各项性能，耐刺扎、耐切割，但与橡胶黏着不好。芳纶轮胎成本高，但综合经济性能仍然优于钢丝胎，适用于高级轿车、军用车、特种汽车、飞机等对性能要求高的轮胎。

几种主要轮胎帘子线的性能对比见表 11-4。

表 11-4　部分轮胎帘子线的性能参数

| 特性 | 黏胶丝 | 锦纶 6 | 锦纶 66 | 涤纶 | 凯夫拉纤维 | 玻璃纤维 |
|---|---|---|---|---|---|---|
| 帘子线结构 | 1650/2 | 840/2 | 840/2 | 1000/2 | 1500/3 | G15-1/0 |
| 捻度（捻/10cm） | 47×47 | 47×47 | 47×47 | 51×51 | 28×28 | 10 |
| 强力（N） | 153.2 | 153.2 | 149.3 | 143.4 | 800.3 | 279.9 |
| 强度（cN/tex） | 35.3 | 70.6 | 70.6 | 59.1 | 158.8 | 66.2 |
| 断裂伸长率（%） | 2.5 | 8.6 | 7.8 | 4.5 | — | — |
| 剪切伸长率（%） | 13.1 | 24.4 | 23.7 | 15.2 | 4 | 3.8 |
| 热收缩率（160℃，%） | 0.7 | 7.3 | 4.8 | 3.5 | 0 | 0 |
| 黏结力指数 | 100 | 100 | 100 | 100 | — | 100 |
| 耐疲劳性指数 | 100 | 125 | 125 | 120 | — | 40 |
| 抗冲击性指数 | 100 | 330 | 330 | 210 | — | 50 |

### （五）帘子线织物结构参数设计

帘布的特点是经线较粗，密度较大，纬线较细，密度很稀疏。按平纹组织编制而成，经线承受制品的全部负荷，纬线仅起连接经线的作用，并保持经线均匀排列，使其不至于紊乱。

**1. 纱线线密度的设计**　一般来说，帘子线越粗，即直径越大，其强力越大。应根据成本及性能的要求，合理设计帘子线纱线的线密度。

**2. 纱线的捻度**　帘子线的纱线捻度与其抗疲劳、抗压缩变形关系密切。轮胎在行驶过程中，纱线的捻度可缓和帘子线上承受的反复弯曲和压缩变形，影响其抗张强度和伸长性。帘子线的捻度一般较高，每米 400 捻左右，但不宜过高。在一定的范围内，抗疲劳性也随捻度的增加而下降。

**3. 帘子线的密度**　帘子线的密度决定了帘子层之间的相互黏结力及浸胶液的黏附状态。帘子线的经纱密度一般为 50 ~ 100 根/10cm，纬纱密度为 4 ~ 8 根/10cm。实验证明，纬纱密度越大，其相互黏结力越小。纬纱的主要功能是在帘子布处理过程中保持经纱的间隔距离，对帘子布层和轮胎的性能均不起作用，相对较细的纬纱只是在上橡胶和压延加工时防止经纱错位。帘子布要先经黏结压延涂胶约 1mm 厚，再经热定形改善物理性能。一旦经纱已固定于橡胶中，纬纱的作用就消失，在以后的制作过程中，帘子线的分布位置则随轮胎的形态而变化，实际上，这时纬纱的存在可能对轮胎受力分布的均匀性和帘子布的几何形状反而有不利影响。为避免出现这种情况，可把纬纱拉断或采用伸长大的纬纱。

**4. 帘子线的组织结构**　帘子线的组织结构对轮胎的黏结力、强度等性能有一定的影响。一般帘子线都为平纹组织，纱线之间的连接较稳定，黏结力较好。

**5. 帘子线的层数**　帘子线的层数直接影响浸胶与黏结力。层数越多越容易产生浸胶不匀，橡胶与帘子线黏合不充分，在行驶过程中产生剥离，导致轮胎损坏。因此，在满足轮胎所需功能的前提下，层数以少为宜。

轮胎的性能不仅取决于纤维骨架材料和橡胶，还受两者黏合强度的影响。因此，纤维骨架材料界面黏合处理技术也非常重要。

## 二、密封充气类织物

密封充气类织物可以增加交通运输工具在空中或者水中的浮力，增强对人体的保护。一般用于空中或水上紧急逃生系统用途，或者降低动力消耗。

### （一）救生衣

民航机每一乘客座位下均装有一具救生背心。充气式救生衣是由尼龙材料做成，主要由密封充气式背心气囊、微型高压气瓶和快速充气阀等组成。正常情况下（未充气），整个充气式救生衣如同带状穿戴披挂在人的肩背上。当飞机迫降海上时，在水中遇到危险需要浮力的紧急时刻，或根据水的作用自动膨胀充气（全自动充气救生衣），或以人工吹气方式充气，或由人拉充气阀上的拉索（手动充气救生衣），便可在5s时间内充气变成具有8～15kg浮力的救生衣；救生衣向上托起人体，使头、肩部露出水面，以利飘浮海面待救。如在夜间迫降海上，救生衣的肩部有海水电池，会点亮标示灯以利救援之用。飞机上使用的救生衣的颜色为黄色或红色，使救援人员在茫茫大海中极易发现和区别。

### （二）救生筏

飞机紧急迫降于海面时，从机上投下救生筏至海面，会因压缩空气而自行膨胀，以方便机上乘客及组员在海面上等待救援。为防降雨及直接日晒，救生筏也设有遮篷。一般救生筏有42人、25人及10人乘坐等型式。

### （三）紧急逃生滑梯

目前，大型客机的客舱门就是紧急逃生门，里面装有紧急逃生滑梯以及逃生辅助绳索。紧急情况下，客舱门开启时，滑梯在10s内自动充入氮气、碳酸气体，并同时从外界吸入空气，膨胀伸展成有一定弹性和硬度的滑梯状的倾斜式滑道，以利机上所有乘客及组员在事故发生的90s内，滑降逃生（图11-8）。

图11-8　客机的紧急逃生滑梯

滑梯要求可抵受强风及极端温度变化，当波音 747、767 及麦道 MD-11 等机型飞机在水上紧急降落时，每条滑梯可变为装载 50 人的救生艇，运载逃生的乘客，至少可在恶劣天气中支撑 24h。

**（四）平流层飞艇蒙皮充气织物**

现代大型高空飞艇一般依靠内部多个充满轻于空气的气体（氢气、氦气、热气等）的独立气囊提供升力、控制平衡。氦气由于安全而被广泛使用。艇囊分为主气囊和副气囊，利用充入主气囊的浮升气体来提供飞艇的静升力，通过对副气囊充放空气控制飞艇上升或下降过程中的浮力平衡。平流层飞艇凭借其滞空时间长、节能、环保、经济等优势被广泛应用于军事和民用领域。

平流层飞艇体积可达几十万立方米，飞行于大气平流层，工作高度一般为 20km，大气气象条件稳定且光照充足，采用太阳能电池和再生式燃料电池提供土能源、以锂电池为辅助能源进行长时间驻空定位、悬停及运行。但温度低（最低温度约 -55°），昼夜温差大，大气密度仅为地面的 1/14，紫外辐射、臭氧作用强烈。

**1. 艇囊材料特性要求**

（1）强度和模量要高。因为材料强度取决于飞艇的体积，平流层飞艇外囊材料的拉伸强度应达到 5000 ~ 6500N/5cm（按 200m 级，内外压差为 3%，安全系数为 13 ~ 17）。此外，还要抗撕裂、耐弯折和低蠕变性能。而飞艇内的内调节气囊常在外气囊内晃荡，要求材料耐磨。由于内外气囊之间无压差，内气囊膜的受力很小，因此，强度要求不高，但要柔韧抗弯、耐磨性好，强度可以稍低。

（2）质量要轻。克重为 100 ~ 300g/m²，如果密度大，难以升到平流层高度。

（3）耐环境好。包括高低温、超强紫外辐射、耐臭氧等。

（4）气体渗透率低。即阻氦能力强。室温和一个大气压条件下，每平方米飞艇艇囊在 24h 内氦气透气量应为 0.22 ~ 1.14L/（m²d.A）。若采用氢气，则要求更严格。

（5）其他性能。如抗皱折性能，保持外形的抗蠕变性能，缝合工艺性和易于修补性。

**2. 飞艇蒙皮材料结构**　为了满足上述要求，现代的临近空间飞艇外气囊膜多为层合式复合材料，采用多层复合结构，由耐气候层、阻氦层、承力层、黏接层 4 种主要层组成，有的高达 8 层。

（1）承力层。是承受囊体内压并保证材料强度的功能层，由纤维或织物构成，主要采用轻质、高强、高模的平纹织物。聚酯具有良好的综合性能，如密度、抗张强度、拉伸系数、失效延伸率，过去是飞艇艇囊承力层优选材料。但近年来，普遍采用 Kevlar、Vectran、聚酰亚胺、PBO 等高性能纤维。PBO 纤维作为最高强度和最高模量的有机纤维，强度达 5.8GPa，模量达到 280 ~ 380GPa，工作温度可达 350℃，热稳定性好（600 ~ 700℃范围开始热解），密度仅 1.56g/cm³，还有非常好的抗蠕变性、耐化学和耐磨损性能，是囊体材料的首选纤维。为降低成本，内气囊可用超薄聚酯或尼龙。

（2）阻氦层。防止氦气渗透的功能层，一般在基布上复合薄膜得到。常用的膜材有 Tedlar、聚亚胺酯、PVDF（聚偏二氟乙烯）薄膜、EVOH（乙烯—乙烯醇聚合物）、聚乙烯、聚酯、PVC、聚氨酯。其中 Tedlar 可用 15 ~ 20 年，抗渗透率、抗霉菌性能都高，典型外气囊膜渗透氢气 012 ~ 114L/（m²ld1A）。采用阻氢层 PVDC 膜 EVAL 膜有更好的性能，它耐酸、碱、难溶，并且可以在很宽的温度范围内使用，具有非常好的光稳定性，是作为耐环境气候层的理想材料。替代 Tedlar 的内囊材料可选择聚氯乙烯，但性能稍差。美国杜邦公司 S 型 Mylar 聚酯膜具有低渗透率和相对高的强度及硬度，不仅可以阻气，还可以承受剪切应力得到普遍应用。PET（聚乙烯对苯二酸酯）商品名为 Mylar，是属于聚酯纤维的一种现代高性能膜，也适用于做内囊膜。它具有轻质高强，在 –70 ~ 150℃范围内可维持稳定的性能状态。膜密度 1138g/cm³，伸长率 50% ~ 130%，强度 172N/mm²，模量约 318GPa。

（3）黏接层。黏接层是用于飞艇材料内承力结构的黏接、纤维基布各涂层以及面层之间的胶黏剂胶合层。胶黏剂胶合主要的化合物有聚亚胺酯和聚碳酸酯，聚亚胺酯比较便宜，而聚碳酸酯抗紫外线能力强，适用于外膜。涂覆黏接剂不仅用于层材间不同层之间的层合，同时用于膜片焊合缝，涂覆剂的黏着力强弱反映膜片的焊接强度。

（4）耐气候层。耐气候层即防老化层、耐环境层，用在最外层，防紫外线辐射、臭氧腐蚀。高分子氟化物是目前耐环境最好的材料，但它也必须添加防老化剂，以避免紫外线通过氟化层伤害到艇膜的内层材料。选用聚偏二氟乙烯 PFDF、聚氟乙烯 PVF 膜（Tedlar），在耐弯折、耐磨损、自洁性方面都有不错的表现。用 PVF 涂层的膜具有轻质、高强、弹性系数大、尺寸稳定、伸长变形小、自洁性好，还有气密性优的特点。目前，国内外防老化层也有使用 TPU，它也有良好的热封强度、柔韧性和耐高低温性能。但对内层纤维的防老化还要靠添加耐老化的添加剂来完成。

## 三、传动带

传动皮带以传递动力为目的，同样采用帘子线是作传动带芯体材料使用。按照传动的形式可以将其分成摩擦传动类和啮合传动类。摩擦传动类传动带靠摩擦力传递动力，主要有 V 形（三角形）皮带、平行皮带、圆形皮带；啮合传动类传动带靠皮带与传动轮相啮合传递动力，如齿形同步带。发动机的发展，要求传动带更薄、具备更大的传动力矩。

对传动带性能的要求与轮胎帘子线材料类似，如应有较高的模量和抗张强度，挠性好，耐弯曲疲劳性好，蠕变伸长小，耐撕裂，耐瞬时冲击，保形性好，耐水、耐污、耐腐蚀，耐热性好，与橡胶黏合性好，产生的噪声小等。传动带骨架材料所用的原料很多，各种原料都有其优缺点和使用范围，使用时应根据用途来选用。在 1930 年前用的是棉、麻等天然纤维；在 1960 年前采用黏胶、维纶和钢丝居多；在 1980 年时，采用涤纶、玻璃纤维和钢丝纤维；现在以工业涤纶、K 玻璃纤维、U 玻璃纤维、芳纶和超强钢纤维为主；今后可能会使用的纤维有 PEN、PBO、碳纤维、PEEK 等。

传动带的增强材料为帆布或帘子布。平皮带常用 1050 ~ 1150g/m²，平纹棉织物也可用聚酯和聚酰胺材料，织物上涂有橡胶，皮带一般为 3 ~ 10 层。生胶主要使用氯丁橡胶，底胶中掺用短纤维，主要使用耐龟裂性、动态生热低及黏合性佳的硫黄改性橡胶。在要求耐热性能高的特殊用途中，也有采用氢化丁腈橡胶（HNBR）的。

传动皮带帘子线的设计中，纱线的规格根据皮带使用中传递动力大小的不同也不同，常用的规格有涤纶：（122.2tex/2）×5、（122.2tex/3）×5、（122.2tex/9）×5、（122.2tex/12）×5；黏胶丝：183.3tex/3×3、183.3tex/6×3等。传动带帘子线的组织结构是根据传动带的种类、用途、传递动力的大小等因素确定的。传递动力较小时，一般采用单层结构的帘子线，单层结构的帘子线通常采用平纹组织。传递动力较大时，一般采用双层或多层结构的帘子线。双层或多层帘子线的基础组织采用平纹组织，自身接结或用接结线接结。

传送带使用的外包保护布一直以棉帆布为主，若要求更耐磨和更耐弯曲性能，则使用棉的混纺帆布或全合成纤维帆布。

## 四、胶管类

汽车上装配多种多样胶管，如真空制动管、液压管道、燃油管、动力转向管、涡轮增压管、变速箱油冷却管、加热器管、散热器管、空调冷却管、水箱管等，以完成动力传动、转向、制动及燃料、润滑油、水、气等的输送。每辆车至少需用20m胶管，有的多达70m。胶管长期工作在较为复杂的工况下，应具有耐热、耐压、耐气候性、耐腐蚀等性能。

### （一）胶管结构

软管由于在运动的汽车中使用，条件苛刻，性能要求高，一般采用弹性材料组成的复杂结构，用编织物增强，由内衬、增强层和弹性包覆保护层三层组成，典型的结构如图11-9所示。内层是胶管直接接触工作介质的层面，起着密封、导流的作用，对材料的要求则是耐腐蚀、耐摩擦、耐高低温；增强层是胶管承受内部压力的部分，起到保护胶管结构的作用，具备相当的强度；弹性包覆保护层即外层是胶管的保护层，起到隔绝和保护作用，需在具备一定厚度的基础上耐磨和耐老化。在美国，汽车软管通常是五层结构，三层弹性体和两层纱线编织增强层。弹性材料主要有氯丁橡胶、带色硅橡胶、氟硅氧烷、聚氯乙烯和乙烯基材料，缓冲各种冲击压力。增强层一般是纺织纤维或者织物，提供胶管强力。

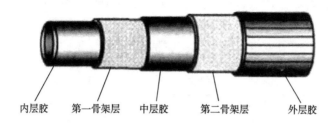

内层胶　　第一骨架层　　中层胶　　第二骨架层　　外层胶

图11-9　典型汽车胶管结构示意图

增强层可以通过针织物、螺旋线缠绕长丝或金属线、编织物圆筒形织造方式置于内层管表面，也可以用裁剪包贴的平纹织物直接缠绕或交叉缠绕于衬管上。各种软管按增强层结构分为以下几种。

**1. 夹布胶管** 是以涂胶平纹织物（或胶布）作为骨架层材料制成的胶管，可在外面加钢线进行固定。平纹胶布（其经纬密度和强度基本相等）经45°裁断、拼接，并包贴而成。胶管制造工艺简单，对产品规格、层数范围等适应性较强，并具有管体挺性好等优点，但生产效率低。

**2. 编织胶管** 是以各种线材（纤维或金属线）作为骨架层材料，经编织而制成的胶管。编织层通常都按平衡角（54°44′）交织而成，具有承压性能好、弯曲性能好、与夹布胶管相比材料利用率高的特点。编织品相对于软管内衬管的角度（编织角）指标影响抗爆破压力。

**3. 缠绕胶管** 是以各种线材（纤维或金属线）作为骨架层材料，经缠绕而制成的胶管，其承压强度高、耐冲击及屈挠性能好。生产效率高。

**4. 针织胶管** 以棉线或其他纤维作为骨架层材料，经针织而制成的胶管。由于由针织线沿着与轴成一定的角度交织在内管坯上，其交叉点比较稀疏，一般都以单层结构组成，因此，管体轻便柔软，弯曲性能好，但局限于工作压力不高的场合使用。汽车胶管大部分形状在三维空间里至少有一个弯，有的还有变径、三通等，但要求在胶管弯曲处的横断面，壁厚均匀，内外径没有椭圆度，使用针织胶管在成型过程中有很好的适应性。

**5. 短纤模压胶管** 以一种橡胶材料与1~2mm短纤维均匀混合挤压出或模制成形的胶管。

如果增强层材料不只一层，那么在各层间要用橡胶层隔开。

**（二）胶管的性能要求**

根据汽车使用工况，作为胶管的增强纤维材料应具备如下特点。

**1. 具有足够高的强度** 以满足胶管产品的耐压要求。耐疲劳性好，异型胶管耐疲劳性能与纤维材料本身的耐疲劳程度有很大的关系。通常按软管使用压力来选用纤维材料，如芳纶、碳纤维、棉、苎麻、亚麻、黏胶纤维、聚酰胺、聚酯、聚丙烯和玻璃纤维。

**2. 伸长率低** 以减小胶管在承压状态下的径向膨胀。

**3. 高温稳定性好** 满足直接蒸汽硫化的工艺要求，以及发动机舱内的高温。

**4. 容易与橡胶黏合** 使胶管的整体结构紧密，提高耐久性能。

芳纶增强的胶管由于强度高、耐高温、耐腐蚀、有韧性、收缩率小、耐磨性好、耐久性好的特点，在汽车胶管上使用量越来越多，是高档汽车、F1赛车专业用管。

表11-5 两种规格的针织胶管基布的性能参数

| 品种 | 纱线 | 断裂强度（N） | 断裂伸长率（%） | 直径 | 捻度（T/m） | 单位重量（G/100m） | 干热收缩率（%） | 1%定伸强力（N） | 黏合力（N） | 结扣强力（N） |
|---|---|---|---|---|---|---|---|---|---|---|
| 1 | 1000旦聚酯长丝 | > 75 | 9.0 ± 1.0 | 0.21 ± 0.1mm | 100 ± 10 | 12 ± 1 | 3.0 ± 0.7 | | > 60 | |
| 2 | 1100dtex/Z120芳纶长丝 | 242 | 3.4 | 1000 f | 120 | 1135 | | 62 | | 211 |

### （三）胶管应用

**1. 燃油胶管**

（1）油箱加油管，装配于汽车油箱上，使用温度相对较低，仅在加油过程中承受一定压力，但要求胶管对燃油的渗透性要低。此类胶管一般采用氟胶为内层胶，厚度为 0.2～0.7mm，在其上复合耐燃油渗透性好的氯醚橡胶（ECO），厚度为 0.5～1mm，再在其上针织一层芳纶，最外层用氯醚橡胶为覆盖层的结构形式。

（2）电喷管，装配于发动机仓内，用于向发动机内注入燃油，使用温度较高，工作压力较大，且要求对燃油渗透性低。此类胶管内层采用氟胶（FKM），中层为氯醚橡胶（ECO）与氟胶复合，再加一层芳纶编织层增强，最外面用氯醚橡胶包覆。

**2. 动力转向管**　动力转向管系统中用到三根橡胶管，分别如下。

（1）吸油管。作用是连接转向液油壶和转向泵。吸油管的工作压力较低，一般在 0.1MPa 左右，但其装配位置靠近发动机，相对使用温度较高，现多采用氯磺化聚乙烯橡胶（CSM）中间加 Kevlar 芳纶编织结构形式。

（2）高压管。作用是连接动力转向泵和转向器。高压管的工作压力非常高，最高时达到 18MPa，采用多层纤维编织或中间夹纤维布的结构形式。回油管的工作压力在 1～1.5MPa，多采用氯磺化聚乙烯橡胶（CSM）或丙烯酸酯橡胶（AEM、ACM）中间加一层 Kevlar 芳纶编织结构形式。

（3）回油管。作用是连接转向器和转向液壶。动力转向管之所以选用芳纶作为增强层，一方面是因为芳纶的高强度性能可以满足胶管的耐高压、高温及耐久性能，另一方面通过使用高强度芳纶，在保证耐压的前提下可减少纤维增强层的层数，从而减少胶管的刚性，可以降低胶管产品使用过程中产生的噪声。

**3. 发动机冷却循环系统用胶管**　该胶管是发动机夹套和散热器之间流通冷却水的软连接件，直接装配在汽车发动机机舱内，且长时间处于压力脉冲循环的工作条件下，要求胶管有较高的耐压、耐温及脉冲耐久性能。早期的汽车，发动机机舱内的空间较大，因此对胶管的耐温性要求不是很苛刻，一般采用硫黄硫化的三元乙丙橡胶（EPDM）加涤纶增强的结构。近年来，车型配置越来越高，且动力越来越大，相对发动机仓的空间变得很狭小，发动机所产生的热量也越来越大，因此，对冷却循环系统的胶管的耐温性要求有了大幅提高，过氧化物硫化的三元乙丙胶（EPDM）加 Kevlar 芳纶增强结构的胶管逐步取代了硫黄硫化的 EPDM 和涤纶增强的胶管。此类胶管多为异型胶管，部分需要变径。为满足加工工艺的要求，胶管多采用芳纶针织或缠绕的结构形式。

**4. 涡轮增压器用 CAC 硅胶管**　涡轮增压是利用发动机排出的废气惯性冲力来推动涡轮室内的涡轮，涡轮又带动同轴的叶轮，叶轮压送由空气滤清器管道送来的空气，使之增压进入气缸，进入发动机的空气压力和密度增大了，使燃料燃烧更充分，从而提高了发动机的输出功率。由于涡轮增压管中通过的是发动机排出的燃烧废气，温度非常高，且有一定的工作压力，因此，此类胶管多是采用耐高温的硅橡胶（VMQ）或氟硅胶（FVMQ）与 Kevlar 或 Nomex 芳纶织成的帘布经过压延擦胶后，再经过缠绕包布硫化的工艺制成多层芳纶布增强胶管。

# 第五节　高性能轻量化纤维增强交通用复合材料

安全、节能是各类交通工具的发展潮流，要求组成交通工具结构的材料轻而强。纤维增强复合材料是至今为止综合性能最好、能在工程上应用的轻量化材料，是未来交通工具结构件的首选材料。使用高性能纤维的复合材料还可以提高交通工具的安全性能、运动精度和乘客舒适程度，具有减震、防止装备腐蚀等作用。

## 一、纤维增强交通用复合材料性能特点

用于交通工具的大多是树脂基纤维复合材料，又分为热固性树脂基和热塑性树脂基的复合材料。树脂基纤维增强复合材料的主要特点如下。

**1. 比强度和比模量高**　单位质量的强度和模量分别称为比强度和比模量。从表 11-6 可以看出，复合材料的比强度与比模量是传统金属材料的 4 倍以上。

表 11-6　各类复合材料的比强度和比模量与传统的金属材料性能对比

| 材料体系 | | 拉伸强度（MPa） | 拉伸模量（GPa） | 密度（g/cm³） | 比强度（MPa） | 比刚度（GPa） |
|---|---|---|---|---|---|---|
| 铝合金 | | 420 | 72 | 2.8 | 151 | 25.7 |
| 钢（结构用） | | 1200 | 206 | 7.8 | 153 | 26.4 |
| 钛合金 | | 1000 | 110 | 4.5 | 210 | 24.4 |
| SMC | | 80 ~ 250 | 10 ~ 16 | 1.7 ~ 1.9 | 53 | 5.3 |
| BMC | | 3060 | 10 ~ 12 | 1.8 ~ 2.1 | — | — |
| LFT | | 96340 | 9 ~ 20 | 14 | 146 | 10 |
| 玻璃纤维/聚酯 | 单向 | 1245 | 48 | 20 | 623 | 24 |
| | 织物 | 550 | 22 | | 275 | 11 |
| S - 玻璃纤维/环氧树脂 | 单向 | 1795 | 56 | 20 | 898 | 28 |
| | 织物 | 820 | 26 | | 410 | 13 |
| T300 碳纤维/环氧树脂 | 单向 | 1760 | 150 | 16 | 1100 | 81 |
| | 结构铺层 | 810 | 60 | | 506 | 38 |
| T700 碳纤维/环氧树脂 | 单向 | 2100 | 130 | 16 | 1310 | 81 |
| | 结构铺层 | 1010 | 60 | | 631 | 38 |

**2. 抗疲劳和破损安全性能好**　当纤维增强复合材料制成的构件抗疲劳性优异，长期反复载荷也难以损坏，抗冲击性能良好。

**3. 减振性能好**　由于高聚物具有黏弹性，当采用树脂为基体时，在基体和界面上有裂纹和脱粘处存在着摩擦力。在振动过程中，黏弹性和摩擦力使一部分动能转换成了热

能。由于纤维增强复合材料的比模量高，故自振频率高，可避免构件在作业时产生共振；纤维与基体界面间具有吸收振动能量的作用，产生的振动会很快衰减。

**4. 热稳定性能好**　纤维增强复合材料的结构部件在大幅度温度变化的环境下，具有非常微小的热变形。

**5. 可以一次性整体成型**　制作复杂的构件，制造周期短。最终产品部件的设计和材料设计同时进行。

**6. 耐腐蚀性好**　树脂基体对于一般化学品具有良好的耐腐蚀作用，特别适用于船舶外壳、汽车油箱、蓄电池等部件的制造。

**7. 各向异性和可设计性**　可按制件不同部位的强度要求设计纤维的排列。

此外，还可以根据需要，设计具有损伤容限高、减摩耐磨、自润滑、耐烧蚀、导热、隔热、耐疲劳、耐蠕变、消声、电绝缘、透电磁波、吸波隐蔽性等性能的复合材料。

热固性树脂基纤维复合材料存在回收困难的缺点，热塑性树脂基纤维复合材料（也称纤维增强塑料）除了热稳定性略差外，具备了热固性树脂基复合材料的其他特性，且可以重复利用。

## 二、交通工具中树脂基纤维增强复合材料类型与加工工艺

在交通工具中，热固性树脂基增强复合材料用于承担负载的结构件，热塑性复合材料主要用于装饰件、非主承受力的结构件，还有少量用于航天器的烧蚀材料。90%以上的增强纤维采用玻璃纤维，其余的增强纤维有碳纤维、芳纶、聚芳酯、硼纤维等，超高分子量聚乙烯纤维、PBO纤维的应用潜力巨大。

根据不同的最终应用领域，配制的复合材料可精确控制尺寸，阻燃性和抗电痕性良好，具有很高的介电强度、耐腐蚀性和耐污性，机械性能卓越，收缩性低且色泽稳定。BMC的流动特性和绝缘及阻燃性极好，对于细节和尺寸要求精确的各种应用非常适用。复杂制品可整体成型，嵌件、孔、台、筋、凹槽等均可同时成型。但成型时间较长、制品毛刺较大。

复合材料的加工工艺有多种分类方法。按照成型方法可分为层贴法、沉积法、缠绕法、编织法；按照成型压力可分为接触成型、真空袋成型、气压室成型、热压罐成型、模压成型、树脂传递模型、增强反应性注射成型、拉挤成型，压力的作用是克服树脂流动的阻力，使其均匀分布，同时消除气泡、排除多余的树脂，使制品压实，表面更光洁，增强纤维体积百分比大，致密性好，尺寸准确，性能优异，适应性强；按照开闭模可分为闭模成型（模压成型、树脂传递模型、增强反应性注射成型）和开模成型（手糊成型、喷射成型、真空袋成型、压力袋成型、热压釜成型、纤维缠绕成型、拉挤成型、离心浇注成型）。

在复合材料生产中，大量使用的技术包括手糊工艺或机器辅助铺层后热压罐固化、纤维缠绕、拉挤成型、喷射成型、片状模压料热压技术、注射成型、树脂传递模型等。正在研究的技术或小规模适用的技术包括织物预成型、变形成型、自动丝束铺放短纤维成型。

在民用交通工具中，热固性复合材料一般以玻璃纤维长丝增强复合材料居多，但碳纤

维增强环氧树脂复合材料由于性能优异，发展迅猛。

由于绿色环保和降低成本的需要，天然纤维增强热塑性树脂复合材料开始在汽车内装饰件上应用，如汽车内装件和仪表板、车门内板、杂物箱盖、扶手架、座椅外壳、座位靠背板、行李架、门板等构件，经过改进的天然纤维增强塑料有望进入承载构件外部构件的应用领域，见表11-7。

表11-7 天然纤维增强热塑性树脂复合材料开发的汽车零部件

| 汽车零部件 | 纤维种类 | 聚合物 | 纤维含量（%） |
|---|---|---|---|
| 车门板、衬垫 | 洋麻/大麻 | 聚丙烯 | 50 |
| | 木纤维 | 聚丙烯 | 50 |
| 杂物箱/后搁物架 | 洋麻 | 聚丙烯 | 50 |
| | 亚麻 | 聚丙懦 | 50 |
| 座位靠板/货车车厢地板 | 木纤维 | 酚醛树脂 | 85 |
| | 亚麻 | 聚丙烯 | 50 |
| 备胎盖、车身后壁板 | 亚麻 | 聚丙烯 | 50 |
| | 木纤维 | 聚丙烯 | 50 |
| 其他内装饰件 | 洋麻 | 聚丙烯 | 50 |
| | 亚麻 | 聚丙烯 | 50 |

## 三、复合材料在交通工具中的应用

### （一）汽车领域

汽车轻量化，就是使用各类纤维材料增强塑料替代金属材料的过程。这些塑料包括聚丙烯、聚氨酯、聚氯乙烯、热固性复合材料、ABS、尼龙和聚乙烯等。汽车轻量化还可以提高汽车动力性和安全性能，节省材料，降低成本，降低能耗。研究表明，汽车整车质量若降低1%，油耗可降低0.7%；重量降低10%，燃油效率可提高6%～8%；每减少100kg，百公里油耗可降低0.3～0.6L。表11-8说明了车辆自重与能源消耗的关系。可见，汽车轻量化对于新能源汽车来说，更具有革命性的意义。

表11-8 车辆自重重量与能源消耗的关系

| 燃油车辆 | | | |
|---|---|---|---|
| 车身质量 | ↓10% | ↓1% | ↓100kg |
| 燃油效率 | ↑6%～8% | | |
| 油耗降低 | | ↓0.7% | ↓0.3～0.6L（百公里） |
| 电动汽车 | | | |
| 车身整备质量（kg） | 1550 | 1011（↓34.8%） | 805 |
| 电池质量（kg） | 450 | 450 | 250 |
| 一次充电续驶里程（km） | 186 | 275.5（↑48.1%） | 450 |

采用复合材料制造汽车车身壳体及其他相关部件，使汽车的质量减轻，滚动阻力减少，进而达到降低油耗、节约能源、减少环境污染、提高碰撞安全性能等效果；而复合材料的振动阻尼特性，可减振和降低噪声、抗疲劳性能好，损伤后易修理，便于整体成形，适合于制造交通工具壳体、受力构件、传动轴、发动机架及其内部构件，故在汽车中已经广泛使用并呈上升趋势。

目前，国外汽车的内饰件已基本实现采用热塑性复合材料，应用范围正在由内装件向外装件、车身和结构件扩展，开发可回收材料。统计显示，全世界平均每辆汽车的热塑性复合材料用量在 2000 年就已达 105kg，占汽车总重量的 8% ~ 12%。而发达国家汽车的单车热塑性复合材料平均使用量为 120kg，占汽车总重量的 12% ~ 20%。在欧洲，车用热塑性复合材料的重量占汽车自重的 20%，平均每辆德国车使用热塑性复合材料近 300kg，占汽车总重量的 22%。国产车的单车热塑性复合材料平均使用量为 78kg，塑料用量仅占汽车自重的 5% ~ 10%，预计到 2025 年可能占车辆总重的 18% ~ 20%。

国外已实用化的汽车部件达 400 多种，其中热塑性复合材料汽车零部件包括：座椅及其骨架、车窗导槽、门内板、保险杠支架、保险杠横梁、发动机罩、发动机下体保护罩、导流板前端托架、电池托架、脚踏板、仪表板骨架、导流板、车厢底板、车厢护板、行李搁板、备胎箱、蓄电池托架、汽车进气歧管。

热塑性复合材料主要是应用于非承受力或次承受力的结构件，应用于主承受力结构上的材料，比如层合板、加筋板和夹层结构只能是热固性复合材料，主要是玻璃钢和碳纤维复合材料（CFRP）。由于热固性复合材料具有特殊的振动阻尼特性，可减振和降低噪声，抗疲劳性能好，损伤后易修理，便于整体成型，故可用于制造汽车车身、受力构件、传动轴、发动机架及其内部构件、燃气瓶外壳等。

1953 年，美国的通用汽车公司研制了一个全玻璃钢复合材料的跑车 Corvette，此后玻璃钢被广泛应用在汽车的顶盖、前端框架、后举门、前后保险杠、前后翼子板、挡泥板、座椅骨架、底部护板、车门、进气歧管、散热器罩等结构和功能部件上。芳纶增强材料可制作汽车防弹装甲，例如，汽车门及汽车外壳的防弹内衬。

碳纤维复合材料由于其自身独具的强度、刚度特性和耐高温性能，可用于赛车、高档跑车、轿车、客车、货车及各种特种车的主承力结构。CFRP 可应用于汽车的六大主要系统，发动机系统：挺杆、连杆、摇臂、油箱底壳、水泵叶轮和罩等；传动系统：传动轴、万向节、减速器、壳罩等；运动和制动系统：刹车片、轮毂；底盘系统：纵梁、横梁、支架、车轮、板簧等；车体系统：引擎盖、翼子板、散热器罩、保险杠、车灯架、车厢、行李架、地板、门窗框架、尾翼、扰流板等；附件：排气筒、仪表板总成、方向盘、内饰等。

目前，汽车用碳纤维复合材料成本很高，仅用于跑车、豪华车等相对小众市场，整体渗透率较低，而要普及到一般车型等大众市场，则需要其成本大幅下降，才具有现实可行性。

据国家汽车减重要求推算，到 2025 年国内汽车及电动车预计将分别达到 3000 万辆和

600万辆，按照分别减重25%和50%的标准，对碳纤维的需求至少将达到10万t。

**（二）民航飞机**

莱特兄弟发明世界上第一架载人飞机时采用的是木布结构，用木条、木三夹板做大梁和骨架，用涂抹过清漆的亚麻布做机翼的翼面，以缝纫方式与翼肋构架相连接，而清漆可以保证翼面的坚挺度、应有的几何形状和强度。此时，织物重量占飞机总重的18%。

1925年以后，全金属结构飞机出现，结构强度增加，改善了气动外形，提高了飞机性能，但重量大，能耗高。碳纤维复合材料因高强度、出色的耐热性（可以耐受2000℃以上的高温）、抗热冲击性、低热膨胀系数、热容量小（节能）、密度小、优秀的抗腐蚀与辐射性能等优点，已成为现代飞机的基本结构材料，向用于机翼甚至前机身等主承力部件的方向发展。

纤维增强复合材料最初主要应用在航空航天领域。军用飞机要求提高其机动性、近距格斗和全天候作战能力；民用飞机则要求安全性、可靠性、舒适性和经济性等，即要求航空材料具有高比强度、抗疲劳、耐高温、耐腐蚀、长寿命、低维修成本、低油耗、可增加机舱湿度、较大的窗户、高可靠度等特点，而纤维增强复合材料满足了这些性能要求。复合材料用量占飞机机体结构重量的百分比逐年增长，应用部位由次承力结构向主承力结构过渡，在复杂曲面构件上的应用越来越多，构件向整体成型、共固化方向发展。复合材料的超大尺寸的整体结构部件一次成型设计，简化了制造工艺，且尺寸大小不会随着温度高低而产生变化。目前，美国F-22战机复合材料使用比例已达22%，其他战斗机上复合材料使用量占20%~50%，直升机则达到80%左右。早期波音B707、B737、B747上复合材料的使用量分别是18.5m²，330m²和930m²，而B757、B767和B777则分别使用1429kg，1524kg和9900kg。B777上复合材料使用总量仅占结构重的11%，新型的波音B737系列机型复合材料使用比例已达15%，而B787飞机的使用量占总重的50%，约使用了35t。空中客车A340的复合材料使用量4t，占总重的13%；而A380占25%，使飞机减重15t。图11-10展示了B787客机中复合材料的使用位置。机体比B787还宽

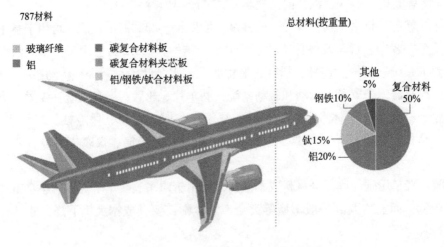

图11-10　B787客机中的复合材料位置与重量比例

214

13cm 的 A-350XWB 飞机的复合材料比例达到了 52%，是现在所有大型商用飞机中比例最高的。

**1. 非主要承力部件** 玻璃纤维模量仅仅 70GPa，玻璃纤维复合材料大多用在非主要承力部件上，如舵面蒙皮、设备口盖、小飞机的机身和机翼蒙皮等。玻璃纤维的介电性能良好，玻璃纤维增强复合材料透微波性能良好，能承受空气动力载荷作用且保持规定的气动外形，便于拆装维护，能在严酷的飞行条件下正常工作，可抵抗恶劣环境引起的侵蚀，是理想的雷达罩材料。目前，制作雷达罩材料较多采用的是环氧树脂和 E 玻璃纤维、D 玻璃纤维、石英玻璃纤维等增强材料及改性双马来酰亚胺树脂、DAIP 树脂、氰酸脂等具有更好介电性能的材料也投入了使用。石英纤维介电常数低，热膨胀系数为 0，硬度高，可制备高性能的雷达罩，探测范围可以增大到 224km，寿命更长，维修性能更好。与相同的 E 玻璃纤维雷达罩相比，它可减质量 6% ~ 20%。

随着碳纤维复合材料的发展，民航飞机大量使用复合材料制作飞机部件。550 座世界最大飞机 A380 飞机 25% 重量的部件由复合材料制造，其中 22% 为碳纤维增强塑料（CFRP）。这些部件包括减速板、垂直和水平稳定器（用作油箱）、方向舵、升降舵、副翼、襟翼扰流板、起落架舱门、整流罩、垂尾翼盒、上层客舱地板梁、后密封隔框、后压力舱、后机身、水平尾翼。

**2. 主要承力的结构件压力舱（客舱）** 波音 787 机身用碳纤维环氧树脂复合材料整体成型制成更坚固的压力舱，有如下优点。

（1）与相近的机型相比要减重 2500kg。在波音 787 飞机节省 20% 的燃油中，其中复合材料机身的贡献率达 3%。

（2）高空中保持在 6000 英尺（1 英尺 =0.3048m）高度时的气压，而不是通常的 7000 ~ 9000 英尺，增加舱内的气压，空气的含氧量多提供 8%，乘客会感觉更加舒适。

（3）机身耐腐蚀。机舱内湿度可以恒定在 10% ~ 15%，而金属机身内湿度只能保持在 5% ~ 10%，增加了乘客的舒适度。

（4）复合材料适应载荷方式的能力。在不影响结构完整性或增加额外重量的情况下，安装更大的窗户（约大出 65%），乘客视线基本不受影响。

（5）制造工艺简化。采用 CFRP 整体成型构造的机身本身就是一个"零件"，它替代了金属机身段 1500 个左右的铝合金板件和 4 万 ~ 5 万个铆钉等紧固件。

**3. 发动机关键部件（耐高温材料）** 美国通用电器飞机发动机事业集团公司（GE-AEB）和惠普公司用各类纤维增强复合材料制造飞机发动机零部件，包括发动机舱系统的许多部位推力反向器、风扇帽罩、风扇机匣、3D 编织复合材料的风扇叶片、风扇出口导向叶片、导流板、轴承封严盖、蜂窝降噪内衬等。树脂基复合材料的服役温度一般不超过 350℃。因此，树脂基复合材料主要应用于航空发动机的冷端。在涡轮风扇发动机中，碳纤维 / 聚酰亚胺复合材料用作转子与静子，芳纶被用于环绕发动机的外环，碳纤维层合板用于内外包皮与使用温度在 250℃左右的导管。

相比航空发动机主机，树脂基复合材料在航空发动机短舱具有更广阔的应用空间，短舱进气道、整流罩、反推装置、降噪声衬部位已经大规模使用树脂基复合材料。表11-9展示了发动机上使用树脂基复合材料的部件。

表11-9  发动机部件选用的复合材料构件

| 序号 | 部件 | 复合材料体系 |
| --- | --- | --- |
| 1 | 帽罩前锥 | 玻璃纤维/双马来酰亚胺 |
| 2 | 风扇转子叶片 | 碳纤维/环氧树脂 |
| 3 | 风扇机匣及包容环 | 碳纤维/环氧树脂，铝合金+芳纶/环氧树脂 |
| 4 | 风扇出口导流叶片 | 碳纤维/环氧树脂 |
| 5 | 发动机短舱及反推装置 | 碳纤维/环氧树脂+铝蜂窝夹芯，碳纤维/环氧树脂 |
| 6 | 消音结构 | 碳纤维/环氧+Nomex，芳纶/环氧树脂，玻璃纤维/环氧树脂+Nomex |

### （三）铁路

在铁路运输中，复合材料被用于客车车厢、车门窗、水箱、卫生间、冷藏车保温车厢、运输液体的储罐、集装箱等。高速列车的车厢内部隔板和天花板采用芳纶蜂窝板复合材料，高强质轻，耐高温、不燃烧，提高了安全性能。高铁车辆内装及设备主要有装饰板、厕所、盥洗室、座椅及水箱等，以铝合金和高分子材料为主，部分装饰板采用铝合金上叠合一层不燃性的纤维增强塑料。

西欧国家制造铁道车辆用的复合材料中，按纤维种类分，玻璃纤维占58%，芳族聚酰胺纤维占20%，碳纤维占20%，其他占2%；按树脂的种类分，聚酯占35%，乙烯酸酯占22%，环氧树脂占21%，酚醛树脂占15%，改性的丙烯酸树脂占4%，其他占3%。

轻量化是减少列车运行能耗的一项关键技术。金属制造的轨道列车车体强度虽高，但质量大、能耗高。以C20FICAS不锈钢地铁列车为例，其每千米能耗约为$3.6 \times 10^7$J（即10kW·h），运行15万km约消耗540000 GJ能量；如质量能减少30%，则可节能$27000 \times 30\% = 8100$GJ的能量。

在运行的地铁列车中，车身质量约占36%、车载设备约占29%、内部装饰约占16%，其余为乘客重量。车身和内部装饰就成为了轻量化的重点对象。2010～2015年，我国规划建设的城市快速轨道交通项目总长度达1700km，5000多亿元投资聚集在这一领域。玻璃钢/复合材料在轨道交通上的应用发展从玻璃钢/复合材料零部件到全玻璃钢/复合材料的机头、箱体等都展示了巨大的优势及其在轨道交通领域广泛的应用前景。

CFRP也大量用在轨道车辆领域，从车箱内饰、车内设备等非承载结构零件向车体、构架等承载构件扩展；从裙板、导流罩等零部件向顶盖、司机室、整车车体等大型结构发展；以金属与复合材料混杂结构为主，CFRP用量大幅提高。法国国营铁路公司（SNCF）采用碳纤维复合材料研制出双层TGV型挂车；韩国铁道科学研究院（KRRI）研制出CFRP地铁转向架构架，质量为635kg，比钢质构架的质量减少约30%。日本铁道综合技术研究所（JRTI）与东日本客运铁道公司（East Japan RailwayCompany）联合研制的CFRP

高速列车车顶，使每节车箱减轻 300～500kg。2014 年 9 月，日本川崎重工（Kawasaki）研制的 CFRP 构架边梁，其质量比金属梁减少约 40%。

中车长客股份公司研制出具有完全自主知识产权的世界首辆全碳纤维复合材料地铁车体。车体采用薄壁筒形整体承载结构，车体长度为 19000mm，车体宽度为 2800mm，车体顶面距轨面高度为 3478mm。使整车较同类地铁金属车体减重约 35%。车体不需进行特殊的防腐蚀处理，使用寿命超过不锈钢材料。乘坐舒适度好，车体用复合材料的隔热性能很强，导热系数接近防寒材，全复合材料车体的隔热性能近乎铺设了防寒材的金属车体；复合材料车体的隔声性能同样优于金属车体，车体的抗振动能力也较同类金属车体提高了 18% 以上，防止了车身与转向架之间的共振，降低了噪声。利用复合材料可设计性强、可一体化成型的特点，全复合材料车体最大限度地实现部件整合、零件整合，通过模具一体成型。车体各模块之间采用机械连接，消除了传统金属车体因焊接变形导致的尺寸偏差和形位偏差，提高了车体尺寸精度和外观质量。

（四）轮船

纤维增强复合材料从 20 世纪 40 年代就开始建造船舶壳体，开创了复合材料民用的先河。玻璃纤维增强复合材料质轻、高强、耐腐蚀性好，特别适合船舶的使用。目前，游艇、赛艇、拖船、渔船、摩托艇和扫雷艇几乎 100% 使用玻璃纤维增强复合材料壳体。欧洲和美国均有政府规定，40～60 英尺的船必需用玻璃纤维增强复合材料制造。我国沿江和沿海近 100 万艘小型木质渔船、水泥船的最理想替代小型船用材料就是玻璃纤维增强复合材料。

全世界游艇拥有量为 1800 余万艘。随着外资游艇企业向大陆迁移和我国高收入阶层的需求，以及海南国际旅游岛和沿海发达地区的游艇设施规划建设，未来几年我国游艇行业将有一个大的发展。

（五）自行车

自行车不仅是交通和运输工具，还具有健身、旅游、竞赛等多种功能。碳纤维复合材料由于质轻、不弯曲、冲击吸收性好，特别适合可以制造自行车车架，车重降至 8～9kg。高档自行车的车构架、前叉部件、车轮、曲轴及座位支架等均使用碳纤维复合材料制成，不仅使自行车外观更具美感，同时也赋予了车体良好的刚性和减震性能。车体重量进一步下降，骑乘舒适性更好。

# 第六节　篷盖布

篷盖布是车船运输中对货物遮盖的材料，对保证装车和安全运输货物起着重要作用。篷盖布在使用中要求有如下性能：强度高、重量轻；具有防水、防污、易干等性能；在湿热状态下具有良好的尺寸稳定性；环境适应性好，即高低温情况下均能够保证性能不变。主要性能指标有断裂强度、断裂伸长率、撕裂强力、防水性能、耐寒性能、阻燃性能、耐老化性能、防霉性能和无毒性能等。

篷盖布原料历经棉、维棉、涤/棉、维纶、涤纶长丝的发展过程。尽管国内棉、维纶仍占主要地位，由于涤纶柔性好、强度高、耐热性好、耐磨性好、吸湿性低，拉伸时只产生极小的伸长和变形，涤纶篷盖布发展迅速。玻璃纤维具有良好的阻燃性能、极高的拉伸性能，也可与涤纶工业丝并合制织篷盖布。

涂层整理可提高篷盖布的防水性能。常用的涂层材料有聚丙烯酸酯、聚氯乙烯、聚四氟乙烯、聚氨酯、天然橡胶和有机硅的热塑性树脂。

# 第七节　功能性纤维制品

功能性纤维制品广泛应用在汽车工业，按其用途分为以下几类：减震隔音类、过滤类、电池隔膜、刹车片、密封材料等，此类材料以非织造布为主。

## 一、减震隔音类

发动机工作产生的振动、噪声、热量经前挡板、操纵板、仪表板传入乘员室，行驶时因路况引起的振动、噪声则由底板传入。使用非织造布作为衬垫材料，具有减振、隔音、隔热、密封、填隙等功能，提高了轿车的乘坐舒适性。高级轿车底板上还应用非织造布与聚氨酯的复合结构起到类似作用。

利用声音在组成材料的纤维间多次反射被储存起来的原理可以制作消音装置。圆形截面纤维不利于声音的吸收，现使用各种不规则截面的变性纤维。不规则形状纤维的周长至少应比同样截面的圆形纤维长20%，周长越长，则纤维表面也越大，声音反射容易，导致有效地吸音，如纤维中80%为2D（旦）×50mm的短形截面聚酯纤维，其中20%为同样长度的低熔点聚酯皮芯纤维。

由于减震性能与材料的模量成正比，故纤维增强复合材料也常被用于制作减震装置，保证飞行器及汽车车身所需的强度和消音性能。

## 二、车辆用过滤材料

车辆用过滤材料主要是空气滤芯、机油滤芯和汽油滤芯三种滤芯。空气滤芯的作用是过滤进入发动机气缸的空气中的灰尘，机油滤芯过滤发动机机油在循环过程产生的杂质，汽油滤芯过滤汽油中的杂质。

空气过滤器由干法成网非织造布或纸质材料做成。油料和燃料过滤器由纸质材料做成，也有某些干法成网非织造布，由2~3层非织造布叠合再经针刺而成，有的则采用热粘、纺粘和水刺法非织造布。90%采用纤维素纸和湿法纤维素非织造布，只有10%是合成纤维非织造布介质，但正在逐步增加。随着技术进步，用于发电机的介质重量必须减轻且能过滤越来越小的粒子，多级过滤系统是其发展趋势。

纺粘非织造布是较为理想的汽车工业用过滤材料。由于纤维线密度小，覆盖率高，比表面积大，过滤阻力较小，吸附粉尘容量高。纺粘非织造布过滤材料的内部结构能够形成理想的纤维曲径式系统，当载体相在流过纺粘非织造布过滤材料的纤维曲径式系统时，可增加分散效应，使欲分离的粒子悬浮相有更多的机会与单纤维碰撞和黏附，具有较高的过滤效率。与其他过滤材料相比，纺粘非织造布可以提高载体相的流动速度，加快过滤过程。纺粘非织造布过滤材料除具有生产工艺流程短、产量高、成本低、结构紧密、强度大、尺寸稳定、阻燃耐热、防霉抗菌、易洗耐用等特点外，它还具有加工方法的多样性，可以根据各种不同过滤材料的特殊用途及需要进行材质、内部结构、孔径、孔隙率及密度梯度的逐级变化等复合设计加工，从而使纺粘非织造布过滤材料形成最佳的纤维曲径式系统，具有过滤精度高、过滤速度快、过滤效果好、成本低、易加工等优点，应用越来越广泛。

过滤材料多以涤纶、锦纶和丙纶等化学纤维为原料，超细纤维的过滤效率和过滤精度更高。特殊环境下，应用不同高性能材料。聚苯硫醚类纤维 Pyton 滤料和亚酰胺类化学纤维 Nomex 滤料使用温度达 190 ~ 200℃；聚酰亚胺纤维、聚四氟乙烯纤维可耐 260℃ 高温；玻璃纤维可耐 280℃ 高温，可用于汽车尾气过滤。汽车发动机滤清器要过滤燃油或润滑油，所采用的过滤材料对拒油性能要求较高，通过在纤维大分子上引入防水拒油物质或采用纳米技术，制成防水拒油过滤材料。芬兰纤维制造商 Sateri 研发 Visil 的耐高温阻燃黏胶纤维由纤维素和硅酸盐组成，短期耐热温度为 1300℃，短期使用温度为 320℃，LOI 为 31 左右。与其他阻燃纤维相比较，Visil 纤维不产生有毒气体如 HCl 气体，在高温火焰下不变形、不熔融，能防止火焰的扩散。在耐高温过滤材料领域，利用 Visil 纤维分别以针刺工艺和热熔工艺可研制出不同用途的耐高温滤网和滤袋，制成的过滤材料具有使用寿命长、过滤效率高、阻力低、性能稳定等特点，可用于汽车空气过滤器。在纤维纺丝过程中加入抗菌剂或利用抗菌材料对过滤材料进行整理都可以使过滤材料具有抗菌功能，用于汽车空气过滤器，可阻断有害细菌和病毒对人体的侵害，进一步净化车内空气。

3M 公司与日本可乐丽化学公司联合开发的汽车用空气过滤器采用两层丙纶非织造布中间夹一层活性碳薄片结构，并将多种重金属催化剂固着在活性碳内许多不同直径的微孔表面，能吸收各种有害化学物质。目前应用的汽车发动机过滤介质一般为三层复合，三层分别起初、中、高效过滤作用。外层起初效过滤作用，内层起高效过滤作用，两外层与内层之间形成中效过滤空间。日本尼坡迪索公司生产的车用空气过滤器用复合过滤芯以三层材料复合构成，其两外层为 1.0 ~ 1.5μm 细特纤维熔喷非织造布，内层为 0.5 ~ 1.0μm 超精细纤维熔喷非织造布。有的发动机滤清器用过滤材料由不同针刺、水刺非织造布复合而成，如涤腈混合针刺初效滤网、涤纶针刺中效滤网和锦纶底布复合而成。通过采用不同种类、粗细和截面形态的纤维材料层，达到分层过滤的目的，各层取长补短，较大地改善了过滤性能。

### 三、燃料电池用隔膜

由于能源日趋紧张和环保要求，交通工具正在向电力驱动方向发展。燃料电池是一种将化学能不经过热而直接转化为电能的装置，利用氢气、天然气、煤气以及甲醇等非石油类燃料与纯氧或空气分别在电池的两极发生氧化—还原反应，连续不断地对环境提供直流电。

隔膜是化学电池的主要组成部分，置于电池两极之间，其性能对电池质量、放电容量和循环使用的寿命有着至关重要的影响。隔膜的作用是使正负极隔开，防止两极活性物质直接接触，防止电池内部短路，又不阻止电池中离子的迁移。在特殊性能的电池中，隔膜还有吸附电池液的作用。隔膜一般用非金属材料制成，有大量的微孔以保证离子通过，不同电池所用材料不同，隔膜质量的好坏对电池的影响很大，直接影响电池的性能和寿命。

隔膜材料的一般性能要求如下。

（1）电阻要小，也就是离子通过隔膜的能力越大越好。即隔膜对电解质离子运动的阻力越小越好，这样电池的内阻就相应减小，电池在大电流放电时的能量损耗减小。

（2）隔膜材料应是电子导电的绝缘体，并能阻挡从电极上脱落的活性物质微粒和枝晶的生长。

（3）在电解液中有化学稳定性，能耐受电解质的腐蚀和正极上的强氧化剂或新生态氧的氧化作用及其他氧化还原作用。

（4）应具有一定的机械强度、抗弯曲能力和可湿润性，以保证电池在装配和使用过程中不被破坏。

（5）材料来源丰富，价格低廉。一次电池中隔膜质量不像二次电池那样要求严格，只要是稳定、低电阻的高度多孔隔膜就符合要求；而二次电池要经受多次充放电循环，因此要求隔膜具有选择渗透性、抗氧化性能、孔率分布均匀等。

评价电池隔膜材料的主要性能指标有：外观、厚度、面密度、电阻、干态和湿态拉伸强度、孔隙率、孔径、吸液率、吸液速率、保持电解液能力和耐电池液腐蚀能力、热尺寸稳定性。

电池的隔膜材料包括纤维制品、橡胶制品、塑料（薄膜）制品等。纤维制品中有纸、非织造布、毡、编织布等形式。按照纤维种类，可分为锦纶隔膜、维纶隔膜、丙纶隔膜、玻璃棉与玻璃纤维隔膜、棉纸、烧结式聚氯乙烯（PVC）微孔塑料隔膜、微孔硬橡胶隔膜、聚氯乙烯软质塑料隔膜、超高分子量聚乙烯（UHMWPE）隔膜、氧化锆纤维隔膜等。各类隔膜的特点与应用范围见表11-10。

对于单一纤维品种的制品难以满足其性能要求的某些电池，则其隔膜材料采用多种纤维混合抄造的工艺制造。玻璃纤维隔膜和其他材料的隔膜并用组成复合式隔膜，其玻璃纤维的一侧朝向正极，可防止活性物质脱落，从而延长电池寿命。这种隔膜的主要特点是防震性好，有减震作用，适宜在汽车型电池上使用。近年来，采用高压静电纺丝得到的纳米纤维薄膜材料由于具有更高的孔隙率以及透气性，更有利于电解液的渗透，通过选择不同的聚合物材料，可以得到较好的化学稳定性以及热性能，因此，日益受到重视。

表 11-10 各类隔膜的特点与应用范围

| 电池隔膜 | 特点 | 应用范围 |
|---|---|---|
| 锦纶隔膜 | 优良的耐碱、耐氧化腐蚀，较好的吸碱性 | 锌银电池、镉镍电池等碱性电池 |
| 维纶隔膜 | 不仅耐强碱腐蚀、强度高，而且吸液保液性能相当好 | 镉镍电池、氢镍电池 |
| 丙纶隔膜 | 良好的耐碱性、抗氧化性能，吸液保液性差，必须进行永久性亲水性处理 | 氢镍电池 |
| 玻璃纤维 | 耐化学腐蚀、耐热、耐微生物腐蚀，并具有可纺性和体积稳定性，C玻璃具有优良的耐酸性 | 铅酸蓄电池、非水介质锂电池（锂亚硫酰氯电池）的隔膜 |
| 棉纸隔膜 | 耐碱性能稍差，吸液能力强，吸收速度快，电阻较低 | 锌银电池辅助隔膜 |

## 四、摩擦制动纤维制品

交通工具在连续刹车的情况下，刹车片表面工作温度可达 500℃ 以上，需要高耐温高耐磨的刹车材料来维持制动性能的稳定，保证安全。刹车材料应满足制动无噪声、不污染环境、热容量大、导热性高等性能要求，还要经济性好、原料来源充裕、价格便宜、生产制造工艺简单等。

### （一）高性能刹车片材料的基本性能要求

**1. 合适的摩擦系数** 刹车片摩擦系数必须适中，如果摩擦系数低于 0.35，刹车时就会超过安全制动距离甚至刹车失灵；如果摩擦系数高于 0.40，刹车容易突然抱死，出现翻车事故。

**2. 可靠的稳定性** 汽车高速行驶或紧急制动时会产生瞬时高温，在高温状态下，刹车片的摩擦系数会下降，称为热衰退。刹车片抗热衰退性能的好坏决定了汽车制动的安全性，所以刹车片必须有适中且稳定的摩擦系数。

**3. 满意的舒适性** 舒适性是摩擦性能的直接体现，包括制动感觉、噪声、粉尘、异味等。在舒适性指标中，刹车片的噪声大小尤为重要。

**4. 合理的寿命** 使用寿命是大家普遍关注的产品指标。正常行驶的车辆，前制动器刹车片寿命为 3 万 km，后制动器刹车片的使用寿命为 8 万 km。

### （二）刹车片材料

刹车片主要是由黏结剂、增强纤维及各种矿填料复合制成。增强材料使刹车材料具有一定的强度和韧性，能够经受冲击、剪切、拉伸等作用而不出现裂纹、断裂等机械损伤。增强纤维应满足如下要求：足够的强度及较好的韧性；良好的摩擦磨损性能；良好的分散性及与树脂的黏附能力；耐热性好，在一定的温度范围内不发生热分解、脱水、相变等；合适的硬度，不产生严重噪声，不损伤对偶材料；量大、价廉、无毒性、无污染等。

1897 年，第一块使用棉线作为增强纤维的刹车片问世。后来，刹车片的增强纤维采用石棉纤维，具有来源广泛、价格便宜的优点，但多数含结晶水，在 400～550℃时易脱结晶水而失去增强作用，出现明显的热衰退现象，造成磨损加剧、摩擦性不稳定，易导致刹车失灵，且石棉具有强致癌作用，已被我国立法禁用。其主要代用纤维有钢纤维、玻璃纤维、碳纤维、有机纤维、矿物纤维、PBO纤维、原纤化液晶聚酯浆粕、聚砜酰胺纤维、聚苯丙咪唑（PBI）纤维等。钢纤维导热性好、能降低摩擦表面温度，但密度大、硬度高、易锈蚀，易损伤对偶材料及产生制动噪声；玻璃纤维具有高强度、高模量、热膨胀系数小、对树脂基体浸润性好、生产技术成熟、价格低廉等优点，但对制动环境反应敏感、热稳定性较差且对对偶材料损伤大；碳纤维及芳纶具有高比强度、高比模量、高韧性、低密度及较好的热稳定性，但与树脂基体的相容性差，价格过高。芳纶的耐热性能比上面提到的有机衬里耐热性能更好，短纤维粘接在一起所得的尼龙材料摩擦性能也很好。摩擦材料是全球最大的芳纶市场，大多用在汽车的制动系统上。虽然芳纶的强度很高，但是对环境很敏感，少量的油脂就会降低芳纶衬套的寿命。碳纤维在低温条件下刹车性能欠佳。剑麻纤维增强汽车用制动材料具有摩擦系数平稳、热恢复性能好、刹车噪声小、使用寿命长、低成本、对环境危害小等优点。

采用混杂纤维可降低成本，能充分发挥每种纤维的优点并弥补各自缺陷。如碳纤维增强汽车盘式制动衬片，含有碳纤维5%～15%，玻璃纤维15%～20%，钢纤维0～5%，代替单一的钢纤维或碳纤维，具有强度高、弹性模量适中、耐热性好、重量轻、膨胀系数小、耐磨损、成本降低等优点，解决了刹车片"三热一无"（即热裂、热胀、热衰退、无石棉）的难题，使用寿命可达8万～12万km，是普通刹车片的3～6倍，还可以用于高速列车用刹车片、高速重载汽车刹车片、矿山提拉装置用摩擦片等各种机械的制动片的制造。

航空刹车副是飞机实现制动和保证飞行安全的最关键部位材料，采用碳/碳复合材料作为飞机刹车材料，主要功能如下：一是作为摩擦元件，能够产生足够大的制动扭矩；二是作为热库，能吸收由飞机动能转化来的全部热量，并及时散发出去；三是作为结构元件，能够将制动力矩传递给轮胎。这要求碳/碳复合材料具有较高和较稳定的摩擦系数、导热系数、足够的强度、耐高温能力和耐磨损能力。碳纤维的含量、分布、取向、碳基体的类型及微观结构、界面结构、编织结构、材料的密度和缺陷、热处理温度等对碳/碳复合材料的性能产生重要影响。制备航空刹车用碳/碳复合材料的复合工艺主要有化学气相沉积（CVD）、树脂浸渍碳化、沥青浸渍碳化及混合工艺（CVD+树脂浸渍碳化、CVD+沥青浸渍碳化）等。与传统的金属基刹车材料相比，碳/碳复合材料具有许多优点，如比强度高，在非氧化环境下，2200℃以上还可保持室温下的强度；比热容高，为一般金属的2.5倍；耐高温；密度低（一般小于$2g/cm^3$）；导热性能优良，热膨胀系数小，抗热震性能好。碳/碳复合材料用作飞机刹车盘时，不仅因其密度低而大大减轻飞机重量，而且还有摩擦性能稳定、磨损小、寿命长、外场维护简单、可靠性高、可返修再利用等优点，能在－100～2000℃温度范围内工作，在军用、民用飞机上得到了广泛应用，也应用于赛车、高速列车。

## 五、密封材料

非织造布密封材料的主要作用是防漏油、漏水、漏气、防尘，如非织造布密封门条、油泵和水泵的密封垫等。汽车上使用的密封材料几乎全部是非织造布产品，包括针刺非织造布、浸轧非织造布和复合非织造布等。

随着生活水平的提高和社会技术文明的发展，对交通工具的要求就是更加安全、舒适、高速、环保。为了满足这个要求，新的纺织纤维被开发和使用，改性纤维、复合纤维得到大量使用，用来降噪、隔热、减振、净化车内空气；新的纤维结构材料被设计开发，增加强度，降低重量，改善安全性能，提高运输速度，减少能源消耗；生物质纤维的使用量不断增加，减少环境污染；设计新思路不断出现，便于材料重复利用。

---

## 思考题

1. 交通工具用装饰织物与家用装饰织物对性能的要求有何不同？

2. 一次成形的安全气囊为何有几个不同的密度区？

3. 为何黏胶纤维帘子线适合用于轿车轮胎？

4. 复合材料的哪些性能使其适合制造汽车结构件？

5. 列举非织造纤维制品在交通工具中的用途。

6. 充气的交通工具如橡皮艇、热气球对于纤维制品性能有何要求？

7. 除目前已经形成产业的以外，你认为还有哪一类纺织品在交通运输领域能形成规模产业？

8. 你认为是纤维性能还是纺织品结构制约了纤维制品在交通运输领域的应用？

## 参考文献

［1］西鹏，顾晓华，黄象安，等. 汽车用纺织品［M］. 北京：化学工业出版社，2006.

［2］［英］迈克·哈德卡斯特尔. 汽车用纺织品［M］. 宋广礼，译. 北京：中国纺织出版社，2004.

［3］［美］S. 阿达纳. 产业用纺织品手册［M］. 徐扑，译. 北京：中国纺织出版社，2000.

［4］吴坚. 纺织品功能性设计［M］. 北京：中国纺织出版社，2007.

［5］金磊，王建平. 中国汽车工业现状及车用纺织品标准简析［J］. 产业用纺织品，2010（5）：26-28.

［6］冷强廷，李瓒. 汽车用非织造布［M］. 北京：中国纺织出版社，2017.

［7］王可，樊理山，马倩. 船舶用纺织品发展现状及展望［J］. 上海纺织科技，2015（3）：1-4.

［8］郑海波，陈晋阳. 新型高性能骨架材料在汽车胶管中的应用［J］. 橡胶新材料工业，2009（34）：25-28.

［9］黄晓华. 汽车内饰用纺织品检测技术的标准化［J］. 纺织导报，2011（5）：40-44.

［10］潘鹏，强利玲，李小兰. 近期车用纺织品发展现状与展望［J］. 棉纺织技术，2012，40（7）：473+541-544.

# 第十二章　军事、国防、航空航天用纤维制品

军事、国防、航空航天用纤维制品的开发和应用一般都与高科技、高技术领域密切相关，涉及国家的国防实力和国际地位，并对国民经济的发展有着重大的推动作用。且该类产品的开发通常具有投入大、附加值高、技术保密性强、竞争异常剧烈等特点；也为军民融合产业发展提供了基础，一直是产业用纤维制品中备受重视的一大类别。

## 第一节　军事、国防、航空航天用纤维制品的分类及特点

按照使用场合，可以将军事、国防、航空航天用纤维制品（以下简称军用纤维制品）分成以下几种。

### 一、军人用纤维制品

军人用纤维制品亦称被装用纤维制品。由于军人有不同兵种之分，且有日常工作、执行特定任务和实战场合的不同着装要求与功能配备，因此，该类纤维制品是军用纤维制品中品种较多和消耗量较大的一类，包括以下几种。

（1）常规军服。如陆军、海军、空军、武警、装甲部队、导弹部队、特种部队等不同军兵种和不同军衔的军人的春秋常服、夏常服、毛（绒）衣、大衣、礼服、军帽、军鞋，用于礼仪、庆典、阅兵及驻港澳部队服装等。

（2）单兵训练/作战/防护服。如各种训练服，迷彩伪装服，防弹和防刺服，阻燃、耐高温、防火服，防寒、防暑、防水服，防尘和抗静电服，防化和防生物武器服，防核、防辐射和防微波服，高空飞行和潜水耐压服，宇航服等。

（3）单兵用具。如内衣、衬衣、头巾、手套、手帕、帽子、防弹头盔、袜子、被套、床单、背包、背带、鞋带、沙袋、睡袋、毯子、蚊帐、雨披、绳索、帐篷、吊床、擦枪炮布、纱布、绷带、三角巾等。单兵用具是士兵作战、训练、值勤或执行特殊任务时的生活和防护用具，也是单兵装具中的第一大类。单兵装具的性能与功能的水平和完整性对单兵的作战能力和生存能力都有着非常重要的作用。

（4）执行特定任务用品。如伪装网、登山靴、排雷服、避雷（电）靴、防爆服、防酸防碱服、防毒面具、防弹背心、降落伞、捕俘网、旗帜、救生衣等。

（5）其他用品。如军队医院、军校、军工厂、军队后勤等非军事训练和作战场合工作的军人使用和穿着的各种工作服等。

### 二、军事、国防、航空航天装备用纤维制品

军事、国防、航空航天装备是指应用于军事、国防和航空航天不同场合下的各种武

器、设备、器材及辅助器械。用于这些装备的纤维制品主要有以下几种。

（1）各种火炮的炮衣，装甲、坦克、飞机、车辆、航天器的遮尘罩，绳索等。

（2）用于各种兵器和弹药的包装器材、遮盖布、弹药袋和枪弹、炮弹、炸弹、鱼雷、导弹的弹衣等。

（3）空降兵、特种兵配备的降落伞、装备用袋和空投器材，战斗机、舰载作战飞机、航天器回收阻力伞，军事货运降落伞，信号弹降落伞，悬浮弹悬挂伞等。

（4）防核、生物、化学武器部队配备的核辐射防护服，生化防护服，核生化防护面具、手套、鞋靴等。

（5）军舰和船只配备的各种帆布、油布、绳索、旗帜，海上脱险与救护用的漂浮器材等。

（6）陆军、海军、空军和航空航天器上装备的各种传导、制导光纤与光缆等。

（7）各种飞行器采用的高强度、高模量、耐高温、轻质纺织复合材料结构件等。

（8）飞机、军舰、坦克、装甲车等的燃油输送软管和可携带式软油囊等。

### 三、军事、国防、航空航天场所用纤维制品

军事、国防、航空航天场所指营房、哨所、医院、军事基地、卫星发射场、导弹发射场、军事院校、军舰、潜艇、坦克、装甲车、航空器、军工厂、战俘营、军事监狱、战壕、阵地、坑道、掩体、隐蔽所等军人在平时和战时活动的场所。在这类场所，除了被装用纤维制品和装备用纤维制品外，常用的其他纤维制品如下。

（1）各种隐蔽/伪装系统用器材，如隐蔽/伪装网等。

（2）各种照明用器材，如电线、电缆、电子器材的绝缘材料等。

（3）各种通风、透气器材，如管材和滤材等。

（4）各种警戒与防护性器材，如报警、防爆、防火、防水、防核辐射、防生化系统器材。

（5）各种脱险与救护用器材，如绳索、云梯、救生衣、潜水衣、救生筏、充气垫、充气船、防毒面罩等。

（6）营房、哨所、医院、军事基地、卫星与导弹发射场用的阻燃性建筑材料。

（7）军舰、潜艇、坦克、装甲车、车辆、各种航空航天器的内装饰阻燃材料和仪器仓抗静电装饰材料。

（8）军事通信和指挥系统用的传导与制导光缆等。

（9）军用机场、道路、桥梁、舟桥、库房、水坝用的纤维制品等。

### 四、军事、国防、航空航天用纤维制品的特点

军用纤维制品在产品的开发、品种、性能、功能、应用等方面，有着与其他产业用纤维制品完全不同的特点。

（1）在产品的开发上，由于涉及高科技和尖端技术，开发难度大，经费投入多，军事

和商业价值高，备受各国重视，具有竞争激烈和保密性强的特点。

（2）在产品的性能上，特别突出产品的防护性能，即对军人及其装备的保护性能。如能够防弹、防火、阻燃、耐高温、耐高寒、防核辐射、防生化、防激光、防雷达及防红外、夜视、热成像侦察等。

（3）在产品的功能上，不仅要求有高功能，同时还要求兼有多功能，以便适应平时、战时多种不同条件和环境的需要。如瑞典陆军新装备的迷彩服，就兼有防水、防油、防火、防风、透气、舒适且隐蔽性很强的功能；美国海军陆战队装备的单兵睡袋，可通过拉链组合，兼作防寒大衣或防寒夹克；其单兵帐篷，可兼作野战大衣、雨衣、被子、防水盖布和担架兜布。

（4）对产品的综合性能和极端环境条件下的适应能力要求非常高。如既要重量轻，又要强度高，既要模量高，又要柔性好；又如深海潜水服、飞行服、宇航服必须能够承受瞬间高压；各种用途的军用降落伞必须具备极强的撕裂强度；三防服（防核武器、防生物武器、防化学武器）不仅要质轻透气、防暑防寒，还要经得起各种爆炸引起的冲击波的强烈冲击等。

（5）与常规纤维制品数量多、品种少的特点相反，军用纤维制品具有品种多、数量少和系列化的特点。如美军的作战迷彩服有丛林、沙漠、雪地三大系列二十多个品种；日本陆上自卫队的军服有体能训练、防寒、防热、飞行、空降、摩托、坦克、消防、卫生等多个系列。

# 第二节 军事、国防和航空航天用纤维制品的应用实例

## 一、防护服

军用防护服是一类能在现代战争条件下最大限度地有效抵御、防范、抗击恶劣气候和常规、核、生物和化学武器的侵害，为军人提供安全保障，保证部队有效战斗力的特殊服装。相对于一般防护服追求款式、舒适、美观、色彩而言，军用防护服更注重单件防护用品的材料、结构、性能和整个防护系统的负荷、完整性及经济性的优化，因为它是一种集多种防护功能为一体的柔性战斗力保障体系。随着科学技术的进步、军事现代化的发展与战争的升级，加上各种恐怖分子和恐怖行为的威胁，特别是随着新式"化生放核"（化学武器、生物武器、放射性武器、核武器，即 Chemical，biological，radiological and nuclear weapons，简称CBRN）等大规模杀伤性武器的出现以及小型侦察设施与传感系统精确度的提高、范围的扩大、方法的推广，各国都更加注重军用防护服的装备和新型防护材料的推广与应用，并迅速地开发出了相应的新式军用防护服，以适应各种战争条件下的有害环境，预防各种杀伤性武器对人体的损伤。

目前，军用防护服的研究与开发已构成了一门多学科交叉的系统工程科学，如正在开发的自动调温服，将相变材料（如十六烷等）制成微胶囊，封闭到直径仅有几微米的可塑性晶体颗粒内，然后通过湿法纺丝或织物后整理等工艺手段将这种可塑性晶体颗粒置入纤

维或织物内，利用相变材料由液相变为固相或由固相变为液相时的吸热或放热原理来调节服装内的微气候，达到防暑、防寒的目的，并用于生产军服、消防服、滑雪服。以下简要介绍几种主要的军用防护服。

（一）迷彩伪装服

迷彩伪装服常将军服织染或在外表面涂敷各种大小斑点和条带等图案，以改变目标的光学特性，减少目标与背景在光学、热红外、微波等电磁波波段的散射或辐射特性上的差别，模糊目标的主动探测信号（如雷达、激光测距仪发射的信号）与被动探测信号（指探测方不发射出任何信号，只接受目标的反射信号或辐射信号），减少目标被光电侦察仪器发现的概率，达到"隐真示假"的目的。不同的探测信号对伪装服的要求不同，对毫米波雷达要求能吸收毫米波；对激光测距信号要求能局部强吸收；对可见光侦察、近红外夜视、热红外成像要求能模拟自然界的反射。要使伪装服能够较好地起到伪装作用，就要求服装在材料上能兼容较多的波段，所以各国军队大都采用了三色或四色体系的迷彩服，如20世纪70年代中期，美军采用四色迷彩图案使目标的被发现概率降低了30%。但现有的三色或四色体系迷彩服使用的是可见光—近红外迷彩涂料，只能解决可见光—近红外的伪装问题，对热红外和毫米波雷达则无伪装能力。对此，国内外的许多重要军事研究机构近些年花了大量的财力、物力，在这方面做了大量的基础和应用研究工作，开发出了新一代能够兼容可见光—近红外—热红外波段的迷彩涂料，该涂料通过控制原料配方可以控制可见光—近红外—热红外三段迷彩的斑点尺寸及反差，其系统内部存在不同辐射率，不同面积比的迷彩花纹除了能提供宽波段迷彩图形以外，还可将能量在体系内进行转移，利用不同的辐射渠道将部分热量传递出去，并采用红外辐射率与各季节环境植物相等的面料，从而大大地提高迷彩服的伪装性能。

（二）防弹衣

防弹衣是指能够吸收和耗散弹头、破片的动能，阻止穿透，有效地保护人体受防护部位的防护服，它是现代战争中有效地保护军人不受各种弹道发射物及其破片伤害的一种必备服装。防弹衣自第二次世界大战发展至今已有多种类别，按使用对象不同，可分为警用型和军用型两种；按使用材料不同，可分为软体、硬体和软硬复合体三种。软体防弹衣的材料以高性能纺织纤维的无纬布（UD）复合材料为主，这些高性能纤维的能量吸收能力远高于一般材料，赋予防弹衣优良的防弹功能。并且由于一般采用纺织品的结构，因而具有相当的柔软性；硬体防弹衣的材料则是以特种钢板、超强铝合金等金属材料或者氧化铝、碳化硅等硬质非金属材料为主，由此制成的防弹衣一般不具备柔软性，以插板形式为主；软硬复合体防弹衣的柔软性介于上述两种类型之间，它以软质材料为内衬，以硬质材料作为面板和增强材料，是一种复合型防弹衣。防弹衣的款式有吊带式、西服背心式、夹克式和全防护式。

防弹衣的防弹性能主要体现在以下三个方面。

（1）防手枪和步枪子弹。许多软体防弹衣都可防住手枪子弹，但要防住步枪子弹或更高能量的子弹，则需采用陶瓷或钢制的防弹板。

（2）防弹片。各种爆炸物如炸弹、地雷、炮弹和手榴弹等爆炸产生的高速弹片是战场上的主要威胁之一。据调查，一个战场中的士兵所面临的威胁大小顺序是：弹片、枪弹、爆炸冲击波和热。所以，要十分强调防弹片的功能。

（3）防非贯穿性伤害。子弹在击中目标后会产生极大的冲击力，这种冲击力作用于人体所产生的伤害常常是致命的。这种伤害不呈现出贯穿性，但会造成内伤，重者危及生命。所以防止非贯穿性伤害也是防弹衣的一个重要特点。

防弹衣的防弹机理，一是通过软质防弹材料消耗弹头的动能，把侵害人体的金属抛物体的动能在软质材料的拉伸、断裂、破坏中完全消耗掉；二是通过硬质材料的破坏和弹性，阻止金属抛物体穿透或将其弹开。软体防弹衣可以通过织物摩擦、变形、破坏等多种形式改变弹头和碎片的入射角，耗散、吸收动能，不仅柔韧、质轻，而且便于穿着和行动，抗冲击性能比硬体防弹衣好，并具有一定的抗化学性和热稳定性，因此备受青睐。影响软体防弹衣能量吸收特性的因素有材料的性能、织物设计参数、织物层数、织物密度以及金属抛物体的质量、速度、几何尺寸等撞击参数。

目前有多种高性能纤维可用于软质或软硬复合式防弹衣，如家蚕丝、"黑寡妇"蜘蛛丝、凯夫拉（Kevlar）纤维和超高强度聚乙烯纤维（UHSPE）。其中"凯夫拉"吸收弹片动能的能力是锦纶的 1.6 倍，是钢的 2 倍，且其抗张强度极高，是锦纶的 2 倍多，所以由凯夫拉纤维制作的防弹衣重量轻，防弹性能好；而超高强度聚乙烯纤维具有高强、质轻、动能吸收好、耐水、耐湿的优点，在同等防护面积和同等防护等级下，其重量仅为钢板的 1/2，密度只有 $0.97g/cm^3$，全防护式防弹衣仅重 0.8 ~ 1.0kg。

目前防弹衣作为一种特殊的服装已成为作战部队、公安武警、防暴警察以及银行、工商、税务、海关等部门的安全保卫与警备人员等必备的安全服装，经济发达的美国、英国、德国、日本等国对防弹衣的研制与开发技术尤为重视，防弹衣的发展与装备也较快。美国是最早研制防弹衣的国家之一，目前已开发出三代防弹衣，自 1993 年起，美国为其正规部队的 70% 装备了防弹衣。我国防弹衣居世界领先水平，目前装备的是"护神"系列防弹衣。

军事强国近年来纷纷用石墨烯（Graphene）替代凯夫拉等材质，着手打造新型铠甲防护装具。研究表明，石墨烯可迅速分散冲击力，并能中断通过材料的外展波，承受冲击的性能远胜钢铁和凯夫拉等材质。据外媒《技术时报》（Tech Times）报道，研究石墨烯防弹衣的科学家表示，石墨烯制成的防弹衣拥有 2 倍于现有防弹衣技术（凯夫拉纤维）的防护能力。

### （三）生化防护服

生化武器释放的化学毒剂、生物战剂造成有毒环境，通过人体呼吸道、消化道和皮肤接触，引起身体机能和神经障碍，从而导致战斗力下降。这些有害物质不仅具有十分强大的杀伤力，而且传染性极强，作为一种大规模杀伤性武器，至今仍然对人类构成重大威胁。作为单兵防护装备之一的生化防护服是指能够减少或避免生化武器释放的化学毒剂〔如沙林、梭曼、维埃克斯（VX）、氯化氰、光气、芥子气、路易氏毒气、毕兹毒气（BZ）

等］和生物战剂（如天花病毒、鼠疫杆菌、炭疽杆菌、霍乱狐菌、肉毒杆菌毒素和埃博拉病毒等）对人员的杀伤，保障部队在生化污染环境的生存能力和战斗力的防护性服装。生化防护服是军队这一特殊群体防御生化侵害的最后一道防线，因而重要性越来越突显。

面对日益严峻的生化威胁形势，各种形式的生化防护服不断涌现，如图12-1所示，按照防护和透湿机理，生化防护服可分为隔绝式、透气式、半透气式和选择性透气式四大类。

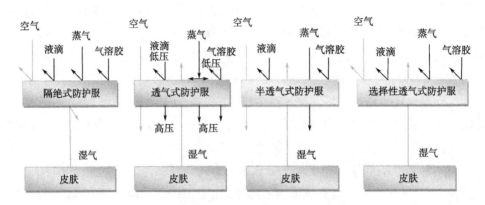

图12-1　不同类型生化防护服的防护和透湿机理

**1. 隔绝式防护服**　是一类对液态、气态和气溶胶物质都不能透过的防护服。它通常采用丁基橡胶或氯化丁基胶的双面涂层胶布等不透气材料制成，具有优良的生化防护性能，其造价低、可重复使用，可供接触高浓度物质的人员使用。但由于其不透气，生理舒适性能极差且笨重，因此，只能在生化战剂污染较严重的地方短期使用。如奥地利ABC-90型和ABC-90-HR型核生化防护服均属于隔绝式防护服。ABC-90型服装采用标准的涂有橡胶的帆布材料，可防生物战剂至少6h。ABC-90-HR型采用高抵抗力帆布，这种防护材料克重为520g/m²，它对生物战剂的防护时间可以提高到2000h以上。

**2. 透气式防护服**　是一类可透过空气和湿气，但阻止毒剂气体透过的防护服。它通常由外层织物、中间吸附层和内层织物构成，具有生化防护、透气、散热的功能，生理舒适性能得到明显改善。但高静态压力时液态化学物质、有毒蒸汽和气溶胶均可以透过。为获得排斥液体的能力，通常在外层织物上涂覆含氟聚合物涂层之类的功能表面剂。如美军的作战服罩衣（Battle Dress Overgarment，BDO）和萨拉托加防护服（Marine Corps Saratoga Overgarment，MCSO），这两种类型的防护服均由内外两层构成，综合性能优良，防护机理均是依靠活性炭的物理吸附和化学吸附。BDO的外层为锦纶棉混纺织物，中间吸附层为浸粉末活性炭的聚氨基甲酸酯泡沫塑料，可防化学毒剂蒸气、微液滴、生物制剂和放射性α、β粒子，能够防化学毒剂24h，在野外穿着22天。MCSO的外层是经拒水拒油整理的高阻燃棉织物，中间吸附层为粘有匀称微球形活性炭的棉织物，用来吸附有毒蒸气，其活性炭含量高达200g/m²以上，具有较好的透气散热性能，综合性能优良。美军最新型的生化防护服为联合军种轻型综合防护服技术（JSLIST）罩服，其外层是由50%的棉和

50% 防水、抗撕裂的锦纶织成的府绸织物，内层材料基于活性炭技术，取代了粉末活性炭泡沫塑料技术，能够有效抵御生化战剂，可为作战人员提供最佳的皮肤防护，在穿着 45 天和经历 6 次洗涤后仍能够提供 24h 防护，现已装备美国陆海空三军、海军陆战队和特种部队。此外，德国的 Helsa-Werke 防护服和 Blucher Saratoga TM 防护服、法国的 S3P 型防护服和 T3P 型防护服以及英国的 MK4 型防护服均是含粉末、颗粒或球形活性炭的透气式防护服。日本用活性炭纤维制成透气的防毒材料，由于不使用黏合剂，其透气性能和吸附性能显著提高，可代替含炭织物作为防毒服的中间吸附层材料。德国 Karcher 公司开发的 Safeguard 3002-A1 NBCF 透气式防护服，由若干层织物纤维构成。外层具有阻燃及短期防护热效应，同时具有疏油和疏水特性，可以阻止有害物质穿透。内层（叠层过滤）是经特殊研制的活性炭纤维，用以防护有害气溶胶和气体物质。

**3. 半透气式防护服**　是一类允许小分子气体，例如水汽、小分子化学毒气透过，但阻止大分子气体及液体和气溶胶透过的防护服，它通常由微孔材料制成。当材料微孔处于合适的尺寸时，具有良好的液体和气溶胶阻隔性能，同时允许水蒸气透过，因而具有良好的舒适性能。如美国 Gore 公司研制的 Gore-Tex 膜是微孔膜材料的代表性产品，是一种由聚四氟乙烯微孔膜和拒油亲水聚氨酯构成的复合膜。它具有良好的透湿性，能有效减少防护服的"热应激"现象，并且具有良好的抗渗透性能，能有效地防止液体和气溶胶的穿透。因此，它被广泛应用于生化防护服体系。由特卫强（Tyvek）经多聚物涂层而成的杜邦 Tychem®C 防护服，既具有较高的强度 / 质量比，又具有 Tyvek 的柔软性、耐撕裂、耐磨损、100% 的颗粒阻隔性，完全防护微细有害粉尘、高浓度无机酸碱以及水基盐溶液的侵入，最高可防护压力为 $2 \times 10^5 Pa$（2 bar）的飞溅液体，可防止体液、血液以及血液中病毒的侵入。

**4. 选择性透气式防护服**　是一类选择性地只允许水汽分子透过，而阻止其他液体、气体和气溶胶物质透过的防护服。它通常由选择性渗透膜材料制成，通过溶解 / 扩散机理透过水汽分子，不需要添加吸附型材料就可以对液态、气相化学剂、气悬物、微生物和毒素提供有效的防护。如美国 Gore 公司开发的商品名为"Chempak"的防护服材料可选择性屏蔽有毒化学制剂和有毒材料毁坏时产生的危害。如图 12-2 所示，该面料呈三明治结构，中间芯层使用聚四氟乙烯膜（PTFE 膜），膜的克重为 $10 \sim 29g/m^2$。气溶胶、液态或蒸汽状态下的有毒制剂可以被 PTFE 膜选择性地屏蔽，而身穿防护服的从业人员身体排出的汗液又可以无阻拦地透过防护服散逸，保持工作的舒适状态。英国研制出一种由聚乙烯

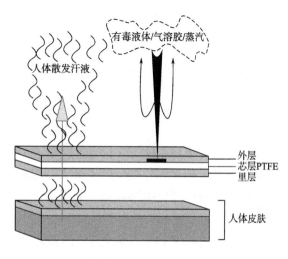

图 12-2　选择性渗透膜防护服织物结构示意图

醇（PVOH）和聚乙烯亚胺（PEI）组成的新型聚合物材料，由该材料制备的膜不但对化学毒剂具有良好的阻隔性，而且具有和普通织物相同的透湿性能。

随着新材料、新技术的不断发展，生化防护服呈现出多功能化、智能化、高科技化、高性能和舒适化的趋势。如新型透气式防毒服要求兼具生化防护、阻燃、迷彩伪装、抗静电、防风防雨等功能，具有良好的穿着性能和生理舒适性能。

### （四）防核服

核武器是利用核反应的光热辐射、冲击波和感生放射性造成杀伤和破坏作用，以及造成大面积放射性污染，阻止对方军事行动以达到战略目的的巨大杀伤力武器，如核裂变武器（原子弹）、核聚变武器（氢弹）、中子弹等。核爆炸的五大杀伤破坏效应分别为：光辐射、冲击波、贯穿性辐射（又称早期核辐射）、核电磁脉冲、放射性污染。

核武器爆炸时，产生大量的光热辐射、冲击波、感生放射性和电磁波，导致近距离内的生物全部死亡。核武器爆炸后，最主要的危害就是放射性污染。核爆炸时产生的大量放射性核素能够放射出几种射线：α射线、β射线、γ射线、X射线和中子射线等，这些射线各具特定能量，对物质具有不同的穿透能力和间离能力，从而使物质或机体发生一些物理、化学、生化变化。如果人体受到长时间大剂量的射线照射，就会使细胞器官组织受到损伤，破坏人体DNA分子结构，有时甚至会导致癌症，或者造成下一代遗传上的缺陷，并且它对人体的损害无声无息，使人难以觉察。因此，核辐射是核武器所特有的杀伤因素，对人类的危害极大，对核辐射防护服装的开发与研究受到世界各国的普遍重视，是近年来国内外的研究热点与难点，对国防和民用方面都具有重要的意义。

国外在防核服装方面的开发研究较早，而我国对于核防护服的纤维面料与款式结构的研究还不是很充分，相关产品依然较少，还有待开发。

防核服按照所防护射线种类的不同可分为以下三类。

**1. α、β射线防护服**　α射线是高速运动的带正电的氦原子核，穿透能力差，在空气中的射程只有1~2cm；β射线是高速运动的电子流，射程一般为几米，贯穿本领比α粒子强。由于α射线穿透能力差，用普通的衣服均可以防护。β射线穿不透皮肤角质层，单纯的防β粒子是不用穿防护服的，所以α、β射线的防护较为容易，可用常规的劳保服装予以防护。

**2. γ、X射线防护服**　γ射线是波长较短的高能电磁波，具有很强的穿透能力，在空气中的射程通常为几百米。X射线与γ射线一样有较强的穿透能力，要想有效地阻挡γ、X射线，需要在射线源与人体之间放置能有效吸收γ射线与X射线的屏蔽材料。传统的γ、X射线防护服主要是铅衣，透气性和服用性较差，价格昂贵，且过于沉重（进口铅衣平均重量在4.5~5kg，国产铅衣多数在6~7kg），导致行动不便。在新型γ、X射线防护服研发方面，我国自行研制了由聚丙烯和固体屏蔽剂复合材料制成的防X射线纤维，做成一定厚度的非织造布再制作成防护服，可以有效地屏蔽中、低能量的X射线。国外将聚丙烯腈运用于防X射线纤维的开发及应用中，对聚丙烯腈进行接枝，然后用硫化钠处理接枝共聚材料，最终用醋酸铅溶液处理被改性的织物，这种方法的优点在于铅消耗量低、耐洗涤，使用 1 ～ 2 层织物就能够明显减弱 X 射线辐射，可用于制作轻便防护服，但工艺太复杂。日本采用将直径 1μm 以下硫酸钡加入黏胶溶液中纺丝的方法，研制出了强度为 0.99g/ 旦、断裂伸长为 26% 的纤维，其 400g/m² 织物对 6kV、2mA 阴极 X 射线源的减弱达到了 97%。该纤维加工成织物后制成防护服，用于长期接触 X 射线工作人员的防护，防护效果良好。

**3. 中子射线防护服**　中子是由中性粒子组成的粒子流，穿透能力强，由防中子辐射纤维制成的防护服，其防护原理就是将快中子减速和将慢中子吸收。防中子辐射纤维一般是一种聚合物基复合材料，其基体材料一般选用聚丙烯或者聚乙烯等高聚物，然后通过适当的加工工艺，加入一定量的吸收中子射线的碳化硼或重金属化合物混合熔融纺丝制成，可制成各种具有防护性能的织物，用于制作中子射线防护服。我国采用了重金属化合物、硼化合物与聚丙烯等共混后熔融纺丝制成了皮芯型防中子纤维，纤维中的碳化硼含量可达 35%，纤维强度可达 23 ～ 27cN/tex，断裂伸长达 20% ～ 40%，可加工成针织物、机织物和非织造布。日本在 20 世纪 80 年代推出了能够防中子射线且具有皮芯结构的纤维，在芯部加入了溴化锂或碳化硼的聚合物粉末，皮层则是纯高聚物，由于纤维中锂或硼化合物的含量高达 30%，因而具有较好的中子辐射防护效果，可加工成机织物和非织造布，织物厚度为 12.6mm，中子屏蔽率为 40%。

**（五）高性能耐高温阻燃防护服**

阻燃防护服是指极限氧指数（LOI）大于 25% 的服装，在直接接触火焰及炙热的物体或遇瞬间高强热辐射时，这种服装能够在一定时间内阻止本身被点燃、有焰燃烧和阴燃，使衣物炭化形成隔离层而保护人体安全。阻燃防护服所用的阻燃面料大致可分为两类：一类是以阻燃纤维（包括改性阻燃纤维和本质阻燃纤维）为原料进行纯纺或者与其他纤维混纺，再经织造染整加工得到的阻燃面料；另一类是利用阻燃整理剂对织物进行阻燃整理得到的整理型阻燃面料。

近年来，世界各国积极开展阻燃纺织品方面的技术研究，并制定了相应的纺织品燃烧性能测定方法、标准和应用法规等，如美国的 16 CFR 1610 和 NFPA 2112、欧盟的 EN 531、日本的 JISL 1091、德国的 DIN 23320 和澳大利亚的 AS 4824—2001 等。我国标准 GB 8965.1—2009《防护服装 阻燃防护 第 1 部分：阻燃服》规定的面料阻燃性能分为 A、B、C 三级，各等级面料阻燃性能要求列于表 12–1。A 级面料适用于使用者从事有明火、散发火花、在熔融金属附近操作有辐射热和对流热的场合穿用的阻燃服，B 级面料适用于使用者从事有明火、散发火花、有易燃物质并有发火危险的场所穿用的阻燃服，C 级面料适用于临时或不长期使用的使用者从事在有易燃物质并有发火危险的场所穿用的阻燃服，三个等级的面料均不允许有熔融滴落。

高性能耐高温阻燃防护服除了应具有必要的拉伸、撕裂、耐磨、染色和耐洗性等常规性能外，更重要的是要求其具有良好的阻燃隔热性以及服用舒适性。目前，市场上阻燃防护服所用面料的种类繁多，有阻燃棉、阻燃黏胶、阻燃腈纶（PAN 纤维）、阻燃维纶（PVA 纤维）、改性阻燃涤纶、芳砜纶（PSA 纤维）、聚苯硫醚（PPS 纤维）、腈氯纶、间位芳

表 12-1  GB 8965.1—2009 不同等级阻燃面料阻燃性能要求

| 测试项目 | 防护等级 | 指标 | 洗涤次数 |
|---|---|---|---|
| 热防护系数 TPP（kW·s/m²） | A 级 | 皮肤直接接触 ≥ 126<br>皮肤与服装间有空隙 ≥ 250 | 50 |
| | B 级 | — | — |
| | C 级 | — | — |
| 续燃时间（s） | A 级 | ≤ 2 | 50 |
| | B 级 | | |
| | C 级 | ≤ 5 | 12 |
| 阴燃时间（s） | A 级 | ≤ 2 | 50 |
| | B 级 | | |
| | C 级 | ≤ 5 | 12 |
| 损毁长度（mm） | A 级 | ≤ 50 | 50 次 |
| | B 级 | ≤ 100 | |
| | C 级 | ≤ 150 | 12 次 |
| 熔滴、滴落 | A、B、C 级 | 不允许 | — |

纶（芳纶 1313，PMIA 纤维）、对位芳纶（芳纶 1414，PPTA 纤维）、聚对苯撑苯并二噁唑（PBO）等，其中由美国杜邦公司发明并工业化生产的 Nomex Ⅲ A 纤维是目前全世界使用最普遍的阻燃防护服材料。但兼具舒适性、阻燃性、遇火收缩小的优质阻燃面料，则几乎没有。因为任何一种纤维都不是十全十美的，各有优缺点。纯棉阻燃面料虽舒适性好，但强度低、耐温低，180℃就炭化；芳砜纶、腈氯纶、间位芳纶等纤维，遇火收缩严重，而且这类纤维吸湿性小，舒适性差；对位芳纶耐温高，遇火收缩小，但舒适性差；PBO 纤维遇火不收缩，但目前还没有国产化，价格昂贵，而且由于高分子纤维吸湿性小，穿着舒适性也差。为同时满足高性能耐高温阻燃服对舒适性、阻燃性、高温收缩性三种性能的要求，我国已有企业研发了以纤维素阻燃纤维为基材，以对位芳纶为骨架混纺而成的芳纶混纺阻燃面料，经过特殊工艺处理，使其在保证良好舒适性的同时，保证具有永久的阻燃性和优异的耐高温性。

**（六）抗浸防寒服**

抗浸防寒服是一种海（水）上的特种个体救生装备，供飞行员或潜艇乘员冬季或低温条件下执行海（水）上任务、飞行训练时使用。低水温浸泡的主要危险是引起体温过低及溺死。水的导热系数是空气的 23 倍，致使在无抗浸防寒装备下，浸泡在水中的人体热量将很快散失，从而导致人体体温过低及严重的心室纤颤而最终死亡。医学试验研究证明，当无特殊装备防护时，浸泡在 4℃水中的人，存活时间只有 20 ~ 30min；在接近 0℃水中的生存时间只有几分钟；即使在 15℃水中，存活期也不超过 6h。当飞行员应急弹射安全落水或潜艇乘员应急弹射离艇顺利出水后，抗浸防寒服能阻止冷水进入衣内，同时防寒服的保温材料在低温条件下可隔热保暖，对人体进行低温防护，有效防止冷环境对人体的伤害，在一定时间内维持人体的正常生理功能和工作能力，从而延长在水中的生存待救时间，提高飞行员或潜艇乘员落水后的救生效果并达到救生目的。英国、美国、加拿大等国家先后研制出了多种抗浸防寒服作为海上救生装备，如早期美国的 GWU-21 型及苏联的 CKH-3 型抗浸防寒服和近期美国的 MK-5A 及英国的 MK-10 型抗浸防寒服，其防寒效果主要是通过防止海水浸入并同时降低衣物层的热传导来实现。我国在 20 世纪 70 ~ 80 年代也研制出了适用于我国整个海域全年抗浸防寒要求的航空用抗浸防寒飞行服。

抗浸防寒服分为湿式和干式两种。湿式是第二次世界大战期间最早应用的，它允许大量进水，但仍能有效延长人在冷水中的存活时间，如在同一冷水中，无防护者的存活时间只有几分钟，而穿湿式抗浸防寒服者，虽感不适，但仍可存活 2h 左右。第二次世界大战末期开始研制干式抗浸防寒服，它由多层服装组成，外层是连身式防水服，布料选用氨纶与锦纶经编织物，表面经拒水处理，在抗浸防寒的同时，还提供足够的强力与弹性；中间是保暖层，选用高耐水压、低透气量的聚四氟乙烯薄膜（PTFE），既能防水透湿，又能防风散热；里层选用低特丙纶制成轻柔保暖的毛衣裤及衬衫，既可导汗排湿，又可防霉防菌。近期，英国的 MK-10 型及美国的 MK-5A 型抗浸防寒服，分别可维持在 0℃水中 4h 及在 4℃水中 1.5 ~ 2h 的救生时长，另有几种抗浸服预测耐受时间可达 5.6h 以上。

### （七）抗荷服

人体受到加速度作用时，会产生与加速度相反的作用力，这种力可使人体重量增加，称为超重，又称过载，用 $G$ 表示。飞行人员在战斗机爬升阶段、遇到紧急问题弹射出舱等情况下，会由于超重作用，致使血液全部聚集到下肢，导致头部血压降低甚至为零，从而出现高空缺氧、灰视（眼睛周边视力丧失）、黑视（眼睛看不见）等症状，严重时会发生意识丧失（G-induced loss of consciousness，G-LOC），若不采取有效的防护措施，则可引起较严重的飞行事故。使用抗荷装备是国内外对抗高过载（高 $G$）较为普遍的防护措施。抗荷服（anti-G suits，AGS）是飞行员腹部和下肢加压以提高抗正过载能力的个体防护装备，又称抗荷裤。抗荷服的基本原理是向人体下肢和腹部加压，减少超重对人体心血管系统的不良作用，以实现其抗荷效果。阻止和减少正加速度对血管系统的最初作用以及延迟其作用的效应是抗荷服的主要功能，在正加速度开始作用时，对抗荷服的充气可以使下肢周围血管的阻力立即增高，并且阻止膈肌下降；在加速度开始作用后，抗荷服也可降低下肢周围血管内血液的积蓄量，使过载作用下人体血液分布正常。根据各国离心机实验及实际飞行中的数据来看，一般认为抗荷服可以提高人体过载耐限 1.0 ~ 2.0$G$。经实验证明，飞行员穿抗荷服飞行时，黑视发生的比例大为减少，发生比例为 1.5%，不穿抗荷服发生黑视的比例为 90.6%。由此看来，抗荷装备对保障航空领域飞行员安全有着至关重要的作用。

抗荷服对人体过载耐限的提高取决于其结构形式、覆盖面积、压力等，同时抗荷效果随飞行员个体差异相差较大。国内外研究证实，扩大抗荷服的囊覆盖面积可明显提高其抗荷性能。半个世纪以来，抗荷服先后经历了从管式到囊式，再从五囊式到大覆盖面积式（extended coverage G-suit，ECGS）的发展过程。欧美国家主要采用囊式抗荷服，苏联及东欧国家多采用管式抗荷服，我国对这两种形式的抗荷服都有所研究和使用。自第二次世界大战以来，五囊式抗荷服一直是使用最广泛的抗荷服形式，它由分布在腹部、大腿和小腿处的 5 个连通的气囊固定在衣面内组成。1953 年 Sieker 等人提出了两种全覆盖式抗荷服，离心实验结果表明：全覆盖式抗荷服比当时标准五囊式抗荷服具有更好的过载防护效果，但是由于舒适性及结构等方面问题限制了其实际应用。后来，美国 Armstrong 空军实验室对全覆盖式抗荷服的适应性和下肢活动性能等方面做了大量的改进，最后发展了 ATAGS（advanced technology anti-G suit）抗荷服，与此同时，美国海军独立研制了另一种大覆盖面积式增强抗荷服 EAGLE（enhanced anti-G lower ensemble），比 CSU-13B/P 标准抗荷服的囊覆盖面积增大 40%。这两种抗荷服效果相似，若同时施加正加压呼吸（positive pressure breathing，PPB），人体过载耐力可达到 8$G$ 左右。

近年来，瑞士科学家从蜻蜓生理结构能适应 30$G$ 过载的神奇功能得到启示，研制成功一种全新的一体化的"LIBELLE"充液式抗荷服，该产品的一个显著特点是其内部充了液体，可以解决传统充气式抗荷服反应滞后的问题，更好地确保飞行员安全。2005 年，根据我国高性能战斗机的要求及未来战争的需要，我国研制出了一种新型一体化防护服 IPS，它将抗荷服、代偿服和通风服合为一体，简化了装备。这种抗荷服在正加速度（+$G_z$）增长率为 3$G$/s 的条件下，其抗荷性能达到（2.38 ± 0.38）$G$，加上飞行员基础 +$G_z$ 耐力并进行抗荷正压呼吸及腿部适度紧张，+$G_z$ 耐力能够达到 9$G$ 的防护水平，并可减轻飞行员做强有力抗荷动作所致的疲劳及注意力分散带来的不良影响。

### （八）航天服

航天服，又称宇航服，是保障航天员在执行航天任务时的生命活动和工作能力的个人防护救生装备，一般由压力服、头盔、手套和靴子等组成，可防护空间的真空、高低温、太阳辐射和微流星等环境因素对人体的危害。航天服是对宇宙中极端环境温度的防护，按功能可分为舱内航天服和舱外航天服两大类，分别有软式、硬式和软硬混合式结构。

舱内航天服也称应急航天服，航天员一般在航天器上升、变轨、降落等易发生事故的阶段穿上舱内航天服，而在正常飞行中则不需要穿着，当载人航天器座舱发生泄漏，压力突然降低时，航天员及时穿上它，接通舱内与之配套的供氧、供气系统，服装内就会立即充压供气，并能提供一定的温度保障和通信功能，启动舱内航天服系统救生，可在 6h 内保证航天员的生命安全，实现应急返回着陆，因此，舱内航天服是航天员的最后生命防线。舱内航天服通常是为每一位航天员定做的，它是在高空飞行密闭服（简称压力服）的基础上发展起来的，一般由航天头盔、压力服、通风和供氧软管、可脱戴的手套、靴子及一些附件组成。我国自主研制的舱内航天服主要由以下三部分组成。一是限制层：由耐高温、抗磨损材料制成，用来保护服装内层结构，并使航天服按预定形态膨胀，保证航天员穿着舒适合体。二是气密层：用涂有丁基或氯丁橡胶的锦纶织物制成，有良好的气密性，防止服装加压后气体泄漏。三是散温层：与内衣裤连接在一起，有许多管道，采用抽风或通风，将气流送往头部，然后向四肢躯干流动。经肢体排风口汇集到总出口排出，带走人体代谢产生的热量，保持航天员身体舒适。此外，在舱内航天服上还配有废物处理装置和生理数据测量装置。废物处理装置就是用于尿收集的高性能吸收材料，安置在航天服内衣里；生理数据测量装置则是通过贴在航天员身上的电极测量航天员的心电、呼吸、血压等生理信号并传递相关数据到地面飞行控制中心，供地面医监医生观察分析航天员的身体情况。

舱外航天服比舱内航天服要复杂得多，它是航天员出舱进入宇宙空间进行活动的保障和支持系统，相当于一个微型载人航天器。它不仅需要具备独立的生命保障和工作能力，包括极端热环境的防护（防辐射、隔热、防微陨石、防紫外线等）和人体热平衡控制（在服装内增加液冷系统）、氧气供应和压力控制、服装内部微环境的通风净化、测控与通信保障、电源供应、航天员视觉防护与保障等，而且还需具有良好活动性能的关节系统以及在主要系统故障情况下的应急供氧系统。舱外航天服主要由外套、气密限制层、液冷通风服、头盔、手套、靴子和背包装置等组成，是一种多层次、多功能的个人防护装备。它的结构特点是：采用硬质的上躯干，上面装有双臂和生命保障系统组件，头盔与上躯干为一整体，不能跟随航天员头部运动，通过气密轴承和一个自由度的关节连接来保证四肢各关节的活动性能。外套是由多层防护材料组成的真空隔热屏蔽层，具有防辐射、隔热、防火、防微陨石的功能。

总的来说，航天服能构成适于航天员生活的人体小气候。它在结构上分为6层。

①内衣舒适层：航天员在长期飞行过程中不能洗换衣服，大量的皮脂、汗液等会污染内衣，故通常选用质地柔软、吸湿性和透气性良好的棉针织品制成。

②保暖层：在环境温度变化范围不大的情况下，保暖层用以保持舒适的温度环境，故选用保暖性好、热阻大、柔软、重量轻的材料，如合成纤维絮片、羊毛和丝绵等。

③通风服和水冷服（液冷服）：在航天员体热过高的情况下，通风服和水冷服以不同的方式散发热量。若人体产生的热量超过1465kJ/h（350kcal/h）（如在舱外活动），通风服便不能满足散热要求，这时即由水冷服降温。通风服和水冷服多采用抗压、耐用、柔软的塑料管制成，如聚氯乙烯管或尼龙膜等。

④气密限制层：在真空环境中，只有保持航天员身体周围有一定压力才能保证航天员的生命安全。因此，气密层通常采用气密性好的涂有氯丁橡胶的锦纶织物制成。限制层选用强度高、伸长率低的织物，一般用涤纶织物制成。由于加压后活动困难，各关节部位采用各种结构形式：如网状织物形式、波纹管式、橘瓣式等，配合气密轴承转动结构以改善其活动性。

⑤隔热层：航天员在舱外活动时，隔热层起过热或过冷保护作用，通常用多层镀铝的聚酰亚胺薄膜或聚酯薄膜，并在各层之间夹以非织造布制成。

⑥外罩防护层：是航天服最外的一层，要求防火、防热辐射和防宇宙空间各种因素（微流星、辐射等）对人体的危害，大部分用镀铝织物制成。

美国在"阿波罗"登月计划中研制出A7L舱外航天服，第一次实现了航天员在舱外的独立活动，但是这种航天防护服只能根据航天员的体形定制，并且穿脱时间为45min左右。苏联从20世纪60年代开始，先后研发了隼、鹰、海鹰等多种航天服，不仅将防护服的重量不断减小，也实现了从半硬式到软式的转化；其中"海鹰"—DMA航天服的使用寿命已经可以达到4年。美国研发出的一体航天服组件EMU航天服，包含航天服及相关组件，还包括生命保障系统和相关辅助设备，可适用于大多数非极端体形的航天员，并能重复使用。这几种航天服经过多年的改进与发展，已经能够适应复杂的太空环境，保证航天员能够完成更为复杂的航空任务。我国在引进俄国"海鹰"航天服后并加以改进，自主研制出了"飞天"舱外航天服（图12-3），每套总重量约120kg，造价3000万元人民币左右。"飞天"航天服在保留了"海鹰"航天服的基本性能后，增加了尺寸调节装置，加强了"飞天"航天服的整体适应性和活动性，并采用了特有的PTFE和Nomex纤维长丝两种材料的复合结构，提高了"飞天"航天服的综合防护性能，为完成我国"神舟七号"出舱任务提供了技术和安全保障。但是"飞天"航天服依旧存在舒适性差和使用寿命短等缺点有待解决。

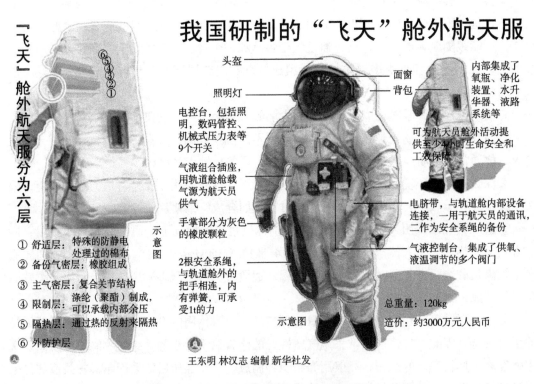

图12-3　中国"飞天"舱外航天服结构示意图（来源：新华社）

目前，美国麻省理工学院航空航天学院达瓦·纽曼教授领导的科研组正在开发一种以氨纶和锦纶为原材料，表面涂有可被生物分解的薄膜层，可在未来用于人类登陆火星的新型"生物航天服"。随着我国航空航天事业及其相应装备需要的发展和完全自主研制的登月用舱外航天服问世，我国的航天服将跻身于世界一流水平。

## 二、降落伞

降落伞是由质轻、高强、弹性好、耐摩擦的纺织材料制成的一种伞状气动减速装置，其常规功能是利用气动阻力使下降物体稳定减速并安全着陆，特殊情况下，也用于将某物体稳定地固定于指定的某一空域。降落伞平时采用折叠包装，具有结构简单、体积小、工作可靠、成本较低的特点，使用时可迅速展开，获得比包装态大数百倍的阻力面积以保证其功效的实现。

降落伞在军事、国防和航空航天方面有着广泛的用途，其中伞兵伞是伞兵、特种部队进行空降作战的主要装备，投物伞是空投各种军用物资的主要装备；阻力伞（飞机刹车伞）是缩短飞机着陆滑跑距离的有效工具；飞行员弹射坐椅稳定伞和救生伞是航空救生系统的重要组成部分；降落伞也是新型屏障武器悬浮弹武器系统的重要组成部分。此外，降落伞还在航弹减速、各种航空航天飞行器的回收以及航空运动等领域中发挥不可替代的作用。

降落伞的主要组成部分有伞衣、引导伞、伞绳、背带系统、开伞部件和伞包等。由降落伞绸、伞绳、伞带和伞线等纺织材料以及部分金属件及橡胶塑料件构成。由于降落伞中2/3的材料是由纺织材料构成的，降落伞的性能与纺织材料结构、性能密切相关。

降落伞伞衣是降落伞的最主要的组成部分，也是降落伞完成其使命的主要保证。作为降落伞的阻力面，降落伞伞衣在空中展开后，以其特定的形状和阻力特征使降落伞具有特定的气动性能，从而达到使人体或负载在空中稳定减速、安全着陆的目的。降落伞伞衣主要由绸布类织物制成，由于降落伞使用环境的特殊性，伞衣织物就成为一种有别于其他织物的特种纺织品。降落伞用途不同，其伞衣织物的设计也不同，但轻薄、柔软是各种不同性能和功能降落伞对伞衣织物的基本要求。轻薄是为了减轻降落伞的重量和体积，柔软则是为了使伞衣能够快速、顺利地充气胀满。因此，目前世界各国普遍采用的常规人用伞伞衣面积为 $50 \sim 60 m^2$，伞衣织物克重不超过 $37.3 g/m^2$，厚度不大于 $0.08mm$。随着飞机速度的日益提高，降落伞的开伞速度也不断加快。其中飞行员救生伞开伞速度已由 $200 \sim 400 km/h$ 增加至 $500 \sim 650 km/h$，弹射坐椅稳定伞开伞速度更超过了音速，并伴随着巨大的开伞冲击力（与开伞速度的平方成正比），因此，伞衣织物除要求轻薄、柔软外，还要求具备优异的力学性能，如较高的抗张强力、优异的抗撕强力、良好的弹性等。此外，考虑到降落伞长期储存和使用的高可靠性，伞衣织物还应具备特定的透气性、优良的耐光耐热性、尺寸稳定性等。军用降落伞还要求具有良好的伪装性，可在伞衣、伞绳的表面涂覆吸波材料，也可把伞包表面设计成泥土色、沙漠色或有青苔的石头图案、不同形态的树皮图案等。

降落伞伞衣织物早期主要采用蚕丝和长绒棉等天然纤维制成，20 世纪 40 年代至今主要采用具有轻质、高强、弹性好、耐摩擦等特点的聚酰胺纤维（俗称尼龙）细旦复丝。由于聚酰胺 66（PA66）的熔点比聚酰胺 6（PA6）高 40℃左右，所以英美等西方国家为避免伞衣融熔烧结产生灼伤现象，均严格限定伞衣织物必须使用聚酰胺 66。伞衣织物使用的聚酰胺长丝的断裂强度一般为 $4.4 \sim 5.7 cN/dtex$；为增强伞衣织物的抗撕能力，织物组织普遍采用国际上通称的 Ripstop 组织（抗撕组织）（图 12-4），即以平纹为基体并辅以重平和方平格栅而形成的一种外观为格子状的特殊织物组织。

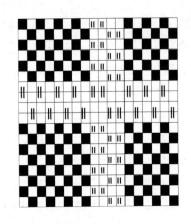

图12-4 典型的降落伞伞衣织物组织

伞绳是伞衣的骨架，采用空芯或有芯的编织绳，要求结构紧凑、强度高、柔软、弹性好、伸长不匀率小。伞带是伞衣加强带和背带系统，伞带采用双层或三层织物的厚型带，要求具备很高的强度和断裂功。伞线是缝合降落伞绸、带、绳各部件的连接材料，要求强度高、润滑好和捻度均匀稳定。

### 三、地面军事目标伪装与屏蔽用材料

随着未来战争的发展和武器装备的现代化，如何提高地面武器系统以及重要军事目标的生存能力，已经成为一个十分重要的问题。高技术战争中各种先进的侦察、监视与多维打击手段的运用，使得现代战场具有立体透明、快速机动、大空间、大纵深、高强度、高精度打击的特点。就地面军事目标而言，它不仅要面临来自空中的立体化、多手段、高性能现代侦察设施的搜索，还受到地面的可见光、近红外、热红外、毫米波等侦察制导系统的威胁。地面军事目标的可探测特征包括：形状，如各种军用设施特有的外形及轮廓；尺寸，即目标的大小；色泽，即目标与背景间的颜色差别；位置，即目标与周围环境的相对空间关系；阴影，如大型目标在阳光或月光下都会有明显的阴影；痕迹，即目标的活动行踪；电磁波，指目标与背景辐射或反射的电磁波；热辐射，即目标辐射的红外线特征等。地面军事目标伪装的原理就是通过利用电、磁、光、热、声学的技术手段，改变目标本身原特征信号，实现目标对周围背景的模拟复制，降低或消除目标的可探测特征，以实现目标的"隐真"；或者模拟目标的可探测特征，仿制假目标以"示假"。

目前，用于地面军事目标伪装与屏蔽的纺织材料除了迷彩伪装服外，还有设置在目标附近或外加在目标之上的防探测材料，具体形式有各种伪装网和伪装覆盖物等，通过采用不同的伪装技术可分别对抗可见光、近红外、中远红外和雷达波段的侦察与探测。最具代表性的伪装屏蔽材料是瑞典的热伪装网系统和美国的超轻型伪装网。由瑞典Barracuda公司研制和生产的热伪装网系统为双层式热伪装屏蔽材料，单位面积质量小于180g /m² （通常伪装材料的单位面积质量在 $300 \pm 50g/m^2$ 之间 ），具有防毫米波、厘米波雷达的作用，还能对付可见光、近红外和热红外的探测。该公司生产的另外一种屏蔽材料由聚酯纤维底层和聚酯薄膜构成，中间为铝层覆盖，还夹有超吸收纤维，如丙烯酸纤维、人造纤维和聚丙烯纤维制成的薄条以及结合在一起的两层绿色聚丙烯纤维层，此屏蔽材料可在可见光、红外和雷达范围内起伪装效果。在海湾战争中美军使用的是 Brunswick Defence 公司的一种具有极佳防热红外特性和雷达散射特性的超轻型屏蔽材料伪装网，是目前世界上防雷达有效波段最高的伪装网，高达 6 ～ 140GHz，其单位面积质量约为 $136g/m^2$。

另一类伪装与屏蔽材料为薄膜型，其结构一般是在一种塑料薄膜上镀上一层金属，然后再在其上面覆盖一层有颜色的聚合物薄膜，整个材料的辐射率最低可达 0.2 左右，可用

在军用静止车辆前沿集结地的伪装网上，通过采用不同辐射率薄膜材料的组合，使平均辐射率保持在 0.5 左右，并形成大面积不同的迷彩区域。这种材料还可以被覆压敏黏结剂用于大面积快速伪装。但这种材料在雷达波段是一个反射体，容易被毫米波雷达发现。美国研制开发了一种由多层薄膜组成的多功能伪装材料，可以对付不同波段的探测威胁。其组成为：基层、金属反射层、油漆伪装层。以基层和金属反射层为基体，吸收雷达波，其表面则是防可见光及红外探测的油漆伪装层。基层材料为锦纶敷以塑化聚氯乙烯，金属反射层通常选用铝、铜、锌及其合金，以气相沉积法形成。伪装漆以氧化铬绿为颜料，聚丙烯—乙烯基乙酸纤维素共聚物为黏合剂，这种颜料在可见光及近红外波段有类似于自然背景的反射性，所用黏合剂在远红外区透明，因此，伪装漆的辐射率可在材料表面发生变化，从而达到模拟自然背景的目的，适用于军用车辆及装备的伪装。

目前伪装材料的研制开发有两个趋势。首先是向多波段兼容方向发展，这是因为在现代战争条件下单一的防探测性能已不能满足军事目标的自身生存需要。多波段兼容的主要困难在于其他波段与热红外及雷达波的兼容上，预计如果能够将通风降温、降低辐射率、导电磁性吸波底层、迷彩花纹形状设计等技术进行完善的结合，就可能产生新一代伪装材料。其次，为了适应野外展开作业及携运方便的需要，笨重复杂的伪装器材逐步被陶汰，使用便捷轻型的伪装材料已成为一个必然趋势。图 12-5 为中国制式伪装网。

图 12-5　中国制式伪装网

## 四、特种光纤与光缆

光纤光缆作为一种理想的信息传输、信息传感、信息处理媒质，具有传输损耗低、传输数据速率高、带宽大、重量轻和抗电磁干扰、保密性强以及适应恶劣环境等优点，特别适于军事应用。20 世纪 80 年代后，光纤光缆技术，特别是军用光纤光缆技术的发展已举世瞩目，应用领域十分广泛，从战术系统到战略系统，从野战通信到武器装备，从太空到深海都显示出纤维光学的巨大生命力。

**1. 应用领域**　特种光纤光缆在军事方面应用主要包含三个领域。

（1）军用光纤光缆通信。主要利用光纤光缆重量轻、抗电磁干扰、保密性强等优点，广泛使用在野战通信和雷达、导弹、卫星、运载火箭、飞机、舰船以及光缆系留飞行器等上。

（2）军用传感。主要利用光纤光缆的信息传感特性和小型化，广泛使用在惯性导航、反潜作战和智能蒙皮运载器等上。

（3）军用信息处理。主要利用光纤的延迟特性和宽带大等优点，用于光控相控阵天线系统和电子战系统。

**2. 分类** 据其应用可分为三类。

（1）陆上军用光缆。主要有制导光纤、野战光缆、战术系留光缆、地面发射巡航导弹用光缆和地下核试验用光缆等。

（2）海洋军用光缆。主要有舰船用光缆、声呐浮标光缆和水下系留光缆（主要包括鱼雷制导光缆、遥控水下运载工具用光缆、光电复合光缆）等。

（3）航空航天军用光缆。主要有飞机用光缆、航天器用光缆、火箭发动机用光缆和光纤陀螺仪等。

**3. 特点** 不论光缆产品的结构形式如何，都是由缆芯、加强构件、护套三部分组成的。而缆芯通常有单纤芯和多纤芯两种。军用特种光缆由于使用目的和应用条件不同，其设计要求、采用的结构、原材料和试验方法也各不相同。

野战光缆是一种专门为军队野战和复杂环境下需快速布线或反复收放使用条件下使用而设计的无金属光缆，适用于军用野外通信系统快速布线或反复收放；雷达、航空和舰船布线；油田、矿山、港口、电视现场转播、通信线路抢修等条件严酷的场合。因此，野战光缆通常要求具有重量轻、方便携带；抗张力、抗压力、强重比高；柔软性好，易弯曲；耐油、耐磨、阻燃；适用温度范围广等特点。鉴于上述情况，野战光缆一般都是用紧套光纤作缆芯、芳纶纱作加强构件、聚氨酯（PU）作外护套。较为典型的野战光缆在结构设计（图12-6）和材料选择方面具有如下特点。

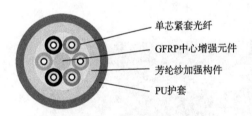

单芯紧套光纤
GFRP中心增强元件
芳纶纱加强构件
PU护套

图12-6 典型野战光缆结构示意图

（1）采用紧凑的全介质配线型结构，内为$\phi0.9\text{mm}$紧套光纤［在$\phi0.4\text{mm}$左右的缓冲涂覆光纤外再套塑一层锦纶（尼龙）或聚酯型热塑性弹性体至$\phi0.9\text{mm}$］，使野战光缆具有极高的强重比，便于快速布线或反复收放。

（2）复合结构的高强度光纤二次被覆，提供最好的温度性能和最小的附加衰减，确保野战光缆在恶劣条件下的可靠性和使用寿命。

（3）特制的高强度、柔韧型玻璃纤维增强塑料（GFRP）中心增强元件，保证野战光缆的强度和弯曲性能。

（4）大面积的芳纶纱加强构件为野战光缆提供极高的机械强度，确保其能够多次重复卷绕使用。

（5）无扎线的小节距SZ绞合的紧套光纤和单螺旋绞合的芳纶相组合，保证野战光缆有较大的拉伸应变能力。

（6）热塑性聚氨酯弹性体阻燃护套为野战光缆提供良好的结构稳定性以及抗压、耐磨、耐油、低温柔韧和阻燃等性能。

## 五、航空航天器结构件

航空指飞行器在地球大气层内的航行活动，航天指飞行器在大气层外宇宙空间的航行活动。高性能结构材料是组成各类航空飞行器、航天飞行器、空间站和各型运载火箭结构件的重要材料，为了满足航空航天环境的特殊要求，这类结构件往往由两种或两种以上的固相物质组成的复合材料所构成，其主体部分为基体相，主要起连接支撑和保护作用；复合组分为增强相，主要起承载作用；两者之间的连接界面则称为界面相，主要作用是传递载荷。由于两种或两种以上物质的协同作用，对原有组分的性能取长补短，使得复合材料具有传统单一材料不可比拟的低密度、高强度、高刚度、耐高温、高耐磨性、导电、导热、膨胀系数小、抗疲劳性和阻尼性好、耐烧蚀、耐冲刷、抗辐射、吸波、换能及其他优异的特性，在构成上更为合理，功能上更为有效，能适应多种特殊环境和严苛条件，如高温、高寒、高压、高腐蚀等非常严酷的场合，从而能满足航空航天器结构件的苛刻要求。20世纪30～40年代，性能良好的玻璃纤维及其增强复合材料伴随着第二次世界大战的炮火而诞生，并为纤维增强塑料工业奠定了工业化基础。1938年玻璃纤维成功开发，1940年开始用于热固性树脂的增强，方法是把玻璃纤维浸渍或涂覆环氧树脂或不饱和聚酯的苯乙烯溶液后，再加入固化剂或烯类单体聚合引发剂，经热压固化制成俗称"玻璃钢"的玻璃纤维增强复合材料（GFRP），用于飞机、轮船、舰艇、汽车零部件及火箭推进器，从而形成了一个完整的工业体系。1956年后，玻璃纤维增强环氧树脂复合材料被广泛用于印刷电路板，而玻璃纤维增强酚醛塑料则被用于太空飞行器和洲际导弹，至今玻璃纤维增强复合材料仍占据着复合材料销售市场的最大份额。

20世纪60年代后，为进一步满足航空航天尖端技术的需要，先后又有多种高性能的纤维材料问世，如硼纤维（BF）、芳纶（KF）、碳化硅纤维（SF）和氧化铝纤维（AF）等，其中最具代表性的是由聚丙烯腈纤维或沥青纤维经高温碳化而获得的碳纤维（CF）。这些高性能纤维增强复合材料通常称为先进复合材料（Advanced Composites Material，ACM），以有别于"玻璃钢"等近代复合材料，具有比强度和比刚度高、性能可设计和易于整体成型等诸多优异特性，与铝合金、钛合金、合金钢共同称为航空航天的四大结构材料。先进复合材料采用的基体除了各种高性能聚合物外，还有金属、陶瓷等，分别被称为聚合物基复合材料（polymer matrix composite，PMC）、金属基复合材料（metal matrix composite，MMC）和陶瓷基复合材料（ceramic matrix composite，CMC），它们的最高使用温度可分别达到250～350℃、350～1200℃及1200℃以上，可用于制作各种导弹、火箭、航天器的助推器或发动机的喷管、壳体、小翼、方向舵、襟翼；战斗机的主承力构件、机身骨架、机翼构件、机翼蒙皮；机载、舰载、车载雷达罩；人造卫星、太空站、飞船、航天飞机的结构件等。因而，先进复合材料在高性能航空航天器结构件的设计与制造中具有重要的地位，应用较多的包括以下几类。

**1. 聚合物基复合材料**　具有质量轻、强度和刚度高、阻尼大的特点，主要用于先进载人航天器、空间站和固体发动机的结构件，是航天领域中用量较多的结构复合材料。与常规金属材料相比，可减轻构件质量 20% ~ 60%。主要材料有碳纤维 / 环氧、玻璃纤维 / 环氧、芳纶 / 环氧、石墨 / 环氧、硼 / 环氧、石墨 / 聚酰亚胺等。

**2. 金属基复合材料**  以金属或合金为基体，并以纤维、晶须、颗粒等为增强体。按所用的基体金属和增强体的不同，使用温度范围在 300 ~ 1200℃。具有高比强度和比刚度、良好韧性和塑性、低膨胀系数、良好的导电性和导热性、抗辐射、抗激光及制造性能好的特点，在太空环境不放气，能在较高温度（200 ~ 800℃）工作。用于先进载人器的起落架等机身辅助结构以及惯性器件和仪表结构等。主要材料有碳化硅 / 铝、氧化铝 / 铝、碳化硅 / 钛、碳化硅 / 钛铝化合物和石墨 / 铜等。

**3. 陶瓷基复合材料**  具有使用温度高、抗氧化性和抗微裂纹性能好、质量轻、强度和刚度高的特点，可用于航天飞机的机头锥、机翼前缘热结构和盖板结构。主要材料有碳 / 碳化硅、碳化硅 / 碳化硅、硼化锆 / 碳化硅和硼化铪 / 碳化硅等，其中硼化物陶瓷基复合材料被认为是抗氧化最强的高温材料，耐热温度高达 2200℃。

**4. 碳 / 碳复合材料**  以碳或石墨纤维为增强体，具有良好的抗氧化性、耐高温性和高应力，是现有复合材料中工作温度最高的材料，主要用于载人航天器的热结构、面板结构和发动机喷管烧蚀防热结构等。主要材料有增强碳 / 碳（RCC）和先进碳 / 碳（ACC）。超轻、超刚性结构用的石墨泡沫材料（SGF）目前正在研究中，它有可能用于包括机翼、无人机及卫星在内的结构件。

随着复合材料设计 / 制造工艺技术的完善、发展和创新，其在各类高性能航空航天器上应用的比例越来越高。在大型民用飞机方面，波音 B757 和波音 B767 中复合材料质量占结构总质量的 4%；波音 B777 和空客 A340 中复合材料的质量分数上升到 11% 和 14%；对于空客 A380，复合材料的质量分数为 25%；对于代表当今世界民用飞机制造技术最高水平的波音 B787 和空客 A350，复合材料的质量分数分别高达 50% 和 52%。可以说，先进复合材料质量占飞机结构总质量的多少，在某种程度上已经成为评价该飞机技术先进程度和市场竞争力的重要指标。在军用飞机方面，美国 RAH–66 "科曼奇" 中复合材料用量达结构总质量的 51%，欧洲 "虎" 式达 80%，而 NH90 则高达 95%，V–22 "鱼鹰" 则几乎是一个全复合材料飞机。此外，随着隐身技术的发展与应用，出现了全复合材料机身的隐身轰炸机 B2，其整个机身，除主梁和发动机机舱使用的是钛复合材料外，其他部分均由碳纤维和石墨等复合材料构成，不易反射雷达波。在航天器方面，复合材料的应用场合包括卫星承力筒、结构板蒙皮、支撑梁、杆件、支架等。除返回式卫星、飞船等航天器外，其他型号卫星复合材料用量占整星结构总质量的比例约为 80%。

总之，复合材料尤其是先进复合材料的研究应用可促进航空航天器向轻质敏捷、提高机动性、降低可探测性、结构—功能一体化、智能化方向发展。

## 六、其他

除上述用途之外，纤维制品在军事和国防活动中，还有很多应用，如利用玻璃纤维增强复合材料代替钢铁，制造扫雷艇、巡逻艇和潜艇，修建军防工事、军用库房、军用机场和道路；利用碳纤维加固军用桥梁，制作各种军事器材，如渡河舟桥部件；甚至可利用快速充气纤维制品，建立供战场临时使用的战术水坝等。

军事、国防、航空航天用纤维制品的用量仅次于钢铁，目前其应用更加多元化，正在向高性能、多功能、舒适、健康、智能化及注重环境保护的方向发展。

## 思考题

1. 军事、国防和航空航天用纤维制品的定义是什么？如何进行分类？

2. 军事、国防和航空航天用纤维制品在产品的开发、品种、数量、性能、功能和应用上，与其他产业用纤维制品比较，有什么不同？为什么？

3. 为什么说军事、国防和航空航天用纤维制品是一类特殊的纤维制品？它在我国军事、国防与未来战争中扮演着什么样的角色？它的发展能为推动我国军民融合产业发展提供什么帮助？

4. 军用防护服是一类什么样的服装？与普通民用服装比较，有什么不同？试举例说明。

5. 当设计多功能防护服时，功能指标相互影响且相互矛盾时，应该怎样考虑？怎样取舍？

6. 军事、国防和航空航天用纤维制品的加工工艺与普通纤维制品有什么区别？试举例说明。

7. 迷彩伪装服是如何实现其"隐真示假"功能的？提高迷彩服的伪装性能的主要措施有哪些？

8. 防弹衣的防弹性能主要体现在哪几个方面？其防弹机理是什么？如何开发高性能防弹衣？

9. 生化防护服按照防护机理可分为哪几类？分别有什么特点？

10. 请简述各类防核服的防护原理及其常用的加工方法，并阐明防核服的开发对国防和民用方面的意义。

11. 目前市场上阻燃防护服所用面料主要有哪些？各有什么优缺点？

12. 抗浸防寒服如何起到海（水）上的救生作用？请简述干式抗浸防寒服的结构特点及其作用机理。

13. 请简述舱内航天服和舱外航天服组成、结构特点及其应用场合。

14. 为什么说航天服的研制对我国航天事业举足轻重？我国航天服的设计目前处于什么阶段？航天服及其子系统应如何选材与设计？

15. 纺织科学与工程、材料科学与工程的发展对军事、国防和航空航天用纤维制品有什么样的作用？

16. 我国军事、国防和航空航天用纤维制品的生产与应用现状如何？其主要制约因素是什么？未来的发展趋势与方向是什么？

17. 假设由你来设计开发一种新型军事、国防和航空航天用纤维制品，你打算从何入手？

# 参考文献

［1］谢霞，姜亚明，邱冠雄. 军事用纺织品的应用及发展［J］. 产业用纺织品，2006，24（02）：31-35.

［2］刘丽英. 新一代军用防护服的性能要求和发展趋势［J］. 中国个体防护装备，2006（06）：15-18.

［3］施楣梧. 特种纤维制品与单兵防护装备［J］. 纺织导报，2004（06）：120-123+139.

［4］施楣梧. 高新技术纤维材料在个体防护装备上的应用［J］. 高科技纤维与应用，2008，33（06）：19-22+32.

［5］王来力. 高性能防护服的发展现状与展望［J］. 中国个体防护装备，2009（03）：20-22.

［6］吕晖，朱宏勇，程昊. 生化防护服的发展概述［J］. 中国个体防护装备，2014（03）：19-21.

［7］田涛，段惠莉，吴金辉，等. 国内外生化防护服的研究现状与发展对策［J］. 医疗卫生装备，2008，29（07）：29-31.

［8］韩丽丽，齐秀丽，于孟斌，等. 新型生物防护材料研究现状与发展［J］. 广州化工，2013（24）：24-25.

［9］芦长椿. 生物与化学防护用纺织品的最新进展［J］. 纺织报告，2013（01）：81-86.

［10］杨小兵. 化学防护服将向轻量化、智能化、多能化方向发展［J］. 纺织导报，2017（s1）：39-42.

［11］顾琳燕，高强，唐虹. 防核服装及其研究进展［J］. 纺织导报，2016（06）：29-33.

［12］张兴祥. 射线防护织物与防护服的研究现状［J］. 产业用纺织品，1994，01（12）：25-28.

［13］王建刚，于春阳，王亚丽. 防X和γ射线辐射防护服的探讨［J］. 天津纺织科技，2004，04（2）：33-35.

［14］刘呈坤，贺海军. 高档阻燃防护服的设计探讨［J］. 产业用纺织品，2015，33（07）：28-33.

［15］张艳梅，房戈，赵阿卿. 阻燃服面料三大特性［J］. 劳动保护，2015（12）：100-102.

［16］陈卫东. 海上抗浸防寒服［J］. 中国个体防护装备，2002（04）：48.

［17］崔代秀，常绍勇. 抗浸防寒服及海上救生［J］. 中华航空航天医学杂志，1997（01）：54-57.

［18］刘亚楠，贾镇远. 抗荷服的发展综述［J］. 甘肃科技，2015，31（18）：15-16.

［19］薛利豪，石立勇，李静文，等. 大覆盖面积囊式抗荷服的热负荷［J］. 解放军预防医学杂志，2013，31（05）：392-395.

［20］金朝，耿喜臣，张立藩，等. 新型综合抗荷措施的防护效果研究（英文）［J］. 航天医学与医学工程，2006，（05）：313-318.

［21］耿喜臣，詹长录，颜桂定，等. 新型侧管式抗荷装备与抗荷动作的综合防护性能［J］. 航天医

学与医学工程，1999，（06）：406-409.

［22］耿喜臣，王红，徐艳，等. 新研囊式抗荷装备的抗荷性能［J］. 中华航空航天医学杂志，2001，（03）：137-136.

［23］KO S M，LEE K，KIM D，et al. Vibrotactile perception assessment for a haptic interface on an antigravity suit［J］. Applied Ergonomics，2017，58：198-207.

［24］马衍富. 降落伞伞衣织物的设计特点［J］. 产业用纺织品，2000（08）：14-18.

［25］宣兆龙，易建政. 地面军事目标伪装材料的研究进展［J］. 兵器材料科学与工程，2000，23（02）：51-55.

［26］颜云辉，王展，董德威. 军事伪装技术的发展现状与趋势［J］. 中国机械工程，2012，23（17）：2136-2141.

［27］杜发玉. 特种光缆及组件在武器装备领域的应用［J］. 中国军转民，2010（10）：40-47.

［28］吴国盛. 野战光缆及特种军用光缆［J］. 光纤与电缆及其应用技术，1994（01）：17-24.

［29］马立敏，张嘉振，岳广全，等. 复合材料在新一代大型民用飞机中的应用［J］. 复合材料学报，2015，32（02）：317-322.

［30］董彦芝，刘芃，王国栋，等. 航天器结构用材料应用现状与未来需求［J］. 航天器环境工程，2010，27（01）：41-44+4.

［31］王耀兵，马海全. 航天器结构发展趋势及其对材料的需求［J］. 军民两用技术与产品，2012，（07）：15-18+8.

# 第十三章 体育、休闲娱乐用纤维制品

随着社会经济的不断发展，文明程度的不断提高，体育与休闲娱乐已成为人们社会生活中不可缺少的部分，体育、休闲娱乐用纤维制品也成为产业用纤维制品的重要分支之一。

纤维制品在竞技体育、大众体育以及休闲娱乐领域都有着巨大的应用空间，从运动服装到各种体育器材和休闲娱乐用品再到体育场地设施等场合，纤维制品的用量十分巨大。在体育与休闲娱乐用品中使用的纤维制品材料种类很多，其发展经历了天然纤维、化学纤维与高性能纤维及其制品等几个阶段，而且各种纤维制品通常需要经过适当的后加工技术制成，主要包括涂层和层压技术。近年来，采用纺织复合材料作为体育器材的应用也越来越多。纤维制品在体育休闲领域的主要作用可概括为以下几方面。

为提高运动成绩创造条件：目前，国内外体育界十分重视各种高新技术产品在体育训练及比赛中的应用，更注重运动性和舒适性，以使竞技水平和竞技成绩不断提高。

提高运动的安全性：纤维制品在体育运动与休闲娱乐活动中作为安全防护服装与器具，可有效防止各种运动伤害，它们在各种运动场合中是必不可少的。

促进身体健康：体育休闲用的各种专门、专业的服装都需满足穿着舒适、合体、符合人体工学及运动生理学等要求，这为人类科学锻炼、强身健体提供了保障。

为体育休闲活动提供各种器材及场地设施等条件。

本章将从运动服装、体育器材、休闲娱乐用品、体育场地设施等几个方面对体育、休闲用纤维制品加以介绍。

## 第一节 运动服装用纤维制品

### 一、运动服装用纤维制品的特点

#### （一）运动服装对纤维制品性能的要求

运动服装特指在各种体育运动及休闲娱乐运动中所穿着的服装，运动服装对纤维制品的性能有一系列特殊的要求。

一般来说，运动服装在外观上应具有色彩鲜艳、款式活泼、风格时尚等特点；在力学性能上，运动服装应满足强力大、弹性好、耐磨、尺寸稳定等要求。此外，在体育活动中所穿服装对穿着舒适性与功能性有着更高的要求，主要包括轻质性或厚重性、隔热性、防水透气性、拒水性、吸湿性、吸汗性、速干性、防紫外线性、抗菌去臭性及拉伸特性等，应根据不同项目的要求来设计和选择不同的纤维制品。

#### （二）运动服装中常用纤维材料及其特点

在化学纤维出现之前，人们主要用棉、麻、毛等纤维制作运动服装。对运动量很大的体育活动来说，天然纤维织物（如棉织物）虽然具有良好的吸湿性能，但其水分挥发缓慢，易滞留水分，运动出汗后会使服装的重量大大增加，并贴在人体上，严重影响了穿着舒适性，并对运动产生不良影响。此外，天然纤维运动服装的尺寸稳定性也较差。

20世纪中期，合成纤维开始出现，并迅速在运动服装领域得到了应用。70年代末开始，合成纤维技术不断革新和进步，超细纤维、异形纤维、高弹纤维以及各种功能化纤材料不断涌现，使合成纤维在细度、穿着舒适性等方面得到了极大改善，开始重新被大量应用到运动休闲服装领域。新型合成纤维在很多方面均能满足现代高技术运动服的要求：保暖、防风、透湿、质轻；具有天然纤维产品的舒适感；风格与色彩多变，品种多样化，功能性更强。因此，合成纤维已经成为能够满足运动服装各种性能要求的最有效、用量最大的纤维材料，聚酰胺纤维、聚酯纤维/棉、聚酯纤维/黏胶纤维等成为运动服装常用的纤维原料。而传统天然纤维在运动服装领域所占的比例在不断下降，但也并非完全退出市场。近年来，棉、毛等天然纤维在生产工艺改进及后整理技术提高的前提下，也常被用于高性能运动服与户外运动服，如采用棉纤维制成的防风、透气和防水面料等。同时，一些新型的天然纤维如牛奶纤维、大豆蛋白质纤维、竹纤维、白松纤维、银纵木纤维、椰壳纤维等也不断被应用到运动服装产品中。

各种高技术纤维的出现，使运动服装用纤维制品的原材料来源更为广泛，产品种类也越来越丰富。如超细聚氨酯纤维（Spandex）、强力莱卡（Lycra Power）等弹性纤维纯纺或与棉、黏胶纤维等混纺的织物在各种运动服装中被越来越多地使用。由于产品具有极佳的伸缩性及良好的服用性，被广泛地用于游泳衣、溜冰服和体操服等，其特点是穿着过程中贴身、美观舒适、运动自如，同时又可通过对肌体增强各种压力，来改善耐力、速度、体力和肌体知觉等，以帮助运动员达到最佳状态，从而有效提高运动成绩，防止运动伤病的发生。各种阻燃和耐磨纤维制品，如诺梅克斯纤维（Nomex，即芳纶1313）等，常用于赛车驾驶员服装，发生车祸时可起安全防护作用。

新材料的加入，引起了运动服装的"革命"，运动服装逐渐呈现出从低层次向高层次渐变的发展趋势。研究表明，当今运动服装科技化在国际上已成为重要趋势，并在提高运动成绩方面发挥了显著作用。含有高科技的各种新型纤维不断被应用到运动服装中，最大限度地满足了运动服装面料在防水、透气、保暖、耐磨、伸缩度、舒适度等多种功能的需求，并注入了健康的理念，为提高服装的舒适性、减小意外伤害或肌肉受损、降低摩擦和阻力、保护运动员的安全方面发挥了重要的作用。下面对现有运动服装中常用的几种新型纤维及其特点进行简单介绍。

**1. Spandex** 又称"莱卡"，是一种超细聚氨酯纤维，它可以拉伸至原长的4~7倍，外力去除后可回复至原长。它具有柔性链段和刚性链段交替排列的大分子结构，当受到外力拉伸时，柔性链段提供大的变形，刚性链段防止分子链的滑移和断裂。莱卡不含任何天然乳胶或橡胶成分，对皮肤没有刺激性。莱卡通常与其他天然纤维或人造纤维一起使用，无论是作为包芯纱的纱芯，还是与其他纤维一起加捻，都可以制成弹性纱线，用于各类弹性织物。常以机织产品和经编产品出现，如泳衣和各种运动衣。

**2. COOLMAX 纤维**　COOLMAX 纤维是杜邦公司研究开发的异型截面聚酯纤维，这种纤维的横截面呈独特扁十字形，形成四沟槽形设计，能将人体活动时所产生的汗水迅速排至服装表层蒸发，因而具有优良的导湿、快干、热湿舒适性性能，能保持肌肤清爽，令活动倍感舒适，被称为"拥有先进降温系统的纤维"，也叫"呼吸纤维"。一种全新 X 型截面的 COOLMAX X4 Air 纤维与具有持久抗菌性的 COOLMAX fresh FX 等系列创新产品也不断被研发出来。

加入 COOLMAX 纤维的服装面料，具有非常好的透气性、轻便性及柔软性，能够增强穿着者的舒适性。因为其不容易收缩变形和磨损，且有着较长的使用寿命，不仅可以满足高尔夫、瑜伽以及网球等一般的运动，也可以满足爬山、赛车以及赛跑等高强度的运动，阿迪达斯（Adidas）已经推出了采用 COOLMAX 纤维的系列功能产品。

**3. Coolplus 纤维**　Coolplus 纤维的中文名是酷帛丝，是一种具有良好的排汗、导湿、吸湿功能的新型高科技改性功能纤维，是我国台湾开发的。如图 13-1 所示，Coolplus 纤维截面为"+"型，表面形成的四条细微沟槽能产生"毛细管芯吸现象"，将肌肤表层排出的湿气与汗水经芯吸、扩散、传输作用快速排出体外，使人们的身体表面保持舒适、清凉以及干爽，具有调节体温的作用。其湿气扩散能力较棉高 12% ~ 74%，干燥效率较棉高 11% ~ 47%。Coolplus 纤维不仅可以作针织用，还可以作机织用；不仅可以与棉、麻、毛、丝及各类化学纤维进行交织和混纺，还可以纯纺。由于毛细管芯吸现象，织制的织物还具有易洗快干、防缩的特点，同时具有合成纤维挺括、有强度、耐折皱、有弹性的特点。现在已经被广泛地应用在彪马（PUMA）、耐克（Nike）等品牌中。

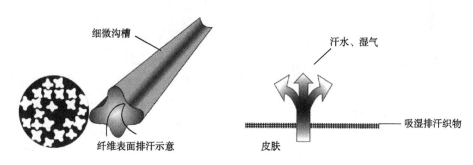

细微沟槽　纤维表面排汗示意　汗水、湿气　吸湿排汗织物　皮肤

图 13-1　Coolplus 纤维吸湿排汗原理

**4. Thermolite 纤维**　Thermolite 纤维是杜邦公司仿造北极熊的绒毛生产出的具有出色的保温性能的中空聚酯纤维。如图 13-2 所示，每根纤维都含有更多空气，形成一道空气隔离层，既可防止冷空气进入，又能排出湿气，从而使穿着者的身体保持温暖、干爽、舒适、轻盈。有关数据显示，由 Thermolite 纤维制成的功能性面料干燥速率是棉质或者丝质面料的两倍左右。此外，Thermolite 纤维还具有良好的抗缩、抗皱及耐褪色性，适于制作睡袋、滑雪服以及登山服，不仅耐穿而且可以机洗。

**（三）运动服装用织物的选择**

一般来说，要求宽松、有一定强度、不易伸长变形的运动外衣常用平纹或缎纹机织物

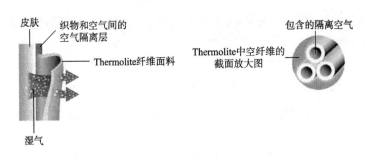

图 13-2　Thermolite 纤维示意图

作为面料，纤维材料主要是涤纶、锦纶长丝及涤/棉、涤/黏混纺纱线，必要时要进行表面涂层等整理或后加工处理。某些厚重织物，如田径服、慢跑服装面料，可采用锦纶、涤纶、腈纶及它们与醋酯纤维、棉、羊毛的混纺织物，这类织物里层可以起绒或轻度割绒，以增加暖感或改善舒适感。

　　贴身穿着的运动服要求穿着舒适、重量轻、具有弹性、防水透气、可调节体温等，常用针织物来加工，这是由于针织物具有柔软、轻薄、弹性较好、不贴身、不易蓄留水分、快干、保养简单等优点。长丝经编织物和短纤纱纬编织物均被广泛地用于制造大运动量的运动衫，所采用的纤维材料可以是涤纶、锦纶、黏胶纤维等；各种超细纤维、高弹纤维、异形纤维等新材料也被广泛使用，以提高贴身服装的穿着舒适性。

　　另外，在运动服装领域，织物经常需要通过涂层、黏合、浸渍、薄膜层压、针刺复合等工艺方法制成各种涂层织物和层压织物，以实现各种独特的功能和综合性能。

## 二、功能性运动服装

### （一）防水透湿运动服

　　防水性是指织物对具有一定压力的外部水或者具有一定动能的雨水，以及各种服装外的雪、露、霜等液态水透过时产生的阻抗性能，该性能除了与织物的表面能及表面粗糙度有关外，主要取决于外加压力或水滴动能、织物缝隙孔洞的尺寸或者织物的松紧度。透湿性即汗液在织物中的吸收、传递、扩散的性能，该性能主要与纤维对水分子的吸收，以及织物中纤维与纤维之间、纱线和纱线之间的通道或空隙等有关。使服装同时具有良好的防水性与透湿性是人们一直追求的目标。在某些体育运动中，对服装面料的防水透湿性更是提出了较高的要求，这就需要不断开发各种防水透湿织物来满足使用要求。

　　防水透湿织物也称防水透气织物、会呼吸的织物，是指水在一定压力下不渗入织物，而人体散发的汗气能通过织物扩散传递到外界，不致在皮肤和衣服间积累或冷凝，而使人感觉到发闷的功能性织物。原理如图 13-3 所示。

　　英国锡莱（Shirley）研究所设计的文泰尔（Ventile）防雨布是最早的防水透湿织物。Ventile 织物是一种低特低捻度纯棉纱高密织物，当其处于干燥状态时，经纬纱线间孔隙约为 10μm，汗液（气）可通过纱线、纤维间孔隙向外界扩散；在其浸湿后，棉纤维横向膨胀，纱线、纤维间孔隙减小为 3 ~ 4μm，水（直径通常为 100 ~ 3000μm）较难透过，从而表现出防水性。它的出现标志着防水透湿织物正式走向市场。一些新型的智能防水透湿织物还具有随着温度、湿度的变化自动调节微孔尺寸的能力，从而提高了产品的使用性能。防水透湿织物最早用于制作军服、防护服，此后应用领域不断拓宽，尤其在高级运动服装领域，被广泛用于制作登山服、滑雪服、航海服等。随着人们对织物功能的要求越来越高及人类生存环境的不断变化，使得这一类织物的开发潜力十分巨大。因其市场广阔，西方发达

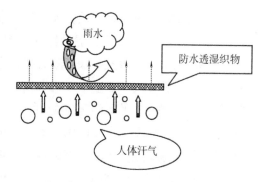

图 13-3　防水透湿织物原理示意图

国家已把它列为面向 21 世纪的高科技产品，并已投入大量的人力、物力、财力竞相开发研究。

目前，防水透湿织物的防水透湿机理归纳起来有两种：一种是微孔质扩散机理，即将织物中的孔隙直径控制在水蒸气分子（直径通常为 0.0003 ~ 0.0004μm）可通过而水滴（直径通常为 100 ~ 3000μm）不能通过的范围内，从而起到防水透湿的作用，其又可分为孔隙自然扩散机理和微孔透湿机理；另一种是亲水性基团"吸附—扩散—解吸"传递水蒸气分子机理，即通过在织物上层压或涂覆一种由硬链段和软链段组成的共聚物亲水性膜，涂层中不存在微孔，所以防水，透湿主要靠软链段部分具有的亲水性基团吸附水蒸气，扩散到薄膜或涂层表面，通过复杂的分子机理再在另一面释放（解吸）。

目前，防水透湿织物的研究与开发十分活跃，国内外有关产品已多达几十个品牌。防水透湿织物按加工方法的不同一般分为如下三种。

**1. 高密防水透湿织物**　高密防水透湿织物是指采用低特棉纱或超细合成纤维长丝织成比普通织物密度高出许多倍的机织物，使织物的纱线间隙小到不允许水滴通过，从而达到防水的目的，而织物的透湿是利用纤维的吸湿能力、毛细效应、纤维中的空隙来吸收、转移和释放水蒸气。使用棉纱的优点是遇水发生膨胀，会使纱线间隙变得更小，对于超细合成纤维长丝原料，通常结合高收缩工艺使纤维表面呈凹凸结构，以增强防水透湿效果。高密防水透湿织物的优点是具有优良的透湿性、悬垂性及手感，缺点是防水性相对较差，虽可通过表面进行拒水整理加以弥补，但其耐水压值一般不超过 1m，同时，织物的撕破强力低，高密度织物的加工工艺比较烦琐，织造难度较大。典型的产品就是前文介绍的 Ventile 织物。

**2. 涂层防水透湿织物**　涂层防水透湿织物是将各种具有防水和透湿功能的涂层剂，采用干法直接涂层、转移涂层、泡沫涂层、相分离涂层和放电涂层等工艺技术涂敷在织物表面，形成连续的高分子化合物薄膜的纺织品。其基本原理是通过涂层剂使织物表面孔隙封闭或减小到一定程度，从而达到防水效果，织物透湿性则通过涂层上经特殊方法形成的微孔结构或涂层剂中的亲水基团的作用来实现。常用涂层剂包括氯丁橡胶、聚氯乙烯、聚丙烯酸酯、聚氨酯、有机硅橡胶、聚四氟乙烯等。

在涂层防水透湿织物领域，如何妥善解决透湿、透气与耐水压、耐水洗之间的矛盾一直是一个大问题。近年来，涂层防水透湿织物得到了不断发展，出现了很多新产品。例如：在锦纶府绸上涂覆氨基酸系聚合物，它具有很高的防水、防风性能，而其透气率又为一般面料的 2 倍。由于氨基酸系聚合物是构成人体皮肤中的蛋白质的成分之一，因而还具有类似"皮肤呼吸"的吸湿和放湿功能，适合于制作高级运动服装；也有一类产品是在锦纶或涤纶织物上涂覆一层高防水、透气、分子结构可变的聚酰胺树脂膜，在低温时，聚合物分子变得密集，减少了水蒸气的渗透，提高了热绝缘性，在高温时，聚合物分子可自由地移动，相邻分子间的间隙增大，使织物的透气性增加；还有一种智能防水透湿织物，表面采用特殊结构的聚氨酯涂层处理，涂层分子会随着温度的变化发生分子链微布朗运动，从而使透气性发生变化；另外，也可以在普通纤维外层涂覆溶胀高分子材料，得到膨胀纤维防水透湿织物，在遇水后涂层材料发生溶胀，达到织物防水（不透湿）的目的，在干燥时涂层材料不发生溶胀，织物可以更好地透湿透气。德国拜耳（Bayer）实验室成功发明了具有水汽渗透性的亲水性聚氨酯（PU），使得人们对 PU 微孔涂层织物和亲水 PU 薄膜织物的研究异常活跃，出现了采用聚氨酯材料或不同类型的聚氨酯复合、聚醚聚酯共聚物等制成的非微孔膜型材料（亲水性薄膜）。新工艺、新品种不断问世，主要有日本东丽（Toray）公司用湿法凝固工艺生产的 PU 微孔涂层织物 Entrant，比利时 UCB Specialty Chemicals 公司用相位倒置工艺生产的 PU 微孔涂层织物 Ucecoat 2000（s）和亲水 PU 涂层织物 Ucecoat NPU，德国 Bayer 公司生产的亲水 PU 涂层织物 Impraerm 等。

**3. 层压防水透湿织物** 层压防水透湿织物是采用特殊的黏合剂将具有防水透湿功能的微孔薄膜或亲水性无孔薄膜通过层压法或黏结法复合到织物上得到的纺织品。层压防水透湿织物可以是两层织物或多层织物，薄膜品种包括聚四氟乙烯（PTFE）微孔薄膜、亲水性聚氨酯无孔或微孔薄膜、亲水性聚酯聚醚共聚无孔薄膜等。层压防水透湿织物具有手感好、悬垂性好、耐磨及柔韧性好、重量轻、强度高等优点；在工艺上选材范围广、设计灵活、污染少，是目前防水透湿织物市场中占有率最高的产品。其中最著名的是由美国戈尔公司（W. L. Gore & Associates）开发的 Gore-Tex 织物，该织物由 PTFE 微孔薄膜与织物层压后制成，其结构如图 13-4 所示。该织物的核心材料是介于内外层面料之间的 PTFE 微孔薄膜，膜厚为 25 μm，开孔率为 82%，孔径为 0.2 ~ 5 μm，孔数为 90 亿个 / 英寸 $^2$，透湿量为 5000g/（m$^2$·24h），微孔薄膜采用点式黏结而不是全面黏结方式黏在织物内表面，其孔眼不会被体液堵塞，微孔大小比水滴小，因此雨水透不过，但微孔又比水汽分子大，因此汗气能透过衣服向外散逸。Gore-Tex 织物透湿量大、耐水压高、综合性能好，是目前世界上公认的、最先进的防水透湿织物，在各种高档运动服装以及运动鞋中得到广泛使用。

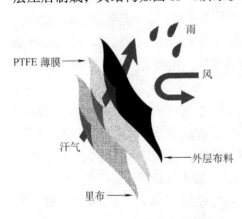

图 13-4 Gore-Tex 织物结构示意图

### （二）吸湿快干运动服

运动员在训练和比赛中会大量出汗，汗液滞留在皮肤上会使人不舒适，衣服贴在身上会有发闷和发黏的感觉，同时也会降低体温，造成一些不良后果，因此需要能够快速地、不断地将皮肤上的汗液排出并散发出去。为达到这一目的，要求织物同时具有吸湿与导湿快干两方面的性能，即织物必须首先具有良好的吸湿性，能够最大限度地吸取皮肤表面的汗液；其次，要不断地将汗液从服装里层向外层传递，并及时使其散发出去，不能滞留在织物内。织物的吸湿导湿性能除与织物的纤维性能有关外，还与织物的组织结构、密度、紧度等多种因素有关。目前，具有吸湿快干功能的运动衣面料主要是利用差动毛细效应和芯吸效应原理，通过纤维材料的选择、纤维形状规格的设计、不同织物组织的相互配合等方法实现织物的类似功能，开发具有"单向导湿"能力的织物，从而达到服装吸湿快干的目的。

国外曾研制出一种利用合成纤维单丝的粗细不同所产生的差动毛细效应来达到吸湿、快干目的的运动服。该产品所用面料是多层结构的聚酯纤维针织物，与皮肤接触的里层采用的是直径较粗的纤维，纤维之间形成较粗的毛细管，外层采用的是直径较细的纤维，纤维之间形成较细的毛细管，通过内层与外层毛细管之间形成的差动毛细效应将汗液向大气中快速扩散，其排汗示意图如图13-5所示。这种织物的特点是具有持续的吸水性、单向水渗透性及快速干燥性，被广泛地应用于运动服装中，如赛跑、台球、高尔夫球、足球、篮球、排球和棒球运动的服装等。

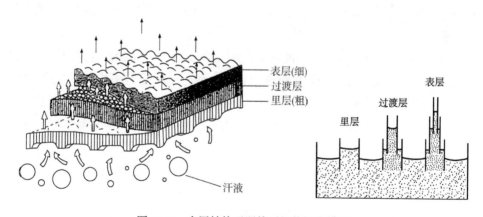

图13-5　多层结构吸湿快干织物导湿模型

杜邦公司采用横截面呈独特的扁十字形的COOLMAX纤维开发的系列吸湿排汗产品包括日常型COOLMAX® Everyday、运动型COOLMAX® Active和极限型COOLMAX® Extreme等不同性能级别的功能面料，适合为不同等级、类别的运动项目提供具有良好透气导湿性能的服装。从跑步、高尔夫、网球到户外登山、极限运动，COOLMAX面料的优异性能带来运动生活的出众表现。同时，各个运动面料生产厂家也在不断地研究开发新产品，COOLMAX® X4 Air与COOLMAX® fresh FX等系列创新产品不断被研发出来。COOLMAX® X4 Air功能面料具有卓越的湿气管理功能，使穿衣者一整天都感到干爽舒适；此外，它凭借新的聚合物技术，使得面料颜色鲜艳且洗涤后没有粘色现象，已经通过了英威达性能标准测试。COOLMAX® fresh FX 面料由于将非迁移性银基抗菌添加剂纺入织造纤维，具备长效防臭抗菌的理想效果。因而，它在为服装和袜品带来酷爽、干适、清新的舒适穿着感受的同时，能保持其一整天无异味。

另外，还可采用多种纤维设计织造出双层织物，如贴身的里层用疏水性纤维，外层用亲水性纤维，内外层之间用一部分疏水导湿纤维连接织物两面（连接纤维一般为涤棉混纺纱），起到灯芯点芯吸的效果。疏水性纤维层通过芯吸作用将人体汗液从皮肤转移到亲水性纤维外层，使汗液很快蒸发。

### （三）保温及调温运动服

服装最重要的功能在于维持人体正常温度，使人体感到舒适。传统运动服装主要通过控制人体与外界环境之间的热辐射、热传导和热对流而达到保温目的。当环境温度较低时，可通过适当增加织物的丰厚度，使织物的静止空气层的空间加大以提高保暖效果；田径运动服、冬季运动服等质量较重的织物常用聚酰胺纤维、聚酯纤维、聚丙烯腈纤维及它们与醋酯纤维、棉、羊毛的混纺织物，这些织物里层可以起绒或轻度割绒，以达到保暖与穿着舒适的目的。当环境温度接近或高于体温时，人体已难以通过辐射、对流和传导来散失热量，此时应降低织物厚度以增大人体与环境间的热交换，且皮肤还需大量排汗，利用汗液的蒸发带走热量才能维持体温的恒定。但是，仅通过增加或降低织物的丰厚度来维持人体适宜的温度，不但麻烦而且有时也很困难。因此，20 世纪 90 年代以来，新型保温调温纤维和织物的开发研制骤然兴起。近年来，国内外研制开发的新型保温及调温纺织品主要分为以下三类。

**1. 保温织物**　早期的保温织物通常采用织物表面蒸镀金属、复合金属层等方法，利用金属的镜面反射性能，抑制人体热量辐射散发，属于消极保温织物，存在热传导较强、缺乏着色性、透气透湿性差、不能洗涤等缺点。积极保温材料则通过吸收外部能源的能量再以热量辐射的形式给予人体，从而达到保温增温的目的，其中较为典型的是阳光蓄热保温织物与远红外织物。

阳光蓄热保温织物是一种可吸收太阳辐射中的可见光与近红外线，且可反射人体热辐射，具有保温功能的织物，适合制作冬季运动服、男女服装面料以及游泳衣等新产品。阳光蓄热保温织物以添加 IV 族过渡金属碳化物为主，如日本德山都和尤尼吉卡公司联合研制出含碳化锆（ZrC）、可吸收太阳能的蓄热保暖纤维"Solar-α"。它是一种皮芯复合纤维，芯层为含 ZrC 的聚酰胺或聚酯，皮层为普通成纤高聚物，由双螺杆挤出机熔融纺丝而成。这种纤维加工成服装后，阳光照射下服内温度可较普通服装高 2 ~ 8℃，保温效果有明显提高；但阴天时其保温功能有所下降，服装内温度仅比普通服装高 0 ~ 2℃。

远红外织物是对具有远红外线放射性能织物的简称，是一种利用远红外陶瓷的功能性与纺织品的服用性结合而开发成功的一种新型保温织物。它通过吸收人体发射出的热量，并向人体辐射一定波长范围的远红外线（其中包括最易被人体吸收的 7 ~ 14μm 波长段），可使人体局部产生温热效应，促进血液循环；由于能反射返还部分人体辐射的红外线，减少人体热量损失，从而具有较好的保温性能。远红外纤维中使用最多的陶瓷粉是金属氧化物，其中氧化铝、氧化镁、氧化锆使用最多，有时也使用二氧化钛和二氧化硅。如日本钟纺公司采用陶瓷粉末掺入锦纶或腈纶聚合物中，分别纺出"马索尼克 N"和"马索尼克 A"远红外纤维。

**2. 降温织物**　前文所述的吸湿快干织物能迅速挥发汗液，降低服装里面的温度，从而达到舒服凉爽的目的，起到一定的降温效果。另外一种较为典型的降温织物是紫外线和热屏蔽织物，它是利用陶瓷或金属氧化物等微粉或超微粉与纤维或织物结合，增加表面对紫外线、可见光和近红外线的反射和散射作用。这些粉末包括高岭土、碳酸钙、滑石粉、氧化铁、氧化锌等。如日本可乐丽公司于20世纪90年代初期首先推出的商品名为"Esmo"的功能纤维就是在 PET 聚合物熔体中均匀掺入细陶瓷粉末纺制而成的功能涤纶。它具有良好的紫外线反射功能，同时可见光和近红外线吸收率较低，在阳光照射下由其织成的织物内温度可较常规棉织物低 2 ~ 4℃，穿着这种纤维制作的服装具有凉爽感。而后日本东丽、东洋纺和帝人公司也陆续开发了此类具有屏蔽紫外线和降低服装内温度效果的新型降温织物。

**3. 调温织物**　调温纤维是一种双向温度调节保温材料，它在环境温度较高时具有吸热功能，在环境温度较低时具有放热功能。它将从根本上扩展原有纤维的功能，极大改善传统服装的舒适性和环境温度适应性。在生产加工过程中，相变材料以微胶囊形式加入纺织纤维基质中。近几年欧美市场上出现的"Oultast 纤维"（又称"空调纤维"）就是一种介质相变调温纤维，其技术关键就是采用微胶囊包裹熔点和结晶点适当的热敏相变材料填入中空腈纶或黏胶纤维内部，当到达相变温度时，它通过不连续的升温来防止服装内温度波动范围过大，相变过程产生的能量储存于相变材料中以提高其热容量；当环境温度下降时，它又会释放出其储存的能量。为覆盖所有实际需要的温度范围，它使用了三种不同的相变材料：相变温度为 18.33 ~ 29.44℃的适用于严寒气候，26.67 ~ 37.78℃的适用于温暖气候，32.22 ~ 43.33℃的适用于热区或大运动量条件。

近年来，国内外陆续开发出了几种新型调温纤维，如日本东洋纺公司对聚丙烯酸分子链进行高亲水化处理（金属盐型），分子链中引入氨基、羧基等亲水基团，并进行交联处理，开发出的具有调温调湿功能的新型纤维"爱克苏"。日本小松精练公司近年推出了具有保持衣服内舒适温度功能的纤维材料"Air-Techno"。它主要通过在聚酯纤维等合成纤维表面镀上具有温度调节功能的特殊蛋白微粒子（10nm）超薄膜加工而成。当衣服外部温度上升时，特殊微粒子即随温度状况吸热，抑制衣服内温度上升。相反，当外部温度下降时，这种纤维即释放出储存的热量，防止衣服内部温度下降。由于未使用甲醛等对人体有害的物质，这种纤维可广泛应用于运动服、寝具和劳动保护用品。

**（四）变色与反光运动服**

生产变色织物主要有变色纤维技术、变色染色技术和变色印花技术三种方法。其中，变色纤维技术有明显的优点，所生产的织物手感好、耐洗涤性好、变色效果持久。变色纤维是指可以随外界环境条件（如温度、光、压力等）的变化而显示不同色泽的纤维，属于特种功能纤维，主要有热敏变色、光敏变色、压敏变色、电致变色、湿敏变色等不同种类。由于纺丝技术、共混技术的发展，使变色纤维技术也在不断进步。日本推出了一种用光敏变色化学纤维织物制造的服装，能随着阳光强度及室内外温度的变化而变换颜色，如在灯光强烈的场合呈现红色，灯光减弱时变成浅颜色，在水中又变成蓝色，这种颜色多变的衣服，色彩艳丽，令人赏心悦目。用这种面料做成游泳衣再配上隐色水墨画的图案，游泳衣下水前是白色的，入水后，与水作用，即可显示出颜色和图案。该面料还可用于滑雪衣及猎装等，猎装常用纯腈纶织物制作，织物通常需经过防雨与防污处理，织物的颜色与图案可根据不同的场合改变。根据不同的用途，可以将其制成高能见度织物、低能见度织物或伪装服。

利用反射材料或异型截面纤维可以制作具有很高反射率的反光防护服装，以利于穿着者夜间活动的安全。美国 Melton 公司利用 Retroglo 回归反射材料，研制生产了许多具有很高反射率的反光防护服装，以利于穿着者夜间活动的安全。这种 Retroglo 纱线是利用 3M 公司研制生产的 Scotchlite 8710 回归反射材料层压到聚酯传导膜上予以增强，再切裂成细窄的线条状而制成的，可采用机织、针织或编织制成织物，在一平方英寸面积内有 5 万多个极细微的玻璃小圆珠，该织物有很高的反射率，能把入射光线直接按原路反射回去。此外，利用异型截面纤维的棱镜反射效应也可制作反光织物，如三角形截面纤维等。反光织物有很多用途，其中之一是制作运动服、运动器具，以确保夜间骑自行车者与跑步者的安全。

## 三、高性能竞技性运动服装

在体育比赛中，任何一点微小的成绩提高都会使竞赛结果产生巨大的变化。因而，世界各国的科研人员都在努力探索，在比赛规则允许的前提下，通过运动服装的不断改进使运动员的成绩得到提高。经过 20 多年的发展，国内外对高性能运动服的研究和开发集中体现在对纤维、纱线的研究，面料的设计及服装结构研究。如前文所述，通过改变纤维的强度、伸长、模量、弹性等性能，选择合理的组织结构和功能后整理可使面料具有防水透湿、吸湿排汗、保温舒适、易恢复疲劳、抵御紫外线、抗菌、防臭等功能。在此基础上，再对不同的运动进行分析，利用人体工程学原理，便可设计出既舒适又可提高运动成绩的高性能竞技性运动服。

### （一）有助于提高成绩的田径运动服

由杜邦公司生产的强力莱卡（Lycra Power）服装一方面能使运动员穿着松紧适度，保暖肌体，增加腿部力量；另一方面，使肌体受到一定压力，减少引起疲劳的肌体颤动，保存体力，提高运动效率，因而能在一定程度上提高运动员的比赛成绩。据报道，用莱卡弹性纤维纱和绸子制成短跑选手的比赛服装可提高运动成绩 0.1s。

Nike Swift 运动衣的设计从提升运动员的起跑和冲刺能力方面考虑，采用紧身无袖运动衫和短裤，再配上专门的运动长袜和护臂，大幅度减少了空气的阻力。袜子和护臂的制作材料上布满凹陷的小坑，就像高尔夫球一样，这样能够减少风的阻力，与裸露的皮肤相比，护臂能减少 19% 的阻力，而长裤可以减少 12.5% 的阻力。此外，该运动衣的面料比皮肤更容易减少阻力，因此提升了领口位置，切开袖扣以增加胸部的覆盖面积，并将接缝转移到运动服的后背以减少阻力。此外，Swift 采用弹力纤维及紧身设计，能够保持肌肉协调，防止运动员在高速奔跑过程中手臂和腿部肌肉因震动导致肌肉疲劳，从而提高运动员的爆发力和持久性，有利于提高成绩。

此外，在 2000 年悉尼运动会上，澳大利亚著名运动员凯茜·弗里曼则身穿一套奇异的比赛用服亮相田径场，吸引了全世界的目光。这种服装用五种不同的纤维材料制成，这些纤维纹理的不同走向最大限度地符合空气动力学原理，同时又考虑到在运动时不同肌肉群的温度变化及风力的影响。比如，手部用低摩擦力纤维制成，背部用一种大网眼材料制成，保证背部散热，而缝合处在后面以减少阻力。最终，弗里曼如愿以偿地在 400m 比赛中折桂。

### （二）高性能冬季运动服

在冬季室外运动场合，不断有各种新型功能纤维制品被开发出来，以替代传统的天然或合成纤维。如传统的棉风雪衣已经被防水透气的高性能聚酰胺长丝制作的风雪衣所取代，其方法是将聚酰胺长丝织物与防水透气微孔膜进行点状层压，用其制作各种冬季运动服。日本一家运动衣公司制造出一种高档滑雪服，该服装的织物含有碳化锆粒子，碳化锆粒子能吸收太阳能，然后把它转化成热能，同时，这种滑雪服所用的织物还可根据温度的变化而改变织物的孔隙率。该公司开发的另一类滑雪服面料是一种用聚酯中空纤维为原料制成的织物，具有升温快、保暖率高等特点，与聚丙烯、聚酯、聚酰胺等纤维相比，其保暖性、导湿性及透气性均有很大改善。

美国一家公司开发了一种层压织物，织物中有一层不透水的防水材料，可阻挡任何湿气从外面潜入，从而能够防雨、防水、防冰雪、防风，在潮湿的环境中有较好的防湿作用，该织物坚固质轻，有较好的耐磨性、柔韧性及透气性，并可将人体产生的汗液快速传送到外面，使穿着者保持干燥和舒适。

意大利一家公司研制出一种与多孔膜结合在一起的防水防风毛织物。由于这种复合织物既保暖又透气，还能防水防风，特别适合在冬季户外运动穿着，如在滑冰时穿着，既轻便又保暖，并具有时装风格，颇受人们青睐。

### （三）有助于提高成绩的泳装

科学研究表明，水的阻力大约是空气阻力的 800 倍，因此，水中运动无疑会更加消耗体能。有效减少水的阻力将大大减少运动的不必要能量损失，提高运动成绩。

目前，泳装设计正向着降低阻力的方向发展，以实现将百米游泳记录缩短 0.01s 的目标。近年来，一些国家开发出了低摩擦阻力的材料，如采用超细聚酰胺纤维的高密针织物，并经拒水整理，使水的摩擦阻力进一步降低。同时，在泳装的结构设计上设法降低体形阻力，如在身体的凹凸部位设计凸条与沟槽，以产生导流作用，减少涡流的影响。为了提高游泳比赛的成绩，日本迪森公司按照游泳姿势的不同，从协调身体动作的角度考虑，设计出了一套新型泳装，每一种泳衣都采用了低水阻力的面料，蝶泳泳衣的背部深深地凹下去，这样就不会妨碍臂部的动作，泳衣的后沿也在胛骨以下，而且由于蝶泳采取的是前呼吸式，泳衣的前领口也开得较低。另外，用于自由泳、蛙泳、仰泳三个项目的泳衣，均在承受水阻力较大的部位装上了硅质衬片，衬片的表面有许多细小的沟槽，可以控制纷乱的水流，减少紊流，降低水阻力。此外，20世纪90年代末，澳大利亚速比涛（Speedo）公司推出了新型游泳衣"快速皮肤（FAST SKIN）"，也称"鲨鱼皮泳衣"，它是一款完全模仿鲨鱼结构，采用聚四氟乙烯纤维制成，把手、脚、头以外的全部身体包住的连体紧身泳装。穿着这种泳装能将运动员身体紧紧裹住，使肢体位置更为固定，可以更合理地分配肌肉和关节的负荷，减少游泳中肢体的多余动作，降低能量消耗，同时还增强了身体的流线性，减小了水阻力。2008年该公司推出的第4代鲨鱼皮系列泳衣"LZR Racer"，由美国航天局研制的"LZR Pulse"面料制成，具有极轻、低阻、防水和快干性能。泳衣的制作采用无缝设计，并在泳衣的胸部、腹部和大腿外侧加上了特别的镶条，令水流更顺畅地通过泳衣表面。此外，泳衣中覆盖在人体主要肌肉群上的部分使用了高弹力的特殊材质，可强有力地压缩运动员的躯干与身体其他部位，降低肌肉与皮肤震动，从而帮助运动员节省能量、提高成绩。

### （四）有助于提高成绩的足球服

德国推出的一款足球服，其运动上衣不仅在球员最容易出汗的腋下汗腺区配有排汗蒸发性强的网眼布料，还在球衣的里衬采用了一种特殊的超细纤维聚乙烯材料，使汗液能够通过面料上的微小间隙很快地散发出去。运动短裤和运动袜也使用了先进的弹性合成纤维，可以缓解球员肌肉的震动，使球员在比赛中感觉更舒适，从而有助于提高成绩。

综上所述，高性能运动服是运动服的发展方向，其功能应更加多样化和智能化，设计应更加专业化和时尚化，并且随着人们生态意识的提高，产品应更加生态环保。高性能运动服必然会有广阔的发展空间。

# 第二节　体育器材与休闲娱乐用纤维制品

## 一、体育器材用纤维制品

### （一）棒球棒

棒球竞技水平的提高离不开至关重要的球棒。棒球运动虽然是传统性的体育项目，但也受到了高技术的影响，新材料和技术的革新对棒球运动产生了极大的推动作用。

几十年来，棒球棒的主要原材料是白蜡木，其具有抗冲击强度高、强度重量比值大等优点。但由于森林资源的日益减少以及木材质量的下降，迫使球棒制造商寻找其他更好的材料生产优质球棒。人们曾试图使用铝质球棒替代木质球棒，但是并不太受欢迎，运动员更喜欢木质球棒，理由是木质球棒握起来没有凉感，手感更自然，并且人们对其击球时发出的声音更习惯。

树脂基复合材料也是制作棒球棒的理想材料，兼有传统木质球棒的外观、手感与击球声，同时具有金属球棒的耐用性。目前开发出的复合材料球棒主要有两类：石墨纤维增强复合材料球棒和木质复合材料球棒。石墨纤维增强复合材料球棒采用缠绕工艺进行生产，将高强石墨纤维和玻璃纤维精确地进行配置与排布，浸渍环氧树脂后缠绕成中空球棒结构，固化成型后得到复合材料球棒。木质复合材料球棒采用浸渍过树脂的合成纤维和纱线制作高强度内芯，表层包覆白蜡木材料，其外观非常像传统的硬木球棒，但不像硬木球棒那样容易折断。

加工好的复合材料球棒需经过大量测试与试验，对重量分布、击球中心定位、外观美感、握柄规格、棒球运动规则限制、击球声响、棒球在球棒上的撞击情况、球棒的弯曲振动频率以及击球回弹性等性能开展研究并进行优化设计，不断完善其结构，以制造出性能最佳的棒球棒。

**（二）网球拍**

目前，体育用品制造商已经将计算机辅助设计（CAD）技术用于网球拍材质、形状、弦线张力控制等方面的设计，并取得了重大的突破。在选材方面，网球拍的发展趋势是大型化、轻量化，大型化是指球拍的拍框架面积大，弦线的张力也增加（比普通拍框大20%～45%），这就要求拍框具有很高的强度和模量，以保证球拍击球时不变形。因此，传统的木质材料已经被淘汰，复合材料已经被广泛用于网球拍材料。

日本雅马哈公司于1974年率先推出了玻璃纤维增强复合材料网球拍。此后，随着复合材料技术的发展，生产厂家开始大量采用碳纤维、硼纤维、凯夫拉（Kevlar）纤维、陶瓷纤维、石墨纤维以及玻璃纤维等增强的树脂基复合材料设计与制作网球拍，以提高网球拍的强度与耐久性。网球拍用复合材料的制作方法主要有外压法和内压法，前者是在硬质泡沫芯材上缠绕预浸料后用外压热成型固化；后者则是利用放置在中间的真空袋充压后热成型固化。无论采用哪种方法所制得的复合材料，其芯部都是密度很低的泡沫塑料，具有吸能减振作用。

复合材料网球拍的性能大大优于木质和铝质球拍，已成为最热门的球拍选用材料。复合材料具有重量轻、强度高、刚性好等优点，如石墨纤维增强复合材料球拍比铝质球拍的强度高5倍，比传统的木质球拍强度高30倍左右。同时，复合材料还能减轻球拍颤动，尤其是碳纤维复合材料网球拍的减振与吸能的叠加效果可有效地阻尼击球时的振动，从而延长网球与网线的接触时间，使网球的初速度变大，减振吸能特性还可赋予运动员舒适感。目前，网球拍中使用最多的增强纤维是碳纤维和石墨纤维，它们与其他高性能纤维（如芳纶、硼纤维等）混合使用，可制成质量优异的网球拍。

**（三）橄榄球、篮球**

**1. 橄榄球** 传统的橄榄球采用猪皮制作，在寒冷季节存在球不易被抓住的问题。后来人们采用丁基橡胶制作出了比较柔软的橄榄球，球员在寒冷季节比赛时接扑球变得较为容易，但这种橡胶橄榄球的耐久性不及皮制橄榄球。于是，橄榄球设计者大胆采用了柔性纺织复合材料制作橄榄球，使橄榄球制造发生了革命性的变化。现在的橄榄球通常用多层聚氨酯织物制作球体外壳，其内衬由特殊设计的三层高性能聚酯纤维织物组成，缝合线采用Kevlar 29纱线，这种橄榄球的聚氨酯外壳增加了橄榄球的强度与耐久性，使其与常规丁基橡胶外壳一样不易变形，目前已成为国际橄榄球联赛的首选产品。

**2. 篮球** 美国斯伯丁（Spalding）公司应用一种全新的设计理念和材料生产了新型篮球，这类新篮球比当前皮革篮球手感更好。它采用两块对接交叉板而不是传统篮球的八块椭圆形板材构成，材料是抗潮湿的混杂微纤维增强复合材料，在比赛过程中，这种篮球更具手感并防滑，特别是篮球上粘有球员的汗水时也容易被球员掌控，充分体现了混杂纤维应用的优势互补的准则。

### （四）高尔夫球杆

石墨纤维增强复合材料可用于制作性能优异的高尔夫球杆，并可通过调整石墨纤维的排布方向和用量来改变球杆的动力学性能，从而大大增加球棒的灵活性。1972年，美国Shake spear公司制成了石墨纤维增强复合材料的高尔夫球杆，采用石墨纤维布预浸带卷绕成型工艺加工，它比金属球杆轻30%～50%，击球速度快，距离远，逐渐取代了金属球杆。球杆采用石墨纤维增强复合材料后，其挠曲性能获得显著改善，不同的石墨纤维配比，可以制成性能不同的高尔夫球杆，以满足业余与职业高尔夫球员的不同需求。同年，美国的G. Brewer采用碳纤维增强复合材料制成高尔夫球杆，此后，为了适应球的飞行距离和方向稳定性要求，球杆在重量、尺寸和负荷等方面又加以改善。现在高档的高尔夫球杆都是采用碳纤维增强复合材料，这使得高尔夫球杆可多次重复使用，同时可使运动员充分发挥挥杆打球的力量和技术。此外，高尔夫球的球杆棒头，在击球时，承受单位面积的冲击力达每平方厘米几百千克，一般的材料在如此巨大冲击下会发生永久性形变而不能回复原状，现采用碳纤维增强复合材料制成的球杆棒头，不会有以上问题存在。碳纤维增强复合材料制造的棒头，比传统的柿木重一倍左右，有利于提高球的初速度；同时，设计自由度大，置球点广；还可制出中空棒头，提高球的飞行距离和飞行方向的稳定性。

### （五）雪橇、滑雪板、溜冰鞋

**1. 雪橇** 采用Kevlar纤维织物增强树脂复合材料制作雪橇，既坚固又轻。美国研究人员设计的复合材料雪橇由6层Kevlar纤维织物与室温固化的环氧树脂层压制成，这种雪橇能经受连续发生的冲击与凹凸不平的冰地的摩擦。

**2. 滑雪板** 滑雪运动中，滑雪板关系运动员的生命安全和运动成绩，但滑雪板的结构和用材比较复杂。多年来，滑雪板的轻量化、减震性能的改善、耐疲劳寿命的提高和回转特性是人们一直关注的问题。20世纪50年代全是用木材，木质材料轻且价格便宜，但易受潮变形。之后改用金属，但铝合金制金属滑雪板价格较高，且对雪地的要求比较高，适应性差。20世纪80年代，应用碳纤维及玻璃纤维增强复合材料，制造出了各种各样性能优异的滑雪板。新型纤维增强复合材料滑雪板适合任何雪质的雪地，且维护方便。目前市面上性能优异的滑雪板一般是以夹芯复合材料制成的，芯层是由木材或PU、PVC制成，可保证滑雪板的弹性；碳纤维位于芯层上部，可加强滑雪板屈伸度；玻璃纤维置于芯层上方，能起到一定的连接作用，可连接面板和芯层，增加滑板的韧度，也能够让滑板更有力度。采用碳纤维增强复合材料制成的滑雪板，其特点是刚性大、耐摩擦、质量轻，在转弯、斜坡和越野赛中脚底用力较小。

**3. 溜冰鞋**　单排滑轮溜冰鞋对材料性能要求较高，需要一种兼有抗冲击强度较高、刚度较大的材料，复合材料正好迎合了这种需求。单排滑轮溜冰鞋的底架，由于其作用特点，能承受特别大的应力。与人体力量平均分布于四个轮子上的常规溜冰鞋情况不同，单排滑轮溜冰鞋所受的应力集中在中心轮子上。采用玻璃纤维增强热塑性树脂复合材料后，溜冰鞋重量可减轻50%，还简化了溜冰鞋的组装工序，减少了组合部件，如螺栓和垫圈的数量，提高了溜冰鞋的制作速度。此外，采用复合材料可增强产品的抗化学性与抗摩擦性，同时还能满足对各种色彩的需求，这是钢材所无法实现的。

**（六）自行车**

自行车不仅是交通工具，还具有健身、旅游、竞赛等多种功能。目前世界各国都对研制新形态、新材料的自行车投入了较大的人力、物力和财力。车架是自行车的骨架，它在很大程度上决定了自行车的造型和使用性能。20世纪80年代中期，意大利、法国、英国、美国利用其在复合材料和工程塑料方面的技术优势，相继成功开发了用碳纤维管和铝合金接头粘接成车架的碳纤维自行车。与普通自行车相比，其重量轻、强度和刚度较高，因此一经制成便被用作专门的比赛用车。这种自行车是先用纤维编织机将碳纤维编织成车架状的"骨架"，再将其放置在模腔内，注入树脂后进行加温、加压固化，然后再对其表面进行光滑处理，制造出质量轻、刚度大的碳纤维整体车架。这其中具有代表性的是法国Look公司的KG—196和DONNAY公司的PRO9000整体式车架及KESTREL车架。到了20世纪90年代，国外厂商将粘接型和整体型进行了"混合"，用碳纤维管和多通接头作"底"，外层再缠绕碳纤维，使多通接头埋在里面，外表看起来似整体成型，并能确保自行车的强度。国外最新的碳/钛复合材料自行车的质量仅为5.7kg，其轮胎是用Kevlar纤维和耐高温橡胶制作而成的，车胎里充的是氢气，能承受$2.73 \sim 3.44N/mm^2$的压力。复合材料自行车车架具有良好的挠曲性能，可以吸收振动，并能储存能量，可使骑行者施加于自行车的能量得到更好的发挥，特别是具有较高的耐挠曲强度和耐疲劳强度，能延长自行车的使用寿命。这种复合材料自行车被广泛用于山地和公路赛车。

如今，一种由碳原子以$sp^2$杂化连接成蜂窝状单原子层平面薄膜的二维碳材料——石墨烯正引领着碳纤维自行车向更新的方向发展。英国自行车厂商Dassi公司制造出了质量仅500g的全世界第一辆含有石墨烯的车架Interceptor，车架的抗剪强度和抗断裂韧性分别提高了70%和50%。

**（七）撑杆**

撑杆跳刚进入田径场时，用的是木杆，由于木杆硬而脆，效果很不理想。在19世纪初，人们用弹性较好且较轻的竹竿代替木杆，大幅度地提高了成绩。第二次世界大战期间，欧美各国开发研制轻质合金撑竿，成功越过了4.77m，从此竹竿在世界纪录中失去了昔日的光彩。20世纪50年代，金属竿出现并一统天下，美国选手保持着这个项目的绝对优势。美国选手德比斯越过4.83m，这是金属竿创下的最后一个世界纪录。在此之后真正使撑竿跳纪录腾飞的是"玻璃钢竿"。它承受强度大、弹性好、重量轻、经久耐用。这种"玻璃钢竿"在运动员助跑结束插入斜穴后，能起到转换能量的作用。将运动员快速持竿助跑的动能，一部分转变成撑竿的弹性变形能，撑竿被压弯到最大弧度后，这部分的弹性变形能再释放出来，转变成运动员的势能，帮助运动员腾空跃起，飞越横杆。正是由于玻璃纤维的应用使得撑杆跳征服一个又一个惊人的高度。

### （八）射箭用具

要提高射箭的成绩，关键是提高弓和弓弦材料的比弹性率。弓的弹性回复越大，箭飞行的距离就越远，其命中率也就越高。1972 年在慕尼黑大赛中，美国选手在大赛前推出了秘密武器（加聚酯纤维的新型弓弦材料），取得了金牌。这种材料质轻、比弹性率高，它可使箭的速度增大两倍。一般情况下射 1200 环，在采用聚酯纤维新型材料制成的弦可射 1250 环。之后开发的超高分子量聚乙烯（UHMWPE）弦材料使射箭的命中率又有了进一步提高。

此外，碳纤维复合材料可用来制造弓臂、稳定器和瞄准器。碳纤维复合材料制作的弓臂不仅质量轻，而且具有较高的弯曲强度与弯曲模量，可承受运动员施加的最大弯曲应力。

### （九）游艇、赛艇

高性能纤维复合材料可用来制作各种形式的人力车、人力船及游艇、赛艇的船体等，它们的性能明显优于传统材料，既坚固又轻便，并有利于提高运动员的比赛成绩。因此，它们在这类运动器材中得到了广泛的应用与发展。我国浙江富阳特种纤维应用研究所研制的芳纶、碳纤维和 Nomex 蜂窝三明治结构赛艇、皮划艇已从亚运会、世锦赛走向了奥运会。

## 二、休闲娱乐用品

### （一）户外运动用品

在现代社会，越来越多的人开始热衷于各种户外运动，在户外运动（包括野营、郊游等休闲活动）中所使用的装备和设施种类繁多，性能各异，具有广阔的市场。在这类产品中各种高技术纤维制品的地位十分重要，户外运动中大量使用的帐篷、睡袋、背包、登山鞋等产品都离不开纤维制品。

帐篷自古以来就作为防雨露、防寒、防热的暂设居住处，一般包括居住用帐篷、雪地用帐篷及旅游用帐篷等。帐篷的优劣，除设计因素外，材料的选用也是至关重要的，一般来说，帐篷材料包括面料、里料、底料、撑杆等。

目前，人们对旅游用帐篷的需求量不断增加，旅游用帐篷的特点与要求是轻便、易携带，且防水透气，因此，必须采用轻薄型织物作为面料，同时考虑帐篷面料的尺寸稳定性、断裂强力及其他特殊后整理要求，通常以采用聚酰胺长丝和聚酯长丝平纹织物为主。织物密度对帐篷面料的后整理效果有较大的影响，密度过低会降低防水、防紫外线及涂层效果；密度过高又会增加面料成本。目前大部分帐篷基本采用 7.78tex（70 旦）×190T 聚酰胺塔夫绸，高档帐篷有逐渐转向采用 8.33tex（75 旦）×185T 及 11.11tex（100 旦）×160T 聚酯塔夫绸的趋势，撕破强力要求高的帐篷可采用 7.78tex（70 旦）×190T 及 7.78tex

（70旦）×210T聚酰胺方格绸（防撕裂布）及16.67tex（150旦）聚酯牛津布等。不同的面料相比，聚酰胺塔夫绸薄而轻，适合于登山和徒步野营者选用；牛津布厚，但比较重，适合驾车野营或小团体使用。帐篷的里料（内帐材料）通常采用透气性良好的纤维制品，一般使用网眼布、聚酰胺塔夫绸以及低密度织物等。

旅游用帐篷的后整理要求较高，工艺较为复杂。一般帐篷面料要进行拒水和涂层整理，防水涂层一般常用PVC或PU材料，PVC防水性能虽好，但冬天会发硬、变脆，容易产生折痕或断裂；PU涂层不仅能克服PVC的缺陷，防水也很不错，多次涂层的PU，耐静水压可达20kPa以上。对于高档帐篷，还应根据使用场合的要求进行其他特种后整理，如防紫外线、拒水、拒油、阻燃、防霉抗菌、防虫、防静电等特殊处理。近年来，欧美等地区对旅游用帐篷面料的阻燃性能提出了较高的要求，美国要求所有进入美国的旅游用帐篷面料均须经过阻燃整理，并达到美国国际帆布产品协会旅游用帐篷的阻燃标准，否则就地销毁。

撑杆是帐篷的骨架，其材料的优劣对帐篷的稳定性和寿命都有重要影响。早期的帐篷撑杆常选用钢筋材料，缺点是弹性较差、质量过重。玻璃纤维增强环氧树脂或不饱和聚酯树脂复合材料可使帐篷撑竿的重量大大减轻，回弹力得到极大改善，一般采用拉挤工艺进行加工，成本相对较低，因此被帐篷厂家广泛选用。

睡袋也是野营和郊游常用的纺织品，一般用微细合成纤维材料做成，聚酯纤维和聚酰胺纤维用得较多。一般认为线密度小于0.11tex的纤维是微细纤维，超细纤维线密度可达到$1 \times 10^{-4}$tex，这类纤维制成的织物保温隔热性能好，也可在严寒气候条件下使用。

**（二）热气球及滑翔伞**

**1. 热气球**  热气球升空是一项集趣味性、挑战性于一身的运动，深受人们喜爱。热气球对所用织物的防破裂性能要求较高，英国Dewsbary的Carrington公司采用克重为30～60g/m²的高性能聚酰胺机织物，并在其上涂覆一层聚氨基甲酸酯进行专门的防破裂设计，研制出一种高性能热气球。典型的热气球大约由100块织物经缝合或黏结而成，总面积为1500～6000m²。另一家公司Per Linstrand用单层外皮制作热气球，每个气球用6000 m²以上的高强织物，气球是通过焊接而不是缝合而成的。这样的气球既轻又容易操作。世界上大约有一半的热气球是用Carrington公司的高性能织物做的，该织物能适应气球升空运动的挑战。

**2. 滑翔伞**  在发达国家，山坡滑翔已成为一项空中休闲的时尚运动。世界各国均十分重视滑翔伞材料的研究，用作滑翔伞的材料一般具备下列特点。

（1）伞衣挺括。与普通降落伞伞衣织物要求柔软的特点不同，高性能滑翔伞伞衣要求硬挺，因其是在地面起飞的，伞衣硬挺有助于立即充气保持伞形，从而获得良好的起飞性能。法国Foreher Marine公司及日本帝人公司的涂层整理伞衣织物处于领先地位。

（2）伞衣不变形。伞衣在外力作用下应尽可能不变形，以便于使滑翔伞起飞充气，在飞行过程中能获得最佳的翼型，从而具有最大升力和滑翔比，使操纵、控制方便。从这一角度出发，伞衣宜采用聚酯织物。日本帝人公司在1987年即研制了3.33～4.44tex（30～40

旦）的高强聚酯纤维 Power Rip，并在织造和涂层后获得克重仅为 40 ~ 50g/m² 的抗撕裂滑翔伞衣织物。20世纪90年代后又推出具有气候耐久性的第二代 Power Rip，目前其伞衣织物克重仅为 31g/m²。有的制造商采用聚酯薄膜和高强聚酯织物黏合的复合材料制作伞衣，其克重为 60g/m²。

伞绳采用直径仅为 1mm 左右的超细编织绳。一般均由聚酰胺为绳辫，Kevlar 或超高分子量聚乙烯 Dyneema 为绳芯，强力很高。

### （三）航海用品

纺织材料因其具有各种功能和时尚效应而被用于航海用具上，主要产品有船盖、桅杆、风帆用材、船篷及船用遮盖物等。纺织品用于航海、帆船的历史较长，这类织物的性能要求是低伸长、高强度、较好的抗气候性、耐老化性、耐化学性及优良的防水性能。

以船帆织物为例，船帆是把风的动能转变为帆船动能的一种帆布，需要模量高且耐气候性优越的原材料。过去使用的棉帆布现已几乎全部淘汰，目前主要采用聚酯纤维及聚酰胺等合成纤维制作。船帆织物多为平纹织物，且密度很高，再经过整理，紧度更大，通过树脂整理还可增加耐久性。由于高性能聚乙烯纤维 Spectra 强度高、卷曲率低、长期使用蠕变小，被广泛用于制作船帆织物。又因其具有较好的耐磨性与抗疲劳性，也适宜制作绳索和缆绳。碳纤维与 Kevlar 纤维可分别用来制作高性能帆船和高质量的游艇船帆织物，涂层织物也可用于制作充气帆船及其他海上用具。

美国 Brainbridge/Aquabatten 公司使用日本帝人公司提供的聚乙烯苯二甲酸盐薄膜（Pen 膜）研制出了美国杯帆船比赛专门帆布，该帆布是一种三层结构的复合材料，其内层机织物是用芳纶纱、超高模量聚乙烯纤维与液晶聚合物纤维制作的，该织物两面各层压一层 0.013mm 厚的 Pen 膜。与标准的聚酯膜相比，Pen 膜有较高的抗张强度与模量。如果用聚酯膜并要达到相似的强度，就要用 0.019mm 厚的聚酯膜，因而该帆布每平方米可减重 13.5 ~ 17g，即比常规的聚酯膜制作的帆布轻 10% ~ 12%。

### （四）其他休闲娱乐用品

**1. 钓鱼竿和鱼线** 根据钓鱼竿的使用特性，要求渔竿用材料必须具有优异的弯曲强度和弯曲模量，其发展方向是轻质、细长。20世纪70年代，国外就开发了玻璃纤维增强复合材料制成的钓鱼竿，后来又采用性能更优的碳纤维复合材料制作钓鱼竿，其特点是长度长、质量轻，10m 长的钓鱼竿质量仅为 300g（是玻璃纤维复合材料的 1/6 左右）。在用碳纤维复合材料制造钓鱼竿时，要求 80% ~ 90% 的纤维沿钓鱼竿的轴向排列，10% ~ 20% 沿周围取向，以获得最大弯曲强度和弯曲模量。此外，美国也有公司使用具有极高的强度和模量的超分子量聚乙烯 Dyneema 纤维制成复合材料鱼竿。该纤维还具有耐磨、低伸长、在弯曲负荷情况下抗卷曲性能强、水解稳定性出色等优点，且比重小于1，能浮于水面，因而也适合制作鱼线。

英国国际编织线公司也开发了一种复合材料鱼竿，其竿上鱼线的内芯也采用高强度、高韧性的 Dyneema 纤维股线制成，外包一层编织材料外壳。该编织套壳可大大消除鱼线的一些缺点，如能阻止鱼线合股纱的分离，减少其浮力，使鱼线更好地下沉等。

**2. 折叠式游泳池**　Merlo Sonne Srl 公司研制成可方便拆、装的便携式泳池，可以有不同大小和容量，如 1600L 或 3600L。这种泳池由涂层全幅衬纬拉舍尔织物组成，如用 110tex/192f 的高强聚酯丝按 7.1 根 /cm 纬密织衬纬—编链组织，织物织成后用压延法对其表面进行聚氯乙烯涂层。这种折叠式泳池占地小，也无运输困难，可安装于花园空地或周末旅行小别墅中。室内用较小的泳池织物还可以印花使其具有装饰效果。由于使用经编骨架，所以稳定性好，并且在强外力作用时具有抗撕裂性，连接处用超声波黏合，强度很高，所以从整体上保证了泳池经久耐用、维修和保养方便。

**3. 乐器**　因为碳纤维—环氧复合材料具有比模量高、弯曲刚度大、耐疲劳性好和不受环境温湿度影响等特点，在乐器制造方面得到推广应用。用复合材料制造的扬声器、小提琴和电吉他，其音响效果均优于传统木质纸盒和云杉木产品质量。复合材料在乐器方面的用量占总产量的比例不大，但它在提高乐器质量方面，仍不失为一种有发展前途的方向。

# 第三节　体育场地用纤维制品

除了在运动服装和体育设施等方面使用外，纤维制品在体育场地建设中也有很多用途。体育场地是人们从事体育竞技比赛以及健身活动的重要场所，随着社会的不断进步，高水平、现代化的体育运动场地的建设越来越多，科技含量也日益提高，各种高性能纤维制品及其复合材料的使用也越来越广泛。一般来说，产业用纤维制品在体育场地中的应用主要包括天然草坪培植材料、人工草坪材料、场地篷盖材料等。

## 一、天然草坪培植材料

由草籽自然生长的草坪称为天然草坪，天然草坪的建立与维护工作非常烦琐，劳动强度大，且成本较高。当前，人们广泛采用非织造布作为培植天然草坪的基质材料，从而大大简化了天然草坪的培植过程，省去了传统方法培植草坪的种种麻烦，同时还可以回收天然纤维废布和服装厂的大量边角料，即把它们粉碎后用水溶性黏合剂黏合成非织造布，价格极其低廉。天然草坪培植方法通常是在两层非织造布中间均匀播撒草籽和肥料，经低密度针刺后卷绕成卷，生产工艺流程如图 13-6 所示。

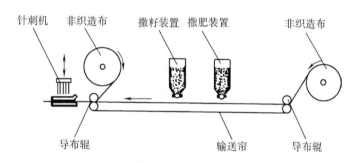

图 13-6　草坪培植工艺示意图

此外，合成纤维网还可用来加固天然草坪下面的土质。一般有两种实施方法：一种是将天然草皮卷起来，再把纤维网置于其下；另一种是将纤维网埋在土壤中，再将草籽播种在土壤上。纤维网可经受挠曲，不腐烂、孔隙多，草根可在纤维网间伸展，并穿越纤维网成长。纤维网能稳定和加固土壤，可阻止在体育运动过程中草根被连根拔出，减少草坪的损伤，也可改善天然草坪的生长条件，即使有些损伤也容易恢复。

## 二、人工草坪、人工地坪

天然草坪的培植、维护费用十分昂贵，与之相比，由纤维制品制成的人工运动场草坪的成本可以显著降低，同时，人工草坪还具有均匀整齐、可全天候使用、性能稳定、不易损坏等优点。目前，人们已研制出两大类取代天然草坪的纺织材料产品：一类是地毯型绒头草坪织物，称为人工草坪；另一类是仿毡结构的纺织地坪材料，称为人工地坪。

人工草坪织物的结构如图13-7所示。其上面是花式绒头纤维织成的密实垫，下面是连接绒头纤维的基布。绒头纤维织物是由耐磨性很好的聚酰胺66经针织加工而成的有韧性的底衬织物。绒头纤维呈卷曲状，可提高回弹性、增加草坪密度，使草坪更加均匀，保持球类的回跳一致性。基布织物一般用高强聚酯纤维帘子线制成，并铺于泡沫垫上，使其具有缓冲作用，对运动员的硬着陆有安全保护作用。人工草坪可以是固定式或摊卷式，以适应不同体育运动需要，可把整个人工草坪和泡沫垫材一起放到水泥之类的坚实地基上，草坪如果用于室外，地面应当有排水设施。

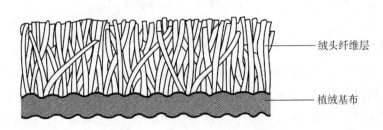

绒头纤维层

植绒基布

图13-7　人工草坪织物截面图

人工草坪的缺点是，当人在上面跌倒时，身体与高聚物绒头之间易发生摩擦而产生灼热感，因此，人工草坪需要经常喷水，以防止摩擦灼热的伤害。为了更好地解决这一问题，人们研制出了一种螺旋状绒头结构的草坪用于运动场地，这种绒头材料用得比较多的是聚丙烯纤维纱线，且绒头纱呈扁平带状，经螺旋形加捻与热定形而成空间螺旋状，喷洒在这种螺旋状结构绒头上的水由于毛细管作用而被留住，当人跌倒时绒头受挤压，水便被释放出来，起到润滑的作用，从而使人体免遭摩擦灼热的伤害。这种螺旋状绒头结构草坪不必像普通人工草坪那样经常喷水，因此也降低了维护成本。

人工地坪织物是由密度较高的非织造布表层和连接基布组成。人工地坪织物的截面及铺设结构如图13-8所示，从上到下依次为毛毡表层（又称非织造布表层或纤维绒头）、连接基布、垫子或减震层（纤维或类似橡胶层）和有排水装置的坚固地基。表层的毛毡通常

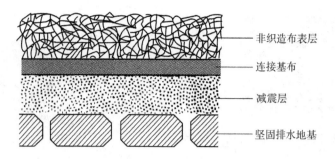

非织造布表层

连接基布

减震层

坚固排水地基

图 13-8　人工地坪织物的截面及铺设结构

是由高密针刺的合成纤维非织造布制成，如聚丙烯纤维等。表层毛毡经过热熔黏合法与聚丙烯基布固结在一起以防脱落。在有些应用中，采用针刺法将聚丙烯腈纤维高密度刺入聚丙烯纤维的基布织物中来制作人工地坪材料。

对用于人工体育场地坪的纤维制品，要求其耐久、耐磨、防腐蚀、防玷污、易清洁等；用在室外时，纤维还应具有抗光化学降解性，抗细菌、虫害等的生物降解性，回潮率要低。目前广泛用于人工草坪结构的材料主要是聚丙烯纤维、聚酰胺纤维和聚丙烯腈纤维。为提高表层纤维材料的色牢度，常采用原液染色纤维，即在纤维成型之前将染料加到熔融聚合物中，加入的染料应该是惰性的，不受光和各种气候因素的影响，绿色是它的主要颜色，但也可做成其他任何颜色。对人工草坪来说，画场地标志线条等更方便、容易，用旧或部分损坏时更换也比较方便，只要将损坏部分割下，换上新的，然后把它缝接好或黏结妥当即可。

### 三、运动场土工布

目前，运动场中土工布的使用还相对较少，但随着人们对体育运动的日益重视，对运动场地的投入也越来越大，高质量的场地往往需要铺设土工布来维护和保养，因此，运动场对土工布的潜在需求量相当可观。

土工布铺设在运动场下可起到隔离、加固和排水的作用，防止场地松软、沉陷，还能消除气候、土壤等条件对运动产生的不利影响，对于足球场来说，还可以借此维护场内的草坪。

一般来说，不同气候、土壤条件的运动场对铺设结构的要求是不一样的。图 13-9 为多雨地区足球场土工布的一种铺设结构模型。最上层为草皮，草皮下面则为排水能力很强的细沙土层和碎石层，细沙土层和碎石层之间以及碎石层下面分别铺设一层土工布，在细沙土层和碎石层底部可间隔铺设一定数量的排水管，排水管可采用如图 13-10 所示的结构，即以非织造布作为滤层，内外包裹增强加固材料。在这种结构模型中，细沙土层、碎石层和最下面的土基被两层土工布隔开，各层之间的界限分明，避免了细沙土的流失和碎石的下陷，提高了草皮下细沙土层的强度，并因此加强了草皮的固着程度，同时也使运动场易于保持平整，不会出现沉陷等问题，这对土质松软的场地来说更为明显。细沙土层、

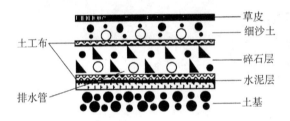

图 13-9　多雨地区足球场土工布铺设结构模型

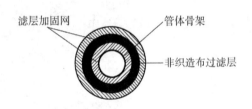

图 13-10　非织造布排水管横截面结

碎石层和土工布的排水性能都很好，它们与非织造布管组成的排水系统能有效地排走过剩的水分而使土壤保持一定的含水量，从而提高土壤的夯实和坚固程度。遇上雨天，这样的排水系统排水效率高，可大大提高场地的积水减退速度，并且还有利于雨后场地的干燥，这对运动场的正常使用是很重要的。

## 四、体育场地遮盖物

纺织材料场地遮盖物用于保护体育运动场地免受雨淋、阳光暴晒和风雪的侵袭，对于现代化的体育场显得尤为重要。对场地遮盖物来说，织物重量是关键问题，遮盖物必须轻得能够移动，又必须重到能挡住恶劣的气候条件。广泛使用的场地遮盖织物是聚氯乙烯涂层织物或层压织物，聚氯乙烯具有防水、防霉并保护织物不受阳光中的紫外线照射的作用。聚酯和聚酰胺是最常用的遮盖织物中的支撑织物。在不同温度下，聚酯有很好的尺寸稳定性，还有较好的防紫外线性能。聚酰胺被认为比聚酯更适合作场地遮盖物，但它有收缩的倾向。当前的发展趋势是，现代建筑用膜结构材料（参见本书第八章）在该领域越来越占据主导地位。体育场地遮盖膜结构材料常用的骨架材料主要有聚酯长丝织物和玻璃纤维织物，涂层材料则以聚四氟乙烯、聚氯乙烯为主。

---

### 思考题

1. 简述纤维制品及复合材料在体育休闲领域的主要功能和作用。

2. 合成纤维制作运动服有哪些优点？

3. 请列举几种现有运动服装中常用的新型纤维，并对其特点进行简要阐述。

4. 简述防水透湿织物的定义及防水透湿机理。

5. 防水透湿织物的常用加工方法有哪些？采用不同加工方法制成的防水透气织物各有何优缺点？

6. 简述 Gore-tex 织物的结构特点，并举例说明其在高档体育用品领域的应用。

7. 简述吸湿快干运动服的性能要求并阐明其吸湿快干机理。

8. 影响吸湿快干织物的吸湿导湿性能的因素有哪些？如何开发吸湿快干织物？

9. 新型保温及调温纺织品主要包含哪几类？请举例说明其特点及作用机理。

10. 变色与反光织物的加工方法分别有哪些？试举例说明变色与反光织物在体育、休闲娱乐领域的应用。

11．请列举几种高性能竞技性运动服装，并分析其能提高运动成绩的原因。

12．如果让你设计一款泳装面料，你会从哪些方面考虑？

13．如果让你设计一款运动服面料，你会从哪些方面考虑？

14．请分别阐述人工草坪和人工地坪织物的结构和特点。

15．目前常用的体育场地遮盖物主要有哪几类？分别如何加工？

16．请概述目前复合材料在体育器材与休闲娱乐领域的应用现状及发展趋势。

# 参考文献

［1］林新福，幸云. 体育与娱乐用纺织品的进展（一）［J］. 产业用纺织品，2001，19（04）：1-5+23.

［2］柴雅凌，幸云. 体育与娱乐用纺织品的进展（二）［J］. 产业用纺织品，2001，19（06）：1-6+15.

［3］陈惠兰. 体育用纺织品［J］. 产业用纺织品，1999，17（08）：38-40.

［4］刘莉莉. 新型纺织纤维在功能性运动服装中的应用［J］. 染整技术，2017，39（03）：10-12.

［5］高党鸽，张文博，马建中. 防水透湿织物的研究进展［J］. 印染，2011，37（21）：45-50.

［6］李培玲，张志，徐先林. 运动服导湿快干性能研究［J］. 上海纺织科技，2007，35（11）：10-13.

［7］胡洛燕，王秀娟. 运动服装材料分析研究［J］. 山东纺织经济，2009（01）：78-81.

［8］陆明艳，戴晓群. 高性能运动服［J］. 现代丝绸科学与技术，2015，30（02）：69-72.

［9］张芃，马彦. 运动服装与功能面料［J］. 纺织导报，2009（09）：88-89.

［10］吴佳进. 专业运动服面料发展趋势的探讨［J］. 天津纺织科技，2012（03）：16-18.

［11］乔辉，沈忠安，孙显康，等. 功能性服装面料研究进展［J］. 服装学报，2016，1（02）：127-132.

［12］罗栋. 防水透湿涂层织物发展及应用［J］. 合成材料老化与应用，2015，44（05）：129-133.

［13］吴冰晶. 关于功能性运动服的分析与展望［J］. 艺术与设计（理论），2016，2（08）：97-98.

［14］沈春萍. 新型纤维材料及其制品在体育用品中的应用［J］. 合成纤维，2011，40（10）：11-14.

［15］杜希岩，李炜. 纤维增强复合材料在体育器材上的应用［J］. 纤维复合材料，2007（01）：14-17.

［16］李逸冰，吕安琪，陈喜. 碳纤维自行车的发展与展望［J］. 高科技纤维与应用，2017，42（2）：27-31.

［17］吴志勇. 新型纤维在体育器材中的应用［J］. 体育科技文献通报，2012，20（04）：87-90.

［18］刘波. 纤维增强树脂复合材料在运动器材中的应用［J］. 塑料科技，2017，45（12）：66-69.

［19］杨珍菊. 国外复合材料行业进展与应用（下）［J］. 纤维复合材料，2017，34（03）：36-39.

［20］候力波，陈绍杰. 先进复合材料与运动器材［J］. 高科技纤维与应用，2008（05）：31-34+41.

［21］顾龙鑫，陈晓钢，杨红英，等. 芳纶及其复合材料产品在体育器材上的应用［J］. 合成纤维，2016，45（07）：22-25.

［22］罗栋. 碳纤维复合材料在汽车、体育用品领域的应用［J］. 合成材料老化与应用，2016，45（02）：91-94.

［23］梁利平. 体育器材中先进材料的使用对竞技体育发展的影响［J］. 湖北科技学院学报，2015，35（07）：158–160.

［24］陈伟，白燕，朱家强，等. 碳纤维复合材料在体育器材上的应用［J］. 产业用纺织品，2011，29（08）：35–37+43.

# 第十四章　造纸用纤维制品

虽然造纸机用的纤维制品成本只占纸张售价的 2%，但它却是造纸生产的关键脱水器材之一。从理论上讲，没有造纸机或不使用有关化学品，也是能够造出纸来的，但是没有造纸用纺织品不行；只要造纸工艺未作重大变革，造纸是离不开纺织品的。从国际发达国家科技发展进展来看，造纸工艺技术已逐步演变为湿法非织造工艺技术，未来完全有可能被非织造技术全面取代。造纸用纤维制品的设计制造、性能和应用对纸张的性能和造纸生产过程有着举足轻重的影响，使用合理的纺织品可以提高纸机生产率，减少纸机停台时间，提高经济效益。

## 第一节　造纸用纤维制品的结构与性能

造纸机由成形区、压榨区和干燥区构成，因此，我们把用于造纸成形、压榨和干燥过程中的纺织品统称为造纸用纤维制品，相应地分为成形织物、压榨毛毯和干燥织物这三类织物。

### 一、成形织物

把用于成形区的织物称为成形织物（成形网）。它在造纸生产中起着承托、脱水和输送作用，对最终纸片的性能影响最大，是造纸机使用的三类织物中最为关键的织物，假如在成形区未能使纸片结构成形好，在以后就很难再得到弥补。

#### （一）原料

早期的成形网是用磷青铜和不锈钢材料制成，结构花样很少，其平均使用寿命为 1 ~ 2 周，这种成形网稳定性较好，但由于折皱和破裂等原因，容易损坏。金属网脱水率较高，纸纤维滞留性和纸片释放性较差。直到 1957 年才首次采用合成纤维制的成形织物，虽然刚开始织物使用寿命未能增加，但纸片质量有所提高。20 世纪 70 年代中期，几乎50% 的成形网都是采用单纤长丝或复丝作原料，同期多层成形织物问世。1982 年开始有 3 层织物。目前几乎全部成形织物都用高分子量和高模量聚酯单纤长丝织成。随着碱性造纸法的推行，除聚酯纱以外，采用尼龙的正日益增多。

由于目前造纸中使用再生纤维材料，纸浆中有树脂状物、蜡质、胶乳等污染物，因此需要解决纱线的抗污性问题。解决这一问题的方法很多，如对纱线进行涂层，在聚合物中添加抗污剂以及对织物进行涂层。织物经涂层处理后还能改进其稳定性，通常采用碳氟化合物为基础的涂层材料。

#### （二）结构和特点

目前，成形织物有三类结构：单层、双层和三层结构。

**1. 单层成形织物** 图 14-1 为用 5 页综织成的单层成形织物的显微照片。

**2. 双层成形织物** 双层结构有一层经纱和两层纬纱构成。包括标准双层和特种双层结构。图 14-2 为标准双层结构织物显微照片。在这种结构中，上层纬纱根数和下层纬纱根数相等。而在特种双层结构成形织物中，上层纬纱根数为下层纬纱根数的 2 倍。图 14-3 为特种双层结构的显微照片。特种双层结构与标准双层结构相比，其承托纸片的作用较强，主要应用领域是高档纸张生产。

图 14-1　5 页综织成的单层成形织物 SEM

图 14-2　标准双层织物 SEM

**3. 三层成形织物** 三层成形织物有两层分离的织物层（顶层和底层），通过结合线将这两层连结在一起，它有两组经纱和两组纬纱，一般顶层比底层要细薄一些。图 14-4 为典型的三层结构显微照片。三层织物的优点是成形质量和纸片质量较好，因为顶层细密，改进了滞留小颗粒和充填剂的能力，增加了稳定性；由于底层较粗厚，使耐磨性提高，并可加快脱水速度，提高脱水能力，加强承托纸纤维作用，增加纸片平整性。

图 14-3　特种双层织物 SEM

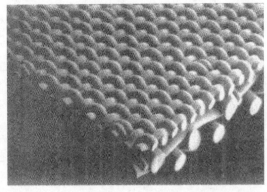

图 14-4　三层织物 SEM

**（三）成形织物的生产**

**1. 原料检验** 目前成形织物差不多都用单纤长丝织成，因此织造之前检测纱线直径非常重要。

**2. 整经和织造**　成形织物的整经方法通常采用分条整经。织造可采用特宽幅有梭织机织造，常用环形织造的方法完成。由于在织造中，尤其是打纬力很大，织机应采用重型结构。目前织造宽度有超过 30m 的。织三层织物时，用两个或多个织轴。由于特宽幅环形织造要求高，效率低；随着科技进步，目前国际上采用刚性剑杆或片梳织机先按组织结构要求进行正常的平织，然后基于锁边技术思路开发了先进拼接技术形成环形织物。大幅度提高了生产效率、节约了大量的劳动力成本。

**3. 预热定形**　成形织物织好后需要进行预热定形，其目的是消除下机织物中的内应力以获得稳定的织物结构。热定形的最高温度根据织物所用原料而异，一般标准聚酯织物热定形温度为 250℃左右。

**4. 缝接**　一般织造的织物经预热定形后要进行缝接，其一种方法是先将织物两端的纬纱拆去，形成经向流苏，随后用纬纱将两个端头的经纱一根对一根地编织在一起；另一种方法是采用半自动或全自动的缝接技术。对环形织物来说，因为在机上就织成循环带状，故不需再进行缝接。

**5. 热定形和整理**　缝接以后，对织物还要进行最终热定形，以消除缝接区域中的应力。热定形是提升成形网力学性能的重要加工环节。最后修整布边，使其适应造纸机宽度，在布边处用一些黏合剂，以免运行时纱线散开。用于生产高档纸张的成形织物，有时要用磨辊进行砂磨，除去织物表面的结节，使其更为平整。

**（四）成形织物的性能**

成形织物的力学性能对其在造纸机上能否良好地运行，起着关键作用。

**1. 经纬密度**　经纬密度用来作为区分成形织物的指标，这些指标影响织物的其他性能，经纬密度低意味着织物疏松。

**2. 透气率**　透气率是很重要的织物性能指标。透气率是每分钟（min）从织物单位面积（$m^2$）透过的空气量（$m^3$），以 cfm 度量。

**3. 模量**　模量是成形织物的另一个重要性能。随着造纸机生产速度的不断提高，织物所受张力显著增大，为了不使织物受大张力后过度伸长，超过机台松紧调节极限，织物在机器生产方向应具有足够的抗拉伸特性。实际上，模量是以沿织物宽度方向单位距离内能承受的荷载来表示。

**4. 承托纤维作用指数**　承托纤维作用对纸片成形非常重要，特别是使用再生纤维量增加后，纸纤维的长度一般偏短，成形织物承托纤维的能力就显得日趋重要。Beran 提出了各种成形织物承托纤维的计算模型。计算承托纤维指数的简化公式如下：

$$FSI=2/3（A \cdot P_j+2 \cdot B \cdot P_w）\tag{14-1}$$

式中：$A$——经纱的承托系数，$A$=（沉在经纱下方的纬纱根数 +1）/ 综片页数；

　　　$B$——纬纱承托系数，$B$=（沉在纬纱下方的经纱根数 +1）/ 综片页数；

　　　$P_j$——每英寸中经纱根数；

　　　$P_w$——每英寸中纬纱根数。

**5. 脱水指数**　脱水指数是根据相对脱水率来衡量织物的有关性能指标，可按下式计算：

$$DI = (B \cdot P_w \cdot P)/1000 \qquad (14\text{–}2)$$

式中：$B$ ——纬纱承托系数，$B=$（沉在纬纱下方的经纱根数十1）/ 综片页数；

$P_w$ ——每英寸中纬纱根数；

$P$ ——透气率（cfm）。

**6. 织物厚度** 一般宜采用薄一些的织物，特别是多层织物不要太厚，因为织物薄，水带回现象可减少，由此脱水作用得到增强。

**7. 孔隙面积** 织物孔隙面积表征其直通脱水性能。某些双层结构织物基本没有孔隙面积。这种结构中，经向覆盖系数常超过100%，因此脱水路径不会是直通的，织物的孔隙面积按下式计算：

$$孔隙面积 = (1\text{–}经纱密度 \times 经纱直径) \times$$
$$(1\text{–}纬纱密度 \times 纬纱直径) \times 100\% \qquad (14\text{–}3)$$

**8. 空隙体积** 空隙体积是织物体积中未被纱线占有的体积，它影响成形织物的脱水作用，随着空隙体积增大，脱水作用增强。

## 二、压榨毛毯

把用于压榨区的毛毯称为压榨毛毯。压榨毛毯俗称造纸毛毯。压榨毛毯的主要功能是从纸片中除去水分，承托纸片和运送纸片，提供均匀的压力分布，使纸片表面光洁平整。毛毯应给予纸片合适的衬垫作用，以防止压破纸片，避免出现湿痕和沟纹。其他功能还有：按工艺有序地运送纸片，传动被动辊和成形辊。织物中的空隙体积影响毛毯的吸水量和液流阻力。在生产运行中受到载荷时，减小水流阻力和保持空隙体积极其重要。

### （一）原料

早在20世纪40年代中期之前，压榨毛毯都是选用羊毛纤维为原料，自采用合成短纤维以来，显著延长了毛毯的使用寿命并提高其强度。60年代中期开发了针刺毛毯，提高了脱水性能，改进了毯面光洁度，延长了使用寿命。以后又在针刺毛毯内夹入一层基布形成了底布针刺毛毯（简称BOB毛毯），使承受压缩的空间增大，可承受较大的压力载荷，并使毛毯操纵水液的能力得到改进；之后又在底布针刺毡毯的基础上发展为底网针刺毛毯（简称BOM毛毯），它的强度更高，清洁更容易，使用寿命更长。BOM毛毯是目前高速纸机的专用毛毯，代表了压榨毛毯的发展方向，因此，这里重点介绍底网针刺毛毯的使用原料。

**1. 纤维网的纤维材料** 底网压榨毛毯长期在高线压下运转，同时要承受高压水的冲洗，因而纤维网采用的纤维要有良好的机械性能，如强度、耐磨性和回弹性，还要有良好的抗化学性能和热稳定性，良好的加工性能，如表面摩擦性能、卷曲度等。由于锦纶具有优良的机械性能、抗化学性能和抗水解性，因而，目前纤维网的纤维材料绝大部分使用锦纶短纤维（细度为6.7 ~ 67dtex，长度为40 ~ 100mm）。

**2. 底网材料** 由于造纸压榨毛毯工作在潮湿的环境中，并且不断承受着较大的压力和拉伸力，因此作为造纸毛毯骨架的底网材料除了必须具有高强高模外，还必须具有良好的耐磨性和耐腐蚀性。通过试验和分析对比，目前主要采用直径为 0.2 ~ 0.3mm 的锦纶 6 或锦纶 66 长丝（综丝）。锦纶长丝除了具有强力大、高模量和光滑外，还具有不可压缩性和较大的刚度，可以使毛毯达到硬挺、伸长小、尺寸稳定的目的。但单丝不挂毛，底网和毛网结合的紧密性差，即使增加针刺密度，还容易出现分层现象，为此，经纱采用复丝以增加经纱的表面摩擦系数，纬纱采用单丝，通过针刺使底网和毛网形成一体。

**（二）结构和特点**

传统的短纤纱机织毛毯已过时被淘汰，目前以针刺毛毯为主，其主要的毛毯结构如下。

**1. 无基布毛毯** 这类结构不用基布，只是针刺非织造材料，因为不存在基布的纱线，就能减少斑纹，压区压榨压力分布均匀。非织造毛毯适合于真空压榨、沟纹辊压榨和伸缩套筒压榨，主要用于高档纸和纸板造纸机上，能获得平整的纸张表面。

**2. 底布针刺毛毯（BOB 毛毯）** 通常采用短纤维纱机织物作基布，在基布上用针刺法刺上纤维絮绒，早期的底布针刺毛毯使用的纤维絮绒采用羊毛和合成纤维混合，现在基本采用纯合成纤维（主要为锦纶）。基布可织成环形带状或一般织物再经缝接，纤维絮绒使用梳理纤维网用针刺法植到基布上。通常毛毯要经过烧毛、整理表面、除去松散附着纤维、洗涤和化学处理，最后毛毯在超伸长条件下进行热定形以保证上机尺寸规格和尺寸稳定。

**3. 底网针刺毛毯（BOM 毛毯）** 这种结构类似于底布针刺毛毯，它一般由纯合成纤维材料制成，基材结构可以是单层或多层机织物，其原料组成可以是 100% 单纤长丝、单纤和复丝结合、全部高捻度复丝、高捻复丝再经树脂整理（以增强刚性），或者上述各种原料的任意组合。因为这类长丝比短纤纱要硬，底网针刺毛毯比底布针刺毛毯抗压缩性和抗紧实性要好。采用环形织造或织成一般织物再缝接，再在针刺设备上植上絮绒。图 14-5 为单层结构单丝底网针刺毛毯。安装底网针刺毛毯织物比安装底布针刺毛毯要困难一些，因为底网针刺毛毯的基材结构较硬。

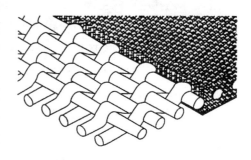

图 14-5 单丝底网针刺毛毯结构

复丝制底网针刺织物适用于真空压榨、沟纹压榨和收缩套筒压榨。经树脂处理过的复丝织物可用于生产牛皮纸等低档纸张的第一和第二真空压榨器材上，单丝或复丝结构的基材毡毯具有优异的稳定性、抗皱性，应用于生产高级纸张时的真空引纸部位、全正真空压榨和沟纹或收缩套筒压榨时，对纸片能发挥良好的整理作用。

**4. 无屈曲基布毛毯（没有纱线沉浮或不用纬纱）** 这种基布不是常规机织物，只有一层、两层或更多层完全独立、没有交错、没有屈曲的纱线层。也有把只有经纱，没有任何纬纱的单层结构称为无纬纱毛毯，但是在某些情况下也有使用很细的纬纱。图 14-6 为双层无屈曲基布毛毯结构。据报道，这种无屈曲基布结构能改进脱水功能，得到最适度的抗压实性和尺寸稳定性，不易充塞，并改进微观压榨均匀性。基材结构中没有纱线上下沉浮交错，纸屑或尘杂被纱线组织点带住的可能性减小，还能减少纸片毯痕。同时，无纬纱毛毯还改善了织物的耐磨性，易于清洁，提高脱水效果，表面较平整。但是由于没有纱线相互交错的作用，织物的稳定性会受到影响。

**5. 叠层压榨毛毯**　这种毛毯结构中有一层或多层不同结构的基布，顶上一层通常是单层织物，底部可以是一层、两层或三层整体机织物（图14-7）。这类织物基布承压均匀性较好，絮绒/基布比值小，毛毯抗压缩性和抗紧实性都较好，清洁工作也方便；但存在分层等不足，需要进一步改进。随着造纸机生产速度的提高，受压榨时间缩短，要求改进纸片和压榨织物的接触状态。这对造纸毛毯提出了更大的挑战。

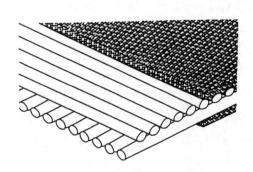

图 14-6　双层无屈曲基布毛毯结构

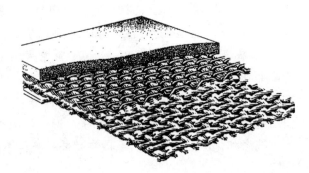

图 14-7　叠层压榨毛毯结构

### （三）压榨毛毯的生产

压榨毛毯基布的生产，除无屈曲基布以外，织造方法和成形织物的相似，都是采用机织方法织造，可以织成环形织物或一般织物。大体经过原料检验、整经和织造、预热定形、缝接工序。某些织造环形织物的织机宽度可达30m。一般织物织好后缝接成连续环形带材，方法与成形网一样，采用先进拼接技术生产毛毯用环形织物。

基布做好后，将经过梳理的纤维网用针刺法和基布结构固结在一起，形成絮垫材料。接着是进行热定形、洗涤、化学处理和烧毛等加工。化学处理可改进毛毯的启动特性、耐磨损性、抗细菌性、耐化学药剂性、抗压性和抗污性。进行烧毛除去散纤维，改善其表面性能。

### （四）压榨毛毯的性能

压榨用毛毯，根据其结构，如基布的纱线密度、规格尺寸、絮垫纤维粗细长短、表面整理平整度等，可分成四类：超薄型、薄型、中型、厚型。其主要性能如下。

**1. 毛毯重量和厚度**　毛毯重量是指单位面积织物的重量，压榨织物在宽度方向的重量分布应该均匀，单位面积重量不匀或厚度不匀将造成压榨力产生波动或毛毯产生跳动。厚度对毛毯磨损和压实特性有着重大作用，它影响毛毯的空隙体积和脱水功能。运行时厚度变化取决于毛毯结构，在开始使用时期，厚度减薄得很快；经一段时间后，厚度减薄到一定程度，应将其从造纸机上换下。

**2. 絮垫/基布比值** 该值即絮垫重量除以基布重量，该值增大，毛毯的密实性增大，不利于脱水；但这个值过小，基布上的纱线会在纸片上留下毯痕。

**3. 透气率** 和成形织物相似，透气率是每分钟（min）从织物单位面积（$m^2$）透过的空气量（$m^3$），以 cfm 度量。

**4. 空隙体积** 这是织物中未被纱线或纤维占有的体积，影响压榨毛毯可容纳的水分量。

**5. 液流阻力** 专门设计的毛毯应提供合适的脱水和滤水功能，因此要把流阻降至最低。流阻小则表示该毛毯具有较高的吸纳水分的能力。

**6. 可压缩性和回弹性** 可压缩性是毛毯受载荷后压实程度的度量，而回弹性是取去载荷后回复的能力。抗压实性是压榨毛毯极其重要的性能，抗压实性优良表示该毛毯耐压缩好或是压缩回弹性好。

**7. 压榨力分布均匀性** 压辊的压榨力是通过毛毯均匀地传递到纸片上，使纸片的含湿状态均匀。细密的基布、纤细的絮绒纤维制成的压榨毛毯能获得均匀的压榨力分布。基布纱线过粗、织物结构不当或絮绒材料不足也会在纸片上产生毯痕。

## 三、干燥织物

把用于干燥区的织物称为干燥织物（也称烘燥织物）。干燥用织物的主要功能是进一步使纸片干燥，承托与运送纸片，防止纸片起皱和控制收缩。干燥织物也有被类似压榨毛毯结构的针刺干燥毛毯所取代的趋势，纤维原料主要采用耐高温纤维，如芳纶等。这里重点介绍螺旋结构织物用作干燥织物。

### （一）原料

早期的干燥织物是用棉/石棉材料制成，20 世纪 70 年代初期，聚酯单纤长丝织物和复丝织物（包括 Nomex 纤维）替代了棉/石棉织物。80 年代中期，开始采用抗水解耐高温的单纤丝作原料，如采用 PPS 纤维生产干燥织物，发挥清洁/干燥运行特性。也有采用腈纶、芳族聚酰胺和聚酰胺纤维制干燥织物。

### （二）结构和特点

纸张等级和造纸机运行环境是影响干燥织物设计的两个最重要因素。由于目前要求造纸机应具有高性能，抗水解纱线已成为干燥织物的标准原料。此外，还要求干燥织物能最大限度地传导热量和传送水分。加大织物接触面积可增强导热作用；提高织物的渗透性可提升传送水分能力；加大造纸机上织物的张力，也能增强导热作用。

干燥织物的标准结构可分为单纤长丝织物和复丝织物。结构和压榨织物相似的针刺非织造干燥织物（即用针刺工艺把絮绒植于基布两面的织物）绝大多数是两层或三层织物，但采用单层织物的正在增多。干燥织物目前发展趋势是采用 100% 单纤丝为原料，其性能是渗透性小、厚度薄、易去污以及与织物结构相适应的缝接工艺。

**1. 单纤长丝结构** 单纤长丝织物由具有抗水解性能的聚酯长丝织成。可添加充填纱来控制透气性，这种充填纱可以是单纤长丝，也可以是短纤维纱。单纤长丝干燥织物主要有三类：单纤长丝织物；配加单丝充填纱的单纤长丝织物，以降低织物的透气率；配加短纤充填纱的单纤长丝织物。

单纤长丝织物特别适用于生产较高档的纸张，如新闻纸和高级纸等，因为这类织物具有清洁和干燥的运行特性、与纸片接触较好、导热良好、不会产生纹痕以及携带空气量少等优点。所使用的单丝可以是直径为 0.4 ~ 0.5mm 的圆截面丝，或 0.27mm × 0.54mm ~ 0.57mm × 0.88mm 扁平形丝。

**2. 螺旋织物**　螺旋织物（spiral fabric）是一种特殊结构，系将呈螺旋状的单纤丝串在一起成为环形织物。连结线为直形单纤丝，当左手向和右手向螺旋纱相互镶嵌时，就形成"洞眼"通道，连结线穿过该洞眼通道。聚酯纱是螺旋织物用得最多的原纱，也有用聚苯硫醚（PPS）纱。螺旋织物特别适用于生产褐色外包装纸。

**3. 复丝结构**　疏松网眼织物由复丝制成，可改变其结构来调节透气性，复丝织物主要有两类：第一类是在经纱或机器生产流程方向，即承受载荷方向采用芳纶 1313（Nomex）纱，其材质具有优异的耐热性和抗水解性；第二类是采用尼龙、聚酯或腈纶等混纺纱，这类织物的耐水解性则较差。因此，含芳纶的织物常用于生产如棕色纸张和瓦楞纸等生产条件较苛刻的场合。

**（三）干燥织物的生产**

干燥织物的制造过程和制造成形织物、压榨织物相类似。干燥织物是先织好再进行缝接。无论是单纤丝织物还是复丝织物都经过热定形，改善尺寸稳定性，复丝织物有经过化学处理的。缝接区是织物材料中的薄弱环节，也是干燥织物生产的关键性工序，缝接结构不当会产生纸痕。

根据干燥织物结构不同，缝接结构有多种形式，主要有夹扣缝接、螺旋圈缝接和引线缝接。用钢钩针把织物的缝接端连起来的夹扣缝接已较少使用，只用于制造极粗糙的纸张生产中，如挂面纸板和纸袋用纸等。这种缝接方式绝大多数用于复丝织物。复丝织物缝接由织入织物内的带环扣的条带来实现。螺旋圈缝接方法常用于纸痕不太重要的场合；这种缝接方法是将织物端部的经纱拆去一些，形成流苏，随后把预先盘绕成形的合成材质螺圈体穿入流苏区中，把织物（端）折起缝好。螺圈体的环扣把织物的另一端用相类似的方式盘扣住。这种缝接方法用于单纤丝和复丝织物。在引线缝接方法中，全部经纱端大多被编织进织物内，只是部分经纱形成环扣，然后两端的环扣用引线串接（在纬纱方向穿入）。这种引线缝接方法，仅限于单纤丝织物。单纤丝干燥织物可经砂磨工艺使其表面更为平整，特别当用于生产较高档纸张时，织物常经砂磨处理。

**（四）干燥织物的性能**

干燥织物安装于造纸机烘燥区用于烘燥纸片。除了一般的性能外，透气性是干燥织物最重要的性能。

**1. 透气率**　和成形织物、压榨毛毯相似，透气率是每分钟（min）从织物单位面积（$m^2$）透过的空气量（$m^3$），以 cfm 度量。它是干燥织物最主要的性能之一。

**2. 热传递**　织物热传递对纸片烘燥效率和纸片性能有直接影响。纤维材料热传导性能、织物孔隙体积和织物厚度对烘燥都有影响。

**3. 抗湿热降解**　由于干燥织物用于造纸机烘燥区，受到高温高湿双重作用，直接关系织物的使用寿命，所以纤维材料的抗水解、耐高温是必须考虑的。

**4. 织物厚度**　一般宜采用薄一些的织物，因为织物薄，热传导好，可提高烘燥效率。

**5. 空隙体积**　空隙体积是织物体积中未被纱线占有的体积，它影响干燥织物热传导。

**6. 表面平整度**　织物表面平整度对纸片性能有重要影响。为改善干燥织物表面平整度，可采用砂磨工艺使其表面更为平整。

# 第二节　造纸用纤维制品的应用

## 一、成形织物的应用

### （一）成形织物结构的选择

不同的纸张等级（品种）要求不同的成形织物结构，当为某特定应用场合选择织物结构时，应综合考虑下列各项纸张性能和造纸机运行参数。

**1. 纸张性能**

（1）品种等级。如薄纸、高档纸、新闻纸、牛皮纸。

（2）纸浆配料。

（3）纸张重量。

（4）网痕情况。

（5）纤网成形。

**2. 造纸机运行参数**

（1）机型。

（2）机器长度和宽度。

（3）生产速度。

（4）抄纸方式。

（5）造纸机脱水方式。

（6）运行张力。

### （二）成形织物在运行中出现的问题

影响成形织物使用寿命和运行性能的问题可归纳如下。

**1. 织物伸长**　织物的模量小，在造纸机上受大的运行张力时，会伸长过长，专门采用高模量经纱原料并进行热定形，可降低运转过程中织物的伸长。

**2. 织物磨损**　其主要原因是打滑，纸浆中的充填物、真空度过大，圆辊表面磨损以及吸水箱覆盖材料不当等。

**3. 织物沾污**　各种沾污都会使织物阻塞，导致用不了多久即不能使用。沾污物有无机的、有机的和生物性的。有机物如树脂状物、浆料、淀粉、消泡剂、墨水、蜡、胶乳；

无机物如碳酸钙、硫酸钙、硅酸钙、滑石粉、二氧化钛、黏土等；生物性杂物如嗜氧菌、厌氧菌、真菌、海藻等。可采用冲淋等方法使织物恢复清洁状态。

**4. 织物脱散、不平**　织物的边缘散开和织物隆起或折皱也都会使造纸机产生毛病，其原因是机台调整不当，导布失控以及圆辊受损。对造纸机进行恰当的调整和维护，可使织物隆起和折皱等现象减少。

## 二、压榨毛毯的应用

压榨毛毯是造纸机湿部必不可少的器材，在纸和纸板抄造过程中起着传递、脱水、平整纸页等作用。其组织结构、脱水性、耐磨性、承压强度和使用寿命与造纸机的产品质量、生产效率和生产成本密切相关。

### （一）压榨毛毯的选择

**1. 品种的选择**　随着造纸毛毯（压榨毛毯）的功能细化，其品种繁多。现有的 BOM 造纸毛毯大约有 40 个品种。所以，在选择毛毯时，应根据造纸机不同的压榨型式、不同的部位、不同的纸种、不同的洗涤条件等因素来选择不同品种的毛毯。

**2. 定量的选择**　毛毯的定量同样应根据造纸机压榨型式、毛毯使用部位、所生产的纸种、洗涤条件、真空度大小等因素来选择。

**3. 尺寸的选择**　造纸毛毯是一种织物，其制作后的尺寸、装在造纸机上的尺寸及使用后的尺寸都略有不同。确定订货尺寸应该是张紧状态下的尺寸。毛毯长度一般为最小长度（张紧器处在最小范围位置时毛毯运行圈路的长度）加上（1/3 ~ 2/5）张紧器的张紧范围。宽度应与压榨辊的宽度基本一致。

**4. 透气度的选择**　透气度的选择应根据造纸机的综合技术参数来确定，这是一个经验数值。在实际生产中，新毛毯的透气度、毛毯使用最佳状态的透气度、毛毯失效下机的透气度均不一样。因此，在选择新毛毯时，其透气度应略大于毛毯使用最佳状态时的透气度，透气度过大会造成真空系统的真空度上不去、毛毯的含水量过大、纸页的水分脱不出去、毛毯透浆等问题；透气度过小又会导致毛毯跳动、真空系统负荷过大、毛毯磨损加重、纸页脱水困难等问题。

**5. 密度的选择**　毛毯的密度在选择时通常用厚度来衡量，这样更直观一些。密度的大小与透气度成反比，其选择原则近似于透气度。

### （二）压榨毛毯在运行中出现的问题

**1. 纸页压溃**　纸页压溃是指湿纸页在压区中受压力的作用形成流体压力，在流体压力的作用下，纸页中的水分向外排出，如果排水不畅，则会破坏湿纸页中纤维的排布状态，这种现象称为"压溃"。造成这一现象的主要原因有毛毯选型不当，毛毯脏污及磨损，毛毯运行状态不良等。

**2. 纸页气泡**　新毛毯的孔隙中存有大量空气，且新毛毯由于初期表面不平整、透气度大、真空度上不去、毛毯含水大等，不能满足正常生产的需要，很容易使纸页与毛毯之间在压区进口处产生气泡。另外，各层浆料的打浆度悬殊过大；伏辊线压力调节不当；各圆网上浆量、浆料上网液位、网内外水位差控制不当；真空吸水箱真空度过低，使各浆层间形成的湿纸页水分含量悬殊；网部与毛毯局部脏污，造成局部脱水不好、透气性差；伏辊吸水刮刀局部卡塞，挡水布不平整或有破洞时，压出来的水会有回湿现象；湿纸页进压榨前角度不正确；烘缸干燥温度曲线未调节好等，这些因素均容易导致纸页有气泡产生。

**3. 毛毯掉毛与磨损**　造纸毛毯在使用过程中，初期掉少量浮毛是可以理解的，但绝不允许大量的起毛掉毛现象，如果毛毯掉毛，特别是毛毯正面掉下来的毛被压在纸页的表面，将直接影响纸页的印刷效果。对于需要涂布的纸种来说，会造成涂布刮刀卡毛，出现涂布不均匀现象，最终影响印刷效果。

**4. 毛毯印痕**　毛毯印痕分为因毛毯的基布造成的痕迹，称为"基布痕"；由于毛毯表面粗糙、纤维太粗导致纸张表面有粗糙痕迹，此痕迹称为"毛痕"。

**5. 压榨辊振动**　造纸机特别是高速造纸机压榨辊的振动是一件很头痛和危险的事情。压榨辊的振动必然要导致压榨部纸页纵向脱水不均匀，容易导致纸页频繁断头；振动过大还将限制造纸机的车速；压榨部振动如果产生造纸机共振，将直接影响整台造纸机的结构稳定性。

## 三、干燥织物的应用

影响干燥织物的因素是纸张成品等级、烘筒温度和空气湿度、使用寿命和经济效益分析、造纸机生产速度、局部通风、织物干燥器材、运行张力和干燥区段的具体情况。使用中应重点注意如下几点。

**1. 纸痕**　纸片刚进入烘燥区，由于含湿量高，往往由于干燥织物运行状态不好或织物表面不平整，容易使纸片产生纸痕，应特别注意织物表面平整度。发现纸痕，应及时更换织物，或选用表面经砂磨处理的干燥织物。特别在生产较高档纸张时，常选用经砂磨处理的织物。

**2. 纸片气泡**　纸片烘燥初期，织物透气度大、烘缸干燥过高等，不能满足正常生产的需要，很容易使纸页产生气泡。必须选择透气度小的织物，并调节烘缸干燥温度曲线等，以避免纸页气泡的产生。

**3. 再生纸浆用织物**　由于单纤丝织物不易充塞且易于清洁，适用再生纸张生产，含特氟隆单纤丝原料织物更适用于加工再生纸浆。复丝和单纤丝网眼织物的横向含湿状况较好。

**4. 缝接强度**　随着生产速度提高，织物运行张力提高，为保证织物运行稳定性，特别要重视干燥织物缝接区的缝接强度；为避免纸痕的产生，要确保织物缝接区平整度，缝接区需经砂磨处理。发现缝接强度不够或平整度不良，应及时更换干燥织物。

用钢钩针方法把缝接端连接起来的织物，只用于极粗糙的纸张生产中，如挂面纸板和纸袋用纸等。螺旋圈缝接方法缝接的螺旋织物常用于纸痕要求不高的纸种。引线缝接方法缝接的织物，仅限于单纤丝织物，单纤丝干燥织物一般要经砂磨工艺使其表面更为平整。常用于高档纸张的生产。

## 四、造纸用纤维制品的发展趋势

随着造纸技术日新月异，造纸新设备、新技术的广泛应用，造纸设备正向以高速、宽幅、高线压力为特征的大型化、智能化方向发展。纸机幅宽增加、速度提高、填料增加、纸张定量降低等对造纸用纤维制品性能和质量提出了新挑战。目前试验纸机的车速已达到3000m/min，而商业纸机的最高车速已超过2000m/min；同时，浆料纤维长度和纸张定量也在进一步降低。这对成形网的设计提出了更高的要求。为满足这些要求，在通过不断细化、革新编织模式开发新产品的同时，近几年已开始将研究的方向转到材料科学上，着力研制能提供更高纤维支撑指数和耐磨性能的新材料和新型的缝接技术；织造及其非织造装备智能化必将逐步发展起来。造纸压榨已出现多种形式的复合压榨，这对造纸压榨毛毯提出了越来越高的品质要求；特别是压榨线压力，传统压榨线压力在100kN/m以内，新型纸板机采用大直径压辊高脉冲压榨，线压力可达540kN/m，而靴型压榨线压力更高达1000～1500kN/m；因此，毛毯生产必须从结构设计、原材料选择、加工工艺等方面进行改革和创新，以适应新要求。由于底网压榨毛毯具有在高线压力下不会被压实，抗压缩性好、尺寸稳定性好、滤水性强、使用寿命长等特点，使它成为这一高要求的产品。现代压榨毛毯的主要结构要求尺寸稳定性好、抗磨损、抗污性和不易化学降解。毛毯应该在整个使用期间保持尺寸稳定，某些毛毯仅使用过一段时间后，由于配浆箱和蒸汽箱的热作用而变狭。从平稳地运送纸片角度考虑，也希望尺寸稳定性好。碱法造纸生产中带有磨蚀性的无机物以及为提高纸张机械性能而使用的添加剂，致使压榨毛毯的耐磨损性显得更为重要。再生纤维使用量增加，对当前使用的压榨毛毯来说，必须保证抗污性。由于造纸生产中使用化学添加剂，如漂白剂、氧化剂和清洁剂，因而要求毛毯具有抗化学降解的性能。总之，压榨毛毯将随着现代造纸的发展，要求越来越高。节能降耗是时代发展的必然，因此，干燥织物需要扩大采用单纤长丝织物，减少复丝织物应用，以最大限度提高干燥和通风效率，降低能耗；同时，由于纸浆的多样性，再生纸浆不断增加，要求干燥织物易去污、表面更平整、耐热和抗降解性能更好，以减少纸片和织物间的摩擦。

由于造纸用纤维制品的结构、性能和应用，对纸张质量和造纸生产过程起着重要的影响。合适的造纸织物能提高纸的质量，增加产量，减少造纸机停车时间和增加经济效益。一方面，造纸用织物的原料和织物结构的改进会密切影响造纸机的机构、工艺流程、纸张质量和性能方面的进展；另一方面，随着造纸工艺的发展，必然带动造纸用纺织品的技术进步。总之，为适应造纸机高速化、宽幅化和高线压力发展的需要，研究开发高性能造纸用纤维制品及所需的织造和非织造装备的现代化和智能化，将是我国产业用纺织品领域重要的研究课题。

---

**思考题**

---

1. 造纸过程中织物起什么作用？
2. 成形织物生产有哪些基本步骤？

3．成形织物应用时，要考虑哪些因素？

4．压榨用毛毯的结构有哪些？其主要性能有哪些？

5．造纸织物为什么要进行热定形？

6．试解释承托纤维作用指数、脱水指数、透气率、空隙体积的含义。

7．试比较成形织物、压榨毛毯和干燥织物的主要结构特性。

8．根据已学专业知识，讨论如何实现造纸用纤维制品的高性能。

# 参考文献

［1］S. 阿达纳. 威灵顿产业用纺织品手册［M］. 徐朴，等，译. 北京：中国纺织出版社，2000：303–321.

［2］邓炳耀，晏雄. 造纸压榨毛毯底网结构的设计［J］. 棉纺织技术，2006，34（1）：61–62.

［3］BINGYAO DENG，YAN XIONG. Study on the heat setting technology for the paper–making press felt［A］. 83rd TIWC［C］. Shanghai：Donghua University，2004：956–959.

［4］WATANABE A，MIWA M，YOKOI T. Fatigue Behavior of Aramid Nonwoven Fabrics Under Hot–press Conditions（Part VI）［J］. Textile Res. J.，1999，69（1）：1–10.

［5］杨鸿烈. 造纸压榨脱水机理与相应的造纸毛毯［J］. 非织造布，1999（4）：728.

［6］WATANABE A，MIWA M，TAKENO A，et al. Fatigue Behavior of Aramid Nonwoven Fabrics Under Hot–press Conditions（Part III）［J］. Textile Res. J.，1996，66（11）：669–676.

［7］汪娟萍，丁辛，徐秀宝，等. 造纸压榨毛毯抗起毛性能影响因素的分析［J］. 东华大学学报（自然科学版），2006，32（3）：91–95.

［8］朱宁，李一玲，张茂林，等. 全化纤底网复合造纸毛毯的开发［J］. 棉纺织技术，2001，29（2）：45–47.

［9］刘一山. 造纸毛毯的合理使用［J］. 黑龙江造纸，2007（3）：48–52.

［10］韩邦春，廖维安. BOM造纸毛毯的使用及维护［J］. 中华纸业，2001（8）：49.

［11］崔毅华，王新厚. 底网压榨毛毯纤维材料和加工工艺的研讨［J］. 纺织学报，2004，25（3）：103–104.

［12］龚文元. 造纸毛毯在纸机上的应用与选择（二）［J］. 江苏造纸，2007（3）：31–35.

［13］徐秀宝. 造纸毛毯用合成短纤维［J］. 产业用纺织品，2001（5）：4–5.

［14］江毅. 现代压榨毛毯的结构和运行状态诊断［J］. 产业用纺织品，2000（7）：19–22.

［15］陈金静，王志杰，盛长新，等. 现代造纸成形网的发展及展望［J］. 中国造纸，2007，26（7）：49–52.

［16］王雄波. 多层织法成形网与新闻纸生产要素的关系［J］. 造纸科学与技术，2004，23（6）：40.

［17］王淑敏. 浅谈聚酯网对真空箱面板的要求［J］. 四川造纸，1998，27（2）：82.

［18］JOHAN MATTIJSSEN. Best choice of forming fabrics for container board machines［J］. Board Technology Days，2001（1）：26.

［19］CYNTHIA R BONGERS，ALAN W PERFECT. Forming fabric design and optimization ［J］. Albany International，Fabric Facts，2005，45：5.

［20］DAVID MCVEY. Triple layer fabric designs for today's high speed gap formers ［J］. Albany International，Fabric Facts，2005，47：1.

# 第十五章　人造革与合成革类产业用纤维制品

## 第一节　定义和分类

### 一、定义

人造革是一种外观、手感似天然皮革并可部分代替其使用的制品。通常以织物为底基，涂覆含有各种添加剂的合成树脂制造而成。

合成革是模仿天然皮革的物理结构和使用性能，并作为其部分代用材料的制品。通常，以浸渍的非织造布为网状层，微孔聚氨酯层作为粒面层，其正、反面外观都与天然革十分相似，并且有一定透气性。因此，比普通人造革更接近天然革。

### 二、分类

**1. 人造革的分类**　人造革可根据合成树脂的种类、基材种类、有无发泡、生产工艺方法和用途等标准进行分类。按使用的合成树脂不同，可分为聚氯乙烯人造革、聚酰胺人造革、聚烯烃人造革、聚氨酯人造革、聚氨酯—聚氯乙烯人造革、橡胶尼龙帆布等。按基材的加工方式进行分类，可分为机织布基人造革、针织布基人造革和非织造布基人造革。按有无发泡分类，该分类方法目前只限于聚氯乙烯人造革，可分为不发泡聚氯乙烯人造革和泡沫氯乙烯人造革。按生产方法不同，可分为直接涂刮法人造革、转移涂刮法人造革、压延贴合法人造革、挤出贴合法人造革、圆网涂覆法人造革、湿法人造革。按用途不同，可分为民用和工业用两大类，民用革包括鞋用革、衣服用革、箱用革、包用革、手袋用革、手套革、家具革等；工业用革包括车辆用革、地板用革等。

**2. 合成革的分类**　合成革的品种较多，都具有合成纤维非织造基材（底基）和聚氨酯微孔面层等共同特点，然而各品种也有一定差异。非织造布的纤维原料品种不同，加工方法不同，所采用的底基浸渍液不同，如丁苯乳胶或丁脂乳胶，从而得到非织造布和聚合物的特殊结构；合成革的层次结构上也不相同，可分为三层、两层或单层。合成革的风格也不相同，有采用花辊压花的；也有揉革工艺制造的光面革；还有打磨微孔层表面的，以使表面呈现绒状的革，称为绒面革；此外，有为避免用花辊压花压坏微孔层结构而利用转移涂刮法制造的干法、湿法相结合的制品。合成革同样也可以按用途分类，通常可分为鞋用革、服装用革、包用革、箱用革、球用革及家具用革等。

### 三、人造革与合成革的原材料

**1. 基材**　人造革与合成革所使用的基材主要包括机织物、针织物和非织造布三大类。基材的选用主要根据最终用途决定，同时需考虑以下因素：基材在加工过程中对热和张力的稳定性；对涂布、浸渍材料或对涂布、浸渍材料中水分、溶剂的适应性；基材的成本。

在目前使用的基材中，机织物和非织造布的使用量日趋增多。这是因为机织物柔软、不易延伸，并具有一定强度，故使用量最多。在机织物中，使用最多的是平织物，因为其结构简单，适宜大量生产，容易平衡经纬方向的物理性能。为了提高人造革的厚度、柔软感，往往采用起毛布。关于基材的纤维材质，有棉、人造丝、尼龙、维尼纶、涤纶等。制作类似天然皮革的合成革，基材逐渐采用超细的合成纤维制成的非织造布。

**2. 涂覆树脂**　人造革与合成革的外观和手感在很大程度上取决于所使用的涂覆树脂。目前使用较多的为聚氯乙烯树脂、丙烯酸树脂、聚氨酯树脂等。而仿真皮的人造革与合成革中聚氨酯树脂用量最多，且溶剂型聚氨酯树脂占了重要位置。这是因为其具有优异的成膜性，是其他类型的涂覆树脂所无法比拟的。但是，由于有机溶剂的使用，其也存在一些问题：溶剂有毒，会产生环境污染问题；溶剂价格昂贵；蒸发溶剂需要消耗大量的能源；使用溶剂型的树脂，其加工设备、厂房、仓库、运输工具等需要设立防火、防爆装置，以致成本增加。因此，新型水性聚氨酯的开发及其在人造革和合成革上的应用将会是涂覆树脂的发展方向。

## 四、人造革与合成革的性能和用途

**1. 人造革的性能和用途**　人造革可以做成外观和皮革相似的产品。虽然它的透气性、透湿性不及天然皮革，但作为天然皮革的代用品，它具有一定的机械强度和耐磨性，而且具有耐酸、耐碱、耐水等性能。目前，人造革已形成多种系列产品，其主要品种有聚氯乙烯人造革和近年迅速发展起来的聚氨酯人造革；其次是聚酰胺人造革和聚乙烯人造革，其他品种产量均较少。目前，我国生产的聚酰胺人造革及聚乙烯人造革产量有限。尚无国家标准和部颁标准，生产企业均执行地方标准。

聚氯乙烯人造革虽然耐化学药品（溶剂），耐油性、耐高温性能差，低温柔顺性差且手感不好，但是，它具有一定机械强度和耐磨性，而且耐酸、耐碱、耐水，制造简单，原料易得，成本低廉，所以广泛地应用于日常生活用品的制作中。聚氯乙烯人造革制造工艺不同，则用途也不相同。乳液法聚氯乙烯树脂及其他配合剂直接涂刮于平布上，制成压纹人造革，可以用作布鞋的鞋口。普通人造革，俗称不发泡人造革，主要用于包装、建筑行业及工业配件，发泡人造革多用于手套（针织布基）、包、箱、袋、服装及家具。聚氯乙烯泡沫人造革经砂磨机研磨后制得绒面革，适于做运动鞋的的包头和镶边材料。

聚氨酯人造革均以起毛布为底基，其具有良好的透气性、透湿性、耐化学品性，手感丰满、外观漂亮、质地柔软、保暖、手感不受冷暖变化的影响等优点，主要性能均优于聚氯乙烯人造革。聚氨酯人造革根据生产工艺方法的不同，又分为干法和湿法两种。干法聚氨酯人造革可以用于制作鞋、服装、袋、箱包、雨衣等。湿法聚氨酯人造革可以用于制作高档鞋面、凉鞋皮箱、服装及包等。

聚酰胺人造革又称尼龙革，这种革具有强度高，外观、手感好等特点，但没有橡胶弹性，柔软性不够好，缺乏真皮感。然而，散热、透湿性均优于聚氯乙烯人造革。因此，常用于制作箱包，也用于书籍装订、制作塑料鞋等。

聚乙烯人造革除具有人造革的共同特性外，它的重量相对较轻，挺实、表面滑爽，适合制作包、袋及帽口等制品。

**2. 合成革的性能和用途** 由于人造革接近于天然皮革，是天然皮革的理想代用材料。聚氨酯合成革的性能是由基材的合成纤维本身的长度、纤度以及织物密度等所决定的，也取决于聚氨酯微细多孔层的厚度、材质以及组成等，其性能也受表面装饰层材质的影响。总之，影响合成革性能的因素很多，但关键因素是胶料本身的性能。

合成革的用途广泛，它不仅在日用工业上可用于制作皮包、皮箱、服装、皮鞋、球类等日用品，而且在重工业方面可用于制作柔性容器、管道以及输送带等，是经济建设与人民生活中不可缺少的一种新材料。

概括来说，人造革与合成革大量地用于制鞋、箱、包、袋、服装、雨衣、手套、座椅及沙发的包装材料，除此之外，还可用于制作篷盖布、球类、安全服、安全障碍物、柔性容器、储槽内衬、气垫结构材料、气垫船、气袋、管子塞头、热气球、紧急滑梯、房顶材料、排污系统衬里、垃圾倾倒系统衬层、软管道、凹版印刷用毡和吸音材料等。

## 五、人造革与合成革的发展方向

我国合成革年产量占世界年总产量的 80% 以上，其中超纤革是主要发展方向。超纤革真正实现了模拟天然皮革的结构形态，在强度、舒适性、透气透湿性、耐化学性、抗皱性、耐磨性、可加工适应性以及质量均一等诸方面优于天然皮革，是替代天然皮革的最佳产品。世界范围内天然皮革价格快速增长，促使了合成革日新月异的发展，而新型纤维、超细纤维、化学黏合剂及工艺的开发又加速了这一发展进程。在皮革代用材料多年的发展过程中，其基材也在不断地发展完善，两者相互促进，从一开始的机织布、针织布发展到物性优良的非织造布。正由于非织造布的三维结构与天然皮革"网状层"中的骨胶原纤维连续交络的组织结构极为相似，再经高分子乳胶浸渍处理后，其强力、柔软性、透气性、吸湿性及附着力都有明显的改善，并得到较好的"仿真"效果，因此，非织造合成革基布在近年来得到了较快的发展。当前非织造技术发展的一大趋势是各工艺之间互相渗透，并向混杂化、复合化方向发展。超细纤维非织造基材在合成革领域的应用充分体现了这一发展趋势，从而拓展了非织造材料的新用途。

# 第二节 超细纤维及其性能特点

天然真皮的基本成分主要是束状超细胶原纤维，超细纤维具有与胶原纤维中的原纤维的纤度，因此，只有用超细纤维做成的基布作为合成革的基底才能实现对皮革的仿真超真。

## 一、超细纤维的定义

对于超细纤维，国际上至今没有一个统一的定义，美国的 PET 委员会将单丝线密度为 0.3 ~ 1.0dtex 的纤维定义为超细纤维，AKZO 认为超细纤维的上限应为 0.3dtex，意大利则将 0.5dtex 以下的纤维称为超细纤维，日本将单丝线密度为 0.55dtex 以下的纤维定义为超细纤维。在我国纺织工程专业统编教材中，规定单丝线密度小于 0.44dtex 的化学纤维称为超细纤维。在我国国家标准中规定的是纤度在 0.4 旦以下的化学纤维。表 15-1 列出了 AKZO 公司对纤维线密度的分类。

表 15-1　AKZO 公司对纤维纤度的分类

| 线密度（dtex） | 分类 | 线密度（dtex） | 分类 |
| --- | --- | --- | --- |
| >7.0 | 粗旦纤维（grabe-fibers） | 1.0 ~ 0.3 | 微细纤维（microfibers） |
| 7.0 ~ 2.4 | 中旦纤维（general-fibers） | < 0.3 | 超细纤维（ultrafine-fibers） |
| 2.4 ~ 1.0 | 细旦纤维（fine-fibers） | < 0.1 | 超极细纤维（super ultrafine-fibers） |

## 二、超细纤维与合成革性能之间的关系

人造麂皮又称人造绒面革，是合成革的重要品种之一。由于这种绒面革是天然麂皮经过干燥磨绒和染色制得的，所以得名麂皮。后来，因为用猪、羊、牛皮生产的绒面革与麂皮相似，所以也叫麂皮。天然麂皮的绒毛是由胶原质的底版为主体结构，经过表面涂有金刚砂的研磨辊研磨，将皮革的网状蛋白质擦毛，在底版的表面产生了一层很细的绒毛，通过电子显微镜观察到其表面是互相交织的纤维簇，底根和绒毛的纤维极细，这种细密的纤维毛层赋予了麂皮特有的外观风格——"书写效应"。天然麂皮因其绒毛密集细腻，不损伤镜面，因此广泛用于光学等工业领域。由于其手感丰满柔软，也大量用于猎装等外衣面料，从此，需求量日益增长。但由于受到资源、产量、价格等限制，天然麂皮在很长的岁月里只限于有钱人使用。为满足更多消费者的需求，人们开始寻求其代用品，即仿麂皮。

作为人造麂皮的基布，必须容易起毛，绒毛微细致密，要有一定的强度、耐磨性、透气性、透湿性，同时悬垂性也要好。只有选用超细纤维才能获得以上效果。人造麂皮的风格强烈地依赖于超细纤维的线密度，线密度越小，直径越细，绒面的绒毛均匀性越好，书写效应越明显，皮质感越好，手感越柔软、光滑、细腻，仿真效果越好。所以，从某种程度上说，现代麂皮绒是随着超细纤维技术的发展而发展的。纤维线密度与绒面效果关系见表 15-2。

表 15-2　纤维线密度与绒面效果关系

| 纤维线密度（dtex） | 手感 | 绒毛均匀性 | 书写效应 |
| --- | --- | --- | --- |
| 1.1 | 粗糙 | 稀疏 | 无 |
| 0.56 | 有丝鸣声 | 不太均匀 | 几乎无 |
| 0.22 | 平滑 | 均匀性一般 | 弱 |
| 0.11 | 类似皮革 | 较好 | 很明显 |
| 0.011 ~ 0.0011 | 真皮，细腻柔软光滑 | 均匀性好 | 非常明显 |

## 三、超细纤维的生产技术

超细纤维的生产技术主要有海岛型超细纤维生产技术、分离型超细纤维生产技术、熔喷法超细纤维生产技术和静电纺丝。其中合成革用超细纤维的生产主要采用海岛型超细纤维生产技术和分离型超细纤维生产技术。

**1. 海岛型超细纤维生产技术**　已工业化生产超细纤维的方法中，海岛型纤维纺丝技术是目前为止能生产出最细的超细纤维技术。海岛纺丝技术使一束丝以一根常规丝的形式进行纺丝和织造等加工，对织物进行处理，除去"海"组分后使纤维达到 0.5 ~ 0.001dtex 的细度。海岛型超细纤维的出现是超细纤维生产的一个里程碑。海岛纤维生产高级合成革已成为国际人工制革的发展趋势，其跨越了四个产业领域及相关专门技术，即海岛纤维生产技术、海岛纤维基布生产技术、海岛纤维合成革生产技术和合成革染整后加工技术，它们是国内外制革行业及相关产业关注并研究的重点。

海岛型纤维（图 15-1）又称基质原纤纤维，它是由一种聚合物以极细的形式（原纤）包埋在另一聚合物（基质）之中形成的。因分散相原纤在纤维截面中呈岛屿状态，而连续相基质呈现出海的状态，因此，被形象地称作海岛纤维。把可溶性的"海"组分溶掉后，就得到了超细的原纤束。常用的海岛法有两种：一种是复合纺丝法，将两种聚合物通过双螺杆复合纺丝机和特殊的喷丝头组件，进行熔融纺丝，其中一种聚合物有规则地分布于另一种聚合物中，此法可纺制长丝；另一种是共混纺丝法，将两种聚合物共混纺丝，一组分（"岛"组分）随机分布于另一种组分（"海"组分）中，可制得短纤维。海岛法可自由变化"海" / "岛"比例，控制纤维的

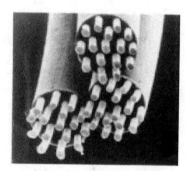

图 15-1　海岛型超细纤维的横截面示意图

线密度和截面形状。为降低成本，应尽量减少溶解组分的量，即"海"组分越少越好，但应综合平衡考虑使溶剂对可溶性组分具有良好的接触溶解条件。

海岛纤维的"岛"组分一般采用聚酯（PET）或聚酰胺（PA）；"海"的组分可以是聚乙烯（PE）、聚酰胺（PA 或 PA66）、聚丙烯（PP）、聚乙烯醇（PVA）、聚苯乙烯（PS）以及丙烯酸酯共聚物或改性聚酯等。"岛"的数量从 16、36、64 到 200，甚至可以达到 900 或 900 以上。"海"与"岛"的比例从原来的 60 ∶ 40 演变为 20 ∶ 80，甚至 10 ∶ 90。目前市场上流行的海岛型超细纤维"岛"组分为聚酯，"海"组分为可溶性改性聚酯，"岛"在纤维中呈长丝状，数目为 37，"海"与"岛"的比例为 20 ∶ 80。所得"岛"纤维线密度一般在 0.11 ~ 0.0011dtex，甚至，日本已经在实验室里生产出了目前世界上最细的超细纤维，单丝线密度仅为 0.000099dtex，仅需 4.16g 这种超细纤维就能将地球和月球连接起来。

海岛纤维形成的机织物、针织物和非织造布基材经开纤处理后，"海"被溶掉，使得织物不丰满，因此，海岛纤维一般与高收缩纤维复合使用，现在市场上所用的海岛纤维是海岛纤维和高收缩纤维的混纤丝。高收缩纤维（High-Shrinkage Fiber, HSF）是一种具有

潜在收缩性能的纤维，一般来说，把沸水收缩率大于25%的纤维称为高收缩纤维。常见的高收缩纤维为聚丙烯腈纤维（腈纶）和聚酯纤维（涤纶）两种。目前在海岛纤维市场上，能稳定地应用于复合生产的高收缩纤维，基本上属于共聚酯法生产的FDY。高收缩聚酯纤维具有低结晶、高取向的超分子结构特点，在适当的温度下受热时，由于其结晶度低，对大分子链段运动的束缚力小，使得非晶区高取向的大分子解向，从而产生纤维宏观上的高收缩。

**2. 分离型超细纤维生产技术**

将两种热力学不相容的聚合物经两个单螺杆挤出机分别熔融后，通过复合纺丝的方法经特殊的纺丝组件后，能形成不同类型的分离型纤维，通常有中空橘瓣型［图15-2（a）］、有芯橘瓣型［图15-2（b）］、多层型［图15-2（c）］等，再经过机械、化学开纤的方法来得到超细纤维。这种方法主要通过提高两种组分的分裂数来达到所需纤维的细度，机械分离开纤主要有水刺、针刺工艺，化学开纤工艺是将其中一种组分溶去，剩下的即为超细纤维；目前，这类超细纤维的线密度能够达到0.1dtex。

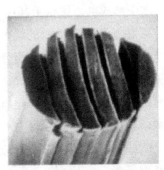

(a) 中空橘瓣型　　　　　　　　(b) 有芯橘瓣型　　　　　　　　(c) 多层型

图15-2　分离型超细纤维的横截面图

## 四、超细纤维的特性

**1. 浆丝**　机织物是超细革的重要基布之一，为了提高纱线的可织性，浆丝是经纱准备中最关键的一道工序，合理的浆丝工艺对织造生产效率及产品质量至关重要，必须严格控制上浆率、回潮率和伸长率。海岛型超细纤维长丝加工也不例外，特别要注意的是，由于海岛超细纤维单丝很细且被"海"组分包围着，而且海岛丝中含有高收缩丝，对温度很敏感，所以制订烘干温度工艺时须格外注意。温度过高，浆纱过程中高收缩丝会产生较大的收缩，而在后加工时收缩较小，严重影响最终产品的绒感和风格特征。相反，如果温度过低，则会烘不干丝，导致丝粘连，织造时开口不清。

**2. 染色**　涤纶超细纤维在染色速度、匀染性、显色性和色牢度等方面都具有明显的特殊性。

（1）超细纤维线密度小，表面积大，吸附染料快、扩散慢，所以匀染性较差。

（2）超细纤维的光反射系数较大，要染得同样深度的色泽，染料用量要比普通纤维高出 30% 以上。

（3）超细纤维织物的耐晒色牢度、耐升华色牢度、耐摩擦色牢度等都比常规合纤有所下降。所以要合理地选择染色设备、染料、助剂和工艺，以保证获得较好的染色效果。

# 第三节　超细纤维合成革

天然皮革中，胶原纤维束的三维网络结构类似随机三维立体结构，而非织造布正好能满足这个要求。因此，仿天然皮革一般都以非织造布为浸胶基布，但也有以平面织物为骨架，两面铺上一些超细短纤维形成的薄片层，然后用水刺等固结手段，将超细短纤维与平面织物结合在一起，形成近似随机三维立体分布的纤维结构。另外，超小的线密度可以做得和胶原纤维中的原纤维相近，用成束的超细纤维加工成非织造布，经浸渍、涂层后再经过适当的后整理，由此得到的产品在外观质量上都可以做得酷似天然皮革，甚至在某些性能上还好于天然皮革。

## 一、超细纤维合成革的生产技术

超细纤维合成革的生产包括四个步骤：超细纤维的制造、超细纤维非织造布的加工、超细纤维合成革基布的加工和超细纤维合成革成革加工。

**1. 超细纤维的制造**　目前，纺织用超细纤维通过复合纺丝的方法制得，主要包括海岛型超细纤维和橘瓣型超细纤维（第二节已介绍）两种。

**2. 超细纤维非织造基材的成形**　当今合成革不仅要求外观类似真皮，而且要求产品内部及截面也类似真皮。而传统的机织布基是无法达到上述要求的。非织造布作为新一代的基布，具有三维网络状的纤维结构和较佳的厚薄均匀度及表面平整度，拉伸强度高、柔软、质轻强韧并且质量稳定性好。非织造布基布作为合成革的主要支撑材料，它的性能好坏是影响合成革质量的重要因素。目前先进的针刺非织造布加工技术可以将海岛纤维加工成三维立体络合基材，使络合密度达到高于天然真皮的密度，其外观特征和内在结构特性均接近或达到真皮标准。目前，合成革基布仍主要采用针刺法非织造布。针刺法生产非织造基布工艺如下：开包机—桥型磁铁—粗开松机—多仓混棉机—精开松机—桥型磁铁—储棉箱—喂棉箱皮带称重系统—梳理机—铺网机—预针刺机—主针刺机—修面针刺机—储布卷绕机—圆网定型机—三滚烫平机—切边卷绕机。也有部分产品采用水刺加固。

对于橘瓣型超细纤维非织造材料，其加工技术是通过双组分纺粘工艺纺制桔瓣型长丝并直接铺网成型，再利用高压水流的冲击力对纤维进行裂离开纤，并使纤维相互缠结而形成超细纤维非织造布。瓣型纺粘水刺超细纤维非织造布的加工工艺具有工艺流程短、生产速度快、无污染、产品力学性能好等优势，而且所制备的纤维纤度可达 0.075 ～ 0.175 旦，与真皮胶原纤维的直径相近。

**3. 聚氨酯树脂整理**　聚氨酯从大的方面可分为两类，即溶剂型聚氨酯和水系聚氨酯。前者是以有机溶剂为分散连续相的系统，后者是以水为分散连续相的系统。聚氨酯树脂整理主要有干法和湿法两种。干法整理可分为直接涂层和转移涂层两类。湿法整理可分为直接涂敷法、薄膜法和聚氨酯湿法凝固法。超细纤维合成革主要采用湿法中的聚氨酯湿法凝固法整理。目前湿法凝固所用的聚氨酯还以溶剂型单组分聚氨酯为主。溶剂二甲基甲酰胺（DMF）及其他必要的助剂和着色剂与水以一定配比混和作为凝固浴。

聚氨酯树脂整理工艺路线为：非织造基材预处理—PVA 预处理—浸渍聚氨酯溶液—聚氨酯湿法凝固—热水洗—干燥—合成革半成品。

由上道工序生产的针刺非织造布作为合成革基材经 PVA 预处理后浸渍聚氨酯溶液，然后用溶液水洗凝固，这时候基材里面含有 PVA，还得用热水处理，再干燥以备下道工序用。该工艺得到的聚氨酯膜具有微孔结构，且微孔结构可调控，因此，该类产品手感柔软、丰满，具有良好的透湿、透气性能，更接近于天然皮革的风格和外观。

**4. 开纤** 开纤处理工艺是合成革加工的关键工序，对超细纤维合成革基布的机械性能和透气性能有较大影响，直接决定着超细纤维合成革的性能和产品质量。对于海岛型超细纤维主要用溶解法（也可采用甲苯萃取法）对其进行开纤，该方法是利用纤维中两种聚合物对某种溶剂（碱溶液或热水）有不同溶解能力，将此种超细纤维放置在配置好的溶液或溶剂中溶解其中的一种组分，剩下另外的组分，即为超细纤维。其中最常用的碱处理开纤法又包括"前碱法"和"后碱法"。顾名思义，"前碱法"是指在超纤革加工工序中将碱处理开纤工艺放在聚氨酯浸渍工艺之前；"后碱法"是指在聚氨酯浸渍后再进行碱处理开纤工艺。和"前碱法"相比，"后碱法"的产品性能和手感更佳，更适合合成革的生产。目前的海岛复合纤维，多数以 COPET（水溶性多元共聚酯）为"海"组分，而以 PET 为"岛"组分，以其为例介绍海岛型超细纤的开纤原理。PET 为对苯二甲酸乙二酯，COPET 是以对苯二甲酸二甲酯（对苯二甲酸及乙二醇）为主要原料，与间苯二甲酸二甲酯 -5- 磺酸钠（SIPM）或间苯二甲酸双羟乙酯 -5- 磺酸钠（SIPE）及其他第四、第五单体，经酯交换（或酯化）缩聚反应制成的共聚酯。COPET 和 PET 均能与 NaOH 溶液发生反应（图 15-3 和图 15-4 所示），海岛复合纤维的开纤，实际上是控制两个具有不同反应性酯键在碱性溶液

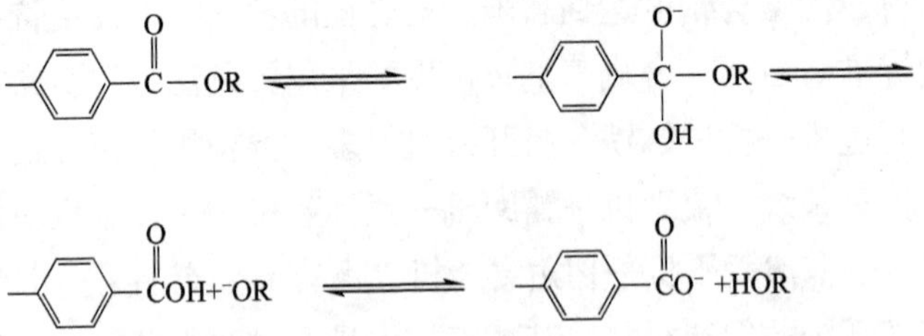

图 15-3 聚酯（PET）与 NaOH 反应

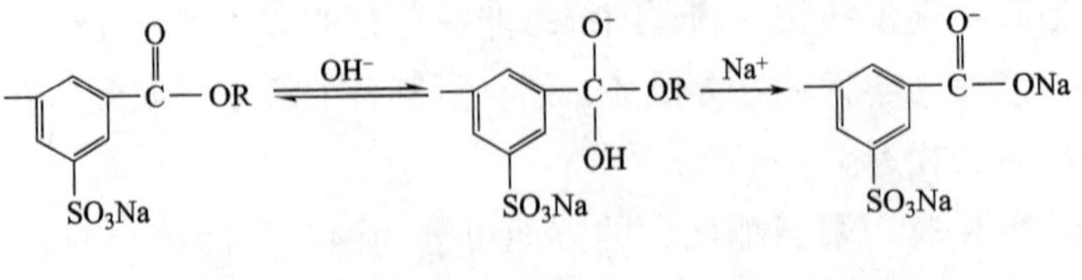

图 15-4 改性聚酯（COPET）与 NaOH 反应

中的水解，其碱水解反应与均相酯碱水解相似，属于亲核加成反应机理。

不同酯键的碱水解速率取决于中间体的亲核加成速率和中间体转化成产物的消除反应速率。其中亲核加成速率是关键，它受羰基碳原子上的电子云密度和空间效应的影响。苯环上的磺酸基在形成中间体时增加了空间位阻；同时由于磺酸基具有强烈的吸电子性，使苯环的电子密度明显变小，羰基碳原子的正电性增强，促进了亲核加成反应。在相同的碱处理条件下，海岛复合纤维的"海"组分（COPET）碱减量率大于"岛"组分（PET），而且 COPET 的亲水性和超分子结构都提供了易于碱水解的客观条件。

开纤技术直接决定海岛纤维合成革的风格和质量，开纤过程涉及温度、时间、浴比、助剂、碱液浓度等众多因素，使织物的开纤变得较为复杂。如果开纤不彻底，即"海"组分没有完全溶掉，不利于后道磨毛（拉毛）加工，影响织物的手感；由于"海"组分对染料的吸附率和吸附量与"岛"组分不同，会造成产品染色色光不稳定和色牢度较差，如果开纤过度，即不但将"海"组分完全溶掉，还溶掉一部分"岛"组分，也会影响产品的质量，带来不必要的经济损失。

## 二、发展趋势

**1. 低成本、短流程**　现在的超纤合成革主要以海岛型超细短纤维为原料，通过短纤维梳理成网和针刺加固的方法制得基布，后续还要经过开纤工序，工艺路线长，成本高。目前，已有用通过双组分纺粘工艺纺制橘瓣型长丝并直接铺网成型，再利用高压水流的冲击力对纤维进行裂离开纤，并使纤维相互缠结而形成超细纤维非织造布，工艺流程短，成本低，将会是未来的发展趋势之一。

**2. 清洁、环保加工技术**　目前，超纤革主要以海岛型（聚乙烯/聚酰胺 6 或聚酯/水溶性聚酯）超细纤维非织造布为增强材料，以聚氨酯为基体，在减量和制革过程中，会不可避免地造成甲苯和碱液（开纤过程）、DMF（制革过程）等有机溶剂、废液的污染和残留，带来严重的环境危害。随着人民生活水平的提高和环保意识的增强，国家对环保提出了更高的要求，清洁、环保加工技术将会是未来的另一发展趋势。上述通过双组分纺粘工艺纺制橘瓣型长丝并直接铺网成型，再利用高压水流的冲击力对纤维进行裂离开纤，并使纤维相互缠结而形成超细纤维非织造布的技术，不但工艺路程短，且加工过程中不使用有机溶剂或碱液，绿色、环保。

另外，溶剂型聚氨酯虽然效果好，但其由于使用到了 DMF，会产生环境污染，而水性聚氨酯以水为分散介质，具有无毒、低 VOC 等环保方面的优点，已成为合成革行业传统溶剂型聚氨酯的理想替代品。

**3. 原料线密度混杂技术**　天然皮中的胶原纤维在疏松结缔组织中排列成束，彼此交织吻合，纤维束常有分支，粗细不一。要实现人造皮革的仿真效果，除了要求高克重、高密的纺织品作为基材外，基材中纤维应粗细不一，因此，选择不同线密度的海岛纤维或分离型超细纤维加工成基布，经开纤处理后，基布中不同粗细、长短的纤维以三维状态缠结在一起，与真皮胶原纤维分布接近，实现人工皮革的仿真效果，也是超纤革的发展趋势。

## 思考题

1. 阐述人造革和合成革的定义和分类及它们的异同。
2. 简述人造革和合成革的性能特点。
3. 简述机织麂皮绒织物生产的工艺流程。
4. 简述超细纤维合成革生产的工艺流程。
5. 讨论麂皮绒织物的发展趋势。
6. 讨论超细纤维合成革的发展趋势。
7. 查阅资料讨论甲苯萃取对超细纤维合成革基布开纤技术工艺。
8. 为什么说未来超细纤维合成革有工艺流程短、成本低的发展趋势？

## 参考文献

［1］丁双山. 人造革与合成革［M］. 北京：中国纺织出版社，1998.

［2］段亚峰，胡玲玲，刘庆生. 小花纹麂皮绒织物的染色性能［J］. 纺织学报，2007（07）：82-85.

［3］段亚峰，刘庆生. 小花纹麂皮绒织物的减量处理［J］. 纺织学报，2006（07）：63-66.

［4］段亚峰，陈笠，刘庆生. 海岛型复合超细涤纶丝麂皮绒产品的设计与开发［J］. 毛纺科技，2006（03）：35-38.

［5］刘庆生. 涤纶海岛丝麂皮绒织物的开发和染整工艺研究［D］. 西安工程大学，2006.

［6］赵宝宝，钱幺，刘凡等. 中空橘瓣型超细纤维/水性聚氨酯合成革的制备及性能［J］. 复合材料学报，2017，34（11）：2392-2400.

［7］陈杨. 橘瓣超纤水性服装革的开发与性能研究［D］. 天津：天津工业大学，2016.

［8］杨友红. 海岛纤维贝斯革聚氨酯湿法凝固及开纤工艺研究［D］. 上海：东华大学，2008.

［9］黄毅. COPET/PA6海岛型超纤革基布开纤工艺研究［D］. 杭州：浙江理工大学，2015.

［10］Tatsuya Hongu，Glyn O. Phillips，Machiko Takigami. New millennium fibers［M］. Cambridge，England：Woodhead Publishing Limited and CRC Press LLC，2005.

［11］钱国春. 高仿皮绒及其制造工艺：中国，CN201410423424. 9［P］. 2016-04-20.

# 第十六章 过滤与分离用纤维制品

纤维制品在保护人类健康和保护环境方面大有可为，尤其是在空气过滤和水过滤与分离方面起着重要的作用。专家认为，纤维制品在这方面还有巨大的潜力等待挖掘。织造和非织造纤维材料具有多种多样的不同特性，如过滤效率、耐化学性、耐热性、渗透性、强度以及耐久性等，可以满足不同的过滤环境的要求。而非织造纤维材料可以通过多种网状结构和黏结工艺生产过滤材料，通过定制非织造纤维孔隙大小、结构可以降低过滤阻力、提升过滤效率。纤维过滤材料具有挠性、轻便、柔软、易加工、可定制等特点，可以根据实际需要进行特殊整理以达到各种特殊用途的过滤效果，所以备受广大用户的欢迎。国内过滤用纤维制品的研究、生产、测试和应用已形成一个较完整的体系，高效空气过滤材料的研发已经采用高性能纤维、碳纤维等。国内过滤与分离用纤维制品2017年我国经济结构加速调整，产业用纺织品行业面临着更为复杂的发展环境，生产的增速回落至4%，全年纤维加工总量为1508.3吨，其中，过滤与分离用纤维制品年产量约为130.9万吨，增长率为8.2%。

## 第一节 过滤与分离用纤维制品概况

### 一、过滤与分离用纤维制品定义

过滤是指借助粒状材料、纤维状材料或多孔介质截除分离悬浮在气体或液体中的固体物质颗粒的一种单元操作，用一种多孔性的材料（过滤介质）使悬浮液（气体）中的气体或液体通过，被吸附、拦截下来的固体颗粒存留在过滤介质上形成滤饼。这是最初的过滤的概念，主要包括固/气分离和固/液分离。随着社会的发展，过滤的概念逐渐拓展开，涉及固/气分离、固/液分离、液/液分离、液/气分离。现如今，过滤已经囊括了所有的分离与吸附行为。

因此，过滤与分离用纤维制品可以定义为：一类由一种或多种纤维材料通过织造、非织造、简单组合形成的纤维集合体，可以使单相或多相悬浮液或气体中的一种或多种组分通过，截留不可通过的组分的材料。

### 二、过滤与分离用纤维制品分类

常用的过滤材料根据其结构可以大致分为粒状介质、多孔性固体介质及纤维集合体介质过滤材料等（表16-1）。

粒状介质如细沙、木屑、石英砂等，介质粒度的大小取决于需要滤出悬浮液中固体粒子的大小及滤液性质。这类介质可以捕集小于$1\mu m$的微粒。城市工业污水处理厂中的砂滤系统、啤酒过滤、炼油厂的精制、白土过滤等。活性炭由木屑、无烟煤等经过高温炭化和活化制得，由碳原子微晶体构成的孔隙结构具有比表面积大的特点，使其能够有效吸附

表 16-1　过滤介质的分类及能截留的最小粒径

| 粒状介质 | 多孔性固体介质 | | 纤维集合体介质 | |
|---|---|---|---|---|
| 活性炭（一）<br>无烟煤（一）<br>木屑（一）<br>石英砂（1）<br>石榴石（1）<br>硅藻土（<0.1）<br>珍珠岩（<0.1）<br>细沙（一）<br>玻璃渣（一） | | 金属条筛（100）<br>多孔陶瓷（0.2～1）<br>多孔塑料（10）<br>多孔玻璃（0.1～3） | 织物 | 金属丝网（5～40）<br>天然纤维布（5～10）<br>合成纤维布（5～10） |
| | 烧结金属 | 纤维毡（3～59）<br>粉末（5～55）<br>多层网（2～60） | 非织造材料 | 板状金属筛（20）<br>滤纸（2～5）<br>滤片（0.5～20）<br>毡（10）<br>非织造布（0.5～10）<br>静电纺纤维膜（0.1～5） |
| | 高分子膜 | 精滤膜（0.1～10）<br>超滤膜（0.001～0.1）<br>反渗透膜（0.001～0.01） | | |

分离有机物气体。

　　多孔性固体介质如烧结金属、高分子膜等，不同种类介质的孔隙尺寸差距较大。多孔陶瓷、多孔塑料、金属纤维烧结毡等是通过陶瓷、金属及塑料的细粉在高温下烧结成型。通过对细粉粒度、烧结温度、压力、时间及黏结剂配方的控制来制得空隙均匀，渗透性、孔隙率和形状各异的过滤介质。该类过滤材料具有耐高温、耐腐蚀性等特点，在高温过滤领域应用较广。

　　纤维集合体介质可以由金属材料如不锈钢丝、镍丝等组成，也可以由非金属材料如棉、毛、丝、麻、合成纤维、玻璃纤维等组成。使用的滤材称为滤布，可以捕集 0.02～100μm 的微粒。由于纤维集合体柔软、易弯曲、弹性好，而且可以通过调节纤维种类、直径、长度和滤布纤维密度、组织形式、孔径结构等多种变化来达到各种不同过滤要求。纤维集合体介质广泛地应用到燃煤电厂、水泥、钢铁、制药、食品、汽车制造、医疗卫生、空气净化、水质处理等工业、环保和日常生活的方方面面。

　　**1. 织物类滤料**　织物类滤料主要以滤布的形式存在，根据其织造工艺的不同，可以分为机织物、针织物。

　　（1）机织物。机织物滤布主要由平纹、斜纹和缎纹组成（图 16-1）。斜纹织法能产生对角线的斜纹线，在单位长度的布上能填塞更多的纬纱线，因而织成的布体积更大，与平

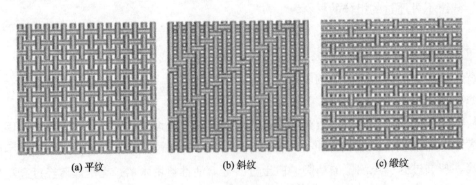

(a) 平纹　　　　　　　　　　(b) 斜纹　　　　　　　　　　(c) 缎纹

图 16-1　机织物纹织示意图

纹布相比，斜纹布更柔韧、更容易安装到过滤装置上。缎纹织法通过使用较宽的交织点间距而进一步扩大了斜纹织法的概念，该法能织造出表面光滑的布，最为柔软。这种布除了容易卸除滤饼之外，还降低了微粒在滤布内部被捕捉的可能性。但是缎纹布单根纱线暴露在外，因此不耐摩擦。

在三种织造方法的基础上，还有多层结构的机织滤布，既具有机织单层滤布的强力高、耐用性好的优点，又具有非织造滤布的深层过滤、梯度过滤的优越性能，同时克服了单层机织滤布只进行表面过滤和非织造耐用性差、强力低的缺点。多层结构的织物可采用连锁织物结构和六边形的联合体。增加织物的层数，可以提升多层机织滤布的透气量、集尘率、拉伸强力和耐磨性。对于耐磨性要求较高的过滤布，在织造多层产品时，应该考虑适当增加其经纬密度。

（2）针织物。针织物过滤材料通道弯曲迂回，能够阻挡很小的颗粒，达到更高的过滤效率，且强力较高。但是线圈结构导致尺寸稳定性差，过滤效率不稳定。针织物以线圈为基本单元相互钩接，结构变化多样、设计灵活，可以通过采用特殊材料和设计响应结构在一定程度上避免尺寸稳定性差的缺点。随着今年来无缝加工和一体成型技术的出现和应用，针织过滤材料的市场价值和发展潜力逐渐凸显。

针织气体过滤材料根据结构可分为网格织物、毛绒织物、弹性毛圈织物和三维间隔织物。网格织物是在成圈纱中引入衬经纱和衬纬纱，兼具机织和针织过滤材料的特点，其尺寸稳定性得到改善，又可以使经纬纱线减少因交织产生的织缩，具有良好的颗粒分离特性。毛绒织物表面的绒毛层可以使织物的孔隙不是呈简单的直通状态，尤其是使用超细纤维等特殊纤维原料时，绒毛层可以提升绒类过滤材料的过滤效率和清灰性能，优于普通针织过滤材料。针织绒类织物尺寸稳定性差，因此限制了该类过滤材料的发展。弹性毛圈织物可分为单向弹性织物和双向弹性织物，可以充分发挥高弹纤维的特性，一般采用氨纶等高弹纤维编织线圈，使用普通化纤编织毛圈，与普通结构的过滤材料相比，孔径和透过率更小，阻拦能力更高。在受到气体回流时，滤料在纵横向受到拉伸而发生形变，使得过滤孔隙变大，有利于清灰作业。三维间隔织物分为经编间隔织物和纬编间隔织物，由上下两个表面层和中间一个间隔层组成，该特殊的三维立体结构是间隔层中的纤维呈三维空间曲折分布，形成有无数微小孔隙的三维网状结构。因此具有较高的拦截效率。同时，间隔层的存在还可以提升流体的流动速度，提高过滤速度。

**2. 非织造滤料** 非织造滤料即非织造过滤材料，作为一种新型的纺织过滤材料，其内部呈现曲折的迷宫式多孔分布而表现出高效低阻的特征，具有优良的过滤性能，其产量高、成本低、可以与其他滤料复合加工，且容易在线复合、折叠、模压成型等深加工，对于纸基过滤材料和织物过滤材料有良好的替代作用。另外，非织造过滤材料还具有耐撕裂和穿刺、耐化学性、高持水度、高透气性以及优良的耐磨性、阻燃性、吸收油脂、高通量、良好的拉伸强度等诸多优点。针刺非织造滤料由于优良的通透性能、过滤性能和机械性能，被广泛应用作造纸压榨毛毯等多种产业用及生活用品非织造材料。水刺非织造滤料具有强度高、手感柔软、低损伤和换纺无污染等特点，产品表面平整无针孔、不掉毛、不起毛，相较于针刺非织造滤料，水刺非织造滤料具有更高的过滤精度和较低的过滤阻力。

**3. 滤纸与滤片**　滤纸和滤片是以纤维素材料和玻璃纤维为原料，利用造纸技术（湿法成网技术）制成。造纸用的材料还有合成纤维、陶瓷纤维和金属纤维等。纤维素滤纸主要有实验室用定性滤纸；工业上用在压滤机上的光滑纸和起皱纸；机动车上用于燃油、机油、空气过滤用滤纸。玻璃滤纸可以在高达500℃的温度下使用，也可以在低温下使用。工业上常将玻璃滤纸用在液体过滤、蓄电池隔离板和气体过滤三个方面。此外，还有聚四氟乙烯滤纸、不锈钢纤维纸、氧化铝纤维纸等。

滤片非常类似于很厚的滤纸，也是用湿法铺网制成的。滤片的结构较粗，硬度和刚度较大，滤片属于深层过滤介质，能从低浓度液体中除掉惰性粒子或生物粒子，使这些液体得以澄清或灭菌。因此，滤片常用在饮料、酒业及药品工业。

**4. 复合滤料**　在结合各类滤料特征的基础上，扬长避短，形成各种复合滤料，如织物类滤料与非织造滤料的复合、与多孔膜的复合等。

# 第二节　过滤与分离机理

## 一、过滤与分离机理

### （一）过滤形式

过滤主要分为表面过滤和深层过滤两种基本形式（图16-2）。

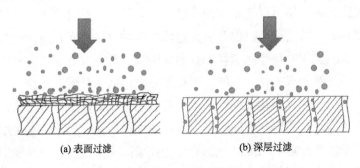

(a) 表面过滤　　　　　　　(b) 深层过滤

图16-2　两种过滤形式

### （二）过滤机理

**1. 表面过滤**　过滤介质有大的空隙，只要固体粒子的尺寸大于该孔隙，它们就会沉淀在过滤介质上，而尺寸小于孔隙的粒子，则随滤液一起通过介质。由于粒子是沉淀在介质的表面上，所以，此种过滤现象也称表面筛滤。这种过滤要求滤料的孔隙尽可能致密，但滤料的结构不能使过滤阻力过大，且滤渣要容易剥离。

**2. 深层过滤**　深层过滤具有复杂的混合机理。固体粒子在惯性力、液压力或布朗运动作用下，首先同孔隙流道壁相接触，然后粒子附在孔隙流道壁上，或者粒子在范德瓦耳斯力或其他表面力作用下彼此附聚在一起。这些力的大小和效果取决于水溶液中离子的浓度和种类及气体的湿度。

深层过滤捕捉粒子的主要机理有以下几类。如图 16-3 所示。

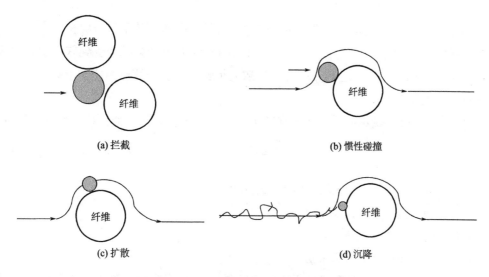

图 16-3 深层过滤机理示意图

（1）拦截。在无其他力作用下，固体粒子会随着流体的流线通过介质的颗粒层。因为流体以层流状态流过颗粒层，所以流线会绕过颗粒分开流动，并在颗粒后面再集中。如果固体粒子位于相距介质颗粒表面近的地方，也就是距离小于（$d_p$+$d_m$）/2 的地方，那么就会出现拦截。在这里 $d_p$ 是固体粒子的直径，$d_m$ 是介质颗粒的直径。

发生拦截的可能性与直径 $d_p/d_m$ 有关。如用无量纲参数 $I$ 表示直径比，$I$ 值越大，捕捉粒子的概率便越大。则有：

$$I = \frac{d_p}{d_m} \tag{16-1}$$

式中：$d_p$——悬浮固体粒子的直径，$\mu m$；

$d_m$——过滤介质的颗粒直径，$\mu m$。

（2）惯性碰撞。如果固体粒子的密度大于它所悬浮的液体，那么粒子就会经受惯性力的作用。借助惯性碰撞捕捉粒子的机理可这样形容：当悬浮液通过介质粒子之间弯弯曲曲的流道时，若固体粒子与液体之间的密度差很大，那么固体粒子将不追随流线方向的变化而改变运动方向。即粒子会因惯性而与介质颗粒相碰撞，直至被介质捕捉。

可用无量纲的斯托克数 $St$ 来表征效果：

$$St = \frac{g\,(\rho_s - \rho_t)\,d_p^2 \bar{u}}{18\mu d_m} \tag{16-2}$$

式中：$\rho s$——固体粒子的密度，$kg/m^3$；

$\rho t$——流体的密度，$kg/m^3$；

$d_p$——固体粒子的直径，$\mu m$；

$d_m$——介质颗粒的直径，$\mu m$；

$\bar{u}$ ——流体通过介质孔隙时平均速度，m/s；

$\mu$ ——流体的黏度，Pa·s。

$St$ 值越大，表示惯性碰撞的机会多，惯性力对粒子的作用效果好。

（3）扩散。悬浮液中含有的直径小于 $1\mu m$ 的固体粒子，会因为受到其周围做热运动的液体分子的碰撞，而获得进行布朗运动扩散的足够能量。连续碰撞使粒子有机会靠近介质的表面，直至被捕捉。

扩散系数 $D_{bt}$ 可以表示依靠扩散捕捉粒子的机会。$D_{bt}$ 值越大，捕捉粒子的机会便越大。

$$D_{bt}=\frac{KT}{3\pi\mu d_p} \tag{16-3}$$

式中：$K$ ——玻尔兹曼常数，$K=1.38\times10\text{-}23J/K$；

$T$ ——绝对温度，K；

$\mu$ ——流体的黏度，Pa·s；

$d_p$ ——固体粒子的直径，$\mu m$。

（4）沉降。当悬浮液朝下通过介质时，固体粒子会因重力沉降作用而沉淀。直径为 $2\sim10\mu m$ 的粒子的重力沉淀速度对快速过滤有重要影响。

如果将介质粒状层中的间隙视为微小沉淀池，则固体粒子的沉淀效果可用无量纲 $S$ 表征。$S$ 是斯托克沉降速度 $v$ 与粒子逼近速度 $u$ 之比，由下式给出：

$$S=\frac{v}{u}=\frac{g(\rho_s-\rho_t)d_p^2}{18\mu u} \tag{16-4}$$

式中：$u$ ——流体逼近速度，m/s；

$\rho_s$ ——固体粒子的密度，$kg/m^3$；

$\rho_t$ ——流体的密度，$kg/m^3$；

$d_p$ ——固体粒子的直径，m；

$\mu$ ——流体的黏度，Pa·s；

$g$ ——重力加速度，$m/s^2$；

$v$ ——固体粒子的沉降速度，m/s。

通常，$S$ 的范围是 $0\sim1.4$；当流体密度等于粒子密度时，$S=0$。显然，$S$ 的值越大，粒子越易沉淀，对过滤有利。

（5）流体动力的影响。当粒子悬浮在剪切力梯度的液体里时，粒子就会受到引起他们横过流体流线的作用。粒子受到不同剪切力的作用，是由于流线密度不同，引起粒子打转，而打转导致离子的移动。流体在圆柱形孔隙里运动，而处于该流体中的粒子的移动是几种效应综合作用的结果。

在过滤初期，尚无滤饼形成，也无粒子贯入介质孔隙中，过滤介质和液体是清洁的，液流是流速较低的层流。在这些前提条件下，法国人达西模拟电学欧姆定律提出了达西定律——支配砂滤层中水流动的定律。改进后的达西方程式，将一些参数联系起来：

$$\frac{\Delta p}{L} = \frac{\mu}{K_p} \cdot \frac{\mathrm{d}V}{\mathrm{d}t} \cdot \frac{1}{A} \qquad （16-5）$$

式中：$A$ ——过滤面积；

　　$\Delta p$——压差，Pa；

　　$L$ ——介质厚度，m；

　　$\mu$ ——液体黏度，Pa·s；

　　$K_p$——介质的渗透性系数，$m^2$；

　　$t$ ——过滤时间，s；

　　$V$ ——累积的滤液体积，$m^3$。

若令 $Q=\mathrm{d}V/\mathrm{d}t$ 和 $R_m=L/K_p$，则：

$$Q = \frac{\Delta p \cdot A}{\mu \cdot R_m} \qquad （16-6）$$

式中：$Q$ ——体积流速，$m^3/s$；

　　$R_m$——过滤介质阻力，$m^{-1}$。

实际情况下的过滤常常不是一种机理在起作用，而是两种或两种以上机理共同起作用的结果。

**3. 分散力**　它是指在纤维与颗粒距离非常近时出现分子吸引力。对于极性分子来说，即有永久偶极的分子，吸引力是偶极间电子相互作用产生的。在所有分子中，带正电的原子核和带负电的电子间都存在振荡现象，因而所有的分子其性状就像振荡的偶极。由偶极振荡形成的力称为分散力。该力是不饱和的，也就是说两个分子间相互吸引的同时，不妨碍被第三个分子吸引。

根据分散力的机理分析，对过滤材料的实际应考虑如下几点。

（1）为了获得最佳的过滤效率，应分析和选择制成纤维的高聚物和被过滤的颗粒是否带有偶极，以确定其引力大小，目的是选择能在表面迅速不断地建立尘饼的过滤布。

（2）从对分散力的分析中证实，颗粒的沉积与收集属于电磁现象，因而可进一步考虑为了过滤效率的提高，在实际滤材选择时必须尽可能地创造有大量电子活动中心的条件，促使颗粒被吸收到过滤材料上。因深层过滤的作用是在颗粒与组成滤材的纤维之间发生，所以纤维的表面是过滤过程的一个重要因素。要扩大纤维的表面积，一是选择表面积较大的纤维，如多孔纤维；二是选择直径较小的纤维，如纳米纤维。

**4. 过滤阻力**　过滤产生的流体阻力相当于细管中的层流阻力，它与流量或流速成正比。干式或湿式的过滤阻力有明显的不同，这些压力虽然由各自工艺的特殊情况来决定。但最终取决于最经济地满足所要求的过滤性能，即压力降与运转马力成正比。因此，希望压力降尽可能小些，以减少其动力消耗，降低成本。滤布的使用寿命随压力降变大而下降，清除滤渣的次数也影响滤布的使用寿命，因此压力降不要过大，同一粉尘负荷下，避免用压力降的滤料结构。

（1）干布滤布的压力降公式为：

$$\Delta p = \Delta p_{\text{o}} + \Delta p_{\text{d}} = \xi \mu u / g_{\text{o}} = (\xi_{\text{o}} + \xi_{\text{d}}) \mu u / g_{\text{o}} = (\xi_{\text{o}} + \alpha m) \mu_{\text{u}} / g_{\text{o}} \qquad (16\text{-}7)$$

式中：$\Delta p$——压力降，Pa；

    $\xi$——阻力系数，1/m；

    $\mu$——气体黏度，N/（m·s）；

    $u$——过滤速度，m/s；

    $g_{\text{o}}$——重力转换系数，N·m/（s$^2$·N）；

    $\alpha$——粉层平均比阻，m/N；

    $m$——堆积粉层的负荷，N/m$^2$。

    其中，下角标 o 为滤布本身；下角标 d 为堆积粉层。

（2）纤维层的压力降公式：

$$\Delta p = C_{\text{D}} \frac{2 (1-\varepsilon) \rho L}{\pi g_{\text{o}} D_{\text{f}}} u^2 \qquad (16\text{-}8)$$

$$C_{\text{D}} = 0.6 + \frac{4.7}{\sqrt{R_{\text{e}}}} + \frac{11}{R_{\text{e}}} \qquad (16\text{-}9)$$

式中：$\Delta p$——压力降，9.8Pa；

    $C_{\text{D}}$——阻力系数；

    $\varepsilon$——空隙率；

    $\rho$——气体密度，kg/m$^3$；

    $L$——纤维层厚度，m；

    $u$——过滤速度，m/s；

    $D_{\text{f}}$——纤维直径，m；

    $g_{\text{o}}$——重力转换系数，（9.8kg·m）/（kg·s$^2$）。

（3）湿式过滤的压力降公式为：

$$q = \frac{1}{A} \frac{\text{d}V}{\text{d}\theta} = \frac{\text{d}v}{\text{d}\theta} = \frac{g_{\text{o}} \Delta p}{\mu R} = \frac{g_{\text{o}} \Delta p}{\mu (\alpha \omega + R_{\text{o}})} \qquad (16\text{-}10)$$

式中：$q$——平均过滤速度，m/s；

    $V$——滤液量，m$^3$；

    $\theta$——时间，s；

    $A$——过滤面积，m$^2$；

    $v$——单位过滤面积的滤液量，m$^3$/m$^2$；

    $\mu$——液体黏度，kg/（m·s）；

    $R$——过滤阻力，1/m；

    $R_{\text{o}}$——滤材阻力，1/m；

    $\Delta p$——压力降，9.8Pa；

    $g_{\text{o}}$——重力转换系数，（kg·m）/（kg·s$^2$）；

    $\omega$——单位过滤面积的滤渣干燥质量，kg/m$^2$；

$\alpha$——过滤比阻，m/N。

因为滤料的使用寿命与压力降有关，所以通过对滤料的压力损失计算，可推测出滤料的耐用性能。

# 第三节　过滤与分离材料性能要求、影响因素及测试方法

20世纪50年代，非织造工业在国际上开始迅速发展，使过滤材料的发展翻开了新的一页，而化纤业的崛起为空气过滤材料提供了丰富的原料。过滤分离用纤维原料的分类方法有很多，按原料的种类可分为天然纤维和化学纤维。

天然纤维按属性可分为棉麻等以纤维素为主要成分的植物纤维、蚕丝羊毛等以蛋白质为主要成分的动物纤维，以及一般以矿石形式存在的矿物纤维，主要有石棉等。

化学纤维是指经过化学处理与机械加工而制成的纤维，根据处理方法不同可分为再生纤维，如黏胶纤维、醋酯纤维；以及合成纤维，主要有涤纶、腈纶、丙纶、玻璃纤维、芳纶、聚苯硫醚（PPS）、聚酰亚胺、高强高模聚乙烯等高性能纤维。

## 一、对滤料的性能要求

滤料的种类很多，应用范围也很广，涉及各个行业，因此，对滤料的要求也千差万别，不同的场合、不同的过滤条件，对滤料的性能要求也有差异。

**1. 捕集效率**　捕集效率即集尘率、过滤效率、净化效率。捕集效率应能满足规定的百分率。捕集效率与滤料的结构参数有关，一般短纤维比长丝的捕集效率高，非织造布比机织布的捕集效率高。一般纺织品滤料均可达到99.5%以上的捕集效率。

在纤维层过滤中通常成立以下对数穿透定律：

$$\eta=1-\exp\left\{-\frac{4(1-\varepsilon)L}{\pi\varepsilon D_f}\eta_\varepsilon\right\} \tag{16-11}$$

式中：$\eta$——综合捕集效率；

$L$——纤维层厚度，m；

$\eta_\varepsilon$——每根单纤维的捕集效率；

$\varepsilon$——孔隙率；

$D_f$——纤维直径，m。

**2. 透气性**　透气性指在一定的压差下，滤料单位面积通过的空气量。透气性是滤料很重要的一个指标。原料不同，透气量也不同。透气性与过滤阻力有直接关系。透气性好，则过滤阻力小，能耗低。在设计上应根据不同用途要求，选择不同的原料、组织结构等。另外，各国在测量透气量时所规定的定压差值不完全相同，如日本、美国采用127Pa（12.7mmH$_2$O），瑞典采用100Pa（10mmH$_2$O），德国采用200Pa（20mmH$_2$O），我国采用130Pa（13mmH$_2$O）。

**3. 容尘量**　容尘量指滤料达到指定阻力时，单位面积积存的粉尘量，以kg/m$^2$计。

容尘量大小与滤料孔隙率、透气性有关。容尘量大的滤料，滤渣清除的周期长，滤料使用的寿命也长。一般非织造滤料较机织物容尘量大。

**4. 耐热性** 滤料在使用过程中有时要承受较高的温度，因此，滤料要有较好的物理耐热性（熔点及软化点）及化学耐热性（氧化分解温度）。滤料耐热性能的好坏取决于纤维材料的耐热性能好坏。几种纤维原料在过滤时使用的温度与极限温度见表16-2。

表16-2 几种纤维的耐热程度

| 制造滤料的纤维 | 常用温度（℃） | 极限温度（℃） |
|---|---|---|
| 锦纶 | 80 | 105 |
| 腈纶 | 100 | 110 |
| 涤纶 | 120 | 150 |
| 芳纶（Conex） | 190 | 250 |
| 芳纶（Nomex） | 220 | 250 |
| 特氟纶 | 230 | 270 |
| 玻璃纤维 | 250 | 300 |
| 经硅油、石墨或聚四氟乙烯处理的玻璃纤维 | 300 | 350 |

**5. 尺寸稳定性** 一般要求滤料的胀缩率应小于1%。胀缩率大，将改变滤料的孔隙率，直接影响净化效率或增加阻力。从过滤的工艺角度来讲，尺寸的变化也将给操作带来很大的影响和麻烦。为了保证滤料的稳定性，一般应进行热稳定型处理。

**6. 抗静电性** 滤料的静电性大，将影响清灰效果，某些场合还会因静电聚集产生火花，引起可燃气体或粉尘的爆炸及火灾，有些过滤场合只能要求使用抗静电过滤材料，如炼油厂酮苯融蜡等。

**7. 吸湿性** 干式过滤，如吸湿性大，将引起粉尘粘渣糊住滤料，影响除尘设备的正常运行。

**8. 物理及机械性能** 主要要求滤料的机械强度要高，耐磨、抗折，使用寿命要长，这主要与纤维本身的强力有关，其次，织物的规格和结构也会对滤料的力学性能产生影响。

**9. 清灰（去除滤饼）能力** 滤渣能否容易剥离主要影响清灰效果，这对于反复使用的滤料来说是非常重要的。这个能力与滤料原料的性状（如圆形丝、异形丝、变形丝、复合丝等）、织物和表面结构（如织纹结构、纹路的深浅、起绒与毛圈的高低）、滤饼的性质、滤布清洗后物料堵塞程度等因素有关。卸下滤饼的能力大小排序一般为：单根纤维机织布＞复丝无捻机织布＞复丝有捻机织布＞短纤机织布＞毛绒、毛圈机织布＞针织布＞非织造布。

**10. 耐腐蚀性** 滤料在过滤过程中有可能要接触各种化学药品，一些含尘气体也具有酸性或碱性，因此，要求滤料有抗腐蚀能力。此能力与纤维本身的性能有关，应根据使用场合不同而选择不同的纤维材料。

**11. 阻燃性**  特殊使用条件下要求滤料具有一定的阻燃性。

**12. 价格**  指使用滤料的经济性。一般以滤料的价格与使用年限之比值来衡量。

## 二、纤维性能对滤料性能的影响

纤维制品作为过滤材料的原料，具有轻便柔软、容易弯曲等特点，并通过对纤维的细度、长度、强力、耐摩擦性、耐高温性、耐化学及生物药品性的选择，在结构上可进行短纤维纺织、长丝织造及非织造布加工，并可根据需要做阻燃、抗静电等特种整理。由此可以制成品种繁多的过滤材料，以满足不同条件的过滤要求。不同的过滤环境条件，要选用不同性能的纤维材料。

**1. 各种纤维的耐热性能**  耐热性能是化学纤维高聚物本身形成的固有属性，不受纺织加工过程的影响。各种纤维的耐热性，由于干湿状态的不一样而有所不同。耐干热性的优劣顺序为：玻璃纤维、含氟纤维＞芳香族聚酰胺＞涤纶＞维纶＞聚酰胺＞棉＞聚烯烃＞羊毛＞聚偏氯乙烯。耐湿热性的优劣顺序为：玻璃纤维、含氟纤维＞芳香族聚酰胺＞丙烯酸＞聚酰胺＞聚烯烃＞棉＞涤纶、维纶＞羊毛＞聚偏氯乙烯。

**2. 各种纤维的耐酸碱性**  各种纤维的耐化学药品性不同，其优劣如下：

耐苛性钠：含氟纤维＞丙纶＞偏氯乙烯＞锦纶＞维纶＞涤纶＞腈纶；

耐硫酸：含氟纤维＞丙纶＞涤纶＞腈纶＞维纶＞锦纶；

耐盐酸：含氟纤维＞丙纶＞涤纶＞维纶＞锦纶；

耐硝酸：含氟纤维＞丙纶＞偏氯乙烯＞涤纶＞腈纶＞维纶＞锦纶；

耐磷酸：含氟纤维＞丙纶＞涤纶＞维纶＞锦纶；

耐蚁酸：含氟纤维＞丙纶＞涤纶＞腈纶＞维纶＞锦纶。

**3. 各种纤维的强伸度**  几种纤维的强伸度曲线如图 16-4 所示。

**4. 各种纤维的膨润性**  在湿态下，多数吸湿性纤维在长度方向上略微增加，而其直径和截面积却明显加大。其纵、横向的吸湿膨润性对织物的透气性、透水性及收缩性都有影响，进而会影响过滤阻力和过滤速率。

**5. 各种纤维的阻燃性能**  判断纺织品的燃烧性或阻燃性的方法有很多种，目前，国内外普遍使用氧指数法来表征纤维和织物的可燃性，简称LOI。LOI 值越大，材料维持燃烧时需要氧的浓度越高，即越难于燃烧。按 LOI 的大小可以把纤维分成三类：LOI＜20 为易燃纤维；LOI=20 ～ 26 为可燃纤维；LOI＞26 为阻燃纤维。表 16-3 为几种常用纤维的 LOI 值。

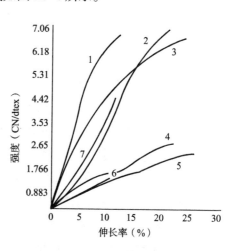

图 16-4  几种纤维的强伸度
1—涤纶  2—锦纶  3—丙纶  4—聚氯乙烯
5—聚偏氯乙烯  6—棉  7—维纶

表 16-3　各种纤维的 LOI 值

| 分类 | 纤维名称 | LOI 值 |
|---|---|---|
| 阻燃纤维 | 氟纤维 | 95 |
| | 聚偏氯乙烯纤维 | 42～50 |
| | 聚氯乙烯纤维 | 37～40 |
| | 波莱克勒尔纤维 | 28～33 |
| | 改性聚丙烯腈纤维 | 27～29 |
| | 阻燃聚酯纤维 | 28～32 |
| 可燃纤维 | 聚酯纤维 | 20～22 |
| | 聚酰胺纤维 | 20～22 |
| | 维尼纶 | 21 |
| | 羊毛 | 24～26 |
| | 蚕丝 | 23 |
| 易燃纤维 | 聚丙烯纤维 | 19～20 |
| | 聚丙烯腈纤维 | 18.5 |
| | 人造纤维 | 17～19 |
| | 棉纤维 | 17～19 |

**6. 各种纤维的直径**　纤维直径对过滤效果有至关重要的影响。纤维直径越小，过滤效果越好。

**7. 纤维的截面形状**　通过前面过滤机理的分析表明，颗粒的吸附沉积属于电磁现象，扩大纤维的表面积，可以促使颗粒被吸引到过滤材料上，以提高过滤效率。因此，从纤维截面形状对过滤效率的影响方面考虑，选用表面积较大的纤维（如三叶型纤维），可以提高过滤效率。

### 三、纱线结构对过滤性能的影响

构成滤料的纱线形态有短纤纱、单丝纱线和复丝纱线。

**1. 短纤维纱线**　用短纤维纱线织成的滤布的表面多毛羽而不平滑，因而这种结构捕集性能好，适合于对微粒的捕集，但对滤渣剥离不利，易堵塞，影响处理量。

**2. 单丝纱线**　这类滤布的孔隙率大小由单丝纱线的直径和单位面积内纱线的密度决定，因而可根据透气性或透液性的要求来确定其孔隙率。这种滤布对其剥离有利，处理量大，但不适合于捕集微粒。

**3. 复丝纱线**　这类滤布开孔和孔隙率的大小由单纤维的纤度、纱线捻度及织物密度决定。该类织物表面平滑，强度较大，在滤渣剥离、处理量及堵塞情况等方面情况良好。

滤布所用的纱线，除了只用一种纤维构成外，也有用同种纱线的不同纤度、不同长度、不同捻度的纱线，也有用两种纱线交织。通过这些可以使开孔和孔隙率在很大的范围内进行变化和调整。

## 四、非织造材料纤维分布对过滤性能的影响

### 1. 纤维形态结构

（1）纤维直径。空气过滤材料的过滤过程主要是通过尽可能增加流动气体穿过滤料内部时，流动气体中颗粒物与纤维的碰撞，进而滞留在滤料内部而实现的。在克重一定的情况下，滤材单位面积内的纤维根数会随着纤维直径的减小而增多，使材料内纤维间的间隙减小，进而使滤材的压力降增加。与此同时，滤料的过滤效率因其内部纤维形成的孔径减小，一次捕捉分离的能力显著增强而提高。

（2）纤维截面。在相同体积分数下，与圆形截面纤维相比，非圆形纤维滤料具有较大比表面积，对亚微米颗粒具有较高的收集效率。但纳米纤维截面形状对滤料过滤性能影响较小。

（3）纤维取向。纤维取向会影响纤维集合体的内部结构进而会对纤维滤料的性能造成一定的影响。研究发现，规则滤料对小于 $15\,\mu m$ 颗粒具有较大的沉积效率，不规则滤料更加适合大粒径（大于 $15\,\mu m$）颗粒过滤。

（4）纤维缠结程度。纤维缠结程度是影响滤料中纤维间隙即孔径和孔隙率的主要因素，较高的纤维缠结程度也会带来较好的滤料拉伸强度。

综上所述，通过改变纤维的形态结构制备梯度结构滤料、多级孔结构滤料等，可在提高滤料过滤效率的同时不增加滤料的过滤阻力。

### 2. 厚度

当滤料的克重一定时，流体通过滤料的路径随滤料厚度的增加而增加，进而增加了悬浮于流体中的颗粒与纤维碰撞的概率而被捕集，滤料的过滤效率会提高，但是过滤阻力增加。

### 3. 克重

克重指单位面积内材料的重量克数，以 $g/m^2$ 计。在厚度一定的条件下，滤料内的纤维量会随克重的增加而增大，当一束气流通过滤料时，会被纤维分成多个细小分支，从而增加对颗粒的分离捕集作用，进而提高材料的过滤效率，但与此同时增大了材料的过滤阻力。

### 4. 比表面积

比表面积指单位体积或单位质量材料所具有的表面积。当气流穿过滤材时，通过增加材料的比表面积，可以增加气流内颗粒物与纤维碰撞的概率，从而提高材料的捕捉率。

### 5. 孔径及孔径分布

该结构参数可直观反映滤材阻隔颗粒物的能力，与过滤效率和阻力密切相关。孔径的评价指标有最大孔径、最小孔径、平均孔径和孔径标准差等。

### 6. 孔隙率

孔隙率指材料的孔隙体积与总体积的比值，该结构参数的大小与压力相关，对滤料的透气性有很大影响，通常情况下，多孔材料的透气性随孔隙率的增加而增加。

## 五、滤料性能的测试方法

**1. 过滤介质标准简介** 国内外过滤介质相关标准见表16-4。

表 16-4　国内外过滤介质相关标准

| | 测试对象 | 标准名称 | 标准号 |
|---|---|---|---|
| 国内标准 | 过滤介质的过滤特性 | 纺织品织物透气性的测定 | GB/T 5453—1997 |
| | | 呼吸防护用品　自吸过滤式防颗粒物呼吸器 | GB 2626—2006 |
| | | 机织过滤布透水性的测定 | GB/T 24119—2009 |
| | | 机织过滤布泡点孔径的测定 | GB/T 24219—2009 |
| | | 机织过滤布 | FZ/T 64015—2009 |
| | | 土工布及其有关产品　有效孔径的测定　干筛法 | GB/T 14799—2005 |
| | | 固液分离用织造滤布　过滤性能测试方法 | JB/T 11093—2011 |
| | | 袋式除尘用针刺非织造过滤材料 | FZ/T 64055—2015 |
| | | 土工布及其相关产品有效孔径的测定　湿筛法 | GB/T 17634—2012 |
| | 过滤介质物理/化学特性 | 纺织品　非织造布试验方法　第18部分：断裂强力和断裂伸长率的测定（抓样法） | GB/T 24218.18—2014 |
| | | 纺织品　非织造布试验方法　第3部分：断裂强力和断裂伸长率的测定（条样法） | GB/T 24218.3—2010 |
| | | 固液分离用织造滤布　机械和物理性能测试方法 | JB/T 11092—2011 |
| | | 土工布及其有关产品　摩擦特性的测定　第1部分：直接剪切试验 | GB/T 17635.1—1998 |
| | | 土工布及其有关产品抗酸、碱液性能的试验方法 | GB/T 17632—1998 |
| 英国标准 | | 织物等效孔径的测量（鼓泡压试验） | BS 3321：1986 |
| | | 材料的孔尺寸分布和孔积率（第1部分：用水银孔积率计进行评估的方法） | BS 7591：Part 1：1992 |
| | | 材料的孔尺寸分布和孔积率（第2部分：用气体吸附法进行评估的方法） | BS 7591：Part 2：1992 |
| | | 材料的孔尺寸分布和孔积率（第4部分：用液体驱出法进行评估的方法） | BS 7591：Part 4：1993 |
| | | 纤维织物透气阻力测试方法 | BS 5636—90 |
| | | 纸和纸板透气性的测定 | BS 6538—87 |
| | | 织物试验的环境 | BS 1051 |
| 国际标准 ISO | | 纸和纸板空气阻力的测定 | ISO 3687—76 |
| | | 用多次通过法测定过滤介质性能的方法 | ISO 4572—81 |
| | | 织物透气性的测定 | ISO 9237—1995 |
| 美国标准 ASTM | 纤维类滤料性能 | 纺织品拉伸试验机规格 | ASTM D76—89 |
| | | 纺织品透气性的试验方法 | ASTM D737—96 |
| | | 非织造织物试验方法 | ASTM D1117—82 |
| | | 织物劲度实验方法 | ASTM D1388—64（1975） |

续表

| | 测试对象 | 标准名称 | 标准号 |
|---|---|---|---|
| 美国标准 ASTM | 纤维类滤料性能 | 纺织品的断裂载荷及伸长率的试验方法 | ASTM D1682—64（1975） |
| | | 纺织物接缝断裂的试验方法 | ASTM D1683—81 |
| | | 纺织品厚度的测量方法 | ASTM D1777—64（1975） |
| | | 材料的概率取样推荐 | ASTM E105—58（1975） |
| | 颗粒尺寸测量和实验装置 | 实验室用金属布和筛的规格 | ASTM E11—87 |
| | | 显微镜法颗粒物粒度分布分析的规程 | ASTM E20—85 |
| | | 实验室用刚性多空介质的最大孔径及渗透性的试验方法 | ASTM E128—99 |
| | | 实验室用滤纸的规格 | ASTM E832—81（1988） |
| | | 气泡点法 | ASTM F316—70 ASTM |
| | | 用光学微粒计数器计算微粒数和测量微粒尺寸分布的规程 | ASTM F661—86 |
| | | 用电阻式微粒计数器计算微粒数及其尺寸分布的方法 | ASTM F662—86 |
| | | 过滤介质的气流阻力试验方法 | ASTM F778—88 |
| | | 用一次通过恒压液体试验测定过滤介质性能的规程 | ASTM F795—88 |
| | | 测定液体过滤用膜过滤器滞留细菌能力的试验方法 | ASTM F838—88 |
| | | 用测量孔积率和渗透性的方法计算过滤介质平均循环毛细当量孔径的规程 | ASTM F902—84 |
| | | 用一次通过的恒压方法测量石油产品过滤芯性能的方法 | ASTM F1067—87 |
| | | 用水和硅质粒子测定过滤介质性能的方法 | ASTM F1170—88 |
| | | 用橡胶球测定平坦过滤介质在气流中的初始性能的试验方法 | ASTM F1215—89 |

**2. 介质过滤特性的实验测定概要** 在介质的过滤特性中，以下五种过滤特性最受关注：过滤介质能截留的最小粒子的尺寸；截留规定尺寸粒子的效率；介质对清洁流体的流阻；介质的纳污能力；介质的阻塞倾向。这些特性决定了过滤介质完成特定过滤任务的能力。

各类过滤介质能截留的最小粒子尺寸用截留效率表示更有意义。介质的截留效率是粒子尺寸的函数。截留效率会随粒子尺寸的减小而降低。

在工业应用中，必须考虑过滤介质对流体的流阻。流阻既影响粒子截留，又影响过滤机的运转成本。流阻值取决于介质上孔的尺寸和单位面积上的孔数。孔隙率大的介质，其流阻值小。

除孔隙率外，还可用渗透性表征过滤介质的流阻。渗透性有两种表达方式：最普通的表述方式是以假设介质厚度为常数的前提下，借助试验装置（如空气阻力试验器）测出在规定压力下空气透过单位面积介质的流速，流速的大小表示介质的透气性大小；在理论上更精确地表达渗透性的方式是借助著名的 Darcy 方程式算出渗透性系数。

纳污能力是液体澄清过滤机和气体净化过滤机的重要特性参数，可用过滤压降超过规定值时介质收集到的固体（污物）质量来表征。纳污能力强的过滤介质，其工作寿命也长。

如果附着在介质表面或嵌入介质内部的粒子不能被冲洗掉，就意味着介质被堵塞了。堵塞后，流阻升高，甚至高到必须停止工作的程度。对滤布而言，影响堵塞的因素除了污物粒子之外，还有滤料的结构特征。

**3. 过滤介质机械性能的测定**

（1）强度。介质材料的强度可用延伸仪测出的应力/应变数据表示。装在延伸仪上的织物窄条，受到拉伸，在试验处于弹性极限前，应力与单位窄条长度的延伸量之间的线性关系，即符合虎克定律。但在超过弹性极限后，窄条的延伸加速，接着窄条被拉断。

（2）刚度。测量刚度的科学基础是杨氏弹性模量。纸和纺织工业都有各自的刚度测量装置，标准 BS 3748：1992 规定，纸的刚度试验是测出纸样窄条弯曲 15° 时所需的力（N 或 mN）。该力加在弯曲长度为 50mm 的纸的自由端。标准 BS 3356：1990 规定，织物的刚性试验是测出水平窄条因自重而弯曲 41.5° 时的自由长度。

（3）耐磨性。过滤介质的耐磨性取决于其材料的硬度，如布氏硬度、洛氏硬度、肖氏硬度及巴科硬度等。这些硬度都有各自的测量仪器。

在纺织工业中，通常需要直接测量耐磨性。采用的马丁代尔试验器的技术要点是，旋转摩擦受磨表面，记录下受磨表面出现孔洞时的旋转次数。

# 第四节　过滤与分离用纤维制品的主要用途及特征

## 一、高温烟气过滤材料

随能源消耗日益增加，电力、建材、钢铁、化工等工业产业中，经工艺作用后常余留产生高温含尘气体，为满足不同工艺的需求和能量回收的要求，都需要对这些高温含尘气体除尘。非织造耐高温滤料作为一种新型的过滤材料，较机织和针织滤料有更加优异的过滤性能，且产量高、成本低、较易深加工处理与复合，因此，其在高温烟气过滤领域得到广泛应用。

我国火力发电占比较大，该厂高温烟气的主要成分是烟尘、$SO_2$、$NO_X$ 等，冷却后烟气温度在 160℃ 左右，烟气中还有水分；钢铁厂高温烟气的主要成分是烟尘、$SO_2$、$NO_X$、CO 等，冷却处理后的烟气温度在 180℃ 以下；水泥厂高温烟气的主要成分较复杂，颗粒物主要是碳、硅等，酸性成分主要是 $SO_2$、HCl、HF、$NO_X$ 等，重金属是 Zn、Cu、Pb、Cr、Ni、Cd、Hg、As 等，还有二噁英和呋喃，烟气温度在 140 ~ 240℃。因此，高温烟气除尘对减轻大气环境污染非常必要。但高温烟气的温度较高，排放量大，粉尘尘粒细小、粘性大，而且易燃易爆，因而过滤材料必须满足较高的过滤效率、优异的耐高温性能、一定的耐化学性和使用寿命，以及合理的价格等。

国外从 19 世纪 70 ~ 80 年代袋式除尘器就开始用于生产实践中，且研制技术不断发展，已研制出一些性能优越的纤维滤料。我国在高温烟气过滤领域的研究起步较晚，于

50 年代初期，从苏联整机引进袋式除尘器，到 60 ～ 70 年代在少数设计、研究单位的开发下，开始生产自己的产品，自此，随着袋式除尘技术的进步和多种耐高温滤料的出现，袋式除尘技术的工程应用迅速发展。2006 年，我国已成为全球袋式除尘器及滤袋市场增加最快的地区，年使用量仅次于美国和欧洲，有望发展成为全球最大市场的趋势。

根据清灰方法的不同，目前袋式除尘器的结构形式主要有机械振打清灰式、回转反吹式和脉冲喷吹式。其中机械振打清灰除尘器适用于处理风量不大的场合；脉冲清灰强度高、效果好，可实现在线清灰。

袋式除尘滤料技术发展至今，材料由单一材质发展为混合材质；纤维尺度由原来的单一尺度发展为不同尺度、混合尺度；纤维形状由原来的圆柱形发展为椭圆形、多叶形；超细及纳米纤维、双组分纤维的出现拓宽了滤料原料的选用范围。目前，袋式除尘所用纤维主要是合成纤维和无机纤维两大类，合成纤维包括聚丙烯、聚酯、亚酰胺、芳香族聚酰胺、聚苯硫醚、聚酰亚胺、聚四氟乙烯等，无机纤维包括玻璃纤维、不锈钢纤维、陶瓷纤维等。

## 二、空气过滤与净化材料

近些年，空气污染对人们的生活带来了很大的不便，尤其是以 PM2.5 为代表的可吸入颗粒物、VOC 等，引起室内空气污染物超标等问题日益突出，长期处于此环境会对身体健康产生极大危险，因此，室内空气过滤净化技术和材料应运而生。

目前对空气过滤净化研究中主要为物理净过滤技术，包括孔状材料和静电式材料，孔状材料主要是通过其本身的多孔性来吸附室内的空气污染物，其典型材料是过滤网、拉伸膜、活性炭、硅藻泥、沸石、硅胶、分子筛等。

过滤网主要用于空气净化器上，其制备方法有造纸法、非织造法、机织法、编织法、烧结法等。空气过滤纸可以过滤微米级粒子或亚微米的气溶胶粒子，但容尘量低，使用寿命短；机织滤料纱线间隙大，适于用作初过滤；非织造材料的三维网状结构滤阻小、容尘量大、孔隙率高，在过滤领域中应用比例逐渐增大。非织造滤料的生产工艺主要为热轧法、针刺法、纺粘法和熔喷法，其中热轧法非织造滤料可作为空气净化器的初过滤，也可作为更高精度滤料的骨架；针刺滤料因其原料适用广、容尘量大和强力高等特点，较其他非织造材料用量大，熔喷法制备的滤料纤维在 1 ～ 10 μm，具有较高的孔隙率（ ≥ 75% ）而位居第二。

空气净化器的过滤网一般由多个不同功能的过滤网组合在一起，最外面的过滤网过滤灰尘颗粒、毛发等大件污染物；第二层为活性炭过滤网，可过滤、吸附甲醛、苯等有毒气体；第三层是抗菌过滤网，可对细菌、病毒起抑制和杀灭作用；第四层过滤网过滤空气污染物中的细颗粒物等，有的净化器还配有加湿滤网。过滤网典型的是 HEPA 网，其对 0.3 μm 颗粒的有效率达 99.998%，主要过滤介质为活性炭，一般由亚玻璃纤维膜构成，形成波浪状，属物理吸附，不能分解甲醛等有害物质。

### 三、液体过滤分离材料

**1. 传统过滤分离材料** 传统纤维过滤材料主要是织物滤料，包括机织滤料、筛网和针织滤料。

（1）机织滤料。常用机织滤料优缺点及其应用见表16-5。

**表 16-5 常用机织滤料优缺点及其应用**

| 滤料种类 | 滤料优缺点 | 主要应用 |
|---|---|---|
| 棉滤布 | 由于棉纤维润湿时膨润度好，故棉滤布对粒子的截留性能好，但不耐高温与酸碱、强度低、耐磨性差 | 集尘过滤、含粗颗粒悬浮液的压榨过滤 |
| 涤纶滤布 | 耐130℃高温，耐酸性和耐磨性好，且强度高，尺寸稳定性好，但遇浓硫酸或高浓度碱会溶解 | 制药、制淀粉、磷肥、氮肥、柠檬酸及电镀液等产品的过滤 |
| 锦纶滤布 | 强度高、耐磨、耐碱、耐腐蚀，表面光滑，但伸长率大，易于变形，容易被氧化剂氧化，不耐有机溶剂 | 废液及污水处理、泡化碱的生产过滤等 |
| 维纶滤布 | 强度及耐磨性较好，耐碱性好，耐温性差，遇浓硫酸、浓盐酸呈膨润状或分解 | 染料、陶土、瓷器、药品及乳酸等的过滤 |
| 丙纶滤布 | 耐酸碱性能好，耐热性、耐磨性好，强度高，重量轻，但易老化 | 酿造、制药、污水处理油等的过滤 |

（2）筛网。筛网是以蚕丝、合成纤维和金属丝为原料，采用特定的织物组织（平纹、斜纹、缎纹）和特殊的加工工艺制成具有严格系列网孔尺寸的网状产品，具有分级和筛选功能。用于食品行业中的面粉过滤、印染行业中的浆料过滤以及交通运输业中的燃油过滤等。

（3）针织滤料。针织滤料因其特殊的线圈结构，具有较好的伸缩性，因而在液体或气体通过时不易变形，且针织物结构中的孔隙尺寸保持在最小值，易将微粒截留，从而提高过滤效率。目前常用针织滤料有起绒滤尘针织滤料和弹性针织滤料。

**2. 非织造滤料** 非织造滤料过滤速度快、过滤量大、成本低。但由于孔径大易形成滤饼，而使过滤阻力增加，过滤效率降低，且滤饼难以脱覆，导致使用周期短，所以一般被用于粗过滤。

非织造液体滤料最常用于医疗卫生领域，如用于血液及肾透析过程的聚丙烯熔喷非织造材料。该材料能形成许多微孔且孔隙分布均一，纤维比表面积大，同时具有对生物特异性、感染、毒副作用，是血液过滤用材料的很好选择。改性后的滤料，还可成为人工肾脏、人工肺、人工血管等多种医疗领域的重要材料。

**3. 油水分离材料** 常用含油废水处理的方法主要有气浮法、絮凝法、吸附法、生物法及膜分离法、过滤法。由于含油污水对环境带来的严重影响，寻求一种低成本、效率高且接触水和油时具有不同性质（润湿性）的油水分离材料成为人们研究的重点。

（1）疏水亲油材料。疏水亲油材料由于其表面具有特殊的性能而使用比较广泛，水在其表面会成球形，被截留在材料表面，无法渗透，而油则很容易在表面铺张开，并可渗透到材料内部。由于对油和水表现出的不同性质，可很好地用于油水分离。但由于重力作用，该材料主要用于油多水少的场合，可作油水分离的吸附材料、过滤介质等，分离效率都比较高。

（2）亲水疏油膜材料。膜分离技术以膜作为分离介质，常用于含油废水的处理中，膜分离具有能耗低、单级分离效率高、过程灵活简单、环境污染低、通用性强等优点，但膜分离应用效率受膜的抗污染性、热稳定性、化学稳定性等内在因素及膜组件形式、操作条件等外在因素的限制，处理量较小且过滤膜易堵塞。

（3）纤维深层过滤技术。废弃的天然纤维用于油水分离，一方面可资源利用，另一方面是使用过的材料对环境的危害性不大。使用纤维状的纤维材料或经纺丝得到的纤维，经过特殊处理，改变纤维的表面性质，可很大程度上提高材料的利用率。且纤维可采用束状、捆状、球状、缠绕状或织物状等装填方式，用于深层过滤。

（4）新型油水分离膜。与传统纺丝过程相比，静电纺纳米纤维膜具有直径小、比表面积较大和孔隙率高等优点，并具有较强的可设计性，可以通过控制纤维膜的表面能和粗糙度，制备具有特殊浸润性的纳米纤维膜，以实现快速有效的油水分离。静电纺纳米纤维膜现已成为油水分离膜研究的热点材料，主要包括超亲水疏油、超疏水亲油、智能切换亲水/亲油以及单向导油纳米纤维膜。

## 四、重金属吸附用纤维材料

水污染中最为棘手的是重金属的处理，现如今吸附重金属及其粒子的材料有很多，如蛋白质和离子交换树脂等，多为颗粒或粉末状，而纤维状的吸附材料可以有效地利用较大的比表面积提升吸附速度，并且可以通过纺织、非织造等多种方法加工成纤维结合体，具有较好的力学性能，方便使用和处理。

用于重金属处理的吸附的纤维材料主要包括化学纤维（离子交换纤维、螯合纤维）、改性天然纤维、活性碳纤维等。

**1. 化学吸附纤维** 化学吸附纤维主要分为离子交换纤维和螯合纤维两种。

（1）离子交换纤维跟电解质溶液接触时，纤维上的离子能与溶液里的离子进行有选择性的交换。它分阳离子交换纤维、阴离子交换纤维和两性离子交换纤维。此外，离子交换纤维还有一定的强度、耐化学腐蚀等性能。它多用于钢铁、化工、轻工业生产过程中对废酸、废碱、废液和废气的回收、净化处理。它广泛用于海水淡化、工业用软水的制备、无离子纯水的生产以及制盐工业。离子交换纤维可用于吸附重金属及色素且比表面积大、离子交换速度快、易再生，对难处理的活性染料废水有很好的脱色效果。迄今，用作离子交换纤维的化学纤维基体主要有聚烯烃、聚丙烯腈、聚乙烯醇、聚氯乙烯、氯乙烯—丙烯腈共聚物等纤维。

（2）螯合纤维指能与某些金属离子形成螯合物的特种合成纤维。其中比较有代表性的是 PAN 螯合纤维。PAN 螯合纤维的表面功能团中含有 N、O、P 等原子，其中未成键的孤对电子能与金属离子形成配位键，生成稳定的螯合物。在螯合过程中，螯合纤维与金属离子可形成一齿、二齿或多齿螯合物。不同的配体与金属离子的螯合程度不尽相同，形成 PAN 螯合纤维对不同金属离子的选择吸附性。目前，PAN 螯合纤维按照所含基团可将其分为四类：即含多胺基团类、含硫磷基团类、含羧基基团类以及含偕胺肟基团类。PAN 螯合纤维吸附容量比较大，吸附速率快、易洗脱。PAN 螯合纤维用于工业废水的处理，利用螯合纤维的高吸附性，可以有效去除重金属离子，还能将金属催化剂负载在材料上，使催化剂得到更好的应用。

**2. 天然改性纤维材料**　主要包括改性胶原纤维、改性纤维素纤维等。

胶原中含有大量的—COOH、—OH、—NH$_2$基团，所以，胶原纤维亲水性好且能够吸附一些特有的粒子。研究人员对鞣革胶原纤维在重金属吸附性能方面进行了一系列研究，结果表明，胶原纤维非织造材料对 Cu$^{2+}$ 有明显吸附效果。通过醛类固化单宁对胶原纤维进行改性后，对 Au$^{3+}$、Pb$^{2+}$、Hg$^{2+}$ 等金属离子都有较好的吸附效果。

天然纤维素是一种纤维状、多毛细管的高分子聚合物，具有多孔和比表面积大的特性，本身具有亲和吸附性，可直接将天然的纤维素物质作为吸附剂。纤维素吸附剂的研究和应用早在 20 世纪 50 年代初就已开始，国内外学者已经在这方面作了一些研究：对于豆壳、花生壳粉、稻壳等材料吸附重金属的性能做了相关研究。改性纤维素类吸附剂不仅具有活性炭的吸附能力，而且比其他吸附树脂的稳定性高，再生能力强，成本低。天然纤维素纤维中，最常见的就是棉纤维和麻纤维。对于棉麻纤维主要的改性手段有酯化和醚化纤维素、氧化纤维素以及接枝纤维素。通过一系列的化学改性反应，将不同类型的反应基团附加到羟基上，获得具有不同吸附性能的材料。

**3. 活性碳纤维**　活性碳纤维是继粉末活性炭、粒状活性炭之后的第三代炭吸附剂，具有吸附容量大、吸附速度快、脱附条件温和、再生容易等特点，在废水处理中的应用越来越广。由于活性碳纤维的特异吸附性不强，不能满足人们各式各样的需求。为了更好地挖掘活性碳纤维的应用潜力，需要对活性碳纤维进行适当的改性，目前，活性碳纤维表面改性技术主要包括化学溶液浸渍、热处理、化学气相沉淀、氧化还原法等。

**应用实例 1. 纺丝成网 / 熔喷 / 纺丝成网复合（SMS）医用防护过滤材料**

防护性医卫材料要保护专业人员不受血液与其他传染性液体或颗粒的污染，防止病人与其他人员的交叉感染，同时又要保证一定的透气性，保证穿着、佩戴舒适，并且具有一定的断裂强度和伸长。比如，口罩和面罩，国际上主要采用里两层纺丝成网非织造材料、中间一层熔喷过滤材料的复合结构，其中熔喷过滤材料纤维平均直径小于 5 μm，面密度为 10 ~ 100g/m$^2$，具有很小的过滤阻力，过滤效率 >95%。其中，熔喷非织造材料起阻隔和过滤作用，上下两层纺丝成网非织造材料主要起增强和包覆作用。

**应用实例 2. 梯度结构复合滤料用于高温烟气过滤**

近几年，我国雾霾问题突出，多个城市遭遇重污染天气。空气中的颗粒物对于人们的呼吸系统、免疫功能、心血管系统都有严重的危害。而高温烟气滤料可以在源头上控制颗粒物的排放，当前国际公认的高效除尘、控制粉尘排放最有效的手段主要是袋式除尘技术，而滤料是其关键核心材料，它的性能优劣决定了袋式除尘器的使用效果。目前，国内外普遍采用的耐高温滤料是针刺滤料和覆膜滤料。这种滤料一般采用梯度结构设计，即从迎尘面到背尘面依次配置超细纤维、细纤维、机织基布、粗纤维。这种梯度结构可以实现表面过滤，既能增加滤料的力学性能，又可以提升滤料的过滤效率和清灰能力。常见的滤料结构如图 16-5 所示。

图 16-5　梯度滤料结构示意图

## 思考题

1. 过滤与分离材料的定义是什么？

2. 简述深层过滤的过滤机理。

3. 影响滤料过滤性能的因素有哪些？

4. 织物滤料和非织造滤料的特点有什么异同？

5. 阐述针织滤料的应用特点。

6. 高温烟气过滤材料的基本要求有哪些？

7. 液体过滤与分离有哪些应用？

8. 纤维材料吸附重金属的机理是什么？纤维状吸附材料的优势有哪些？

9. 简述过滤材料的主要性能指标和测试方法。

10. 请设计一种用于烟气净化过滤的非织造材料，简述原料选择、成网和加固工艺以及后整理工艺。

## 参考文献

[1] 王启，姜慧婧，杨玮婧，等. 非织造布的应用现状及前景 [J]. 合成材料老化及应用，2017，46（6）：108.

[2] 胡祖明，于俊荣，陈蕾，等. 过滤纺织品、纤维发展现状及前景 [C]. 2009 中国过滤用纺织品创新发展论坛，2009：15.

[3] 吴海波，靳向煜，任慕苏. 过滤用纺织品的现状与发展前景 [J]. 东华大学学报（自然科学报），2014，40（2）：151.

［4］周绍箕. 化学吸附纤维制备、性能及应用研究进展［J］. 粒子交换与吸附，2004，20（3）：278.

［5］王璐莹. 湿法成网液体过滤材料的开发与性能研究［J］. 南通大学学报，2017，16（2）：41.

［6］杜卫宁，韩晓娜，李正军，等. 天然有机纤维吸油材料的结构特点及其功能化改性技术的研究进展［J］. 功能材料，2015，18（46）：18016.

［7］王洪杰，王闻宇，王赫，等. 用于油水分离的静电纺纳米纤维膜研究进展［J］. 材料导报A：综述篇，2017，31（10）：144.

［8］李筱一，廖旭红. 针织气体过滤材料的应用于开发［J］. 产业用纺织品，2015，317：34.

［9］柯勤飞，靳向煜. 非织造学［M］. 上海：东华大学出版社，2016.

［10］王维一，丁启圣. 过滤介质及其选用［M］. 北京：中国纺织出版社，2008.

# 第十七章 产业用纤维制品的发展趋势

产业用纤维制品是纺织工业发展的又一里程碑，也是纺织工业在发展过程中做出的又一历史性贡献。纤维制品在它解决了人类生存的基本问题（穿衣及家居需求）后，又将为工业、农业、建筑交通、航空航天、国防军工、环境保护、医疗健康、体育等领域提供崭新的产品及技术，并将成为这些行业发展的推动力。

进入 21 世纪后，随着高科技的不断发展和各行各业对产业用纤维制品的需求不断扩大，产业用纤维制品发展迅猛。在欧洲、美国、日本等发达国家和地区，产业用纤维制品占总纺织品的比例已大于 40%（有的已超过 50%），而我国内地 2015 年产业用纤维制品应用为 23.5%，2016 年在规模以上纺织企业工业增加值增速只有 4.9% 的形势下，产业用纤维制品仍实现了 9.1% 的增速，显示出产业用纤维制品是保持纺织行业稳定增长的重要力量。我国纺织工业"十三五"发展规划的目标中，提出 2020 年产业用纤维制品占纺织品的比例达到 33%。因此，应该大力开发应用产业用纤维制品，使其在我国所占的比例快速提高。大力发展产业用纤维制品有两方面：一是大力开发适用于产业用的新型纺织纤维；二是开拓纤维制品在其他行业的应用范围。

近年来，科学技术发生了深刻的变革，微电子技术、有机高分子材料及生物工程技术等的发展，形成了一大批高科技产业群。而纤维科学界把高分子纤维材料的高性能化、多功能化作为纤维技术进步的方向。这些高性能、多功能纤维的开发应用，又促进了航空航天、高速交通工具、海洋工程、新颖建筑、新能源、环境保护以及国防建设和尖端科学领域及行业的发展与进步。

目前，产业用纤维制品的研究方向主要集中在高聚物的制备、改性与性能研究，高性能纤维的制备与性能研究，特殊用途纱线、制品的制备与性能研究、后整理技术研究、低成本技术途径以及具体工程应用研究等方面。

总之，产业用纤维制品向多功能、高性能、专业化、高品质、智能化方向发展将日趋明显。现举例如下。

## 一、产业用新型纤维

### （一）新型智能纤维、光导纤维

**1. 智能纤维** 智能纤维是智能纺织品的原材料。智能材料（smart material）是一种对外界的刺激（如机械、热、化学、光、电、磁等变化）能进行判别，并按一定方式做出响应的材料。智能材料具有三大功能：感知功能、信息处理功能、执行功能。其特点是：可以自控调节，并具有自诊断、自修复、损伤抑制、寿命预报等能力，表现出动态的自适应性。

目前智能纤维的应用有纤维状电致发光器件，能够与纺织品完美结合，可应用于衣物夜间警示、信息显示、织物光治疗或时尚服饰等方面；衣服可以发出动听的音乐，为旅行消除疲劳；在遇险时服装可发出救援信号；服装还可帮人掌握心率、呼吸、血压、血糖、体温等生理指标，以便及时就医。另外，导电性智能纤维织物所制成的服装可通过生物传感器检测血液信息，并通过传感器使得医生能实时监控使用者的健康。智能服装在人受到攻击时会自动收紧，保护身体并发出尖厉的呼叫，还具有阻挡手机辐射危害等奇异功能。

**2. 光导纤维**　光导纤维是由两种或两种以上折射率不同的透明材料通过特殊复合技术制成的复合纤维。它由实际起着导光作用的芯材和能将光能闭合于芯材之中的皮层构成。它把光能闭合在纤维中而产生导光作用并传递信息，它能将光的明暗、光点的明灭变化等信号从一端传送到另一端。光导纤维按材料组成可分为无机（玻璃、石英）光导纤维和有机（塑料）光导纤维；按形状和柔性分为可挠性和不可挠性光导纤维；按纤维结构分为皮芯型和聚集型光导纤维；按传递性分为传光和传像光导纤维；按传递光的波长分为可见光、红外线、紫外线、激光等光导纤维。由光导纤维制成的各种光导线、光导杆和光导纤维面板等，广泛应用于工业、国防、交通、通信、医学和宇航等领域。

**（二）新型生物医用纤维**

该类纤维在第十章已介绍，在此不再赘述。

**（三）新型纳米纤维**

将乙醇、正己烷、甲烷或柴油等碳氢化合物作为原料，并分别将这些碳氢化合物加入炉子中，同时加入少量的催化剂，如二茂铁。这些碳氢化合物在催化剂作用下被分解为碳和氢，然后这些碳再在铁催化剂粒子表面进行重组，可以制得管状的纳米碳纤维。纳米碳纤维的应用广泛，可用于防弹衣、排气发动机上的风叶片、避弹仓和坦克发动机的爆炸防护以及其他装甲设备。同样，这种纤维在给铜和铝导电材料提供额外的性能方面也有很大的潜力。纳米碳纤维在平板显示器以及太阳能电池上可以作为透明导电膜。另外，纳米碳纤维还可在储能、滤材领域发挥巨大作用。

美国研制了一种碳纳米晶体管，首次在性能上同时超越了硅晶体管和砷化镓晶体管。硅是目前主流半导体材料，广泛应用于各种电子元件。但受限于硅的自身性质，传统半导体技术被认为已经趋近极限。碳纳米管具有硅的半导体性质，但长期以来，碳纳米管用作晶体管面临一系列挑战，其性能一直落后于硅晶体管和砷化镓晶体管。他们通过研究，克服了碳纳米管面临的多重障碍。

**1. 提纯问题**　碳纳米管内往往混杂一些金属纳米管，容易造成类似电子设备中的短路效应，干扰碳纳米管的半导体性能。使用一种高分子聚合物提纯技术，成功把碳纳米管中的金属纳米管含量降低至 0.01% 以下。

**2. 碳纳米管的阵列控制极其困难**　要获得性能良好的晶体管，必须按适当的顺序组合碳纳米管，使它们之间保持恰当的距离。为此，开发出一种叫"浮动蒸发自组装"的技术，解决了这一难题。

**3. 碳纳米管必须与晶体管的金属电极保持良好的电接触**　在提纯过程中使用的聚合物在碳纳米管与金属电极之间形成了绝缘层，为此把碳纳米管放入真空容器中"烘烤"

去除绝缘层，并通过熔解的方法去掉残留杂质，从而保证了良好的电接触。最终，获得的碳纳米晶体管的电流承载能力是硅晶体管的 1.9 倍。碳纳米晶体管在高速通信以及其他半导体电子技术方面的应用有广阔的前景，有助于继续推进计算机行业有关性能的高速发展，尤其是在无线通信技术方面。

### （四）新型仿生纤维

**1. 蜘蛛丝纤维**　蜘蛛丝纤维的高强度、高拉伸性和高硬度是新型仿生纤维的典型代表；其强度是常规纤维的几十倍甚至上百倍，其绝对强度比钢丝纤维还高。蜘蛛丝纤维的强力比芳纶大，韧性比锦纶高。先进的基因工程使细菌和山羊奶中生产出蜘蛛丝成为可能。然而，从蛋白质溶液中纺得的纤维强度还不够高，还有许多值得深入研究的地方，如蛋白质分子的聚集、产生及独特的分子结构是优质蜘蛛丝纤维生产的关键。该纤维具有广泛的应用前景，如在军事上可以用于质轻防弹背心、轻量型头盔、高强度降落伞、人工韧带等。

**2. 仿北极熊毛纤维**　北极熊的毛发是一种绝佳的保温纤维，这是由于它具有中空多孔结构。仿北极熊毛纤维可通过将蚕丝溶解于水中制成含水量达 95% 的纺丝溶液，用注射器将纺丝溶液慢慢挤入冷冻装置，形成直径约为 $200\mu m$ 的单丝纤维，再通过冷冻干燥令纤维中的冰晶升华留下众多有序的片层孔而制成。仿北极熊毛的导热系数比北极熊毛更低，而保暖性能更优。使用仿北极熊毛编织成的隔热保温织物，可令生物体在红外线成像设备中实现"热隐身"。此外，将碳纳米管加入仿北极熊毛纤维，制造出电加热织物。在 5V 的电压下，电加热织物的温度可以在 1min 内从 24℃ 升高至 36℃，这种多功能可穿戴织物既可以实现被动隔热，也可以实现主动生热。随着这种新型仿生纤维性能的提高与功能的拓展，其在工业、军事等领域将有较为广阔的应用前景。

### （五）新型相变纤维

相变材料（phase change materials）是一种具有特定功能的物质，它能在特定温度（相变温度）下发生物相变化，使材料的分子排列在有序与无序之间迅速转变，伴随吸收或释放热能的现象来储存或放出热能，进而调整、控制工作源或材料周围环境温度，以实现其特定的应用功能。目前，随着世界能源的日趋紧张，相变材料以自身具有的特殊功能，在太阳能利用、工业废热利用、节能、工程保温材料、医疗保健等领域都得到了广泛应用。

相变纤维是利用相变材料存储和释放潜热的性能，并将相变材料包封入微胶囊，采用各种方式加入纤维中，制成的具有温度调节功能的纤维及其纺织品。

相变材料的种类很多，存在形式各种各样，从材料的化学组成来看，可分为无机相变材料、有机相变材料和混合相变材料三类。无机相变材料包括结晶水合盐、熔融盐、金属合金等无机物；有机相变材料包括石蜡、羧酸、酯、多元醇等有机物；混合相变材料主要是有机和无机共融相变材料的混合物。

由于相变纤维材料的诸多优越性，目前它已在航空航天、制冷、电子元件的热调控材料、太阳能存储、建筑材料以及日常生活用品等很多领域应用。在纺织品方面，相变纤维材料有如下应用。

（1）利用相变材料的温度调控性能，已制成多种温度段和适合人体部位形态的热敷袋，始终保持舒适温度的被褥，还可用于制备丧失体温调节机能的病人服装等，对病人的病情可起到良好的辅助治疗作用。

（2）美国海军由于作战需要研制了应用相变材料的背心和夹克。

（3）北美手套制造厂商（Wells Lamont）研制了相变材料的防水手套并对其做了测试。

（4）汽车内部的座椅以及车顶部位应用相变材料，不仅可以调节车内温度，还可调节车内的湿度。

**（六）其他新型纤维**

**1. 功能性纤维**　功能性纤维主要是指对能量、质量、信息具备储存、传递和转化能力，对生物、化学、声、光、电及磁具有特殊功能的纤维，包括高效过滤、离子交换、反渗透、超滤、微滤、透析、血浆分离、吸油、水溶、导光、导电、变色、发光和各种具有医学功能的纤维，还包括提供舒适性、保暖性、安全性等方面的特殊功能及适合在特殊条件下应用的纤维。

**2. 聚萘二甲酸乙二醇酯纤维**　聚萘二甲酸乙二醇酯纤维（PEN纤维）是一种问世不久的高技术纤维，它比PET纤维的性能更优异，模量高，尺寸稳定性好，不变形，弹性足，刚性好，是一种理想的纺织原料，其应用领域十分广阔，目前主要用于汽车防冲撞充气安全袋、轮胎和传送（传动）带等的骨架材料、PEN纤维增强材料、过滤材料、缆绳、服装和装饰材料。

**3. 三聚氰胺纤维**　它具有固有的耐热性，杰出的直接用于火焰时的热阻性能，高度稳定性，与高聚物的交联性及三聚氰胺树脂的低导热性。另外，其电解性质和纤维截面形态与分布使其成为理想的高温过滤材料。有时为了提高最终织物的强度，将此纤维与芳纶或其他纤维进行混纺，效果更佳。

## 二、产业用纤维及其制品的应用新领域

随着产业用新型纤维的开发，为拓展纺织品在其他行业的应用奠定了坚实的基础。

**（一）新能源领域**

**1. 风力发电**　目前，全球能源供应日趋紧张，环境问题也日趋突出。风能具有储量巨大、分布广泛、清洁无污染和可再生的特点，符合人类可持续发展的要求。风力发电已经成为解决世界能源短缺的重要途径之一。我国风能资源非常丰富，尤其是西北、东北和沿海地区，可供开发利用的风能为205亿千瓦。但直到2005年，我国风电装机容量仅为76.4万千瓦，远远小于发达国家的装机水平。国家有关部门已做出规划，到2010年，我国风电装机容量将达到400万千瓦，到2020年达到2000万千瓦，预计需要风力发电机组20万套。而纤维制品在风力发电中的主要部件——叶片的设计、开发、应用中，将发挥极其重要的作用。因此，纤维制品在风力发电市场前景十分广阔。

**2. 能量转化发电**　利用新纳米技术，将机械能、热能等转化为电能而进行发电。

（1）一种生物相容性铁电驻极体纳米发电机（简称FENG）。这是一种和纸一样薄的

新设备，可以塑造成各种形状尺寸。这项新设备由硅晶片和几个薄层组成，包括银、聚酰亚胺、聚丙烯铁电驻极体。这些薄层非常环保。每一薄层都添加了离子，使得该设备拥有带电粒子。当人体移动或者机械能作用时就会形成电能。该薄膜式纳米发电机是一种低成本设备，而且当它折叠时能量更大、效率更高。每一次折叠都会让设备产生的电压成指数级增长。这种先进的纳米技术，有望实现利用人体动作给智能手机、穿戴设备充电，比如行走、划屏幕。FENG 具有重量轻、柔韧、与生物相容、可扩展、低成本等众多的优势，被认为是一种有广阔前景的方法，可以作为捕捉机械能的替代选择。

（2）比头发丝细 10000 倍。新面料可让衣服给手机充电，由一种碳纳米管制成的、比头发丝细 10000 倍的新型纱线，它可以把动能转化为电量。这种由众多纱线组成"螺旋管"状的弹性绳，在伸缩的过程中，弹力就可以产生电量。该纳米碳纤维制品有望应用在智能服饰、未来互联网设备等领域。

（3）具有热电转换功能的纱线可以制备利用温差进行发电的智能纺织品。利用涂层、掺杂等工艺，将具有优良热电优值（figure of merit）的有机（聚噻吩类等）、无机（碲化铋类等）或有机无机复合热电材料直接或间接与纺织纤维、纱线材料复合制备具有热电转换功能的纱线，进而织造具有热电转换功能的纺织面料。该类面料可利用人体与外界环境间的温差（最高可达80℃）来进行温差发电，可以解决部分小型可穿戴电子设备的供电问题，实现电子器件的可持续供电。同时，此类热电纱线还可以用于制备电制冷空调服装（利用Peltier 效应）、柔性可穿戴的纤维状温度传感器等。

（4）纺织结构太阳能电池。太阳能是由于太阳自身时刻进行着热核反应，然后以电磁波的形式向外围宇宙空间辐射的能量，这一部分能量是源源不断而且能量巨大的。其光电转换途径主要有光电直接转换和光热电间接转换两种，而利用太阳能电池进行光电直接转换是运用最为广泛的方式。国内外许多科研人员正在致力于发展纤维状太阳能电池。例如，复旦大学彭慧胜课题组最近成功研制出一种新型能源器件——取向碳纳米管纤维，并用它制造出比头发丝还细的纤维状太阳能电池。这种新材料可在今后用来编织能自行发电和储存电能的衣物。

**3. 电池**

（1）超级电容器具有功率密度高，循环寿命长，充放电速度快的优点。此外，超级电容器因电荷转移大都发生在电极材料表面，超级电容的使用温度范围比电池宽（−40 ~ 60℃）。超级电容器的类型比较多，按不同方式可以分为多种类型。超级电容器按电极材料可分为活性炭电极材料、碳纤维电极材料、碳气凝胶电极材料、碳纳米管电极材料。超级电容器的性能取决于电极材料的电化学性能、电化学稳定性、表面积和电导率。超级电容器根据其储能机理可分为电双层电容器和赝电容电容器。例如，目前一种新型的超级电容器问世，它主要是由数以百万计的纳米线组成，并且在超级电容器的表面喷涂负载上了一层最新发明的二维材料，为一种厚度只有几个原子的大小、核壳型的超级电容器。其具有超高导电性能的芯，从而使得电池体系能够快速地进行电子转移，从而能实现快速充放电的效果；能够非常显著地提高电池体系的能量，增加其功率密度；可以随便弯曲，而且蓄电能力要远远超过普通的电池。同时，它还可以反复充电 30000 次以上而完全不会降低电池的蓄电能力。该超级电容器可应用在手机和其他电子设备，甚至是电动汽车上。只需要将手机充电几秒钟，就可以维持一周以上的电量。它的可弯曲性，增加了其应用的范围，如适用可穿戴设备等的应用。

（2）二次电池。在众多二次电池中，锂电池为当今商业化程度最高的二次电池。锂在众多金属元素中，质量最轻，密度为 0.53g/cm³，相对于标准氢电极的电极电势为 –3.04V，理论上具有最高的质量比能量密度，因此，长期以来在能源领域备受关注。1970 年，埃克森的 Whittingham M.S. 采用硫化钛为正极材料，金属锂作为负极材料，制成首个锂电池。1980 年，Goodenough J. 提出了氧化钴锂作为锂离子电池正极材料，揭开了锂离子电池的雏形。1986 年，Li/MoS$_2$ 电池商业化，但是由于安全问题，直到 1991 年索尼公司开发首个商用锂离子电池，锂离子电池才开始了大规模商业化应用。

利用纺织技术（如干湿法纺丝技术等）制备可穿戴类锂电池的关键部件（电极、膈膜等）越来越多。例如，利用静电纺丝法制备的纳米纤维应用在锂离子电池领域具有以下几个优点：一是静电纺丝制备的纳米纤维直径小，锂离子在纳米纤维中嵌入深度浅，扩散路径短，有利于锂离子在材料中的快速脱嵌；二是纳米纤维具有较高的比表面积，有利于减小电极在电化学反应过程中的极化现象以及增加电极与电解液之间的接触，有利于锂离子的传输；三是静电纺制备的纳米纤维在纤维轴向上有很多表面缺陷或晶格缺陷，提供更多的锂离子反应位点，提高材料的储锂性能。因此，利用静电纺丝制备锂离子电池电极材料引起广泛关注。静电纺丝制备的纳米纤维膜，由于其较高的孔隙率可供锂离子快速通过，因此，被广泛应用于锂离子电池的隔膜。

**4. 能量交换领域** 能量交换用纤维大多与电磁波有关。这些纤维中，有将紫外线反射或部分吸收，因波长变化而达到遮挡紫外光效果的遮蔽紫外光的纤维；可吸收可见光、红外光，将其变换成热能而起保温效果的利用红外光的纤维。遮蔽紫外光的纤维，大多是在锦纶树脂和涤纶树脂中混入钛粒，然后纺丝而成。利用红外光的纤维可分为利用太阳光和利用人体辐射两大类。利用太阳光的纤维中，有的将碳素和碳化系陶瓷作为吸收材料。碳化锆对可见光吸收率非常高，对红外光的反射率也很高，它被掺入到涤纶、锦纶等纤维中，用于制作滑雪服等。通过试验可知，它在寒冷地区，比普通衣服内的温度高7℃左右。然而，这类服装大多是黑色，色泽单调，故利用人体辐射的纤维更普遍。

（1）利用人体辐射的纤维。人体的红外放射能量，经过血液调节，占总放热量的 40%，将这部分能量让纤维吸收，使衣服的温度尽可能与皮肤接近，以获得保温的效果。为了充分发挥这种效果，需满足两个条件：放射体（人体）的放射波长特性和吸收体的吸收波长特性，尽可能一致；选择吸收率高的材料。

（2）吸收材料和加工方法。为了获得上述效果，一般在纤维中混入吸收材料，如铝、锆、钛等单体或复合体。材料的粒度、烧成温度、混合比及形状等都将在很大程度上影响吸收效果。粒度一般为 0.01 ~ 10μm，粒度小的话，接受光的面积增大，吸收能将提高，但在纤维内均匀分散性变差。烧成温度、混合比、形状等属于各公司的技术机密。

加工方法一般是将 3% ～ 10% 的吸收材料粒子混入纤维中，将其混合体的树脂在纤维表面涂层，再利用纤维与吸收材料的带电性让双方结合。

**5. 原子核反应堆废水处理领域**　核电将是我国继火电、水电之后的又一能源开发方向。当然，核电的安全、原子核反应堆废水处理是必须引起高度重视的工作。

在原子核发电的废水处理中，有利用物理过滤功能的织物和中空长丝膜；利用物理吸附功能的活性炭纤维以及利用化学吸附的离子交换纤维等。这里主要介绍离子交换纤维在原子核发电的废水净化方面的应用。

从能源长期稳定供应的观点来看，无疑原子能发电是最合适的。但原子能发电中的重要课题之一是怎样减少放射性废弃物。

原子能发电，一般是利用原子炉发生的热产生水蒸气，而后由水蒸气的能量使汽轮机回转发电。水蒸气由海水冷却，成为复水，返回到原子炉再使用。但复水易使管道产生铁锈等，需用净化装置处理。净化装置由粉末离子交换树脂的复水过滤脱氯器（CF）和粒状离子交换树脂复水脱氯器（CD）组成，CD 起备用作用。一般正常工作时，CF 起作用。

CF 中所使用的粉末离子交换树脂，随着复水过滤，渐渐被堵塞，使得过滤压差上升，因此，经过 7 ～ 40 天后必须换新，这时就有大量的放射性物质产生。为了很好地解决这类问题，各国正在进行以下研究。

（1）在 CF 的粉末离子交换树脂中，混入磺酸型阳离子交换纤维，纤维之间纠缠在一起，可防止堵塞。

（2）CF 寿命的延长可以用过滤机理解释。在过滤前期，由离子交换树脂的过滤层全部电气的吸引力来捕捉杂质，进行过滤；在过滤中期，对只有粉末树脂的情况，表层的颗粒间隔小，只能靠表面的粉末树脂来过滤，而混有纤维时，粉末树脂的颗粒间隔变大，离子交换树脂层全部表面都参与过滤；在过滤后期，对于只有粉末树脂的情况，表面由于杂质的堆积，过滤压差急剧上升，必须换新的交换树脂才能继续工作，而混有纤维时，由于纤维的存在，能缓解杂质的表面堆积，从而延缓过滤压差的上升，特别是能延长过滤的中后期的过程，从而达到延长 CF 寿命的目的。

**（二）新型建筑领域**

**1. 建筑吸音、隔音用材料**　利用纤维集合体材料具有良好的弹性回复性、单位重量轻、可压缩，构件结构易设计、易成型、易加工等优点，且具有良好的吸音、隔音的降噪效果，在建筑的吸音、隔音领域将有广泛的应用。

**2. 建筑保温、隔热用材料**　利用纤维材料弹性好、重量轻、高绝热性、疏水性、可压缩、易加工成型等优点，在建筑领域如墙体屋顶保温等方面有非常好的应用前景。

**3. 建筑防水用材料**　建筑防水用材料广泛用于屋顶、墙面、接触地面的建筑构件，以及引水渠、防洪堤、土石坝、尾矿坝、电厂灰坝、围堰、隧道、涵洞、水闸、蓄水池、工业废料拦蓄池或堆场、垃圾处理站、体育场地、人造湖泊和水产养殖业等的防水渗漏工程。目前，建筑防水用纺织材料主要应用于沥青防水卷材（油毡）的胎基、高分子防水片材的复合增强和防水涂膜的加强层等。

**4. 水泥增强材料**　在水泥砂浆或混凝土中掺入体积为 1%～2% 的合成短纤维，硬化后形成三维方向的无规则分布，可提高砂浆或混凝土的抗拉和抗折强度，增加抗折、抗拉及抗冲击韧性。自 20 世纪 90 年代以来，我国在桥梁、桥面、道路路面以及建筑物和构筑物的地面围护结构等混凝土结构工程中，开始采用掺有经过特殊表面处理的丙纶和锦纶 6 短纤维的增强混凝土，有效地提高了工程质量，这是我国建筑用水泥砂浆和混凝土发展史上的一个重要里程碑。

**（三）环境保护领域**

**1. 防止地球暖化**　其对策是降低影响温室效应的废气。包括降低废气发生量和降低大气中的废气量两种方法。纤维的贡献是利用具有吸附能力的纤维和活性炭纤维降低大气中的废气量。

空调器空气净化的过滤、吸尘器的集尘过滤、工厂废气过滤、汽车排放废气过滤、饮用水净化过滤、工厂废水排放过滤等，都大量用到产业用纤维及其制品，它们对环境的净化和保护都起到了重要作用。

**2. 防止酸雨**　酸雨发生的主要原因是由化学燃料的燃烧产生 $SO_x$、$NO_x$，垃圾的燃烧产生 HCl 气体等。利用活性炭纤维代替活性炭，可以除去废气中的 $SO_x$ 和 $NO_x$，防止酸雨发生。

**3. 防止臭氧层的破坏**　有些化学物质在阳光下产生氯游离基，而氯游离基又易与臭氧产生反应，使臭氧层破坏。如果臭氧层破坏，则地球上的生物就不能避免有害紫外线的照射。若采用吸附性纤维（如活性炭纤维）吸附某些化学物质，使其不易产生氯游离基，就可保护臭氧层。

**4. 防止热带森林的破坏、生物种类的减少及沙漠化**　这三类问题是密切相连的。纤维及其制品特别是尾矿修复、重金属吸附治理、生态护坡加固绿化等土工织物，对防止此类问题的产生和恶化非常有效。高吸水性纤维及其制品如麻地膜等的有效利用对保水、保土都有很好的作用。

为了更好地保护环境，人们采用生物降解的方法，如应用聚乳酸等可降解非织造农用纤维制品，对各种纤维，特别是合成纤维进行废旧利用，不使其对自然环境造成破坏，且取得了很好的效果。

**5. 防止河流、海洋的污染**　随着工业生产的不断发展，对河流、海洋的污染也越来越严重。利用纤维的各种形态，可对污水进行处理。如常用疏水性纤维对河水或海洋的油污染进行净化就非常有效。

被赋予高性能、高功能、高技术的产业用纤维制品，对解决地球的某些问题，将会显示出其越来越重要的地位和作用。

**（四）应急和公共安全领域**

**1. 预防和应对自然灾害**　大应力、大直径高压输排水软管、高性能救援绳网、高强高稳定功能性救灾帐篷和冲锋舟、快速填充堵漏织物等纺织品的应用，对预防和应对洪水、地震等自然灾害非常有效。

**2. 预防和紧急处置生产安全事故**　致使生产安全事故发生的原因有主观或客观因素，功能与智能型土工织物、复合型多功能静电防护服、逃生救援用绳缆网带、矿山安全紧急避险用纺织品等，它们对预防事故的发生以及将事故造成的损失减小到最低程度都起到了重要的作用。

**3. 应对公共安全和卫生事件用纺织品**　目前，开发与应用的有纺织基反恐防爆装备、轻质防弹防刺服、防生化呼吸面罩及防护服、智能化消防设备、应对重大疫情的系列纺织品，如高等级病毒和疫情隔离服等。

**（五）生物医用领域**

在第十章已详细介绍，在此不再赘述。

**（六）其他**

**1. 电子纺织品**　电子纺织品是纺织技术与电子技术相结合的产品。目前开发、应用的有柔软键盘、柔软开关、可穿用电子品、压力传感汽车坐垫、具有传感系统的生命衬衫等。

超级作战服是欧洲、美国、日本等国家和地区一直致力于研制的纤维制品。目前，基本款军服可以随时接入各军兵种所需不同种类的装置。新型作战制服将由带集成瞄准系统的头盔、连体战斗防护服、指挥通信系统、模块化加强式冲击防护元件、防护靴、榴弹发射和外骨骼等系统组成。它们重量更轻、工艺更优良、具有更多新功能。新型作战制服的外骨骼部分作为专门构架，可以让人移动更快，同时其负重可达100kg左右。它设置有两种外骨架，由一个双向神经接口操作。这个神经接口可以接收身体信号，并对其作出相应的"收紧"或"放松"反应。在头盔中安装有"敌我"识别系统与士兵身体状况评价系统。另外，配备有气候调节功能，即可应对气温变化，适应温度变化区域为 ±50℃，并还配备有伤员医疗救助系统。新型作战制服对射线、化学、细菌以及电磁防护都很有效。

**2. 健康纺织品**　健康纺织品可以定义为对身体状况有检测、治疗和预防等功能的纺织品。如能掌握心率、血糖、体温等生理指标的健康服装，能提示穿着者及时就医。

将纺织品与微电子相结合，把生命体征监测技术与医护服相融合，实现心电图检测仪的植入。和医护服相连的是一件轻巧的带有 SD 存储卡的测量元件，可方便地置于医护服的口袋中。实时数据存储在 SD 卡中，然后通过蓝牙发送给笔记本电脑。这种移动装置使用便利，可跟随穿着者灵活移动，监测能力得到提升。


## 三、我国产业用纺织品的展望

我国产业用纺织品近几年发展较快，其中尤以非织造材料发展更为迅速，从产量上看，中国已跨入世界非织造材料生产大国的行列。目前，非织造材料在我国产业用纺织品十六大类的大多数类别中都占有一定的份额，例如，医疗、卫生、环保、土工、建筑、汽车、农业、工业、安全、合成革、包装、家具、军工等。其中在卫生、环保过滤、土工建筑、人造革、汽车、工业、包装和家具等领域，非织造材料均已占有较大份额并得到普遍应用，在医疗、农业、篷盖、防护、军工等领域，也已达到了一定的市场渗透率。

为使产业用纺织品保持持续、稳定和健康的发展，除了需要进一步发展机织、经编和编织高端产品外，重点应加强我国非织造材料研究、开发和应用。现就我国产业用纺织品及非织造材料的发展提出如下建议。

### （一）开发和使用各种专用纤维

产业用纺织品不同于服装、装饰类纺织品的生产，根据不同工艺，需用不同的原材料。但当前我国可供选择的产业用纺织品专用纤维不多，不能满足产品性能的要求，影响了产品功能性和差别化。目前，国内也开发了一些专用纤维，如高白度黏胶短纤维，但是质量还不能完全满足要求，出口欧洲的产品仍需选用国外的原料。因此，应进一步加大力度加快发展产业用纺织品专用纤维和高性能纤维。国际上开发了众多的非织造材料专用纤维，如 Fibervision 公司开发了水刺专用聚丙烯纤维（Hy-Entangle，Hy-Entangle WA），专用于针刺非织造材料开发的 Nforz 短纤维，专用于提高丰满度的热风专用纤维 ES Delta 等。这些专用纤维性能优越，可以改善产品的性能，提高产品质量。我国非织造材料科技人员应相互合作，联合开发这类专用纤维和高性能纤维，以利于产业用纺织品和非织造新品种的开发，以及提高产品质量，降低成本，开拓市场。

### （二）开发高性能专用设备

近年来，非织造设备的国产化率已有很大提高，一般的针刺、热轧、热风、化学黏合类非织造设备已基本由国内供应，但性能要求较高的梳理机、铺网机、针刺机、水刺机器、热轧机等依然需要进口。纺粘非织造设备已有多家机械厂可以生产，产品质量可以接近进口设备的水平，但稳定性、可靠性和能耗方面与进口设备相比仍有一定的差距。但是水刺、气流成网、熔喷非织造设备、双组分多组分纺粘非织造设备与进口设备相比，无论生产能力、自动化程度、产品质量控制等方面还有一定差距，不能适应产品向功能化、差别化方向的发展。因此，要加强研究开发，提高设计和加工水平，生产出具有自主知识产权的高性能设备，进一步缩小与进口设备的差距。

### （三）加强科技创新

目前，非织造材料发展迅速，但新增生产能力大部分为重复建设，许多企业争上同一种产品，在生产"大路货"产品上互相压价，企业间竞争激烈，因此出现了低档同类产品增长过快，高档产品却供应不足的现象。从非织造技术发展来看，各种工艺互相组合及各种材料复合的新型非织造材料生产技术，双组分差别化纤维制成的各种非织造材料以及特种功能性非织造材料是今后的发展方向。现在有些技术已得到成功应用，如将差别化纤维生产技术应用到非织造材料上，双组分和超细纤维已成功应用；各种方法相互复合的新型非织造技术弥补了各种工艺之间的不足，创造了许多新型的非织造产品，但还远远不能满足应用的需要。随着产业用纺织品的发展，应加强科技开发力度，从中央到地方要不断增加科技创新投入，加大创新力度，开发新产品，使产品向复合化、差别化、功能化方向发展，提高产品档次，减少或放弃低附加值的产品。

### （四）扩大应用领域

随着纺织产业结构调整和技术改造，中国产业用纺织品不仅生产能力在增强，产品质量及性能也在提高，中国产业用纺织品参与国际市场竞争的时机已经成熟，所以，在注重研究国内市场的同时，也要注意开发国外市场。

产业用纺织品应用领域十分广泛，要千方百计开拓市场，加强和应用部门的衔接，包括和农业、医疗、包装、交通运输、建筑、环保等产业部门的衔接，加强调查研究，不断开发新产品。深入到各个产业部门，积极开发后加工产品，拉长产业链，创造市场需求。

### （五）加快专业人才培养

随着产业用纺织品发展的深入，专业人才相对匮乏，全国纺织高等院校要加快专业技术人才和经营管理人才的培养，以满足产业用纺织品快速增长，尤其是非织造材料快速发展的需要。

### （六）加快标准制定工作

原有的产业用纺织品和非织造材料的标准在实际使用中依然不能适应，需进一步加快完善现有标准和制定新标准的工作，进一步规范产品质量。

随着科学技术的不断进步，产业用纤维及其制品也将不断发展，应用领域也将不断拓展。

## 思考题

1. 我国产业用纤维制品未来应该怎样发展？
2. 如何理解产业用纤维制品行业是我国纺织工业发展的新动能？
3. 是否应该发展产业用纤维制品专用纤维？
4. 产业用纤维制品在其他行业推广应用，应该克服哪些瓶颈问题？
5. 你认为下一个产业用纤维制品应用的突破领域在哪方面，为什么？
6. 你认为产业用纤维制品要发展，在政策支持方面还要做哪些工作？
7. 未来的产业用纤维制品如何实现智能化？
8. 你认为智能纺织材料是产业用纤维制品的未来发展方向和重点吗？
9. 你认为产业用纤维制品在新能源领域有多大发展空间？
10. 你认为将来大数据怎样在拓展产业用纤维制品应用领域方面起更大的作用？

## 参考文献

［1］日本纤维学会. 纤维便览［M］. 东京：丸善株式会社，1995.

［2］日本纤维机械学会产业用纤维资料研究会. 产业用纤维资料手册. 1979.

［3］南宏和. 海洋中膜构造的应用［J］. 纤维与工业，1986，42（7）：254-259.

［4］福厚基忠. 航空、宇宙用纤维［J］. 纤维与工业，1985，41（5）：135-142.

［5］樟梨浩明. 信息传播用纤维［J］. 纤维与工业，1985，41（5）：151-160.

［6］许树文. 甲壳素纺织品［M］. 上海：东华大学出版社，2002.

［7］王曙中. 高科技纤维概论［M］. 上海：中国纺织大学出版社，1999.

［8］晏雄. 产业用纺织品［M］. 上海：东华大学出版社，2003.

［9］东华大学《纺织信息参考》编辑部. 纺织信息参考［J］. 上海：东华大学，2007-2017.

［10］工业和信息化部. 纺织工业发展规划（2016～2020年）［N］. 中国纺织报，2016-09-30（3）.

［11］刘嘉. 承担"增长极"重任，产业用纺织品行业如何发力"十三五"？［J］. 纺织服装周刊，2017，（5）：14-15.

［12］碳纳米晶体管性能首次超越硅晶体管［DB/OL］.［2016-09-07］http：//news.xinhuanet.com/tech/2016-09/07/c_1119527542.html.

［13］浙大学者仿北极熊毛研制出"热隐身"织物［DB/OL］.［2018-02-26］http：/www.xinhuanet.com//2018-02/26/c_1122454036.html.

［14］新纳米技术：走路、划屏等动作将可为手机充电！［DB/OL］.［2016-12-20］http：//www.a-site.cn/article/1592665.html.

［15］比头发丝细10000倍，新面料可让衣服给手机充电［DB/OL］.［2017-11-11］http：//tech.huanqiu.com/science/2017-11/11373736.html.

［16］科学家发明可弯曲的超级电池：充电几秒钟，通话一星期［DB/OL］.［2016-11-27］http：//tech.qq.com/a/20161127/001776.html.

［17］仿乐高！揭秘俄罗斯"士兵3"未来战衣［DB/OL］.［2017-09-05］http：//www.sohu.com/a/169624654_628941.

［18］（美）恩里克·卡洛特拉瓦. 美国新型产业用纺织品与技术动态［J］. 刘树英，译. 中国纤检，2016，（3）：134-139.

［19］LEE, JAE AH. Woven-Yarn Thermoelectric Textiles［J］. Advanced Materials, 2016, 28（25），5038-5044.

［20］PARVINI Y, SIEGEL J B, STEFANOPOULOU A G, et al. Supercapacitor Electrical and Thermal Modeling, Identification, and Validation for a Wide Range of Temperature and Power Applications［J］. IEEE Transactions on Industrial Electronics, 2016, 63（3）：1574-1585.

［21］NITIN CHOUDHARY, CHAO LI, HEE-SUK CHUNG, et al. High-Performance One-Body Core/Shell Nanowire Supercapacitor Enabled by Conformal Growth of Capacitive 2D WS2 Layers［J］. ACS Nano, 2016, 10（12）：10726-10735.

［22］LI W. Germanium nanoparticles encapsulated in flexible carbon nanofibers as self-supported electrodes for high performance lithium-ion batteries［J］. Nanoscale, 2014, 6（9）：4532-4537.

［23］ARAVINDAN V. A novel strategy to construct high performance lithium-ion cells using one dimensional electrospun nanofibers, electrodes and separators［J］. Nanoscale, 2013, 5（21）：10636-10645.